普通高等教育机电类系列教材

机械工程材料与热加工工艺

第2版

梁　戈　时惠英　王志虎　编
赵　康　审

机 械 工 业 出 版 社

为适应当前高等院校“机械工程材料与热加工工艺”课程学时压缩的教学要求，本书对原教学内容进行了必要的精简和调整，着重介绍各类工程材料的组织结构、热加工工艺及性能特点和应用范围，去掉过深的理论和繁冗的工艺细节，保留必要的原理和工艺技术，以使读者掌握必要的材料及热加工知识和有关的基本理论。本书包括：金属材料的力学性能、金属及合金的结构与结晶、铁碳合金相图、钢的热处理、工业用钢、有色金属及其合金、非金属材料及新型材料、铸造、金属压力加工、焊接共10章。本书主要供机械制造、设计类和管理工程类各专业大学本科学生使用，也可供从事机械制造和设计的工程技术人员参考。

图书在版编目（CIP）数据

机械工程材料与热加工工艺/梁戈，时惠英，王志虎编. —2版. —北京：机械工业出版社，2016.1（2025.2重印）
普通高等教育机电类系列教材
ISBN 978-7-111-51570-8

Ⅰ. ①机… Ⅱ. ①梁… ②时… ③王… Ⅲ. ①机械制造材料-高等学校-教材 ②热加工-高等学校-教材 Ⅳ. ①TH14 ②TG306

中国版本图书馆CIP数据核字（2015）第214328号

机械工业出版社（北京市百万庄大街22号 邮政编码100037）
策划编辑：冯春生 责任编辑：冯春生 程足芬
责任校对：张 薇 封面设计：张 静
责任印制：郜 敏
三河市宏达印刷有限公司印刷
2025年2月第2版第13次印刷
184mm×260mm · 15.25印张 · 373千字
标准书号：ISBN 978-7-111-51570-8
定价：45.00元

电话服务	网络服务
客服电话：010-88361066	机 工 官 网：www.cmpbook.com
010-88379833	机 工 官 博：weibo.com/cmp1952
010-68326294	金 书 网：www.golden-book.com
封底无防伪标均为盗版	机工教育服务网：www.cmpedu.com

前　言

“机械工程材料及热加工工艺”课程是高等院校机械类、近机类专业的一门不可缺少的专业技术基础课。本书从专业特点出发，重点阐述了工程材料的基础理论，材料的成分、组织、结构、热加工工艺与性能之间的关系等。该课程的目的是使学生通过学习，在掌握工程材料的基础理论及热加工工艺基本知识的基础上，根据机械零件的使用条件和性能要求，具备对零件进行合理选材并制订合理的加工工艺方法、正确的加工工艺路线的能力。

本书主要内容包括：金属材料的力学性能，材料科学基础知识，热处理原理及各种热处理工艺方法，热处理在机械零件生产过程中的作用，工程材料的分类及编号，各种工程材料的成分、组织、性能特点及用途，材料热加工成形方法（包括铸造成形、压力加工成形和焊接成形）等。

本书在编写过程中力求理论与实际、原理与工艺密切结合，内容上力求少而精。对有关章节的顺序进行适当调整，如结合铸造工艺特点，介绍铸铁材料的分类、性能及生产工艺方法，使学生对铸铁材料的性质、生产及应用加深认识；结合压力加工工艺介绍金属材料的塑性变形及再结晶理论，使学生加深对形变强化原理及其在生产中应用的理解。本书采用最新国家标准，可作为高等院校机械类、近机类专业学生及有关工程技术人员的学习参考书。

本书在第 1 版的基础上做了必要的修订，包括：

1）力学性能指标符号按照 GB/T 228. 1—2010《金属材料　拉伸试验　第 1 部分：室温试验方法》、GB/T 229—2007《金属材料　夏比摆锤冲击试验方法》、GB/T 4337—2008《金属材料　疲劳试验　旋转弯曲方法》、GB/T 231. 1—2009《金属材料　布氏硬度试验　第 1 部分：试验方法》进行了修订。

2）各种钢和铸铁的牌号、化学成分、力学性能等按照 GB/T 700—2006《碳素结构钢》、GB/T 1591—2008《低合金高强度结构钢》、GB/T 8731—2008《易切削结构钢》、GB/T 1222—2007《弹簧钢》、GB/T 18254—2002《高碳铬轴承钢》、GB/T 11352—2009《一般工程用铸造碳钢》、GB/T 1298—2008《碳素工具钢》、GB/T 24594—2009《优质合金模具钢》、GB/T 9943—2008《高速工具钢》、GB/T 18376. 1—2008《切削工具用硬质合金牌号》、GB/T 1220—2007《不锈钢棒》、GB/T 1221—2007《耐热钢棒》、GB/T 5680—2010《奥氏体锰钢铸件》、GB/T 9439—2010《灰铸铁件》、GB/T 9440—2010《可锻铸铁件》、GB/T 1348—2009《球墨铸铁件》等新标准进行了修订。

3）各种有色金属及合金的牌号、化学成分及力学性能等按照 GB/T 16474—2011《变形铝及铝合金牌号表示方法》、GB/T 1173—2013《铸造铝合金》、GB/T 5231—2012《加工铜及铜合金牌号及化学成分》、GB/T 1176—2013《铸造铜及铜合金》等新标准进行了修订。

4）焊条的型号按照 GB/T 5117—2012《非合金钢及细晶粒钢焊条》、GB/T 5118—2012《热强钢焊条》等新标准进行了修订。

5）重新编写了第一章的内容，其余章节也进行了不同程度的改写。

6）考虑到读者对材料新牌号尚不熟悉，因此保留了部分材料的旧牌号，在相关表格中用括号表明。例如不锈钢牌号 20Cr13（2Cr13）、铝合金牌号 5A05（LF5），其中 20Cr13、5A05 为新牌号，2Cr13、LF5 为旧牌号。

全书共分 10 章，编者分工如下：绪论、第二章、第三章、第四章第一节至第四节、第七章由时惠英编写；第一章、第四章第五节至第七节、第五章、第六章、第八章由王志虎编写；第九章、第十章由梁戈编写。全书由梁戈统稿，赵康审阅。

在本书编写过程中得到了西安理工大学罗启文、葛利玲高工以及西安科技大学张菊梅副教授的大力支持，他们提出了许多宝贵意见和建议，葛利玲老师提供了书中的金相照片，在此一并表示感谢。

在本书编写过程中，机械工业出版社给予了热情的帮助和指导；全书参考了国内有关教材及文献，并引用了有关的资料和插图，在此特向有关作者和单位致以诚挚的感谢。

由于编者水平有限，本书难免存在一些疏漏和不妥之处，恳请读者批评指正。

编者
于西安

目　录

绪　论

材料是制造生产工具的物质，材料的发展反映了劳动力发展的水平，反映了人类认识自然、改造自然的能力。材料的发展也反映了人类社会科学技术的发展水平，历史上任何一次科学技术的创新和突破，都是以材料的发展为前提的：18 世纪 60 年代由于蒸汽机的出现，引发了以蒸汽机为动力的工业机械化；19 世纪 70 年代由于电磁场理论的发展，发电机、发动机的被采用，出现了以电为动力的工业电气化；20 世纪中叶由于大规模集成电路和计算机技术的出现，带动了工业自动化发展。所有这些，都是借助于各种钢铁材料、有色金属材料以及各种新型功能材料、复合材料、陶瓷材料的发展，否则，这一切都是难以实现的。

科学技术的发展记录了材料对人类社会发展所做出的贡献。材料是人类赖以生存的物质基础，随着人类文明和生产的发展，对材料的要求将不断提高。在近代技术的推动下材料的品种日益增多，不同效能的新材料不断涌现，原有材料的性能也有所改善与提高，以满足各种实用要求。

有了材料这一物质基础，如何把材料转变成为我们所需的生产工具，即各种机械设备，这就要求我们必须去了解和掌握材料的性能、材料的基础知识以及对材料进行各种加工的工艺方法。

机械工程材料及热加工工艺是研究材料科学基础、材料热处理、各种工程材料、零件（毛坯）热加工生产工艺等综合性的技术基础课程。其主要内容是论述常用金属材料的成分、组织、性能之间的关系及其变化规律，改善和提高材料性能的各种热处理方法，铸造、压力加工、焊接等加工工艺特点及其各种加工常用设备的工作原理和大体结构，工程中常用的非金属材料及功能材料等方面的基础知识。其目的是使学生在学习本课程后，达到对原材料生产及产品设计、制造工艺等生产过程及其相互间关系能有一个较全面的、系统的、综合性的认识。实践表明，在生产过程中，合理地选用材料及热加工工艺，科学地制订加工工艺规范，妥善安排工艺路线，对提高产品质量、延长使用寿命、节省材料、缩短生产周期、降低成本等方面都起着重大作用，而这些又正是本教材所要论述的主要内容，也是机械类专业学生不可缺少的一门专业基础课程。由此可见，这门课程在培养各类机械设计及管理人才方面占有重要的地位。

近 20 年来，新材料、新工艺、新设备以及现代检测手段的不断出现及应用，推动着现代工业和科学技术的发展。例如，钢材强韧化热处理新工艺的应用，在发挥材质性能潜力方面取得明显的效果；高分子材料及复合材料等的应用已取代了某些金属材料。所有这些都取得了明显的技术与经济效果。因此，对于从事机械设计和制造的专业技术人员来说，应重视不断吸收新知识，以便扩大视野，丰富知识，更经济有效地进行设计和制造，为推动机械工业的发展做出新的贡献。

为适应高等工科院校机械设计和制造、工程管理专业的需要，本教材力求理论与实践、工艺与原理密切结合，以利于培养学生综合分析问题和解决一般工程实际问题的初步能力。本教材内容包括工程材料性能及应用、材料科学基础、材料热处理、工程材料、热加工工艺等几个方面。其基本要求如下：

（1）材料性能及应用　了解机械工业产品常用材料及热加工方法与性能之间的关系。了解材料的强度、塑性、硬度、冲击韧性等主要力学性能及其测试方法。

（2）材料科学基础　了解金属和合金的组织结构、结晶过程及二元合金相图的基本理论，从而掌握金属和合金的成分、组织与性能之间的关系及其变化规律。它是学习后续课程内容的理论基础。

（3）钢的热处理　了解常用钢铁材料热处理的基本原理和工艺方法，掌握各类热处理方法的目的、应用及其在零件加工过程中的地位与作用，以便能根据零件的技术要求正确选定热处理工艺方法和合理安排工艺路线。

（4）工程材料　掌握常用金属材料（碳钢或非合金钢、合金钢、铸铁、铝合金、铜合金及轴承合金等，其中以钢铁为主）的成分、组织、性能和用途的基本知识，以便能合理选用金属材料。对常用非金属材料、复合材料、纳米材料以及功能材料等的性能及应用等基本知识也能做一般了解。

（5）热加工工艺　掌握铸造、锻压、焊接等主要热加工方法的实质、工艺特点、设备能力及工作原理、零件结构工艺性等方面的基本知识，以便能正确进行零件（毛坯）结构设计和选材、制订和选择合理的生产工艺路线和方法，设计并制造出技术先进、生产成本低廉的机械设备。

学习本课程注意的问题：

由于这门课程是一门综合性和工艺性较强的技术基础课，学生学习本课程必须在有关知识的基础上进行，并需要与有关课程相互配合，因此要求在学习本课程前，学生应学完化学、物理学、工程制图、材料力学等课程。本课程概念、名词术语较多，且又相互紧密联系，要在理解的基础上加强记忆。

本课程与材料制备和加工紧密相连，学习前应经过热加工方面的教学实习，对主要热加工工艺过程和设备应有一定的感性认识。同时还要重视实验环节，练习查阅材料和热处理手册，阅读有关技术杂志。特别要注意联系生产实际，运用所学知识练习解决实际问题，这不仅能够培养学生分析问题、解决问题的能力，还能进一步明确学习目的和意义，增强学习自觉性，激发学习积极性。只要坚持这样做，必能掌握课程内容，达到基本要求，取得良好的学习效果。

第一章

金属材料的力学性能

机械制造中使用的材料品种很多。为了正确使用材料，并把它加工成合格的工件，必须掌握材料的使用性能和工艺性能。使用性能是指为保证工件正常工作材料应具备的性能，包括力学性能、物理和化学性能等。工艺性能是指材料在加工过程中所表现出来的性能，包括铸造性能、锻造性能、焊接性能和切削加工性能等。

本章介绍金属材料的力学性能。所谓力学性能，是指材料在外力作用下所表现出来的性能，主要有强度、塑性、硬度、冲击韧性、疲劳强度等，是设计机械零件时选材的重要依据。这些力学性能指标是通过力学性能试验测定出的。

第一节　刚度、强度、塑性

刚度、强度和塑性是根据 GB/T 228.1—2010《金属材料　拉伸试验　第 1 部分：室温试验方法》测定出来的。将材料制成标准试样，然后把试样装在拉伸试验机上施加静拉力 F，随着拉力的增加试样逐渐沿轴向伸长，直到拉断为止。为消除试样尺寸大小的影响，将拉力 F 除以试样原始截面积 S_o，即得到拉应力 R；将伸长量 ΔL 除以试样原始标距 L_o，即得到伸长率，又称应变 ε。以 R 为纵坐标，ε 为横坐标，则可画出应力应变图（R-ε 曲线），如图 1-1 所示。从 R-ε 曲线中可获得被测材料的一些力学性能信息，如弹性、强度、塑性等。

从图 1-1 可知，在 OE 阶段，试样的伸长率随应力成比例增加，若去除载荷后试样恢复原状，这种变形称为弹性变形。超过 E 点后，若去除载荷试样不能完全恢复原状，尚有一部分伸长量保留下来，这部分遗留下来的变形称为塑性变形。当应力增加到 H 时，曲线略下降而转为一近似水平段，即应力不增加而变形继续增加，这种现象称为屈服，该水平台阶称为屈服台阶。当试样产生屈服以后，试

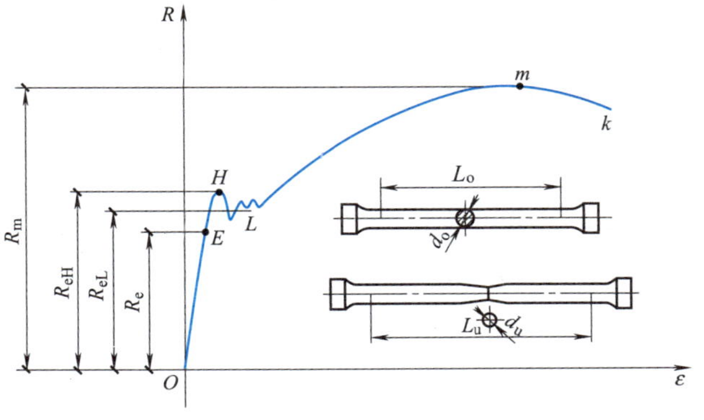

图 1-1　拉伸试样及低碳钢的 R-ε 曲线

样又随载荷力增加而逐渐均匀伸长。达到 m 点，试样的某一局部开始变细，出现缩颈现象。由于在缩颈部分试样横截面积迅速减小，因此使试样继续伸长所需的载荷也就相应减小。当达到 k 点时，试样在缩颈处断裂。低碳钢在拉伸过程中经历了弹性变形、弹-塑性变形和断裂三个阶段。

一、刚度

刚度是表征金属材料抵抗弹性变形的能力。在弹性变形阶段，即 R-ε 曲线上的 OE 阶段，R 与 ε 为直线关系，直线的斜率 E 称为弹性模量，可写成 $R=E\varepsilon$。弹性变形阶段对应的最大应力称为弹性极限，用 R_e 表示。

弹性模量 E 表示引起单位弹性变形时所需的应力。工程上常用 E 作为衡量材料刚度的指标。E 值越大，在一定应力作用下产生的弹性变形越小，则刚度越大。

弹性模量主要取决于金属材料的种类，即金属的本性（晶格类型、晶格常数等）。通常强化金属的一些方法，如淬火、冷作硬化等对 E 值影响很小。常用材料的 E 值，碳钢为 196～216GPa，灰铸铁为 78～157GPa，铜合金为 72～128GPa，铝合金为 70GPa。

一般机械零件大都在弹性状态下工作，对刚度有一定要求，如机床主轴、起重机臂架等，在使用时不允许产生过量的弹性变形。

二、强度

强度是金属材料在外力作用下抵抗塑性变形和破坏的能力。常用的强度指标有屈服强度和抗拉强度。

1. 屈服强度

屈服强度表征金属材料对产生明显塑性变形的抗力。

具有明显屈服现象的材料，如低碳钢，用屈服强度来表征材料对产生明显塑性变形的抗力。屈服强度包括上屈服强度 R_{eH} 和下屈服强度 R_{eL}。上屈服强度 R_{eH} 是指试样发生屈服而力首次下降前的最大应力。下屈服强度 R_{eL} 是指试样在屈服期间，不计初始瞬时效应时的最小应力。不同类型曲线的上屈服强度和下屈服强度如图 1-2 所示。

无明显屈服现象的材料，如高碳钢、铜合金、铝合金等，用规定塑性延伸强度 R_p 或规定残余延伸强度 R_r 作为该材料的条件屈服强度。如 $R_{r0.2}$，表示规定残余延伸率为 0.2% 时的应力；$R_{p0.2}$，表示规定塑性延伸率为 0.2% 时的应力。

不同材料的 R-ε 曲线形状不同，图 1-3 所示为铜和铸铁的 R-ε 曲线。铜是塑性材料，曲线塑性变形阶段较长，且没有明显的屈服阶段。铸铁属脆性材料，曲线上没有明显的塑性变形阶段。

2. 抗拉强度

如图 1-1 所示，当应力增加到 m 点时，试样开始局部变细，出现缩颈现象。此后由于试样截面积显著减小而不足以抵抗外力的作用，在 k 点发生断裂。断裂前的最大应力称为抗拉强度，以 R_m 表示。它反映了材料产生最大均匀变形的抗力。抗拉强度 R_m 可用下式计算

$$R_m=\frac{F_m}{S_o}$$

式中，F_m 为试样在断裂前承受的最大力；S_o 为试样标距内原始横截面积。

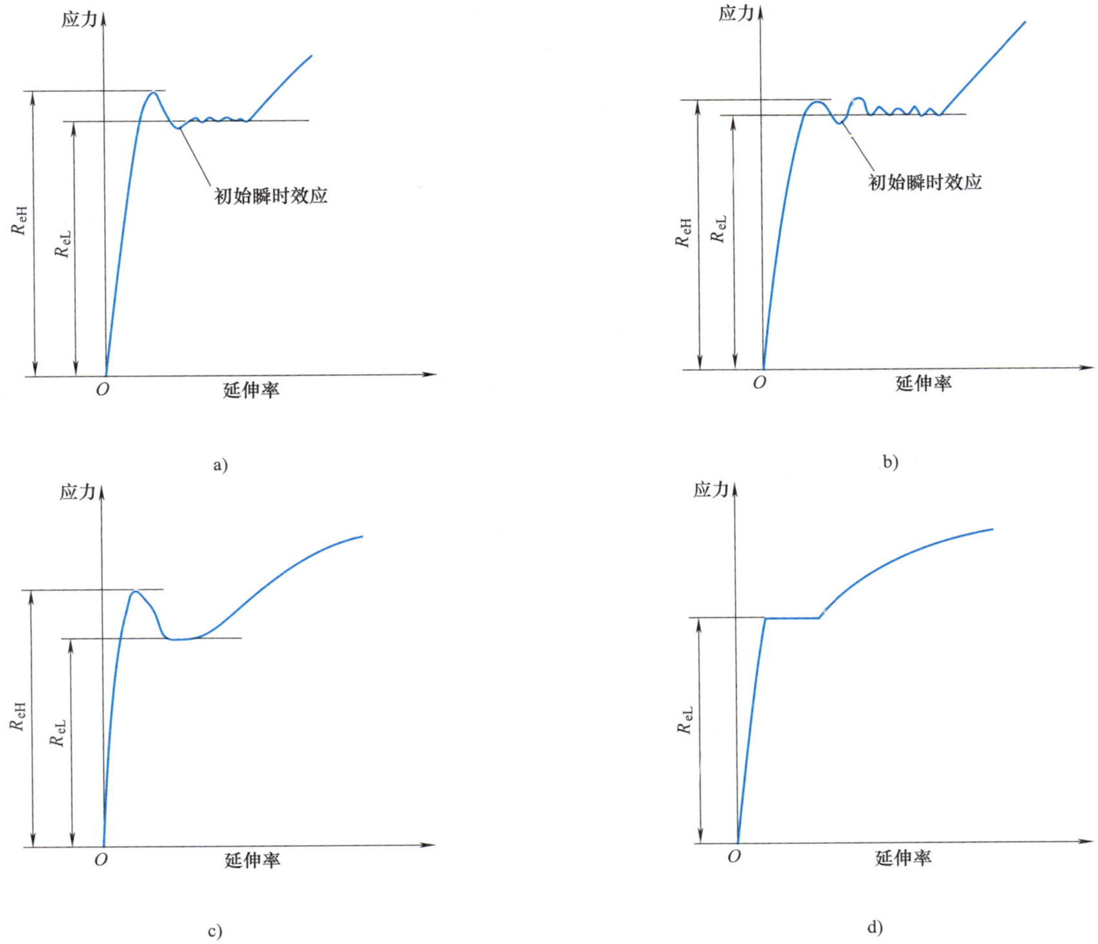

图 1-2　不同类型曲线的上屈服强度和下屈服强度

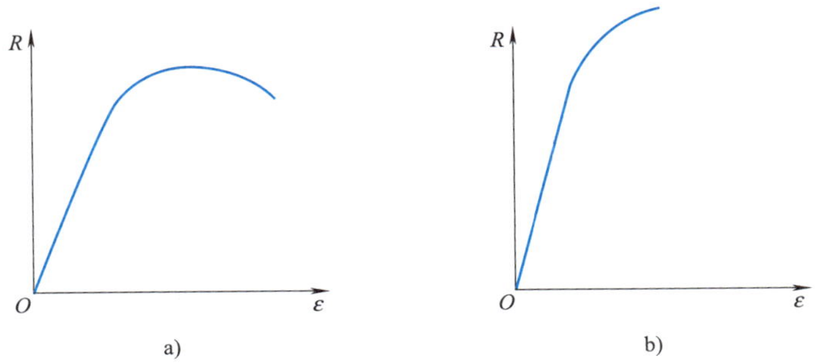

图 1-3　铜和铸铁的 $R-\varepsilon$ 曲线

a）铜　b）铸铁

对于塑性材料（如低碳钢），由图 1-1 可知，应力达到 R_m 时试样出现缩颈。因此，抗拉强度是表征材料对产生局部伸长（颈缩）的抗力。对于脆性材料（如灰铸铁），拉伸过程不出现缩颈现象，R_m 就是断裂强度。因此，抗拉强度是表征材料对断裂的抗力。

若零件在使用时不允许产生过量塑性变形，应以材料的 R_{eH} 或 $R_{p0.2}$（$R_{r0.2}$）进行设计计算。若零件在使用时只要求不发生破坏，则以材料的 R_m 来设计计算。因此，R_{eH}、$R_{p0.2}$（$R_{r0.2}$）和 R_m 是机械零件设计计算的主要依据。

三、塑性

在外力作用下金属材料在断裂前产生不可逆永久变形的能力称为塑性。塑性的大小通常用拉伸试验测定的断后伸长率和断面收缩率来衡量。

1. 断后伸长率

断后伸长率是指试样拉断后标距的伸长量与原始标距的百分比，用 A 表示，即

$$A = \frac{L_u - L_o}{L_o} \times 100\%$$

式中，L_o 为试样原始标距；L_u 为试样拉断后的标距。

2. 断面收缩率

断面收缩率是指试样拉断后缩颈处横截面积的最大缩减量与原始横截面积的百分比，用 Z 表示，即

$$Z = \frac{S_o - S_u}{S_o} \times 100\%$$

式中，S_o 为试样的原始横截面积；S_u 为拉断后试样缩颈处的最小横截面积。

断后伸长率 A 与试样原始标距 L_o 有关。L_o 越长则 A 越小。对于比例试样，若原始标距 L_o 不为 $5.65\sqrt{S_o}$（$L_o \neq 5d_o$），符号 A 应附以下脚注说明所使用的比例系数，例如 $A_{11.3}$ 表示原始标距为 $11.3\sqrt{S_o}$（$L_o = 10d_o$）的断后伸长率。对于非比例试样，符号 A 应附以下脚注说明所使用的原始标距，以毫米（mm）表示，例如 A_{80mm} 表示原始标距为 80mm 的断后伸长率。断面收缩率 Z 与试样尺寸无关，故能更可靠地反映材料的塑性。

A 和 Z 是用来判断材料在断裂前所能产生的最大塑性变形量大小。一般认为，$A > 5\%$ 的材料为塑性材料，如低碳钢；$A < 5\%$ 的材料为脆性材料，如灰铸铁。塑性是金属材料进行压力加工的必要条件。此外，零件也要求具有一定的塑性，因为零件在工作时万一超载，也会由于塑性变形使材料强化而避免突然断裂。但必须指出，A 值和 Z 值的大小与负荷大小是无关的。

第二节　冲击韧性

前面讨论的刚度、强度和塑性是在静拉力作用下的力学性能。但是，许多机械零件，如锻锤锤杆、发动机曲轴等，在工作过程中往往受冲击力作用。这种急速施加的冲击力将促使金属材料产生突然脆断，具有很大危险性。因此，为确保零件安全工作，还必须了解金属材料在冲击力作用下所表现的性能。

金属材料在冲击力作用下，抵抗断裂的能力称为冲击韧性（简称韧性）。金属材料在常温下的韧性指标是用 GB/T 229—2007《金属材料　夏比摆锤冲击试验方法》测定的，其原理如图 1-4 所示。

首先将被测材料制成带有 U 型（或 V 型）缺口的标准试样（图 1-4a），然后把试样安

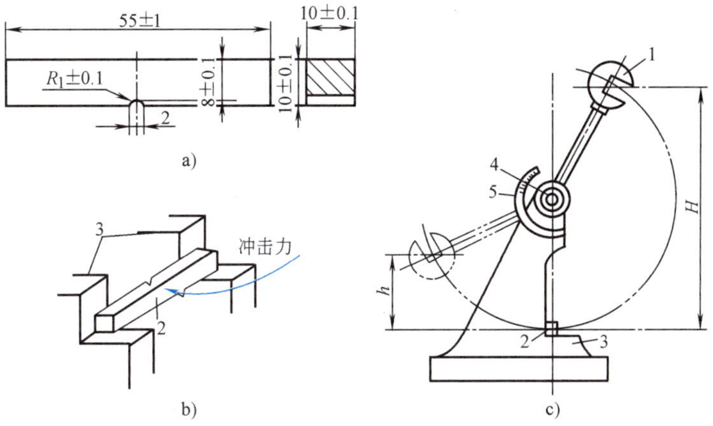

图 1-4　摆锤冲击试验示意图

a）冲击试样　b）试样安放　c）冲击试验机

1—摆锤　2—试样　3—支座　4—指针　5—刻度盘

放在试验机上（图 1-4b），呈简支梁状态，再将摆锤从一定高度落下，冲断试样。从试验机的刻度盘上可读出冲击吸收功 KU 值。其中

$$K = W(H - h)$$

式中，W 为摆锤重（N）；H、h 分别为摆锤冲断前的高度（m）和冲断后的高度（m）；K 为吸收能量（J）。

吸收能量的大小代表了材料冲击韧性的高低，可由刻度盘直接读出。冲击韧度（单位为 J/cm^2）为

$$a_K = \frac{K}{S_o}$$

式中，S_o 为缺口处截面积（cm^2）。

标准冲击试样有 U 型缺口和 V 型缺口两种，摆锤刀刃半径应为 2mm 和 8mm 两种，则吸收能量的表示符号为：KU_2、KU_8、KV_2、KV_8，如 KU_2 表示 U 型缺口试样在 2mm 摆锤刀刃下的吸收能量。对于低能量的冲击试验，一些材料用 2mm 和 8mm 摆锤刀刃试验测定的结果明显不同，2mm 摆锤刀刃的结果可能高于 8mm 摆锤刀刃的结果。

吸收能量的大小还与试验温度有关。一些材料的吸收能量随温度的降低而减小，且在某一温度范围发生急剧下降，这种现象称为冷脆，该温度范围称为韧脆转变温度，如图 1-5 所示。在韧脆转变温度以下，材料由韧性状态转变为脆性状态。材料的韧脆转变温度越低，说明低温冲击性能越好。

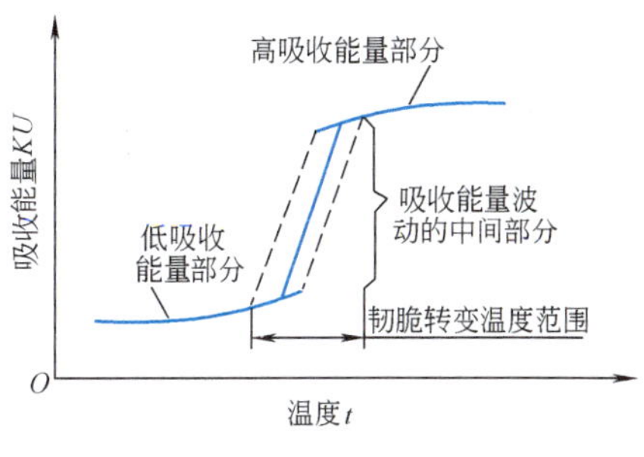

图 1-5　温度对吸收能量的影响

韧性指标可用来估计零件在使用时是否发生脆性断裂，但仅具有对比的相对意义，不能用于设计计算，只能根据零件失效分析积累的资料来确定。此外，韧性指标对材料的缺陷反映很敏感，能够灵

敏地显示材料的宏观缺陷和组织微小变化，因此在生产中还用它来检验材料质量是否合格。

第三节 疲劳强度

许多零件在工作时所承受的应力是随时间做周期性变化的。例如，传动轴在旋转时虽然外力 F 不变，但轴上 A 点处的应力 R 却是随时间 t 做周期性的变化，如图 1-6 所示。这种应力称为交变应力。从图 1-6 还可看出，应力 R_2 与应力 R_4 大小相等符号相反，这种应力循环称为对称循环。金属材料在交变应力作用下会产生局部累积损伤，经长期应力循环后，这种损伤逐步发展成为裂纹或断裂，这种现象称为疲劳破坏。金属材料在交变应力下的疲劳破坏与静拉力下的破坏完全不同，其特点是：疲劳破坏的应力低，其应力不仅低于抗拉强度，甚至低于屈服强度；并且，疲劳破坏时无明显的塑性变形，即使是塑性材料，在断裂前也不呈现明显的塑性变形，而是脆性断裂，因此，具有较大的危险性。

大量试验表明，金属材料所受的最大交变循环应力越大，则断裂前所受的循环次数 N_f（定义为疲劳寿命）就越少。这种交变循环应力与循环次数 N_f 的关系曲线称为疲劳曲线，如图 1-7 所示。

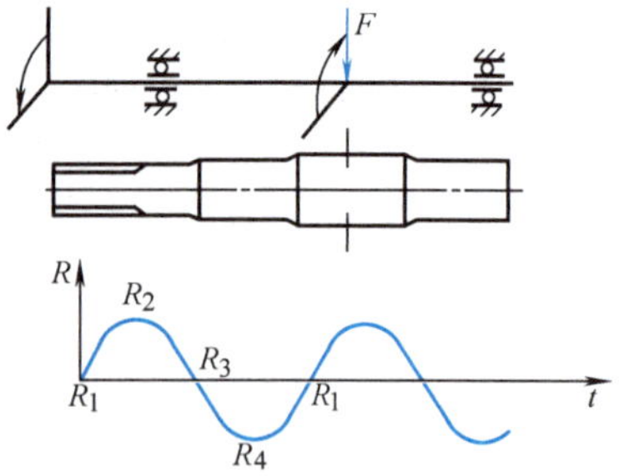

图 1-6 轴上 A 点处应力 R 随时间 t 的变化

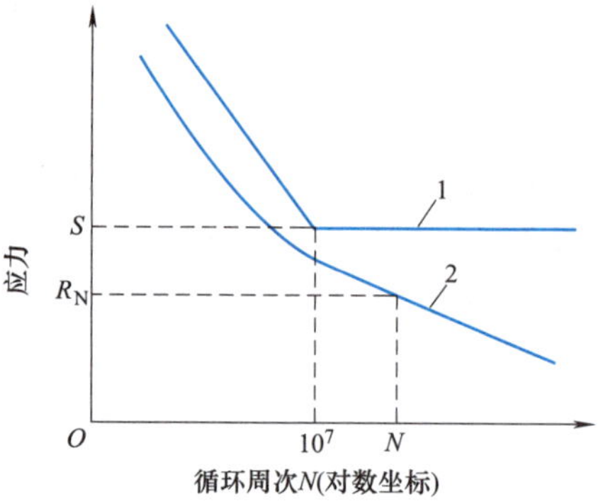

图 1-7 疲劳曲线示意图

从曲线上可以看出，循环应力 R 越低，则断裂前的循环次数 N_f 越多。当应力降到某一定值后，曲线趋于水平，如图 1-7 中的曲线 1 所示，这说明当应力低于此值时，材料可经无限次应力循环而不断裂。被测能承受无限次的应力周期变化时应力振幅的极限称为疲劳极限。在指定寿命下使试样失效的应力水平称为疲劳强度，用 S 表示。金属材料的疲劳强度，是根据 GB/T 4337—2008《金属材料 疲劳试验 旋转弯曲方法》测定的。一般钢铁材料的应力循环次数为 10^7 次时，能承受的最大循环应力振幅作为其疲劳强度。

一般非铁金属、高强度钢及腐蚀介质作用下的钢铁材料，其疲劳曲线如图 1-7 中曲线 2 所示，其特征是循环次数 N 随所受应力的增大而减少，但不存在水平线段。因此，对具有图 1-7 中曲线 2 所示特征的金属，以在规定的应力比下，使试样的寿命为 N 次循环的应力振幅值为疲劳强度，称为 N 次循环后的疲劳强度，用 R_N 表示。一般规定：对于非铁合金，N 取 10^6 次；对于腐蚀介质作用下的钢铁材料，N 取 10^8 次。

金属的疲劳强度与抗拉强度之间存在以下近似的比例关系：

（1）碳素钢 $S \approx (0.4 \sim 0.55) R_m$。

（2）灰铸铁　$S \approx 0.4R_m$。

（3）非铁金属　$S \approx (0.3 \sim 0.4)R_m$。

实际零件的疲劳强度不仅与材料有关，而且还受零件尺寸形状、表面质量等因素的影响。零件上槽、孔等结构形状的突然变化，以及加工造成的刀痕，都会引起应力集中，使疲劳强度降低。而采用表面强化工艺，如表面淬火、喷丸等，都会提高疲劳强度。因此，不能把光滑圆形截面试样测定的材料疲劳强度，误认为就是零件的疲劳强度。

第四节　硬　　度

硬度试验方法很多，在机械制造中广泛采用压入法。压入法的硬度是指金属材料抵抗比它更硬的物体压入其表面的能力。硬度试验方法简便易行，试验时不破坏工件，且硬度值与其他力学性能指标（如 R_m、S）有一定的关系。因此，在生产中广泛用硬度作为产品图样的技术要求，来控制成批生产的零件质量。常用的硬度试验方法有布氏硬度、洛氏硬度和维氏硬度等。

一、布氏硬度

布氏硬度试验原理如图 1-8 所示，用一定的试验力 F（kgf[⊖]），将直径为 D(mm) 的硬质合金球压入金属表面，保持一定时间（s）后卸去试验力，然后测出金属表面的压痕直径 d(mm)。布氏硬度值是试验力 F 除以压痕球形表面积 A 所得的商，计算公式为

$$\mathrm{HBW} = \frac{F}{A} = \frac{2F}{\pi D(D - \sqrt{D^2 - d^2})}$$

布氏硬度值一般是根据测得的压痕直径 d 通过查表得出的。布氏硬度值越大，表示材料越硬。

布氏硬度试验测得的压痕直径 d 必须在 $0.24D \sim 0.6D$ 之间，否则硬度值不准确，测值无效。为了使布氏硬度试验适用于各种材料，并获得准确而有效的硬度值，GB/T 231.1—2009《金属材料　布氏硬度试验　第 1 部分：试验方法》对试验所用的压头、试验力、试验力保持的时间等试验规范做了具体规定。本版标准只允许使用硬质合金球压头，试验范围上限为 650HBW。球体直径有 10mm、5mm、2.5mm 和 1mm 四种，以适用于不同尺寸的材料。标准规定试验力 $F = KD^2$，K 为常数，其值有 30、15、10、5、2.5、1 等，用来满足各种材料的硬度测定，以保证测值有效。

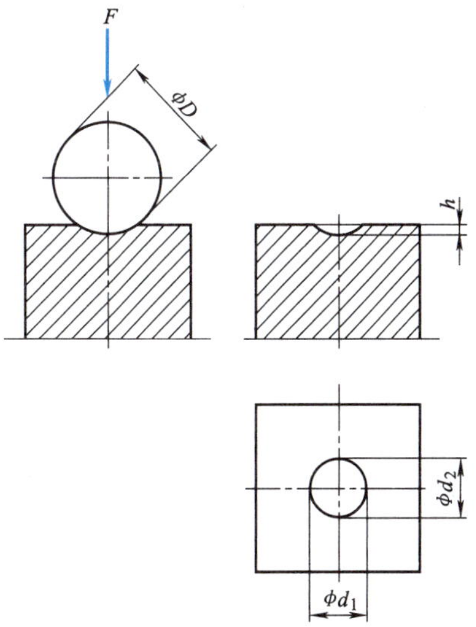

图 1-8　布氏硬度试验原理图

当试样尺寸允许时，应优先选用直径为 10mm 的球压头进行试验。不同材料的试验力-

⊖ 1kgf = 9.80665N。

压头球直径平方的比率选择见表 1-1。

表 1-1 不同材料的试验力-压头球直径平方的比率

材　　料	布氏硬度　HBW	F/D^2
钢、镍基合金、钛合金		30
铸铁	<140	10
	≥140	30
铜合金	<35	5
	35～200	10
	>200	30
轻金属及其合金	<35	2.5
	35～80	5
		10
		15
	>80	10
		15
铅、锡		1

注：对于铸铁试验，压头的名义直径应为 2.5mm、5mm 或 10mm。

布氏硬度值的表示方法，是依次标出硬度数值、布氏硬度符号 HBW 和试验规范（压头直径 mm、试验力 kgf、保持时间 s）。例如，600HBW1/30/20 表示直径为 1mm 硬质合金球，在 30kgf（294.2N）下保持 20s 测得的布氏硬度值为 600。若试验力保持时间为 10～15s，可以不标出，如 229HBW10/30。布氏硬度值不标出单位。习惯上布氏硬度值不标出试验规范，如 170HBW。

布氏硬度所测的压痕面积大，能反映较大范围内金属的平均性能，故测值重复性强、准确，但由于压痕大，检验成品件有困难。

二、洛氏硬度

洛氏硬度试验原理如图 1-9 所示。根据 GB/T 230.1—2009《金属材料　洛氏硬度试验　第 1 部分：试验方法（A、B、C、D、E、F、G、H、K、N、T 标尺）》规定，使用顶角为 120°的金刚石圆锥或直径为 1.588mm 硬质合金球（如果在产品标准或协议中有规定时，允许使用钢球压头）作为压头。在测定硬度时，先加预试验力 F_0，将压头压至 1 位置，然后再加主试验力 F_1，进一步把压头压至 2 位置。最后卸除主试验力 F_1，在弹性作用下使压痕深度从 2 位置回到 4 位置。这时，距离 4（h）即为主试验力 F_1 所引起的压痕深度。被测材料的洛氏

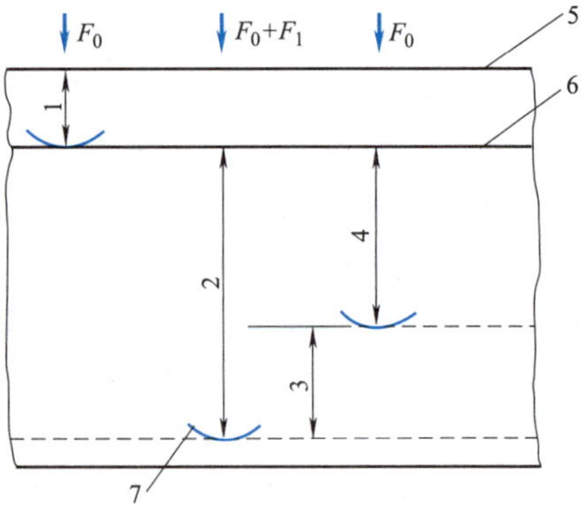

图 1-9 洛氏硬度试验原理图

1—在初试验力 F_0 下的压入深度　2—由主试验力 F_1 引起的压入深度　3—卸除主试验力 F_1 后的弹性回复深度　4—残余压入深度 h　5—试样表面　6—测量基准面　7—压头位置

硬度可由以下公式确定

$$HR = K - \frac{h}{0.002}$$

式中，K是与硬度计压头有关的常数。当采用金刚石圆锥作为压头时，$K=100$；当采用球形压头时，$K=130$。测定材料表面洛氏硬度 HRN 和 HRT 时，应采用公式 $HR = 100 - \frac{h}{0.001}$。

根据所用的压头和负荷的不同，洛氏硬度常用的硬度标尺有 HRA、HRB 和 HRC，试验规范及应用见表 1-2。

表 1-2 常用洛氏硬度标尺的试验规范及应用

洛氏硬度标尺	硬度符号④	压头类型	初试验力 F_0/kgf(N)	主试验力 F_1/kgf(N)	总试验力 F/kgf(N)	适用范围	应用⑤
A①	HRA	120°金刚石圆锥	10(98.1)	50(490.3)	60(558.4)	20～88HRA	测量硬脆金属或表面硬化层，如硬质合金、表面淬火层、渗碳层
B②	HRB	直径1.588mm球	10(98.1)	90(882.6)	100(980.7)	20～100 HRB	测量较软金属，如有色金属、正火钢、退火钢
C③	HRC	120°金刚石圆锥	10(98.1)	140(1373)	150(1471.1)	20～70HRC	测量较硬金属，如淬火钢、调质钢

① 试验允许范围可延伸至 94 HRA。

② 如果在产品标准或协议中有规定时，试验允许范围可延伸至 10 HRBW。

③ 如果压痕具有合适的尺寸，试验允许范围可延伸至 10 HRC。

④ 使用硬质合金球压头的标尺，硬度符号后面加“W”。使用钢球压头的标尺，硬度符号后面加“S”。

⑤ 应用在国标中未做规定。

洛氏硬度值的表示方法是依次标出洛氏硬度数值、符号 HR 和标尺（A、B、C）。例如，55HRC 表示 C 标尺测定的洛氏硬度为 55。在中等硬度情况下，洛氏硬度 HRC 与布氏硬度 HBW 之间的比例关系约为 1∶10，如 40HRC 相当于 400HBW。

与布氏硬度相比，洛氏硬度试验操作简便迅速，可直接读出硬度值。由于压痕小，故可测成品件和较薄材料的硬度，但测值重复性差，通常需要在一个试件上的不同部位测量三次，取其平均值作为试件硬度值。目前，生产上常用洛氏硬度 HRC 来测定淬火钢制零件的硬度。

三、维氏硬度

维氏硬度试验原理如图 1-10 所示。根据 GB/T 4340.1—2009《金属材料 维氏硬度试验 第 1 部分：试验方法》，用一定的试验力，将顶角为 136°的金刚石四棱锥压入金属表面，保持一定时间后卸去试验力，然后测出压痕对角线长度 d_1、d_2（mm），并求出压痕对角线的平均值 d。维氏硬度值是试验力 F(N) 除以压痕表面积 A(mm^2) 所得的商，用 HV 表示，即

$$HV = 0.1891 \times \frac{F}{d^2}$$

维氏硬度值的表示方法是依次标出：硬度数值、维氏硬度符号 HV、试验规范（试验力 kgf、保持时间 s。10～15s 不标注）。例如，640HV30/20 表示用 30kgf 试验力保持 20s 测定的维氏硬度值为 640。

维氏硬度试验使用金刚石四棱锥压头，由于可用较小的试验力（5kgf），故可测较薄的硬化层；由于使用的试验力范围大（5～120kgf），所以可测很软和很硬的材料，且具有统一的硬度值。但维氏硬度试验操作比较麻烦，一般在生产中只有用洛氏硬度不能测定时，如钢件氮化层硬度，才用维氏硬度测定。

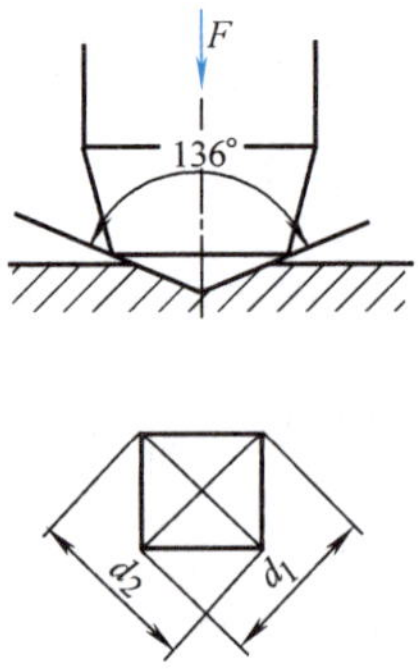

图 1-10　维氏硬度试验原理图

第二章

金属及合金的结构与结晶

第一节　金属的结构与结晶

一、金属键与金属的特性

金属具有良好的导电性、导热性和良好的塑性等特性。金属为什么具有这些特性呢？这主要是与金属原子间的结合方式有关。

金属原子的价电子数目很少，一般只有一个、二个，价电子与原子核之间的联系很弱。因此，当金属原子相互结合时，各原子大多会失去价电子变成为正离子；而从原子中脱落下来的价电子，在正离子间做自由运动，为整个金属所共有，这种电子称为自由电子。金属原子是依靠正离子与自由电子的相互吸引而结合起来的，这种结合方式称为金属键。

金属原子以金属键结合，其中有自由电子存在。因此，在外电场作用下，金属中的自由电子便会定向流动，形成电流，故具有良好的导电性。金属不仅依靠正离子振动，而且还依靠自由电子运动来传递热量，因此呈现良好的导热性。在外力作用下，金属中的原子面之间可做相对移动，即发生塑性变形，而正离子与自由电子间的结合不被破坏，使金属显示良好的塑性。

二、金属的晶体结构

1. 晶体的概念

固态物质可分为晶体和非晶体两大类。在晶体物质中，组成物质的质点在空间做有规则的排列；而在非晶体物质中，组成物质的质点是无规则地堆积起来的。金属原子是规则排列的，并以金属键结合，因此金属一般都是晶体（图 2-1a）。

为了便于研究晶体中原子排列的规律性，通常把原子抽象为质点，并用假想线将各个质点连接起来，形成一个空间格子。这种用来反映晶体中原子排列形式的假想空间格子称为晶格（图 2-1b）。晶体中原子排列具有周期性变化的特点，因此只要在晶格中取出最基本的几何单元进行分析，便能了解原子排列的规律。这种能够完全反映晶格特征的最小几何单元称为晶胞（图 2-1c）。

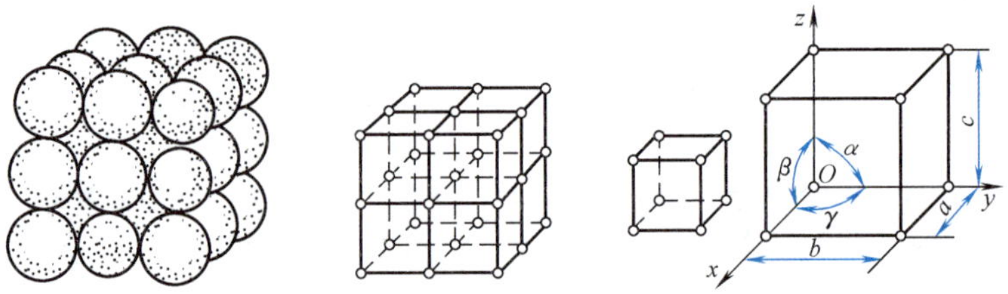

a)　b)　c)

图 2-1　晶体结构

a）晶体　b）晶格　c）晶胞

晶格就是由晶胞堆砌而成的，晶胞的形状和大小可用晶胞的棱边长度 a、b、c 和棱间夹角 α、β、γ 来表示。a、b、c 称为晶格常数，其大小通常以 Å[⊖]（埃）为单位。当晶格常数 $a=b=c$、棱边夹角 $\alpha=\beta=\gamma=90°$时，就构成立方晶格。

2. 常见的金属晶格

金属键的结合力较强，促使金属原子趋于紧密排列，因此金属晶体大多为排列紧密、结构简单的晶格。常见的有面心立方晶格（fcc）、体心立方晶格（bcc）和密排六方晶格（hcp）三类。

（1）面心立方晶格　这类晶格的晶胞如图 2-2a 所示，在立方体的每个角和每个面心上各有一个原子。具有这类晶格的金属有 γ-Fe、Cu、Al 等。

（2）体心立方晶格　其晶胞如图 2-2b 所示，在立方体的每个角和体心上各有一个原子。具有这类晶格的金属有 α-Fe、δ-Fe、β-Ti、Cr 等。

（3）密排六方晶格　其晶胞如图 2-2c 所示，除六方体的每个角和上、下面心上各有一个原子外，在六方体的中心还有三个原子。具有这种类型的金属有 Mg、Zn、α-Ti 等。

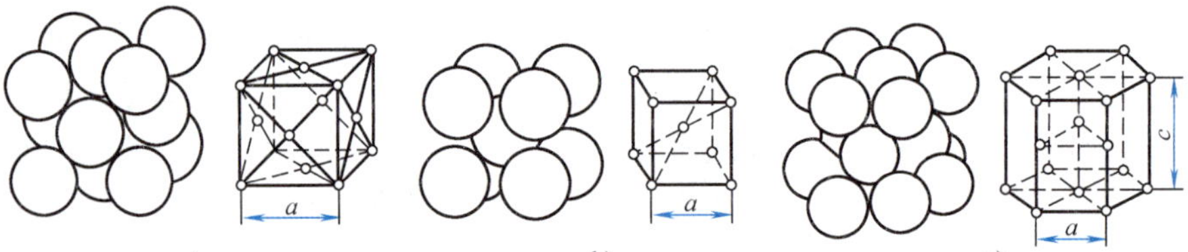

a)　b)　c)

图 2-2　常见的金属晶胞

a）面心立方　b）体心立方　c）密排六方

3. 晶胞中的原子数、配位数、致密度

计算一个晶胞中含有的原子数时，必须考虑哪些原子是与相邻晶胞所共有，以及该晶胞所分得的份数。例如，fcc 晶胞（图 2-3），顶角上的原子为八个晶胞所共有，一个晶胞分得 1/8 个原子，面上的原子为两个晶胞所共有，一个晶胞分得 1/2 个原子。fcc 晶胞中的原子数 $n=\frac{1}{8}\times8+\frac{1}{2}\times6=4$。

⊖　Å 为非法定单位，可换算为 $1\text{Å}=10^{-10}\text{m}$。

配位数是指晶体结构中与任一原子最紧邻、等距的原子数目。配位数越大，晶体中原子排列越紧密，从图 2-4 可知 fcc 晶格的配位数为 12。

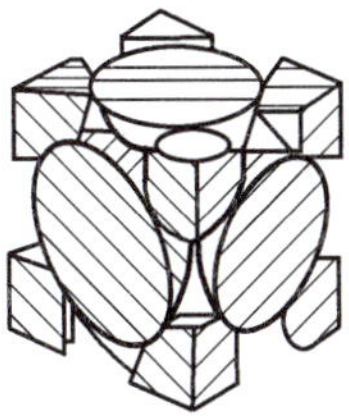

图 2-3　fcc 晶胞中的原子数 *n*

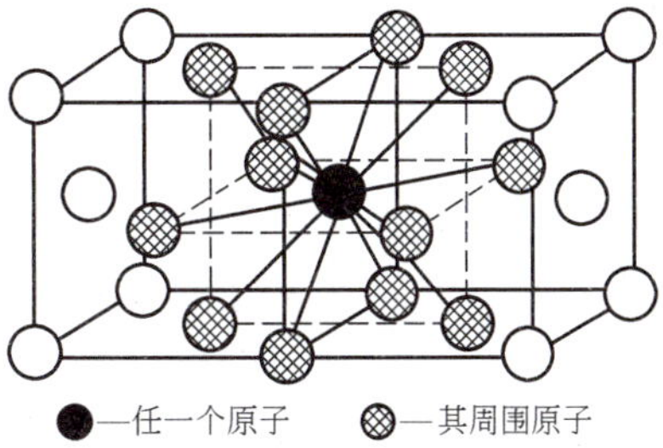

图 2-4　fcc 的配位数

致密度是指晶胞中原子所占的体积与晶胞的体积之比，即致密度 $k=\frac{n\nu}{V}$，式中的 n 为晶胞中的原子数，ν 为一个原子的体积$\left(\frac{4}{3}\pi r^3\right)$，$V$ 为晶胞体积（立方晶胞 $V=a^3$）。例如，fcc 晶胞，$k=\frac{4\times\frac{4}{3}\pi\times\left(\frac{\sqrt{2}a}{4}\right)^3}{a^3}=0.74$。应该指出，致密度越大，原子排列越紧密。常见金属晶格的一些数据列于表 2-1。

表 2-1　常见金属晶格的数据

晶格类型	晶胞中原子数 n	配位数	致密度 k	金属举例
面心立方 fcc	4	12	0.74	γ-Fe、Cu、Al
体心立方 bcc	2	8	0.68	α-Fe、Cr、W
密排六方 hcp	6	12	0.74	Mg、Zn

三、金属的实际晶体结构与晶体缺陷

1. 单晶体、多晶体

单晶体（图 2-5a）中的原子呈规则排列，晶格位向基本一致。由于在单晶体中各个方向上原子排列的紧密程度不同，结合强度不同，从而使晶体在不同方向上显示出不同的性能，这种现象称为各向异性。在工业生产中只有经过特殊制作才能获得单晶体，如半导体元件、磁性材料、高温合金等。工业上应用的一般金属是多晶体，如图 2-5b 所示。它由许多小晶体（称为晶粒）组成。每个晶粒内部的原子呈规则排列，晶格位向基本一致，而与相邻的晶粒位向相差很大，一般为 30°~40°。晶粒之间的界面称为晶界。晶粒内部的晶格位向也不是完全一致的，其中，不同小区的晶格位向相差大约 10′~20′。这些小区称为亚晶粒。亚晶粒之间的界面称为亚晶界。

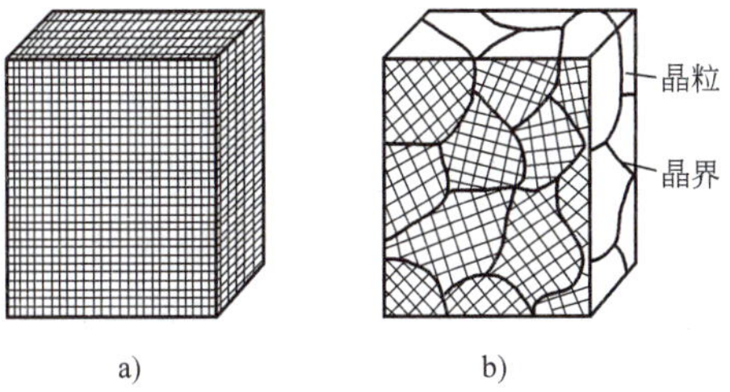

图 2-5　单晶体与多晶体示意图

晶界处的原子排列是不规则的。多晶体金属的性能为各个晶粒性能的平均值，且各个方向的性能基本相同，即具有各向同性或伪等向性。这是因为，实际金属是由许多位向不同的晶粒组成的多晶体，一个晶粒的各向异性在许多方位不同的晶粒之间可以互相抵消或补充所致。

2. 晶体缺陷

金属晶体中的原子都是规则排列的，这是指理想状态的金属晶体结构。实际上，金属晶体中总有极少数原子排列不规则和不完整，即存在着晶体缺陷。按晶体缺陷的几何形态特征，可将其分成点缺陷、线缺陷和面缺陷。

（1）点缺陷——空位、间隙原子和置换原子　有的晶格结点上没有原子存在，这就是晶格空位（简称空位）；有的原子不在晶格结点上，而是挤入晶格间隙中，这种原子称为间隙原子；还有的原子被其他异类原子所替换，称为置换原子，如图 2-6 所示。空位、间隙原子和置换原子附近的原子呈现排列不规则，使晶格扭曲，即产生晶格畸变。这将对金属的性能产生影响，如使屈服强度升高、电阻增大、体积膨胀等。此外，点缺陷的存在，将加速金属中的扩散过程，因而凡与扩散有关的相变、化学热处理、高温下的塑性变形和断裂等，都与空位和间隙原子的存在和运动有着密切的关系。空位、间隙原子的数目，随着温度的升高而急剧增多。应该指出，这种缺陷在晶体中占的比例是很小的。例如，1000℃的铜（熔点为 1083℃）中，一万个晶格结点仅有一个空位。

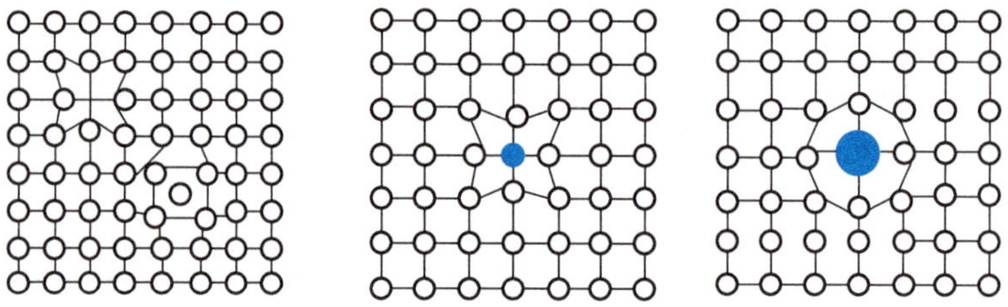

a)　　b)　　c)

图 2-6　晶体点缺陷

a）空位、间隙原子　b）、c）置换原子

（2）线缺陷——位错　是指晶体中一列或数列原子发生有规则的错排。位错的基本形式有刃型和螺型两种。刃型位错如图 2-7a 所示。由图可见，*ABCD* 原子面好像一把刀插入晶体中，刀刃 *CD* 附近的原子排列不规则，晶体发生畸变。*CD* 线即位错线，用⊥符号表示。螺型位错如图 2-7b 所示。由图可见，*A* 列与 *D* 列、*B* 列与 *C* 列原子上下没有对正，发生错排，晶格呈现畸变。这种位错线好像是被一条螺旋线（图上箭头所形成的线）所包围着，故称为螺型位错。晶体中的位错数量通常用位错密度表示。位错密度是指单位晶体体积中所包含的位错线总长度，用 ρ 表示，单位为 cm^{-2}。退火状态的金属中的位错密度 ρ 约为 $10^6 \sim 10^8 cm^{-2}$。

（3）面缺陷——晶界、亚晶界　晶界和亚晶界上的原子排列，是从一种位向过渡到另一种位向。在这个过渡层中的原子排列是不规则的，晶格发生畸变，如图 2-8a 所示。从图中还可以看出，亚晶界实际是由一系列的刃型位错堆积而成的（图 2-8b）。

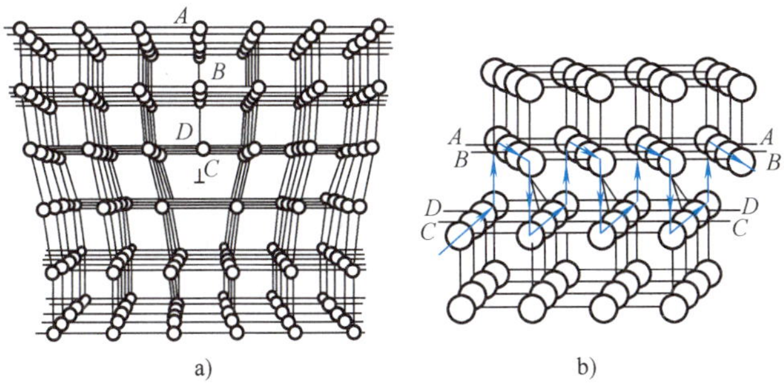

图 2-7　刃型位错和螺型位错

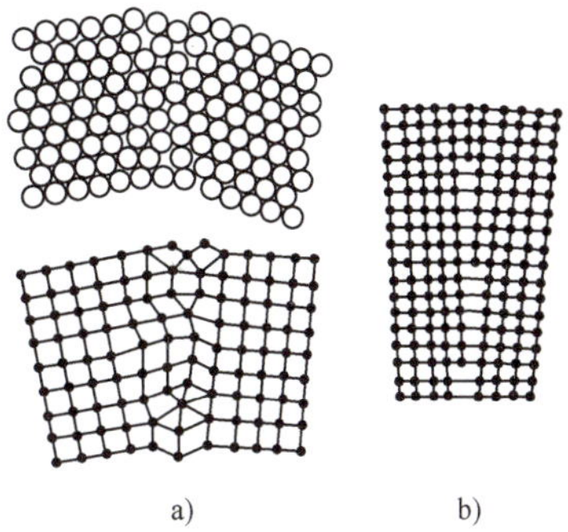

图 2-8　晶界和亚晶界

晶体中的各种缺陷都是原子排列不完整、不规则，并使晶格发生畸变。晶体缺陷的数量虽然不大，但对金属性能的影响和内部结构变化具有重要作用。应该指出的是，金属晶体存在缺陷，不等于金属存在缺点。在实际生产中，可以通过一定的工艺措施来控制晶体缺陷的数量和存在状态，从而调整金属的工艺性能和使用性能。

四、金属的结晶

物质由液态转变为固态的过程，称为凝固。如果凝固后得到的固态物质为晶体，则将这种转变过程称为结晶。通常情况下，金属的凝固过程属于结晶过程。金属铸锭、铸件及熔化焊的焊缝等，都经历这样的结晶过程，其组织、性能与结晶过程有着密切关系，因此，有必要了解金属的结晶规律，以利于控制金属产品的质量。

1. 金属结晶的概念

金属具有固定的熔点（T_m），例如，铁的熔点为1538℃。在熔点温度，金属液体与晶体同时共存并处于平衡状态，金属液体不能进行有效的结晶，此温度为理论结晶温度 T_0。在实际生产中，金属液体只有冷至低于 T_0 的某一温度 T_n（实际结晶温度）时才能有效地进行结晶，这种现象称为过冷。理论结晶温度与实际结晶温度之差，称为过冷度，即 $\Delta T = T_0 - T_n$。过冷度 ΔT 与金属的种类、纯度、冷速等因素有关。对于同一种金属液体来说，冷速越大，则过冷度越大。实际金属总是在过冷情况下进行结晶的，所以过冷是金属结晶的一个必要条件。

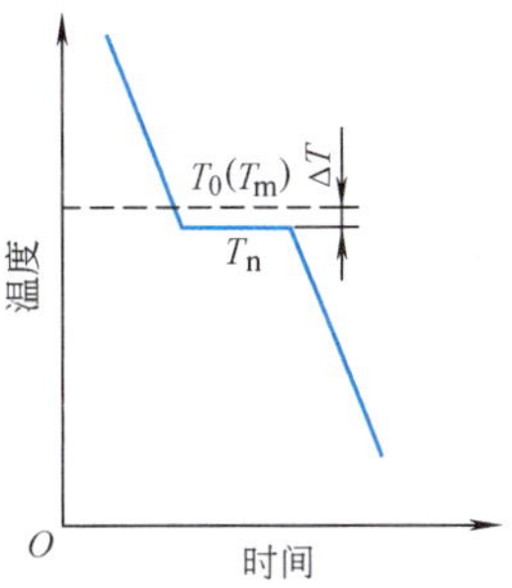

图 2-9　金属的冷却曲线

金属在结晶时要放出结晶潜热，因此，可用热分析法来测定金属的结晶温度。热分析法是先将金属熔化，然后冷却下来，在冷却过程中每隔一定时间测一次温度，最后将测得的数据绘在温度-时间坐标上，即可得冷却曲线，如图 2-9 所示。图中冷却曲线的水平台表示液体金属在结晶时放出的结晶潜热补偿了它向外逸散的热量，故温度 T_n 不变，该温度就是结晶温度。若冷速极其缓慢，则 ΔT 趋于零，T_n 就接近 T_0。

2. 金属的结晶过程

在金属液体中，总是存在着一些类似晶体中原子有规则排列的小集团。在熔点或熔点以上，这些小集团是不稳定的，时聚时散，此起彼伏。当低于熔点时，这些小集团中的一部分长大至一定尺寸后，就能成为比较稳定的小晶体。这些小晶体作为结晶中心，称为晶核。金属液体依靠过冷，使金属原子自发地形成晶核是很难的，需要很大的过冷度（$\Delta T \approx 0.2T_0$）。例如，液态纯铜在 $\Delta T=236℃$ 时才能结晶。这在生产中是见不到的。实际金属液体并不是很纯的，其中总有一些固态杂质存在，在结晶时，晶核大多依附在这些固态杂质表面上形成。这是因为晶核依附在固态杂质表面上形成，比自发地从液体中形成，其表面积小，表面能小，容易进行。也就是说，在较小的过冷度下金属液体就可以结晶。实际上，金属结晶都是这种非自发形核，一般过冷度约为 20℃左右。

晶核形成后，随着时间的推移而逐渐长大。开始时，晶体较小，因其内部的原子排列规则，故其外形也就比较规则；随后，由于晶体棱角处的散热条件，优于其他部位而得到优先长大，这就像树枝一样先长主干后长分枝，如图 2-10 所示；最后，枝晶间隙处的金属液体凝固，形成一个晶粒。这种生长方式叫枝晶生长。在金属中很少见到枝晶，只有液体补充不足而未填满枝晶间隙时才能见到枝晶，如铸锭的表面或冒口中可发现枝晶。

综上所述，金属的结晶过程是由形核和长大两个基本过程组成的，并且这两个过程是同时并进的，如图 2-11 所示。这种结晶规律，不仅适用于金属液体转变成固体，而且还适用于金属中的固态相变。

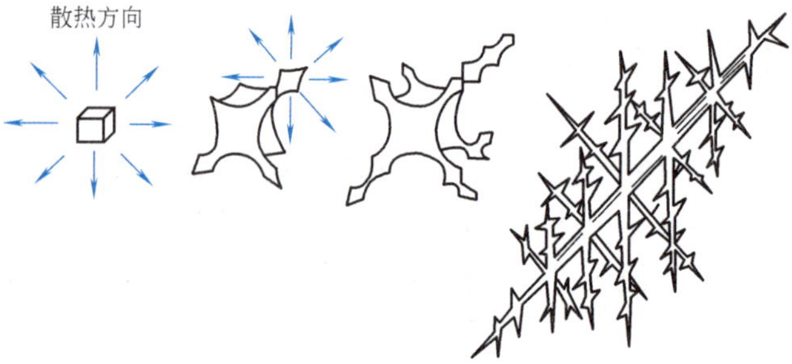

图 2-10 枝晶生长示意图

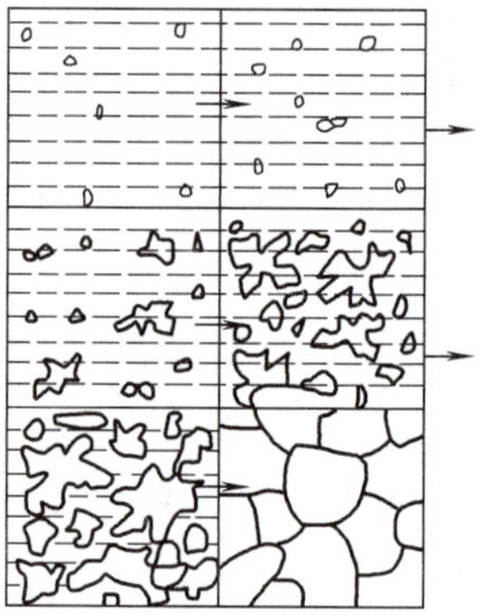

图 2-11 金属结晶过程示意图

3. 晶粒大小对金属力学性能的影响及细化晶粒的方法

晶粒大小对金属的性能有着重要的影响，金属的晶粒越细，它的强度、硬度越高，塑性、韧性越好。例如，纯铁的晶粒直径从 70μm 减至 1.6μm，其 R_m 由 184MPa 升至 270MPa，A 由 30.6% 增至 50.7%。由此可知，控制铸件晶粒大小具有很大的实际意义。

金属结晶后单位体积中晶粒的数目 Z 取决于结晶时的形核率 N（单位时间、单位体积液态金属中生成的晶核数目）和晶核长大率 G（单位时间内晶核长大的线速度），它们之间的关系为

$$Z \propto \sqrt{\frac{N}{G}}$$

由上式可知，凡能促进形核、抑制长大的因素都能细化晶粒。根据结晶时的形核和长大规律，在工业生产中，为了细化铸锭和焊缝区的晶粒，一般采取以下措施：

（1）提高金属在结晶时的冷速　金属在结晶时的冷速越大，其过冷度越大。实验表明，过冷度 ΔT 与形核率 N、长大率 G 之间的关系如图 2-12 所示。图中实线部分为实际生产条件下金属结晶时可能达到的过冷度。此时形核率和长大率随过冷度的增大而增加，而形核率的增加比长大率的增加更快，所以增大冷速会提高 N/G 值，从而使铸件晶粒细化。

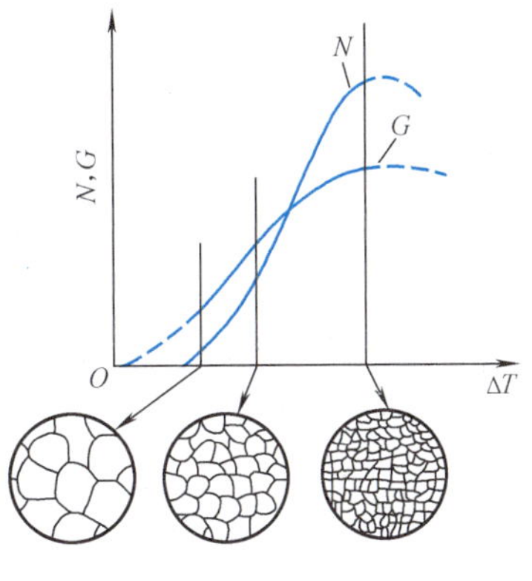

图 2-12　过冷度 ΔT 与形核率 N、长大率 G 的关系

在铸造生产中，为提高金属在结晶时的冷速，获得细晶粒铸件，可采用金属型铸造、在砂型中放置冷铁等工艺方法。应该指出，采用提高冷速来细化晶粒的方法，常用于薄而小的铸件，对于厚而大的铸件就难以办到。另外，冷速过大，会引起铸件中的应力过大，可能造成铸件开裂，因此必须依靠其他的方法来细化晶粒。

（2）变质处理　在铸造生产中，常用变质处理来细化金属铸件的晶粒。所谓变质处理，就是在浇注前向金属液体中加入变质剂，促使晶粒细化，以达到提高力学性能的目的。变质剂或者呈固态质点悬浮于金属液体中，促使非自发形核，增加形核率；或者起机械阻碍作用，减小长大率，从而使晶粒细化。常用的变质剂有钠盐，用于铸造铝合金；硅铁、硅钙合金用于铸铁等。由于变质处理对细化金属晶粒的效果好，因此，在生产中得到了广泛的应用。

除上述方法外，在结晶过程中采用机械振动、超声波振动等方法，也能达到细化晶粒的效果。这是因为振动可以提高形核率和使正在生长着的晶体破碎，从而提供更多的晶核，故能细化晶粒。

4. 金属铸锭的组织

这里所讲的组织，是指晶粒大小和形状，通常是宏观可见的，故又称为宏观组织。图 2-13是钢锭的组织，这是典型的金属铸锭组织，它由以下三个晶区组成。

（1）表层细等轴晶区　金属液体浇入铸型中与冷的型腔壁接触，产生强烈的过冷，再有粗糙的型腔壁可作为人工晶核。因而，在铸型型壁附近很薄的一层液态金属中会形成大量晶核，很快形成细小的等轴晶粒。所谓等轴晶粒，是指晶体的长、宽、高三轴近似相等，呈粒状。

（2）柱状晶区　随着铸型温度不断升高，剩余金属液体的冷却速度变慢，此时热量沿垂直于型壁方向散热，具有明显的方向性。因此，只有晶体成长方向与散热方向相反的一些晶体才能得到优先生长，形成柱状晶。

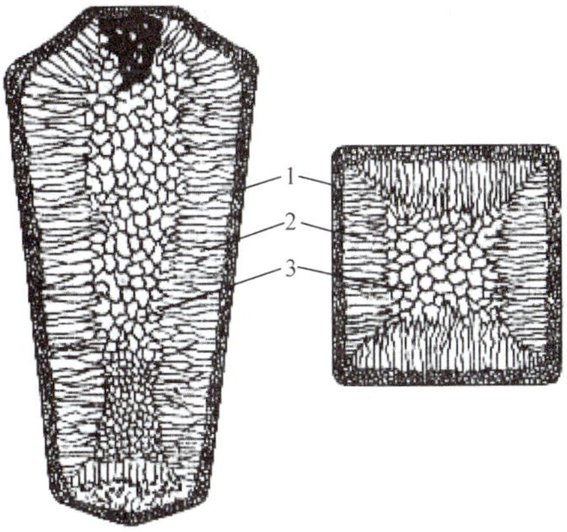

图 2-13　钢锭的组织

1—表层细等轴晶区　2—柱状晶区

3—中心粗等轴晶区

（3）中心粗等轴晶区　铸锭心部剩余金属液体的冷却速度进一步变慢，散热方向也不明显，液态金属处于缓慢而均匀的冷却状态，从而导致形核率下降，晶体在各方向上均匀长大，最终形

成粗大的等轴晶粒。

从铸锭组织可知，晶粒除按大小分为粗的和细的外，还可按形状分为等轴的和非等轴的（柱状晶）。柱状晶是在具有明显散热方向的条件下形成的。由于它是从铸锭外层向心部按顺序凝固，液体容易补充，大大减少分散缩孔，所以它的组织是致密的。另外，沿晶柱方向的性能比垂直晶柱方向的高，因此它具有明显的各向异性。而等轴晶是在无明显散热的条件下形成的，组织疏松，呈各向同性。

实际的金属铸锭组织，除晶粒大小和形状不同外，还有许多缺陷，如缩孔、缩松、偏析、气孔等。

铸锭组织的形成原理也适用于铸件。上述金属铸锭组织是典型的。实际上，铸锭（件）的组织，并不都具备三个晶区，它是随着合金种类、化学成分、铸锭（件）的尺寸形状、铸造工艺的改变而变化的，改变这些因素，可以改变三个晶区的宽窄和晶粒大小，甚至获得只有一个晶区所构成的铸锭（件）组织。

第二节 合金的结构与相图

一、合金的概念

由两种或两种以上的金属，或金属与非金属，经熔炼或烧结，或用其他方法组合而成的具有金属特性的物质叫合金。在工程上，合金的应用范围比纯金属广泛得多。常用的钢、铸铁、黄铜等都是合金。合金的使用性能和工艺性能均比纯金属好，尤其是力学性能优越。例如，纯铁的 R_m 约为 200MPa，而 Q235A 钢（铁碳合金）的 R_m 约为 460MPa。

组成合金最基本的、独立的物质叫做组元，简称为元。一般说来，组元就是组成合金的元素，但也可以是稳定的化合物。合金按组元数目，可分为二元合金、三元合金等。例如，黄铜是由铜与锌元素组成的合金，其组元为铜和锌，属于二元合金。

由给定的组元可以以不同的比例配制成一系列成分不同的合金，这一系列合金就构成一个合金系统，简称系。例如，各种成分的碳钢和铸铁均属于铁碳合金系。

一般物质的液态和固态，分别称为液相和固相。由此可知，相是一种聚集状态，是合金中结构相同、成分和性能均一并以界面相互分开的均匀组成部分。由一种固相组成的合金称为单相合金，由几种不同固相组成的合金称为多相合金。而相的数量、大小及分布状态构成不同的组织，组织是一个与相紧密相关的概念。通常将显微镜下观察到的微观形貌图像称为组织。相与组织是影响合金性能的重要因素。

二、固态合金中的相结构

固态合金中的相分为固溶体和金属化合物两大类。

1. 固溶体

溶质原子溶入溶剂晶格中所形成的合金相，称为固溶体。溶质元素的溶入量可以在一定范围内变动，因此固溶体的化学成分不是固定的。溶质原子溶入溶剂晶格后，并不改变溶剂晶格的类型，也就是说，固溶体的晶格类型与溶剂相同。例如，碳溶于 γ-Fe（fcc）中形成 γ 固溶体，其晶格仍然是 fcc。

固溶体可按以下方法分类：按溶解度，可分为有限固溶体和无限固溶体；按溶质原子在溶剂晶格中所处的位置，可分为置换固溶体和间隙固溶体。

（1）置换固溶体 溶质原子置换了溶剂原子，并置于溶剂晶格的结点上所形成的固溶体，称为置换固溶体（图2-14a）。置换固溶体的形成和溶解度，主要取决于二组元的负电性、原子半径差和晶格类型。若二组元在周期表中的位置相近、负电性相差较小、化学亲和力较弱，容易形成置换固溶体；否则，就容易形成化合物。二组元的原子半径差较小，只有当二组元的原子半径差小于14%～15%时，才有利于形成置换固溶体；否则，就容易形成间隙固溶体。只有二组元的晶格类型相同时，才能形成无限固溶体；若二组元的晶格类型不同时，只能形成有限固溶体。例如，Cu、Ni元素，其原子序数Cu为29，Ni为28，在周期表中的位置相近；其原子直径Cu为2.55Å，Ni为2.44Å，相差很小；它们的晶体结构均为fcc，故Cu、Ni形成置换固溶体，其溶解度是无限的。

（2）间隙固溶体 溶质原子溶入溶剂晶格的间隙中所形成的固溶体称为间隙固溶体（图2-14b）。间隙固溶体的形成和溶解度，受二组元的原子半径差和溶剂晶格中的间隙半径的影响。二组元的原子半径差越大，即溶质原子半径越小、溶剂原子半径越大，越容易形成间隙固溶体。溶质原子半径一般小于1Å，如碳为0.77Å、氮为0.71Å。溶剂晶格中的间隙半径越大，固溶体的溶解度就越大。例如，碳在铁中的最大溶解度即含碳量，γ-Fe中为2.11%、α-Fe中为0.0218%。显然这是由于它们的晶格间隙半径不同的缘故，见表2-2。

表2-2 α-Fe、γ-Fe的间隙半径和最大溶碳量

名称	晶格	原子半径 r/Å	最大间隙半径/Å	最大溶碳量 w_C(%)
α-Fe	bcc	1.252(720℃)	$0.29r=0.36$	0.0218
γ-Fe	fcc	1.293(1148℃)	$0.41r=0.53$	2.11

（3）固溶强化 溶质原子溶入溶剂晶格中，不论位于间隙中还是置于结点上，都会使晶格发生畸变，如图2-14所示，从而使合金的强度、硬度升高。另外，溶质原子一旦聚集在晶体缺陷（位错）处，会与位错发生相互作用，也会提高合金的强度、硬度。这种由于溶质原子溶入溶剂中形成固溶体，使合金的强度、硬度升高的现象，称为固溶强化。

固溶体的强度、硬度，随着溶质元素溶入量的增加和溶质原子与位错相互作用程度的加剧而增加。形成间隙固溶体的溶质元素，其强化效果大于置换固溶体，这是由于溶质原子处在溶剂晶格间隙时会造成较大的晶格畸变所致。另外，这类原子半径很小（<1Å）容易扩散到位错处与其发生作用，从而造成更大的强化效果。

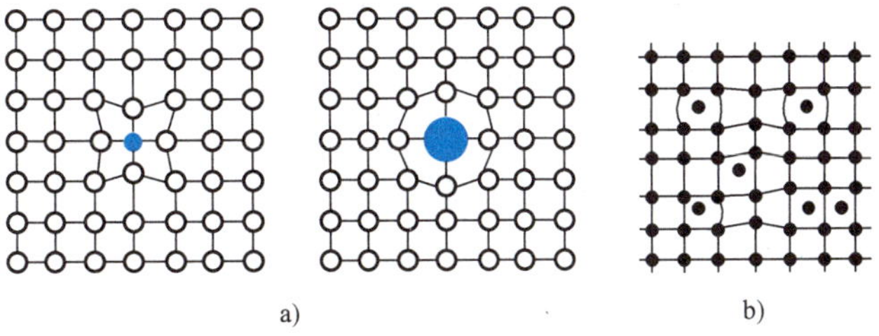

图2-14 形成固溶体时的晶格畸变

a）置换固溶体 b）间隙固溶体

固溶强化是金属材料强化的重要途径。但应该指出，通过固溶强化来提高合金的强度是有限的。固溶体的性能与基体金属的性能基本相似，仍然保持着良好的塑性。因此，常用金属材料通常是以固溶体作为基体相，为了提高强度，还需要

一种强化相——金属化合物。

2. 金属化合物

合金中的两组元相互作用而形成的一种新相，它的晶体结构、性能、熔点与两组元都不同，并且具有金属特性，这种相称为金属化合物。常见的金属化合物，根据形成条件可分为正常价化合物、电子化合物和间隙化合物。

（1）正常价化合物　这类化合物的化学式符合化合价规则，故称为正常价化合物。正常价化合物的化学成分是固定不变的，如 Al-Mg-Si 合金中的 Mg_2Si 就属于这类化合物。

（2）电子化合物　这类化合物的化学式不符合化合价规则，而是按照一定的电子浓度组成的，故称为电子化合物。所谓电子浓度，是指化合物中的价电子数与原子数之比，即 $C_{电}$ = 价电子数/原子数。电子化合物的化学成分通常不是固定不变的。例如，β 电子化合物 CuZn 的含锌量 w_{Zn} 为 36.8% ~ 56.5%。因此，可以把它看作是以化合物为基的固溶体。

（3）间隙化合物　这类化合物的化学式也不符合化合价规则。形成这类化合物的决定性因素是二组元的原子半径。它是由过渡族金属元素（Fe、Cr 等）与非金属元素（原子半径小于 1Å，如 C、N、B 等）形成的。大的金属原子占据晶格结点，而小的非金属原子则有规则地嵌入晶格间隙中，故称为间隙化合物。钢铁材料中的碳化物、氮化物、硼化物等都属于这类化合物。

常见的金属化合物，通常都是硬而脆的，因此，不能作为金属结构材料的基体相。一般常用金属材料，如钢，都是以固溶体作为基体相，在其中分布有少量的金属化合物作为强化相，又称为第二相。这种组织使材料既具有足够强度又具有良好韧性，从而满足机械零件对金属材料的性能要求。

三、二元合金相图

相图通常又叫状态图或平衡图，用来表示在平衡条件下（即极其缓慢加热或冷却条件下）合金成分、温度与相之间的关系。相图是选择材料、制订工艺的重要依据。

实际的二元合金相图是多种多样的，且很复杂，但这些复杂相图可以看作是由一些基本的简单图形组合而成的。因此，这里介绍几种基本形式的简单相图。

1. 匀晶相图

这类相图的特点是二组元在液态和固态均无限互溶且形成无限固溶体。例如，Cu-Ni、Au-Ag 等合金相图均属于这种类型。

（1）相图分析　以 Cu-Ni 合金相图（图 2-15a）为例来讨论匀晶相图。从图可见，铜镍合金的组元为 Cu、Ni；合金的相有液相 L、固相 α，α 为 Cu、Ni 形成的无限置换固溶体；相图中的 *AB* 上线为液相线，它代表合金开始结晶或熔化终了的温度；*AB* 下线为固相线，它代表合金结晶终了或开始熔化的温度；*AB* 上、下线将相图分成 L、L + α 和

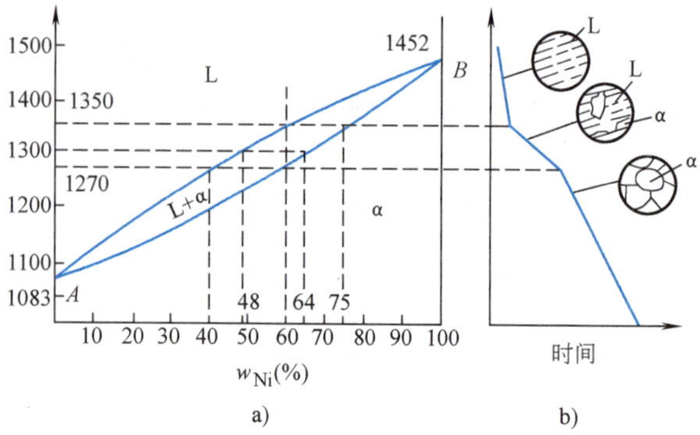

图 2-15　Cu-Ni 合金相图

α 三个相区。

（2）合金的结晶过程　在匀晶相图中，所有合金的结晶过程基本相同。这里以 w_{Ni} = 60% 合金的结晶过程为例说明如下。在极缓慢的冷却条件下，当合金冷至 1350℃时，开始从 L 中结晶出 α。随着温度不断下降（1350℃→1300℃→1270℃），L 的数量不断减少，α 的数量不断增多。同时，α 的化学成分（含镍量）将沿着固相线（*AB* 下线）不断变化（75%→64%→60%），L 的化学成分（含镍量）相应地沿着液相线（*AB* 上线）不断变化（60%→48%→40%）。合金冷至 1270℃时结晶结束，获得 w_{Ni} = 60% 的均匀 α 固溶体。该合金的结晶过程及冷却曲线如图 2-15b 所示。

（3）枝晶偏析　从匀晶相图可知，形成固溶体的合金在结晶时，先结晶出含高熔点元素多的固溶体，后结晶出含高熔点元素少的固溶体，而整个结晶过程是在极其缓慢冷却条件下进行的，原子可以充分扩散，故固溶体的化学成分一直保持均匀。而在实际生产条件下，固溶体合金结晶是在较快冷却条件下进行的，由于先后结晶出来的固溶体成分不同，且因冷却较快而来不及扩散均匀，因此一个晶粒内的化学成分是不均匀的，这种现象称为晶内偏析。由于这种偏析呈树枝状分布，故又称为枝晶偏析。

枝晶偏析是固溶体合金在较快冷却条件下原子扩散不充分造成的。消除枝晶偏析的方法是在高温下（固相线以下 100～200℃）长时间保温，使原子充分扩散，以达到成分均匀，这种工艺方法叫均匀化退火。

2. 共晶相图

这类相图的特点是二组元在液态时无限互溶，在固态时不能无限互溶形成单相固溶体，而是形成两个成分不同的固相，且发生共晶反应。Pb-Sn、Pb-Sb、Al-Si 等合金的相图都属于这种类型。

（1）相图分析　以 Pb-Sn 合金相图（图 2-16）为例，了解共晶相图的特点。合金组元为 Pb、Sn，其相有液相 L、固相 α 和 β。α 是 Sn 溶于 Pb 中的固溶体，β 是 Pb 溶于 Sn 中的固溶体。这类相图具有共晶反应。所谓共晶反应，是指一定成分的液相在一定温度下同时结晶出两个成分不同的固相的过程。w_{Sn} = 61.9% 的液态 Pb-Sn 合金在 183℃时同时结晶出 α（w_{Sn} = 19%）和 β（w_{Sn} = 97.5%）两个固相的过程就是共晶反应，其反应式为 $L_E \rightarrow (\alpha_M + \beta_N)$。不难看出，共晶反应发生在 Pb-Sn 相图中的 *E* 点，*E* 点合金的成分（w_{Sn} = 61.9%）称为共晶成分，*E* 点的温度（183℃）称为共晶温度，*MEN* 线称为共晶线，共晶转变产物（α + β）两个相的混合物称为共晶体。成分在 *M*～*E* 间的合金称为亚共晶合金，在 *E*～*N* 之

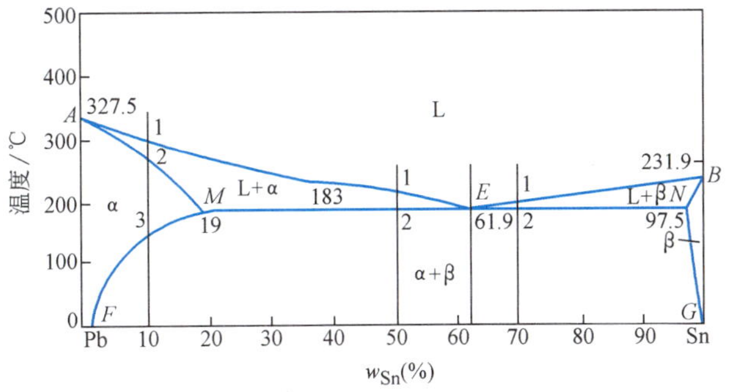

图 2-16　Pb-Sn 相图

间的合金称为过共晶合金。

由以上分析可知，相界线把共晶相图分成六个相区：三个单相区为 L、α、β 相区；三个两相区为 L+α、L+β、α+β 相区。

（2）典型合金结晶过程分析

1）F、M 间的合金。现以 $w_{Sn}=10\%$ 合金为例说明这类合金的结晶过程。该合金的液相缓冷到 1 点时与液相线相交，开始结晶出 α 固溶体。随着温度的下降，α 固溶体的数量不断增加，而液相数量不断减少，液相成分沿液相线 AE 变化，固相 α 的成分沿固相线 AM 变化。当合金冷却到与固相线相交的 2 点时，全部结晶为 α 固溶体。在 2 ~ 3 点的温度范围内冷却时，单相 α 固溶体不发生变化。温度降至 3 点以下时，多余的锡以 β 固溶体的形式从 α 固溶体中析出，随温度的继续下降，从 α 固溶体中继续析出 β 固溶体，且 α 固溶体的成分沿 MF 变化，而析出 β 固溶体的成分沿 NG 变化。为了区别从液相中结晶出的 β 固溶体，把从固相中析出的 β 固溶体，称为次生的 β 固溶体，并以 β_{II} 表示。因此，该合金冷却到室温的组织为 $\alpha+\beta_{II}$。

2）E 点成分的共晶合金（$w_{Sn}=61.9\%$）。该合金的结晶过程如图 2-17 所示。液态合金冷却到 183℃时发生共晶转变，由液相中同时结晶出 α、β 两种固溶体。反应式 $L_E \rightarrow (\alpha_M+\beta_N)$，这一过程在 E 点温度下一直进行到液相完全消失为止。共晶转变结束后，温度继续下降，共晶体中的 α 和 β 固溶体的成分分别沿着 MF、NG 线变化，析出 β_{II} 和 α_{II} 次生相。由于次生相 β_{II} 和 α_{II} 分别和共晶体中的 β 和 α 混在一起，不易分辨，而且数量相对较少，故可忽略不计。因此，共晶成分的合金冷却到室温的组织为（α+β）共晶体。

3）M、E 间的亚共晶合金。现以 $w_{Sn}=50\%$ 合金为例说明这类合金的结晶过程，如图 2-18所示。该合金冷却到 1 温度，开始从液体中结晶出 α 固溶体。从 1 至 2 温度，随着温度的降低，液相的数量不断减少，α 的数量不断增加；同时，液相中的含锡量沿着 AE 线逐渐变到 E 点（61.9%），α 中的含锡量沿着 AM 线逐渐变到 M 点。在 2 点温度时 α 固溶体不变，成分为 M 点成分，而剩余液相的成分达到 E 点成分将发生共晶转变。这一转变一直进行到剩余液相全部转变为共晶组织为止。共晶转变终了后，亚共晶合金的组织由初晶 α 固溶体（又称先共晶 α 固溶体）与共晶组织（α+β）组成。

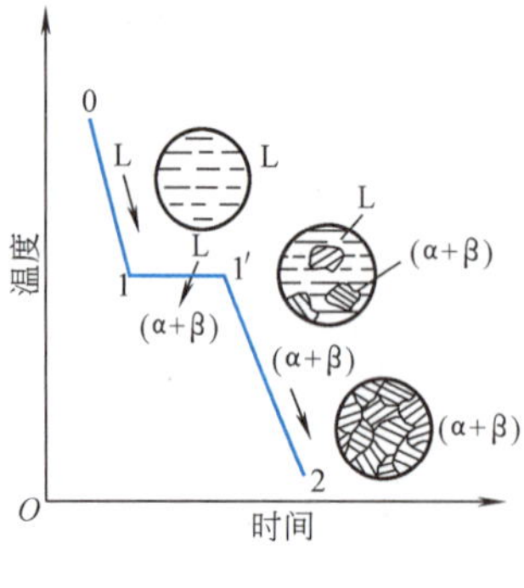

图 2-17　共晶合金的冷却曲线及结晶过程

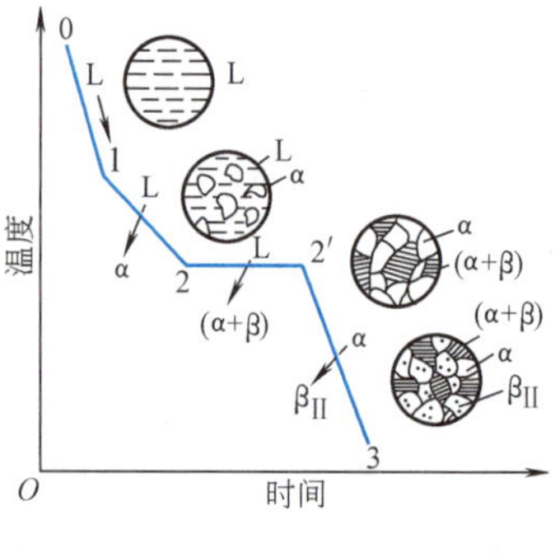

图 2-18　亚共晶合金的冷却曲线及结晶过程

当合金冷却到 2 点以下温度时，α 和 β 固溶体的溶解度分别沿着 MF 和 NG 线变化，发生次生相析出反应，分别从 α 和 β 固溶体中析出 β_{II} 与 α_{II}。由于共晶体中的次生相不予考虑，所以其室温组织为 $\alpha+\beta_{\text{II}}+(\alpha+\beta)$。所有亚共晶合金的结晶过程基本相同，室温组织都是 $\alpha+\beta_{\text{II}}+(\alpha+\beta)$，只是各种组织组成物的相对量不同。

4）*E*、*N* 间的过共晶合金。其结晶过程与亚共晶合金的结晶过程类似，只是初生相不是 α 固溶体，而是 β 固溶体，室温组织为 $\beta+\alpha_{\text{II}}+(\alpha+\beta)$。

（3）合金的相组分与组织组分　总结以上几种典型合金的结晶过程，可以看出 Pb-Sn 合金结晶所得组织中仅出现了 α 和 β 两相。因此，α 和 β 相称为合金的相组分（相组成物）。图 2-16 中各相区就是以合金的相组分填写的。

由于不同合金的形成条件不同，各种相可由不同的形状、数量、大小互相组合，因而在显微镜下可观察到不同的组织。

相图一般只给出合金中存在的相，并不表示相的形状、大小和分布，即组织。因此，在生产中利用它解决实际问题时很不方便。为了便于使用，人们往往将合金的组织组分填写在相图中，如图 2-19 所示。

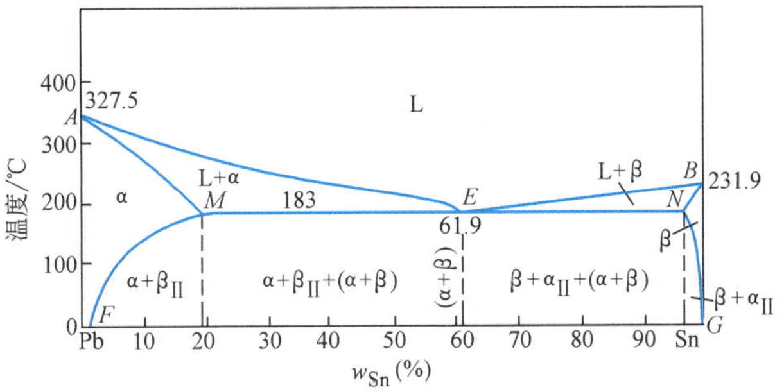

图 2-19　按组织组分填写的 Pb-Sn 相图

3. 包晶相图

图 2-20 所示为 Pt-Ag 包晶相图，即具有包晶反应的相图。图中 *P* 点成分（$w_{Ag}=42.4\%$）的合金冷到 1186℃时为 *C* 点成分（$w_{Ag}=66.3\%$）的液体 L 和 *D* 点成分（$w_{Ag}=10.5\%$）的 α 固溶体，其反应式为 $L_C+\alpha_D \rightarrow \beta_P$。这种由一种液相与一种固相相互作用形成一种新固相的反应，称为包晶反应。相图上的 *P* 点称为包晶点。

4. 共析相图

在二元合金相图中常遇到在高温通过匀晶转变形成的固溶体，在冷却到某一温度时，又发生分解而形成两个新的固相，这种相图称为共析相图，如图 2-21 所示。图中 *A* 和 *B* 代表两个组元，*c* 为共析点，*dce* 为三相共存的共析线，在该温度下（共析温度），从 *c* 点成分（共析成分）的 α 固溶体中同时析出 *d* 点成分的 β_{I} 和 *e* 点成分的 β_{II} 固相，反应式为 $\alpha_c \rightarrow \beta_{\text{I}d}+\beta_{\text{II}e}$。这种由一个固相中同时析出两个不同成分的固相转变，称为共析转变，与共晶转变对比，有以下特点：

1）共析转变是固态转变，转变过程中需要原子做大量的扩散，但在固态中的扩散比在液态中困难得多，所以共析转变需要有较大的过冷度。

2）由于共析转变过冷度大，因而形核率高，得到的共析体比共晶体更细密。

3）共析转变前后晶体结构不同，转变会引起体积变化，从而会产生较大的内应力。这一现象在钢的热处理时表现较为明显。铁碳合金中珠光体转变就是常见的共析转变，该内容将在下一章节中详细讨论。

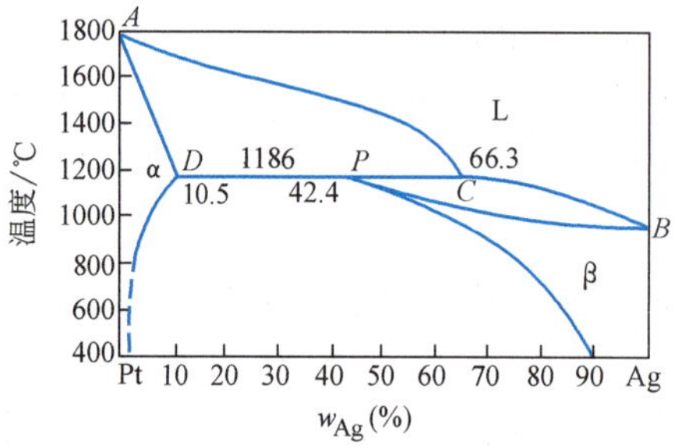

图 2-20　Pt-Ag 包晶相图

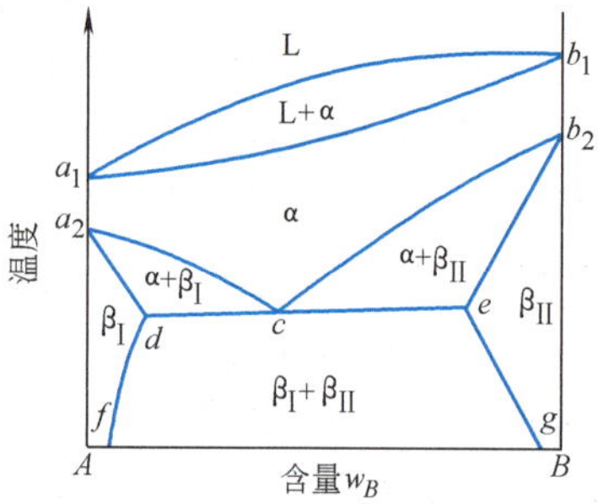

图 2-21　共析相图

在实际合金相图中有时会包含一个或多个稳定化合物（即具有固定成分、固定熔点的化合物），它可视为一个组元，将复杂的合金相图分为两个或多个简单相图。如，在 Mg-Si 合金中的化合物 Mg_2Si，将 Mg-Si 复杂相图分为 Mg + Mg_2Si 和 Mg_2Si + Si 两个简单的共晶相图，如图 2-22 所示。只要掌握了各类基本相图的特征，就能化繁为简，易于理解。

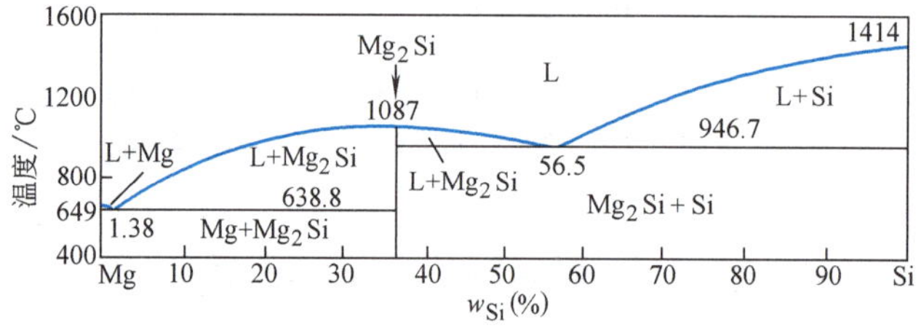

图 2-22　Mg-Si 相图

第三章

铁碳合金相图

现代工业中应用最为广泛的金属材料是钢和铁。它们的基本化学成分是铁与碳两个元素，故统称为铁碳合金。普通碳钢和铸铁属于铁碳合金，而合金钢和合金铸铁则是加入合金元素的铁碳合金。

铁碳合金相图是研究钢铁材料的理论基础。本章通过分析铁碳合金相图及典型铁碳合金的结晶过程，深入了解和掌握铁碳合金的成分、组织、性能之间的关系，为学习钢的热处理、工业用钢及其铸铁打下牢固的理论基础。

第一节　铁碳合金的组元及基本相

一、纯铁及其同素异构转变

铁是铁碳合金相图的组元之一。因此，我们首先介绍铁的晶体结构及性能特点。

铁是银白色的金属，原子序数为26，相对原子质量为55.85，熔点1538℃。前已述及，铁的晶体结构有体心立方晶格的α-Fe、δ-Fe及面心立方晶格的γ-Fe。图3-1是纯铁的冷却曲线。由图可知，液态纯铁在1538℃结晶成具有体心立方晶格的δ-Fe；继续冷却到1394℃，δ-Fe转变为面心立方晶格的γ-Fe；再继续冷却到912℃又转变成体心立方晶格的α-Fe；在912℃以下，铁的晶体结构不再发生变化。这种金属在固态下，随温度的改变而发生晶体结构变化的现象，称为金属的同素异构转变。

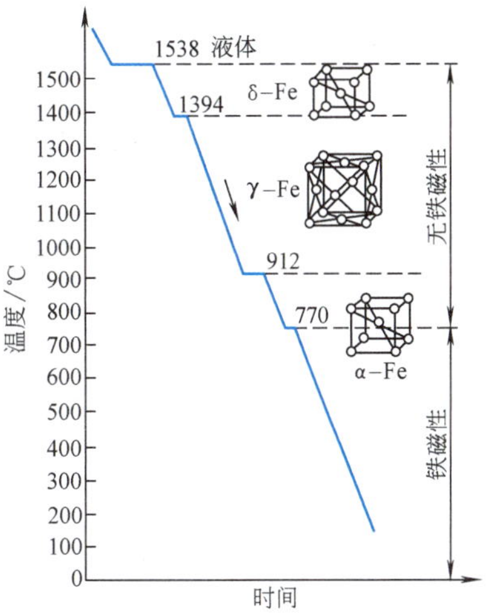

图3-1　纯铁的冷却曲线

这里的δ-Fe、γ-Fe和α-Fe都是纯铁的同素异构体，而1394℃、912℃是纯铁的临界点，分别称为A_4点及A_3点。金属的同素异构转变与液态金属的结晶过程相似，符合结晶过程的一般规律，即有一定的转变温度，转变时需要过冷，有结晶潜热产生，并依靠形核和长大来完成。但它又与液态结晶不同，即同素异构转变是在固态下发生的。因此，我们通常将这一转变过程称为重结晶。

需要说明的是，纯铁在冷却过程中还会发生磁性转变，即在770℃以下，纯铁具有铁磁性；在770℃以上，纯铁的铁磁性消失。770℃称为 A_2 点。

纯铁的力学性能特点是强度、硬度低，塑性、韧性好（R_m = 180 ~ 230MPa，80HBW、A = 30% ~ 50%，KU = 128 ~ 160J）。

二、铁碳合金中的基本相

铁、碳两组元在液态下无限互溶形成成分均匀的液相 L。两组元在固态下可形成两类相：一类是碳溶于铁（α-Fe、γ-Fe、δ-Fe）中形成固溶体，分别称为 α、γ、δ 固溶体相；另一类是铁、碳元素相互反应形成的金属化合物（Fe_3C、Fe_2C 等）相。在铁碳合金中常见的相有液相 L、α 和 γ 固溶体、Fe_3C 金属化合物四个相。这些相可以单独存在，也可以两相共存，构成各种组织。常见的铁碳合金的基本组织及其特性简述如下。

1. 铁素体（F 或 α）

碳溶于 α-Fe 中所形成的间隙固溶体，称为铁素体，用符号 F 或 α 表示。由于 α-Fe 具有体心立方晶格，其晶格间隙很小，故形成的铁素体也是体心立方结构，且溶碳量很少。在727℃时，铁素体的溶碳量最大 w_C 为 0.0218%，随着温度降低，铁素体的溶碳量逐渐减小，在室温时几乎等于零（w_C = 0.0008%）。

由于铁素体的溶碳量很少，所以它的力学性能与纯铁相近，即强度、硬度低，塑性、韧性高。铁素体的显微组织与纯铁相似，呈明亮的多边形晶粒组织，如图 3-2 所示。

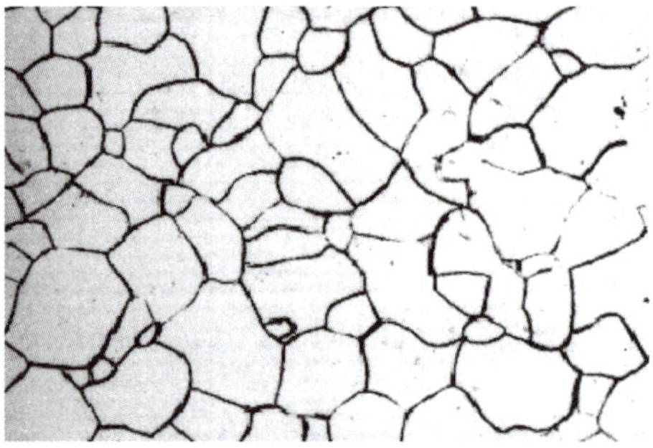

图 3-2 铁素体的显微组织

2. 奥氏体（A 或 γ）

碳溶于 γ-Fe 中所形成的间隙固溶体，称为奥氏体，用符号 A 或 γ 表示。它仍然保持 γ-Fe 的面心立方晶格。由于面心立方晶格间隙较大，因此碳在 γ-Fe 中的溶碳量很大。在1148℃时，奥氏体的溶碳量最大 w_C 为 2.11%，随着温度降低，奥氏体的溶碳量逐渐减小，在 727℃时溶碳量 w_C 为 0.77%。

奥氏体的力学性能与其溶碳量及晶粒大小有关。通常，奥氏体的硬度为 170 ~ 220HBW，A = 40% ~ 50%。因此，奥氏体的强度、硬度较低，而塑性、韧性较高，易于锻压成形。所以，在轧制或锻造时将钢加热至奥氏体状态。

3. 渗碳体（Fe_3C）

渗碳体是一种具有复杂晶体结构的金属化合物，分子式为 Fe_3C。渗碳体的含碳量 w_C 为 6.69%，熔点为 1227℃。渗碳体的硬度很高（950 ~ 1050HV），而塑性和韧性几乎等于零，故脆性很大。

渗碳体不能单独应用，在钢中总是和铁素体混在一起，是钢中主要强化相。渗碳体可以呈层状、粒状（球状）、网状或条状，这主要取决于它的结晶或析出方式。它的数量、形状、大小和分布状况对钢的性能影响很大。

第二节　Fe-Fe_3C 相图

在铁、碳合金中，铁与碳除形成 Fe_3C 以外，还会形成 Fe_2C 及 FeC 等稳定的金属化合物。稳定的金属化合物，可以作为一个独立的组元，因此，整个铁碳合金相图可以看作由 Fe-Fe_3C、Fe_3C-Fe_2C、Fe_2C-FeC、FeC-C 等一系列二元相图组成。然而，含碳量 $w_C>5\%$ 的铁碳合金脆性很大，没有实用价值。所以，我们研究的仅是铁碳合金相图中 Fe-Fe_3C 的部分。

Fe-Fe_3C 相图是由实验测得的（图 3-3）。由于本书后面的内容涉及不到相图左上角的包晶部分，故这部分不予讨论。

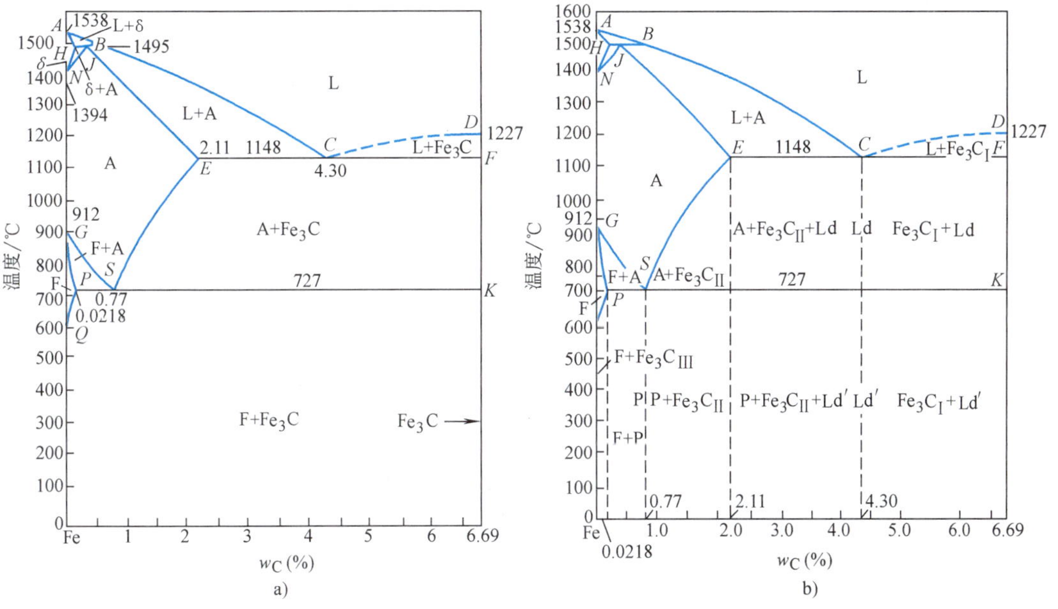

图 3-3　Fe-Fe_3C 相图

a）以相组成物填写的相图　b）以组织组成物填写的相图

一、Fe-Fe_3C 相图分析

1. Fe-Fe_3C 相图中的特性点及特性线

Fe-Fe_3C 相图中的特性点、特性线所用字母符号在国际上是统一的，不能随意变动。

（1）Fe-Fe_3C 相图中的特性点　图 3-3 所示 Fe-Fe_3C 相图中各特性点的温度、含碳量及其含义见表 3-1。

1）*C* 点。在 *C* 点，即 1148℃，$w_C=4.3\%$，液相 L_C 中会同时结晶出奥氏体 A_E 和渗碳体 Fe_3C，即发生共晶反应，其反应式为 $L_C \rightarrow (A_E+Fe_3C)$。$(A_E+Fe_3C)$ 为共晶体，即高温莱氏体 Ld，莱氏体中的渗碳体称为共晶渗碳体，用 $Fe_3C_{共晶}$ 表示。*C* 点称为共晶点。

表 3-1 Fe-Fe_3C 相图中的特性点

符号	温度/℃	含碳量 w_C（%）	含义
A	1538	0	纯铁的熔点
B	1495	0.53	包晶反应时液态合金的含碳量
C	1148	4.30	共晶点 $L_C \to (A_E + Fe_3C)$
D	1227	6.69	渗碳体的熔点
E	1148	2.11	碳在 γ-Fe 中的最大溶解度
F	1148	6.69	渗碳体的成分
G	912	0	α-Fe→γ-Fe 的同素异构转变点（A_3）
P	727	0.0218	碳在 α-Fe 中的最大溶解度
S	727	0.77	共析点（A_1）$A_S \to (F_P + Fe_3C)$
Q	600（室温）	0.0057（0.0008）	600℃（或室温）时，碳在 α-Fe 中的溶解度

2）S 点。在 S 点即 727℃，$w_C = 0.77\%$，奥氏体 A_S 会同时析出铁素体和渗碳体，即发生共析反应，其反应式为 $A_S \to (F_P + Fe_3C)$。$(F_P + Fe_3C)$ 为共析体，即珠光体 P，珠光体中的渗碳体称为共析渗碳体，用 $Fe_3C_{共析}$ 表示。S 点称为共析点。

3）E 点。含碳量大于 E 点，即 $w_C > 2.11\%$，铁碳合金中有共晶反应及其产物莱氏体；含碳量小于或等于 E 点，即 $w_C \leqslant 2.11\%$，则铁碳合金中无共晶反应及其产物莱氏体，E 点是碳钢和铸铁的分界点。

（2）Fe-Fe_3C 相图中的特性线　Fe-Fe_3C 相图中的特性线是不同成分的铁碳合金具有相同意义的临界点的连接线。现将 Fe-Fe_3C 相图中主要特性线介绍如下：

1）$ABCD$ 线和 $AHJECF$ 线。$ABCD$ 线为液相线，该线以上的合金呈液态。液态合金冷却到该线时开始结晶，在 BC 线以下从液态合金中结晶出奥氏体 A；在 CD 线以下从液态合金中结晶出一次渗碳体，即 $Fe_3C_{Ⅰ}$。$AHJECF$ 线为固相线，合金冷却到该线时全部液态结晶为固态合金。

2）GS 线（A_3 线）。它是含碳量 $w_C < 0.77\%$ 的铁碳合金，在冷却时由奥氏体中析出铁素体的开始线，或在加热时铁素体全部转变为奥氏体的终了线。GS 线又称 A_3 线。

3）ES 线（A_{cm}线）。它是碳在 γ-Fe 中的固溶线。随着温度降低，奥氏体的溶碳量沿着 ES 线变化，即温度从 1148℃ 降至 727℃，奥氏体的含碳量将从 $w_C = 2.11\%$ 减小到 $w_C = 0.77\%$；同时会从奥氏体中沿晶界析出次生相渗碳体，即 $Fe_3C_{Ⅱ}$。$Fe_3C_{Ⅱ}$ 称为二次渗碳体。ES 线又称为 A_{cm}线。

4）PQ 线。它是碳在 α-Fe 中的固溶线。随着温度降低，铁素体中的含碳量沿着 PQ 线变化，即温度从 727℃降至室温时，铁素体的含碳量从 $w_C = 0.0218\%$ 减小到 $w_C = 0.0008\%$；同时会从铁素体中沿晶界析出次生相渗碳体，该渗碳体称为三次渗碳体，用 $Fe_3C_{Ⅲ}$ 表示。因 $Fe_3C_{Ⅲ}$ 的数量极少，经常予以忽略。

5）ECF 线（共晶线）。含碳量 $w_C = 2.11\% \sim 6.69\%$ 的铁碳合金，在结晶过程中遇到该线会发生共晶反应 $L_C \to (A_E + Fe_3C)$，故称为共晶线。

6）PSK 线（A_1 线、共析线）。含碳量 $w_C = 0.0218\% \sim 6.69\%$ 的铁碳合金，在结晶过程中遇到该线将发生共析反应 $A_S \to (F_P + Fe_3C)$，故称为共析线，又称为 A_1 线。

2. $Fe-Fe_3C$ 相图的相区

前已述及，铁碳合金中常见的相有液相 L、固溶体相 F 和 A、金属化合物 Fe_3C 四个基本相。因而 $Fe-Fe_3C$ 相图（图 3-3a）中就有四个相应的单相区：*ABCD* 线以上为液相区（L）；*NJESGN* 为奥氏体区（A）；*GPQ* 线之左为铁素体区（F）；*DFK* 线为渗碳体区（Fe_3C）。

Fe_3C 相图中主要的两相区有五个，分别存在于相邻的两个单相区之间，即 L + A，L + Fe_3C，A + F，A + Fe_3C，F + Fe_3C。

应该指出的是，在 $Fe-Fe_3C$ 相图的 *ECF* 和 *PSK* 线上为三相共存，分别为（L + A + Fe_3C）及（A + F + Fe_3C）。

整个 $Fe-Fe_3C$ 相图可以看成是由共晶相图和共析相图这两个基本相图所组成。

（1）共晶相图　在 $Fe-Fe_3C$ 相图的上半部分（图 3-3b）。水平线 *ECF* 线为共晶线。该线的 *C* 点上发生共晶反应形成共晶体，即高温莱氏体 Ld。含碳量 w_C 在 2.11%～6.69% 的铁碳合金均会发生共晶反应。

（2）共析相图　在 $Fe-Fe_3C$ 相图的下半部分（图 3-3b）。水平线 *PSK* 线为共析线（也称 A_1 线）。该线的 *S* 点上铁碳合金发生共析反应形成共析体，即珠光体 P。含碳量 w_C > 0.0218% 的铁碳合金均会发生共析反应。

3. 铁碳合金分类

铁碳合金通常按其含碳量的不同，可以分为以下三类，即：

（1）工业纯铁（w_C <0.0218%）

（2）碳钢（w_C =0.0218～2.11%）　碳钢又分为：

1）亚共析钢（w_C <0.77%），如含碳量 w_C 为 0.45% 的 45 钢。

2）共析钢（w_C = 0.77%），生产中将常用的含碳量 w_C 为 0.8% 的碳素工具钢 T8 作为共析钢。

3）过共析钢（w_C >0.77%），如含碳量 w_C 为 1.2% 的碳素工具钢 T12。

（3）白口铸铁（w_C = 2.11%～6.69%）　白口铸铁又分为亚共晶白口铸铁（w_C < 4.3%）、共晶白口铸铁（w_C =4.3%）和过共晶白口铸铁（w_C >4.3%）三种。

二、典型铁碳合金的结晶过程

为了进一步认识和掌握 $Fe-Fe_3C$ 相图，现以碳钢及白口铸铁为例，分析铁碳合金的结晶过程及其在室温时的显微组织。

1. 碳钢的结晶过程

图 3-4 所示为所选取的三种碳钢的成分、相应的冷却曲线与结晶过程中的组织转变示意图。

（1）共析钢（w_C = 0.77%）　图 3-4 中所示的合金 I。当液态铁碳合金冷却到相图上与液相线 *AC* 相交的 1 点温度时，从液相中开始结晶出奥氏体。随着温度下降，奥氏体量不断增加，其成分沿固相线 *AE* 改变，而剩余液相量逐渐减少，其成分沿液相线 *AC* 改变。到 2 点温度时，液相消失，合金全部结晶为奥氏体。从 2 点到 3 点温度范围内，合金为简单冷却，奥氏体组织不变。冷却到 3 点温度（727℃）时，含碳量 w_C 为 0.77% 的奥氏体（A_S）

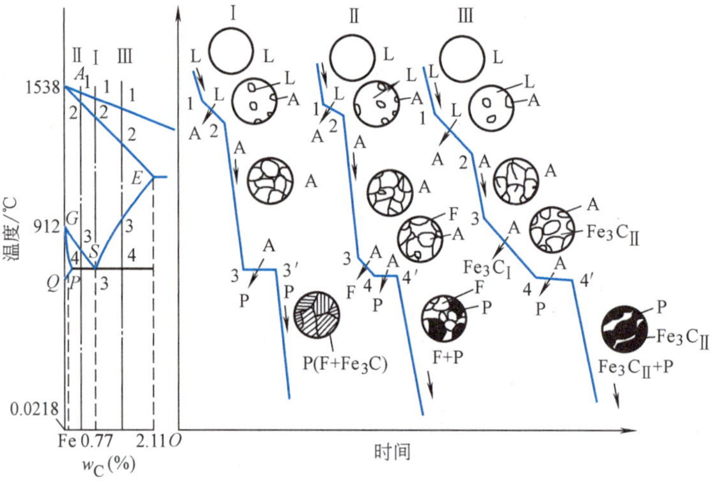

图 3-4 典型碳钢的结晶过程分析示意图

发生共析反应，$A_S \rightarrow (F_P + Fe_3C)$，即从 S 点成分的奥氏体中同时析出两种新固相（P 点成分的铁素体和渗碳体）的共析体，该共析体称为珠光体（P）。珠光体中的渗碳体称为共析渗碳体。冷至 3 点时共析反应结束。温度继续下降，珠光体中的铁素体的成分沿固溶线 PQ 改变，从铁素体中析出少量三次碳体（$Fe_3C_{Ⅲ}$）。由于三次渗碳体与共析渗碳体连在一起，不易分辨，而且数量极少，故可忽略不计。故共析钢的室温组织为珠光体，呈层片状，其组织特征如图 3-5 所示。

图 3-5 共析钢的室温组织

（2）亚共析钢（$0.0218\% < w_C < 0.77\%$）现以含碳量 w_C 为 0.60% 的亚共析钢为例进行分析，其结晶过程如图 3-4 中所示的合金Ⅱ。

亚共析钢在 1 点到 3 点温度间的结晶过程与共析钢相似。当合金冷却到与 GS 线相交的 3 点温度时，奥氏体开始析出为铁素体（该铁素体称为先共析铁素体）。随着温度降低，铁素体含量不断增加，其成分沿 GP 线改变，而奥氏体含量逐渐减少，其成分沿 GS 线改变。当冷却至与共析线相交的 4 点温度（727℃）时，此时铁素体的成分为 P 点，而剩余的奥氏体的成分正好是共析 S 成分（$w_C = 0.77\%$）。因此，剩余的奥氏体在 727℃时发生共析反应转变为珠光体。共析反应结束时，合金的组织为珠光体与铁素体。当温度继续降低时，会从铁素体中析三次渗碳体，因其量甚微，同样忽略不计，故亚共析钢的室温组织为珠光体和铁素体。图 3-6 所示为不同成分的亚共析钢的室温组织。由图可知，尽管亚共析钢的室温组织都由铁素体和珠光体组成，但随着钢的含碳量增大，铁素体（白色块状）的含量减少，而珠光体（黑色）含量增多。

（3）过共析钢（$0.77 < w_C < 2.11\%$） 现以含碳量 w_C 为 1.2% 的钢为例进行分析，其结晶过程如图 3-4 所示的合金Ⅲ。

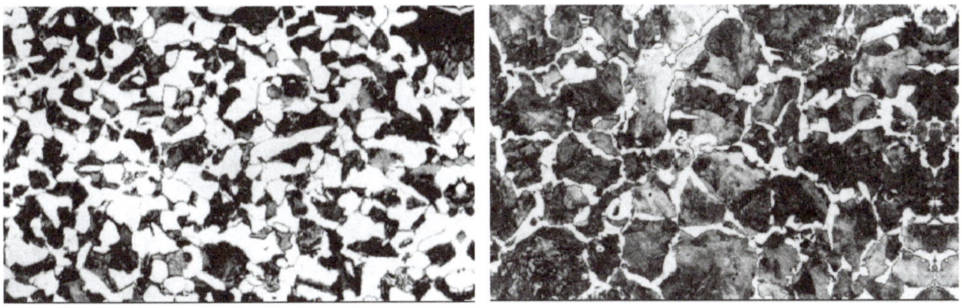

a) b)

图 3-6 亚共析钢室温组织

a) $w_C=0.45\%$ b) $w_C=0.60\%$

过共析钢在 1 点到 3 点间的结晶过程也与共析钢相似。待合金冷却到与 *ES* 线相交的 3 点温度时，从奥氏体中开始析出二次渗碳体（Fe_3C_{II}）。二次渗碳体沿着奥氏体晶界析出呈网状分布。随着温度降低，析出的二次渗碳体量不断增加，剩余的奥氏体量逐渐减少，其成分沿 *ES* 线变化。待冷却到与共析线 *PSK* 线相交的 4 点温度（727℃）时，剩余的奥氏体的含碳量正好是共析成分（$w_C=0.77\%$）。因此，剩余的奥氏体发生共析反应转变为珠光体。共析反应结束时，该合金的组织为珠光体和二次渗碳体。温度再继续下降，合金的组织基本不变。所以，该过共析钢的室温组织为珠光体和网状二次渗碳体（图 3-7）。

图 3-7 过共析钢的室温组织（$w_C=1.2\%$）

所有过共析钢的结晶过程均相似，其室温组织均为珠光体和二次渗碳体，只是 Fe_3C_{II} 量有变化。

2. 白口铸铁的结晶过程

图 3-8 所示为所选取的三种白口铸铁的成分、相应的冷却曲线及结晶过程中组织转变示意图。

（1）共晶白口铸铁（$w_C=4.3\%$） 图 3-8 所示的合金 Ⅰ 是共晶白口铸铁，当共晶白口铸铁冷却到 1 点温度（1148℃）时，液态合金将发生共晶转变形成高温莱氏体（Ld）。共晶反应结束后，随着温度降低，高温莱氏体中的奥氏体的成分沿 *ES* 线变化，奥氏体中的溶碳量降低，从奥氏体中不断析出二次渗碳体（Fe_3C_{II}）。当温度继续降低到 2 点温度（727℃）时，奥氏体中的含碳量正好是共析成分（$w_C=0.77\%$）。此时奥氏体将发生共析转变形成珠光体（P）。此时组织由珠光体、二次渗碳体和共晶渗碳体组成，即低温莱氏体（Ld′）。图 3-9 所示为共晶白口铸铁的室温组织。

（2）亚共晶白口铸铁（$2.11\%<w_C<4.3\%$） 亚共晶白口铸铁的结晶过程较为复杂。现以图 3-8 中所示合金 Ⅱ 为例分析其结晶过程。该合金冷却到与液相线 *BC* 相交的 1 点温度时，从液相合金中开始结晶出奥氏体，随着温度降低，奥氏体的数量不断增加，其成分沿 *JE* 线变化，而剩余液相的数量不断减少，其成分沿液相线 *BC* 变化。

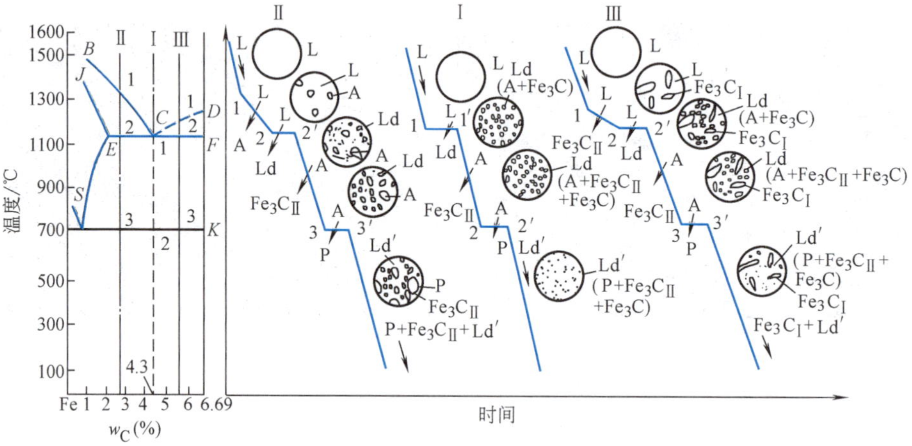

图 3-8 典型白口铸铁的结晶过程分析示意图

当合金冷却到与共晶线 *ECF* 相交的 2 点温度（1148℃）时，已结晶出来的奥氏体的成分为 w_C = 2.11%，而剩余液相的成分正好是共晶成分（w_C = 4.3%），此时，剩余液相发生共晶转变生成高温莱氏体。共晶反应结束时，合金由奥氏体（A）和高温莱氏体（Ld）组成。合金继续冷却到 2 ~ 3 点之间时，与共晶白口铸铁相似，从奥氏体及高温莱氏体中的奥氏体中将不断析出二次渗碳体（$Fe_3C_{Ⅱ}$），并在 3 点温度（727℃）时，这些奥氏体将发生共析转变形成珠光体（P）。亚共晶白口铸铁的室温组织为珠光体、二次渗碳体及低温莱氏体，即 P + $Fe_3C_{Ⅱ}$ + Ld′，如图 3-10 所示。

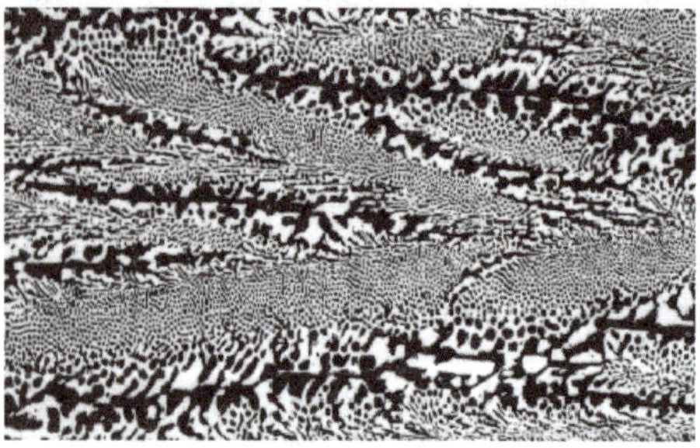
图 3-9 共晶白口铸铁室温组织

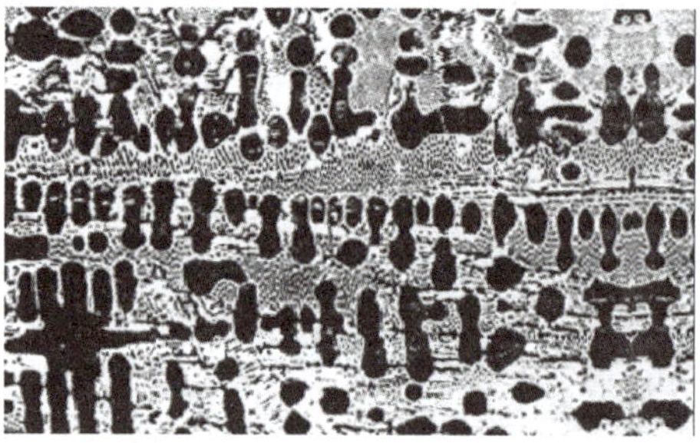
图 3-10 亚共晶白口铸铁室温组织

（3）过共晶白口铸铁（4.3% < w_C < 6.69%） 图 3-8 中合金Ⅲ为过共晶白口铸铁，当合金冷却到与液相线 *CD* 相交的 1 点温度时，由液态合金中结晶出一次渗碳体（$Fe_3C_{Ⅰ}$）。随温度降低，一次渗碳体数量不断增加，剩余液相的数量逐渐减少，其成分沿液相线 *CD* 变化。当合金冷却到与共晶线（*ECF*）相交的 2 点温度时，剩余液相发生共晶反应，形成高温莱氏体（Ld）。共晶反应结束时，合金的组织由一次渗碳体和高温莱氏体组成。合金在 2 点到 3 点间冷却时，高温莱氏体中的奥氏体同样要析出二次渗碳体，并在 3 点温度（727℃）时奥氏体发生共析反应形成珠光体，此时高温莱氏体 Ld 变为低温莱氏体 Ld′。所以，过共晶白口铸铁的室温组织由一次渗碳体和低温莱氏体组成，如图 3-11 所示。

根据以上各种铁碳合金结晶过程分析，可将铁碳合金相图按组织组成物填写，如图 3-3b 所示。

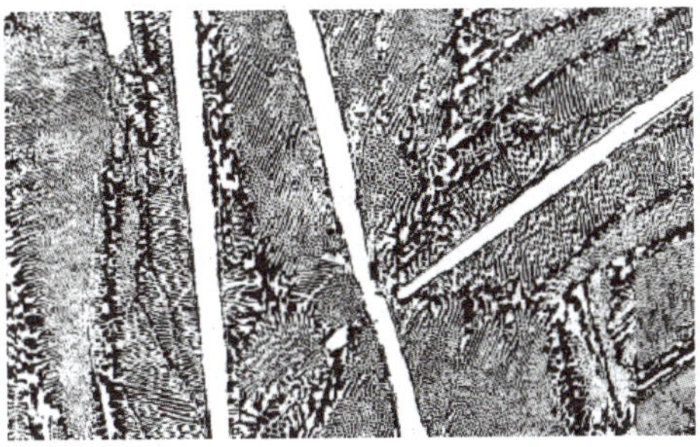

图 3-11　过共晶白口铸铁室温组织

第三节　含碳量对碳钢组织与性能的影响

从图 3-3b 可见，铁碳合金室温下的组织有 F + $Fe_3C_{Ⅲ}$、F + P、P、P + $Fe_3C_{Ⅱ}$、P + $Fe_3C_{Ⅱ}$ + Ld′、Ld′、Ld′ + $Fe_3C_{Ⅰ}$。它们都是由铁素体和渗碳体两相组成的。其中，渗碳体有 $Fe_3C_{Ⅰ}$、$Fe_3C_{Ⅱ}$、$Fe_3C_{Ⅲ}$、$Fe_3C_{共析}$、$Fe_3C_{共晶}$，它们的化学成分、晶体结构和性能完全相同，只是形态不同。铁碳合金的组织不同，其性能也不相同。白口铸铁，由于含碳量 w_C > 2.11%，组织中有以 $Fe_3C_{共晶}$ 为基体的莱氏体、网状的 $Fe_3C_{Ⅱ}$ 或条状的 $Fe_3C_{Ⅰ}$，故硬而脆，在生产中很少使用。因此，下面仅讨论含碳量对碳钢组织和性能的影响。

一、含碳量对碳钢组织的影响

由 Fe-Fe_3C 相图可知，在室温下随着含碳量的增大，碳钢中的渗碳体相的相对量增多，而铁素体相的相对量减少。另外，随着含碳量增大，碳钢的室温组织也发生了变化：亚共析钢为铁素体 + 珠光体；共析钢为珠光体；过共析钢为珠光体 + 二次渗碳体。而且，即使同样是亚共析钢（过共析钢也相似），虽然室温组织都是铁素体 + 珠光体，但由于钢的含碳量不同，其室温组织中铁素体与珠光体的相对含量也不同。在碳钢的室温组织中，组织组成物的相对量与其含碳量的关系，可以归纳总结在图 3-12 中（退火状态）。

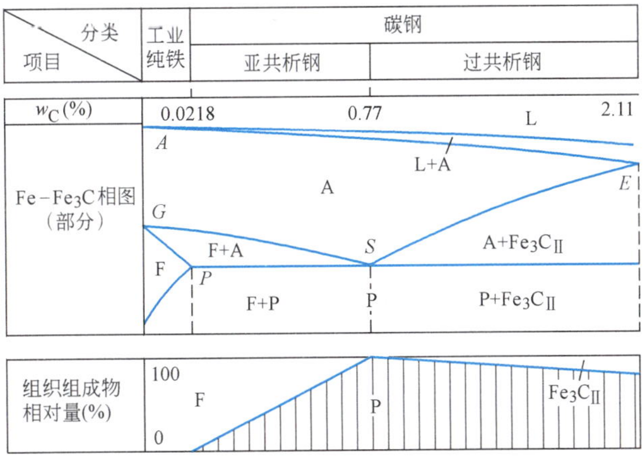

图 3-12　碳钢的含碳量与组织组成物之间的关系（退火状态）

由图可以看出，含碳量 w_C < 0.0218% 的工业纯铁的室温组织是铁素体 F（此处忽略了三次渗碳体）；在亚共析钢范围（0.0218% < w_C < 0.77%）内，随着含碳量增大，铁素体 F 量逐渐减少，珠光体 P 量逐渐增多；含碳量 w_C 为 0.77% 时，成为共析钢，室温组织全部是珠光体 P；含碳量再增加，为过共析钢，此时室温组织中除珠光体 P 外，又出现了二次渗碳体 Fe_3C_{II}，并且，随着含碳量增加，其量逐渐增多。

二、含碳量对碳钢性能的影响

碳钢在室温下的力学性能，主要取决于铁素体和渗碳体相的性能、相对量，以及这两相所构成的组织形态。在碳钢中，铁素体是强度、硬度低，塑性、韧性好的基体相；而渗碳体是硬而脆的第二相，是钢中的强化相。随着钢中含碳量的增大，钢中渗碳体相的相对量增多，故钢的硬度呈直线升高，如图 3-13 所示。强度、塑性、韧性等力学性能，对组织变化比较敏感。当共析渗碳体与铁素体组成层片状珠光体组织时，其强度高，韧性和塑性较低。因此，亚共析钢中含碳量越多，珠光体越多，钢的强度越高，塑性、韧性越低。当钢中含碳量 w_C > 0.77% 时，钢的组织中出现二次渗碳体且分布在原奥氏体晶界上，使钢的强度增高变缓，塑性、韧性更低。当钢中含碳量 w_C > 0.9% 以后，组织中的二次渗碳体网趋于完整、变粗，钢的强度迅速降低，塑性、韧性严重恶化，如图 3-13 所示。

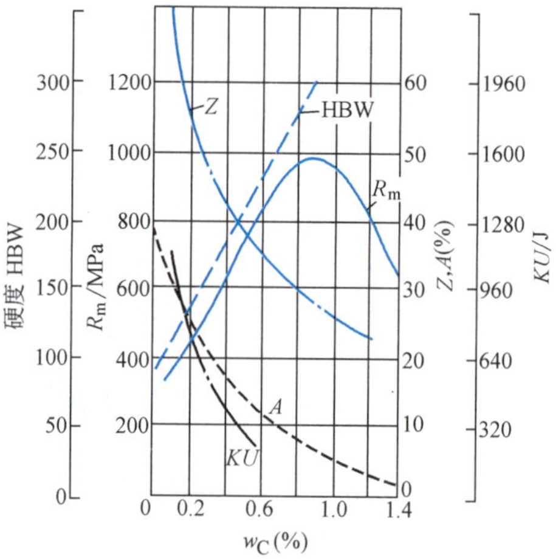

图 3-13 含碳量与力学性能关系

综上所述，低碳钢有良好的塑性、韧性；中碳钢既有较好韧性、塑性，又有较好的强度、硬度，即具有良好的综合力学性能；高碳钢具有高的硬度。另外，为了保证钢具有足够的强度和一定的塑性、韧性，工业上所用碳钢的含碳量 w_C 一般都不超过 1.3%。

应该指出，这里所讲的含碳量对碳钢组织和性能的影响，其组织是指 Fe-Fe_3C 相图中的平衡组织，即经缓冷后获得的。若改变冷却条件，则钢的组织和性能都会改变。如在空气中较快冷却，w_C > 0.9% 钢中的二次渗碳体量会减少，且不能结成网状，钢的强度并不下降，可能继续缓慢上升。

第四章

钢的热处理

将钢在固态下进行加热、保温和冷却，以获得所需要的组织结构与性能的工艺，称为钢的热处理。通常用热处理工艺曲线来描绘其工艺过程，如图 4-1 所示。

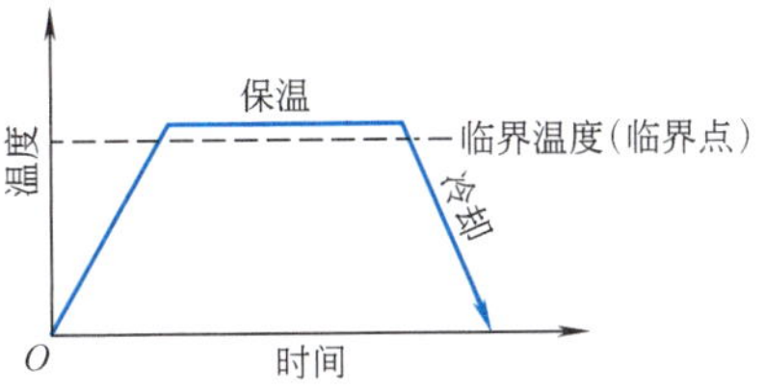

图 4-1　热处理工艺曲线

热处理的工艺方法是多种多样的，常用的热处理等方法大致分为整体热处理、表面热处理和化学热处理三大类。

（1）整体热处理　主要是对工件整体进行穿透加热的工艺，如退火、正火、淬火、回火。

（2）表面热处理　仅对工件表层进行热处理以改变组织和性能的工艺，如感应淬火、火焰淬火、接触电阻加热淬火等。

（3）化学热处理　是将工件置于一定温度的活性介质中保温，使一种或几种元素渗入工件表层，以改变化学成分、组织和性能的热处理工艺，如渗 C、渗 N、渗 B 等。

热处理是机械零件和工具加工制造过程中广泛使用的一种重要工序，其作用是用来改善钢的工艺性能和使用性能。如，为改善钢料或铸、轧、锻毛坯的切削加工性能，常用退火或正火的方法；又如为使机械零件获得良好的综合力学性能以满足使用要求，常用淬火加高温回火。由此可见，热处理在机械制造中的地位和作用是十分重要的。

铁碳相图是在平衡条件下，即在极其缓慢加热或冷却条件下的组织转变，而生产中的热处理，加热或冷却均是在一定速度下进行的。这种非平衡条件下的加热或冷却，将使钢的相变温度（即临界点）与铁碳相图上的平衡临界点有一定偏差，即有一定的过热度或过冷度。加热时的相变温度在平衡临界点以上，而冷却时的相变温度在平衡临界点以下。加热或冷却时的速度越大，过热度或过冷度越大，则相变温度偏离平衡临界点的程度就越大。为区别铁碳相图上的平衡临界点 A_1、A_3、A_{cm}，把实际的临界点，在加热时标注脚 c，即 Ac_1、Ac_3、

Ac_{cm}；在冷却时标注脚 r，即 Ar_1、Ar_3、Ar_{cm}，如图 4-2 所示。这种非平衡条件下钢的组织转变也与铁碳相图有所不同。下面讨论钢在热处理加热和冷却时的组织转变。

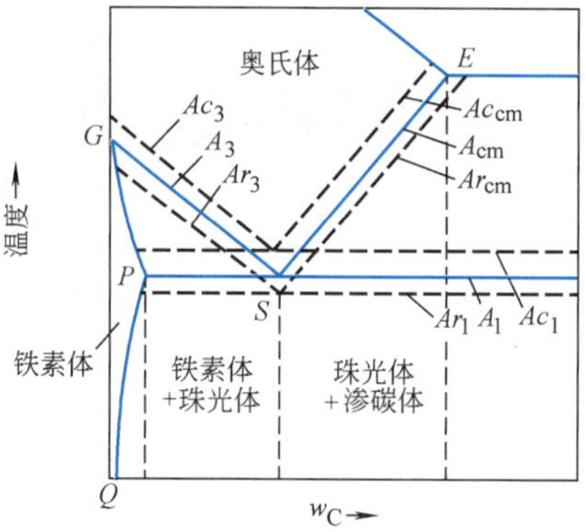

图 4-2　碳钢在加热和冷却时的临界点在铁碳相图上的位置

第一节　钢在加热时的转变

将钢加热至 Ac_3 或 Ac_1 点以上时，其组织将发生珠光体向奥氏体的转变，这种加热时获得完全或部分奥氏体组织的过程称为奥氏体化。下面以共析钢为例，讨论钢加热时奥氏体的形成过程。

一、奥氏体的形成

共析钢的室温组织是珠光体（P），将其加热到 Ac_1 以上温度时，珠光体将转变为奥氏体。即

	P	（ F	+ Fe_3C ）→	A
w_C	0.77%	0.0218%	6.69%	0.77%
晶体结构		体心立方	复杂	面心立方

由上式可知，珠光体向奥氏体的转变，是由成分相差悬殊、晶格截然不同的两相混合物转变成单相固溶体的过程。因而在奥氏体形成过程中，必定发生晶格重构和铁、碳原子的扩散。奥氏体的形成大致经过如下四个基本阶段，如图 4-3 所示。

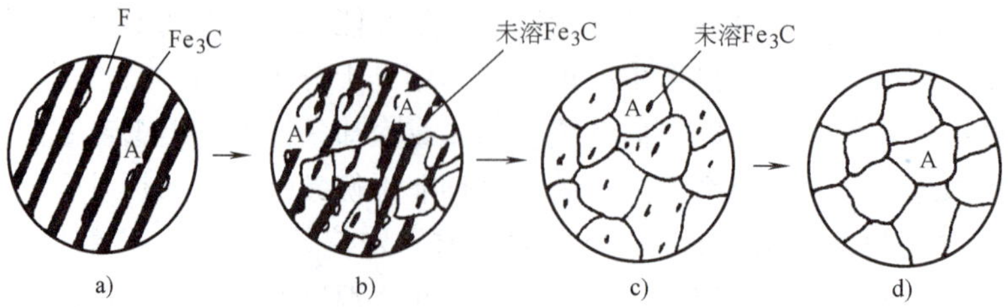

图 4-3　共析钢中奥氏体形成过程示意图

a）A 形核　b）A 长大　c）残余 Fe_3C 溶解　d）A 均匀化

1. 奥氏体晶核的形成

奥氏体的晶核首先在铁素体与渗碳体的相界面上形成。这是因为相界面上的原子排列较紊乱，位错和空位密度较高，处于能量较高状态；同时奥氏体的含碳量又介于铁素体与渗碳体之间，因而相界面处具有形核的有利条件。

2. 奥氏体晶核的长大

奥氏体晶核形成后逐渐长大，由于它一面与渗碳体相接，另一面与铁素体相接，因此，奥氏体晶核的长大是新相奥氏体的相界面同时往渗碳体与铁素体方向的推移过程，它是依靠铁、碳原子的扩散，使其邻近的渗碳体不断溶解和邻近的铁素体晶格改组为面心立方晶格来完成的。奥氏体的形核与长大过程是连续不断进行的。在先形成的晶核长大的同时，又有新的晶核在其他相界面处形成并随之长大。

3. 残余渗碳体的溶解

与铁素体相比，渗碳体的晶体结构和含碳量都与奥氏体差别较大，故渗碳体向奥氏体的溶解，必然落后于铁素体向奥氏体的转变，即在铁素体全部消失后，仍有部分渗碳体尚未溶解。随着时间的延长，通过碳原子的扩散，使这部分渗碳体不断溶入奥氏体中，直至全部消失。

4. 奥氏体均匀化

当残余渗碳体全部溶解后，奥氏体中的碳浓度仍是不均匀的。在原来渗碳体处含碳量较高，在原来铁素体处含碳量较低，只有通过较长时间碳原子的扩散，才能使奥氏体中含碳量渐趋均匀化。

亚共析钢和过共析钢的奥氏体形成过程，基本上与共析钢相似。所不同的是有先共析铁素体和二次渗碳体。亚共析钢的室温组织为铁素体＋珠光体，当加热到 Ac_1 以上保温后，其中珠光体转变为奥氏体，还剩下先共析铁素体，需要加热到 Ac_3 以上铁素体才能全部消失，获得细小的单相奥氏体组织。过共析钢的室温组织为二次渗碳体＋珠光体，当加热到 Ac_1 以上保温后，珠光体转变为奥氏体，还剩下二次渗碳体，只有加热到 Ac_{cm}后二次渗碳体才能全部溶解，获得单相奥氏体组织。

二、奥氏体晶粒的长大及影响因素

1. 奥氏体晶粒的长大

由于奥氏体在铁素体与渗碳体相界面上形核，形成的晶核多，因而刚完成珠光体向奥氏体的转变时奥氏体的晶粒是比较细小的。但是如果在形成奥氏体后继续升高温度，或者是在高温长时间保温，就会引起奥氏体晶粒长大。晶粒长大会使晶界总面积减小，从而减少表面能，因此它是一个自发过程。升高温度或延长保温时间，只是为奥氏体晶粒长大提供了更充分的条件，使之更容易进行。

高温下奥氏体晶粒的大小，直接影响到冷却后的组织与性能。一般说来，奥氏体晶粒越细小，冷却后的室温组织也越细，而且，其强度、塑性、韧性也较好。而当奥氏体晶粒粗大时，在同样冷却条件下，生成的室温组织也粗大。由于晶粒粗大，往往使钢的强韧性恶化，特别是冲击韧性将明显下降，韧脆转变温度相应升高，脆性倾向加大。因此，钢在加热时应严格控制加热规范，以获得细小而均匀的奥氏体晶粒。

2. 奥氏体晶粒度

晶粒度是晶粒大小的量度。工业上常用晶粒度级别指数来表示晶粒度大小。

奥氏体晶粒度是指将钢加热到相变点以上某一温度，并保温给定时间所得到的奥氏体晶粒大小。在生产中将钢的组织放大100×(倍)情况下，通过与标准评级图对比，来评定晶粒度级别。奥氏体的晶粒度一般分为8级，1~4级为粗晶粒，5~8级为细晶粒。

奥氏体的实际晶粒度，是指钢在具体热处理或热加工条件下获得的奥氏体晶粒度，它的大小决定了钢件热处理或热加工后室温组织的晶粒大小，直接影响到钢件的力学性能。因此，在钢材验收、零件技术要求、热加工工艺评定、产品质量分析中所规定的“晶粒度检验”一般都是指依据GB/T 6394—2002《金属平均晶粒度测定法》检验钢的奥氏体实际晶粒度。

3. 影响奥氏体晶粒的因素

（1）钢料化学成分及冶炼方法的影响　钢中奥氏体含碳量的增加，晶粒长大倾向随之增大。但当含碳量超过某一限度时，奥氏体晶界上出现未溶的渗碳体时，有阻碍晶粒长大的作用。大多数合金元素，特别是能与碳形成稳定碳化物的元素（如钛、钒、铌等）都会阻止奥氏体晶粒长大；而锰、磷等元素则有加大奥氏体晶粒长大的倾向，因此，必须严格控制热处理时加热温度，以免晶粒长大。

（2）加热温度、速度和保温时间的影响　在一般加热速度下，加热温度越高，保温时间越长，晶粒长大倾向越大，实际晶粒度越粗大。当加热温度一定时，加热速度快，奥氏体在较高温度下形成起始晶粒小，而停留时间短，晶粒长大倾向小，因而快速加热可细化晶粒，改善钢的性能。

综上所述，为了控制奥氏体晶粒的长大，可以合理选择钢料的化学成分，选择合理的加热温度、速度和保温时间。

第二节　钢在冷却时的转变

将加热到奥氏体状态的钢进行冷却时，奥氏体要发生转变。冷却条件不同，转变后的组织也不同，其性能也会产生显著的差别。因此，冷却条件是热处理的关键，它决定着钢在热处理后的组织和性能。

热处理的冷却方式有两种，即等温冷却和连续冷却。根据冷却方式，钢在冷却时的转变，可相应分为等温转变和连续冷却转变。不同的等温温度或冷却速度，奥氏体将转变成不同的组织。在实际生产中，通过控制等温温度或冷却速度来控制奥氏体的转变。因此，研究和掌握奥氏体在冷却时的转变规律，对制订钢的热处理工艺是十分重要的。

一、过冷奥氏体的等温转变

奥氏体在相变点以上为稳定相。当冷却到相变点以下且尚未转变的奥氏体，处于一种不稳定的过冷状态。这种在相变点以下存在的奥氏体，称为“过冷奥氏体”。所谓过冷奥氏体的等温转变，就是指钢经奥氏体化后冷却到相变点以下的某温度区间内等温时，过冷奥氏体所发生的转变。

过冷奥氏体在不同温度下的等温转变及其组织，通常是用等温转变图来描述的。

1. 过冷奥氏体等温转变图（C 曲线）的建立

在过冷奥氏体转变过程中，必然会伴随着组织和性能的变化，根据这种变化，可以测定过冷奥氏体的等温转变过程。现以金相硬度法测定共析钢过冷奥氏体等温转变为例，来说明等温转变图的建立过程。具体方法和步骤是：

1）将共析钢制成若干同样尺寸的薄片试样，并分成几组。

2）先取一组试样加热到 A_1 以上某一温度并保温，得到均匀的奥氏体，然后将试样迅速投入 A_1 以下某一温度（如 650℃）的盐浴炉中，使过冷奥氏体进行等温转变。

3）从等温盐浴炉中每隔一定时间取出一试样，迅速淬入水中冷却。

4）将上述试样进行金相分析和硬度测定，就可确定这组试样在某一等温温度下不同的时间内奥氏体的转变量，从而找出转变量为 2% 和 98% 时的时间，分别作为奥氏体的转变开始时间和转变终了时间。

5）将各种试样重复上述过程，可找出不同等温温度（如 600℃、550℃、450℃、400℃、…）时过冷奥氏体转变开始时间和转变终了时间。将其描绘在时间-温度坐标上，并把开始点和终了点分别连接成光滑曲线，便可获得奥氏体等温转变图，又俗称 C 曲线或 TTT 曲线。由此可见，等温转变图是过冷奥氏体在不同过冷度下的等温过程中，转变温度、转变时间与转变产物的关系曲线。图 4-4 所示为等温转变图建立方法示意图。

图 4-5 所示为共析钢过冷奥氏体等温转变图。图中左边一条曲线为等温转变开始线，右边一条曲线为等温转变终了线；*Ms*（230℃）线、*Mf*（约 −50℃）线分别为马氏体转变开始温度线和终了温度线。在 A_1 以上是奥氏体稳定区；在 A_1 以下、转变开始线以左为过冷奥氏体区；在转变终了线以右 *Ms* 线以上为转变产物区；在两曲线之间为转变过渡区（过冷奥氏体 + 转变产物）；*Ms* 线、*Mf* 线之间为马氏体转变区。由于在不同等温温度下，过冷奥氏体转变经历的时间相差很大（从不足 1s 到长达几天），所以等温转变图中的横坐标采用对数坐标标出时间。

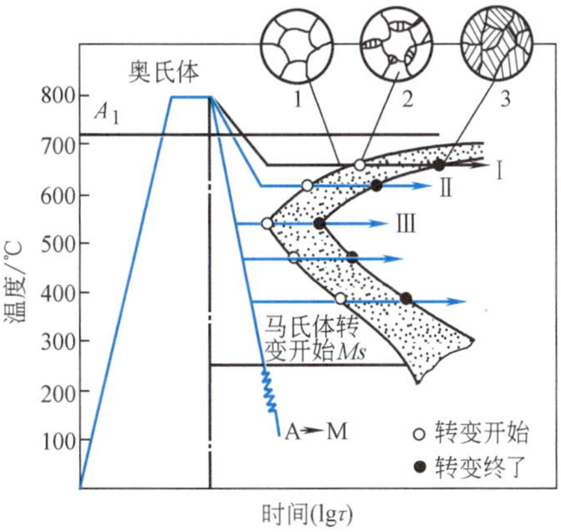

图 4-4 等温转变图建立方法示意图

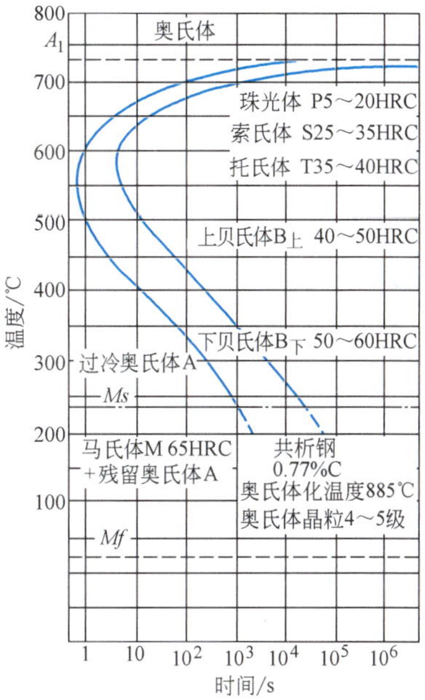

图 4-5 共析钢过冷奥氏体等温转变图

从等温转变图中可看出，过冷奥氏体在各个温度等温时，都要在该温度下经过一段时间后才能发生转变。把金属及合金在一定过冷度条件下等温转变时，等温停留开始至转变开始之间的时间称为“孕育期”（它以转变开始线上各点与温度坐标的距离表示）。孕育期的长短反映了过冷奥氏体稳定性的大小。孕育期最短处，过冷奥氏体最不稳定，转变最快，此处称为等温转变图的“鼻尖”。对应的温度称为“鼻温”。在 A_1 与鼻温之间，随着等温温度的下降，过冷度增大而孕育期变短，转变速度加快。在鼻温至 Ms 之间，随着等温温度的下降，过冷度增大而孕育期变长，转变速度减慢。

研究表明，共析钢的过冷奥氏体在 A_1 温度以下不同温度范围会发生三种不同类型的转变，即珠光体转变（高温转变）、贝氏体转变（中温转变）及马氏体转变（低温转变）。

2. 过冷奥氏体等温转变产物的组织与性能

（1）珠光体类型组织与性能　奥氏体过冷至 A_1 ~550℃温度范围内，等温转变为由层片状渗碳体和铁素体所组成的珠光体类型组织。由于转变温度较高，铁、碳原子在转变过程中均能得到充分的扩散，为典型的扩散型转变。其形成过程是：首先在奥氏体晶界上生成小片状渗碳体晶核，然后小晶核依靠其周围奥氏体通过原子扩散不断提供的碳原子而成长。与此同时，与其近邻的奥氏体中，则因碳原子的失去，而有利于铁素体的形成，并通过晶格改建而转变为铁素体。由于铁素体的溶碳量很低，必然有一部分碳被排挤出来，使相邻奥氏体的碳含量升高，这又有利于渗碳体的形成。如此反复作用的结果，形成层片状渗碳体和铁素体彼此相间的珠光体组织。

随着过冷度的增大，珠光体的层片间距越来越小，层片越来越薄。过冷度较小时得到层片较粗的珠光体组织（P），一般在500倍的光学显微镜下就能分辨出层片状形态；随着过冷度增加，可得到层片较细的细珠光体，称为索氏体（S），其内部层片要在800~1000倍的光学显微镜下才能分辨；而当奥氏体过冷到接近550℃（鼻温），将获得层片极细的珠光体，称为托氏体（T），其组织必须在数千倍的电子显微镜下才能分辨层片。图4-6、图4-7、图4-8分别为珠光体、索氏体和托氏体在不同放大倍数下的组织形貌。

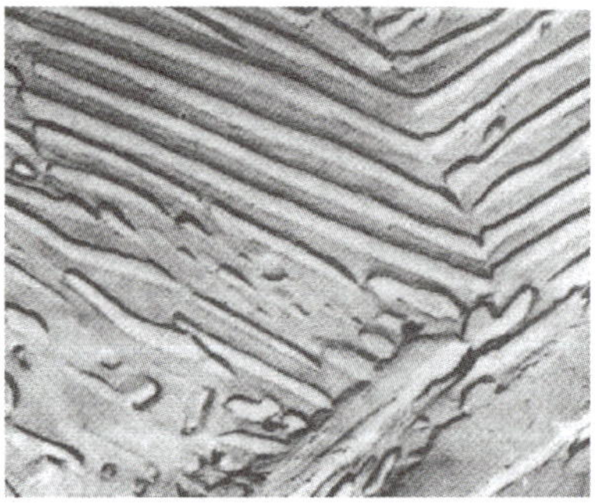

图4-6　珠光体组织5000×

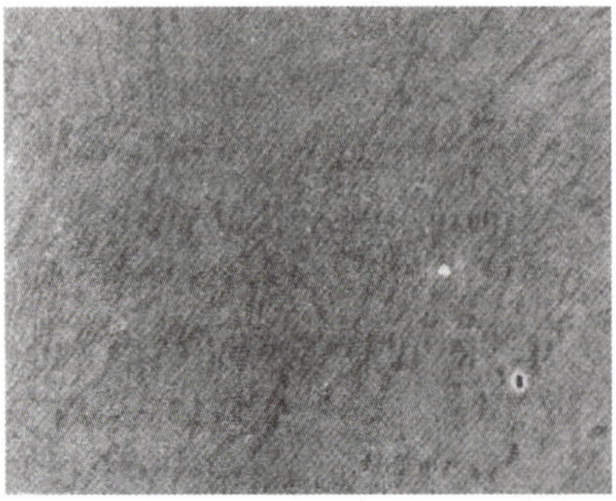

图4-7　索氏体组织5000×

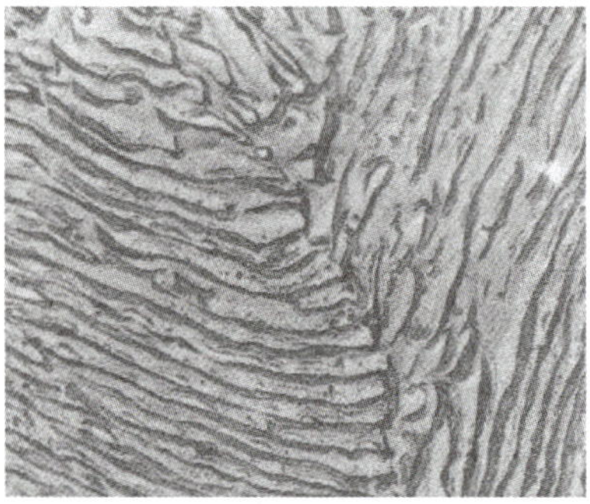

图4-8　托氏体组织12000×

片层状珠光体的性能，主要取决于片层间距，片层间距越小，珠光体组织越细，则强度、硬度越高，因而托氏体的强度、硬度最大，索氏体次之，而珠光体最小。表4-1为共析钢的珠光体型组织及特征。

表4-1　共析钢的珠光体型组织及特征

名称（符号）	形成温度/℃	层片间距/μm	硬度　HRC
珠光体（P）	A_1 ~650	>0.4	15~25
索氏体（S）	650~600	≈0.4~0.2	25~35
托氏体（T）	600~550	<0.2	35~42

（2）贝氏体类型组织与性能　奥氏体过冷到550℃~*Ms*温度范围内，等温转变为贝氏体类型组织，常用符号B表示。由于贝氏体是由含碳过饱和的铁素体与渗碳体（或碳化物）所组成的两相混合物，所以转变时必须进行碳的重新分布和铁的晶格重构。同时，由于转变温度较低，只能发生碳原子的短距离扩散，所以贝氏体转变系半扩散型转变。

贝氏体的组织形态与转变温度有关。在约550~350℃温度范围内，转变为上贝氏体（$B_{上}$），它是通过奥氏体晶格改组为过饱和铁素体，并在铁素体条间析出渗碳体而形成，因而组织形态为渗碳体以不连续短杆状分布于条状铁素体之间，呈羽毛状特征（图4-9）。在350℃~*Ms*温度范围内，转变为下贝氏体（$B_{下}$），由于转变温度进一步降低，碳扩散更为困难，碳化物只能在铁素体条内沿着轴向呈一定位向沉淀析出，而不能扩散到条的边缘。在光学显微镜下，铁素体呈黑针状特征（图4-10）。

图4-9　上贝氏体组织

图4-10　下贝氏体组织

贝氏体类型组织的力学性能，取决于贝氏体的组织形态。上贝氏体的铁素体条状较宽，塑变抗力较低，加上渗碳体分布于铁素体条间，易引起脆断，因此上贝氏体的强度低，塑性、韧性差，硬度为40~45HRC。在钢的热处理时，应尽量避免在组织中出现上贝氏体。下贝氏体由于碳化物均匀弥散分布在铁素体针叶内，造成弥散强化，铁素体本身过饱和造成固溶强化。因此，下贝氏体的强度、塑性、韧性均高于上贝氏体，硬度可达50~60HRC。在钢的热处理生产中，通常采用“等温淬火”方法，以获得下贝氏体组织。

（3）马氏体类型组织和性能　奥氏体以极大速度过冷到*Ms*~*Mf*温度范围内，将发生马氏体转变，形成马氏体类型组织，常用M表示。由于马氏体转变发生在*Ms*以下的较低温度范围，并在极快的连续冷却过程中进行，因而原子不能发生扩散，故马氏体转变为非扩散型转变。马氏体既与α固溶体具有相同的晶格类型，又保留了原先奥氏体的含碳量，因而马氏体是含碳过饱和的 α 固溶体。随着含碳量的增加，过饱和度不断增加，使马氏体的晶格畸变更加严重，从而使马氏体的硬度提高，内应力增大。

马氏体转变仅发生在 *Ms*～*Mf* 温度范围内，在 *Ms* 开始，在 *Mf* 终了，随着温度的降低，马氏体量不断增加。若在 *Ms*～*Mf* 之间某一温度停留，马氏体量基本不变，故马氏体转变是在 *Ms*～*Mf* 之间随温度下降而进行的。应该指出，即使将奥氏体冷到 *Mf* 以下，也不能得到 100% 的马氏体，总有少量残留奥氏体存在，这是因为奥氏体转变成马氏体必然引起体积膨胀，造成较大的内应力，从而抑制了奥氏体向马氏体的继续转变。

马氏体的组织形态有两种基本类型，即一类是板条马氏体，一类是片状马氏体。两者在组织形态及性能上均不相同。板条马氏体的立体形态呈椭圆形截面的细长条状，许多马氏体条相互平行地排列，构成了一个马氏体群（马氏体束），在光学显微镜下看到的截面形态，呈现为一束束细长板条状组织（图 4-11）。片状马氏体的立体形态呈双凸透镜状，在光学显微镜下因截取位置的不同，而呈片状或针状，马氏体片互不平行且大小不一（图 4-12）。马氏体的组织形态主要取决于奥氏体的含碳量。试验表明，含碳量 $w_C > 1\%$ 的高碳马氏体，几乎完全是片状马氏体；含碳量 $w_C < 0.25\%$ 的低碳马氏体，基本上是板条状马氏体；而含碳量介于两者之间的马氏体，则为两类马氏体的混合组织。随着钢中奥氏体含碳量的增加，片状马氏体相对量增加，而板条马氏体相对量减少。

图 4-11 板条马氏体显微组织

图 4-12 片状马氏体显微组织

马氏体的强度、硬度，以及塑性、韧性，均与马氏体含碳量有关。如图 4-13 所示，随着马氏体含碳量的增高，硬度随之增大，尤其在含碳量较低时，硬度随含碳量增高而增大的趋向更为明显。低碳板条马氏体的硬度一般为 30～50HRC，高碳片状马氏体的硬度一般为 60～65HRC。低碳马氏体不仅有较高的强度和硬度，而且具有良好的塑性、韧性；而高碳马氏体虽然强度、硬度高，但内应力大，脆性亦较大，塑性、韧性差。

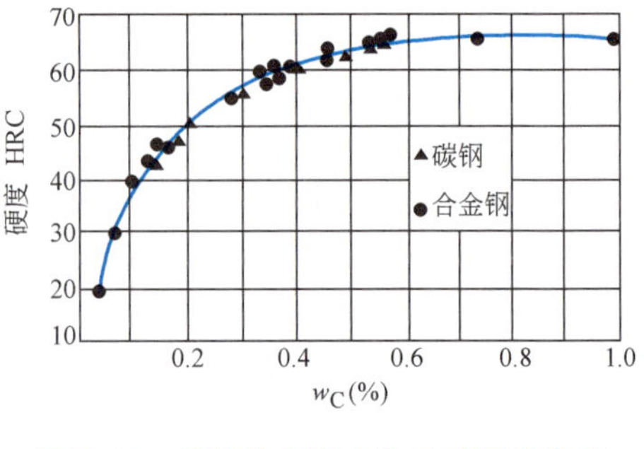

图 4-13 马氏体的硬度与含碳量的关系

3. 影响奥氏体等温转变的因素

等温转变图揭示了过冷奥氏体等温冷却时组织转变的规律，其形状和位置对奥氏体等温转变速度及转变产物影响很大。影响奥氏体等温转变图（C 曲线）形状和位置的因素主要有：

（1）碳的影响 图 4-14 所示为亚共析钢、共析钢、过共析钢的等温转变图。由此可看出含碳量对等温转变图的影响。

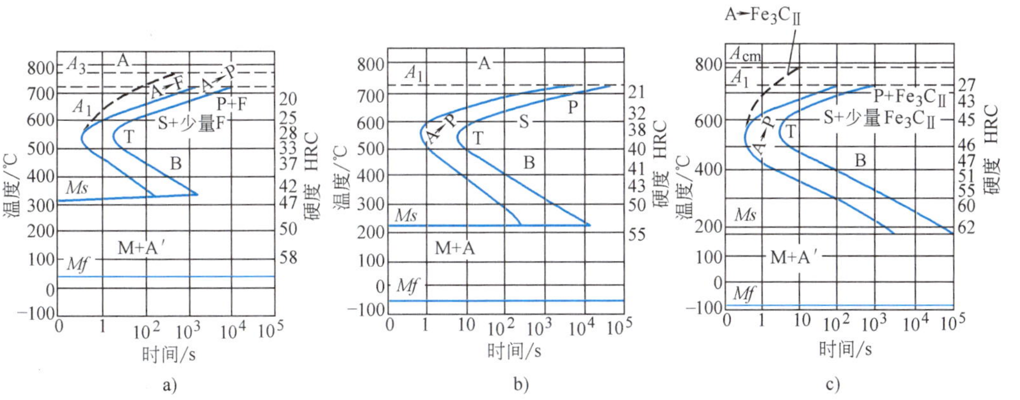

图 4-14 亚共析钢、共析钢、过共析钢的等温转变图

a）亚共析钢 b）共析钢 c）过共析钢

在正常加热条件下，亚共析钢的等温转变图随着含碳量的增加而右移，过共析钢的等温转变图随着含碳量的增加而左移，故在碳钢中以共析钢等温转变图的鼻尖离温度坐标最远，其孕育期最长，过冷奥氏体也最稳定。

亚共析钢和过共析钢的过冷奥氏体，在转变为珠光体类型组织之前，分别先有铁素体和渗碳体析出。这样，在亚共析钢等温转变图上多一条先共析铁素体析出线，在过共析钢等温转变图上多一条先共析渗碳体析出线（图 4-14）。当转变温度越低时，析出的铁素体或渗碳体量越少，在靠近等温转变图鼻温处将没有先共析的铁素体或渗碳体析出，奥氏体直接转变为珠光体类组织，但其含碳量不等于共析成分，故称为伪共析组织。冷却速度越大，转变温度就越低，先析出相的量就越少，而珠光体的量相应地就越多，从而影响钢的性能。

奥氏体中的含碳量还影响到 *Ms* 与 *Mf* 的位置和残留奥氏体 A′量。*Ms* 与 *Mf* 的位置随着奥氏体含碳量的增加而下降，如图 4-15 所示。因而残留奥氏体量随着奥氏体含碳量的增加而增多，如图 4-16 所示。

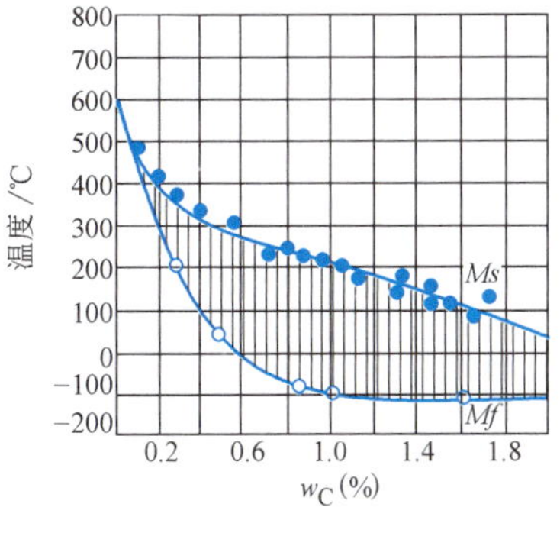

图 4-15 奥氏体含碳量对 *Ms* 与 *Mf* 的影响

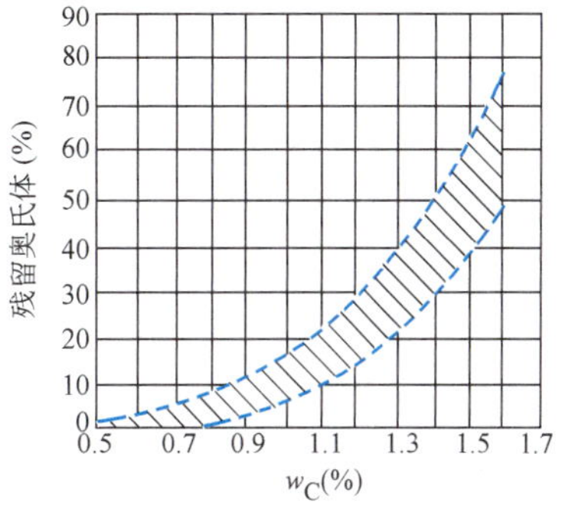

图 4-16 奥氏体含碳量对残留奥氏体量的影响

（2）合金元素的影响　钢中加入合金元素，除 Co、Al 外，所有合金元素溶入奥氏体后，都增加其稳定性，使等温转变图右移。有的合金元素只改变等温转变图的位置，有的合金元素（如 Cr）不仅改变等温转变图位置，还改变等温转变图形状。此外，除 Co、Al 外，所有合金元素均使 *Ms*、*Mf* 温度降低，残留奥氏体量增加。

（3）加热温度和保温时间的影响　这实质上是奥氏体均匀化程度和晶粒度对等温转变图的影响。加热温度越高，保温时间越长，奥氏体成分越均匀，晶粒越粗大，过冷奥氏体分解时新相形核的界面越少，过冷奥氏体越稳定，等温转变图越向右移。

综上所述，影响等温转变图的因素较多。不同钢种的等温转变图不同，同一钢种由于加热温度和保温时间不同，所测得的等温转变图也有较大差别。因此，某一钢种的等温转变图必须注明化学成分、加热温度、奥氏体晶粒度等。常用钢种的等温转变图可在有关手册中查阅。

二、过冷奥氏体连续冷却转变

在实际生产中，许多热处理工艺（如淬火、正火、退火等）都是在连续冷却过程中完成的，因此研究过冷奥氏体的连续冷却转变，对于制订热处理工艺和选择钢种更有实际意义。

1. 过冷奥氏体连续冷却转变图（CCT 图）

连续冷却转变图，也是用实验方法测定的。图 4-17 所示为共析钢过冷奥氏体连续冷却转变简图，*Ps* 和 *Pf* 分别表示过冷奥氏体向珠光体类型组织转变开始线和终了线，*K* 线为转变中止线；*Ms* 和 *Mf* 分别为过冷奥氏体向马氏体转变的开始温度和终了温度；*K* 线与 *Ms* 之间的区域为过冷奥氏体稳定区，在这个区域里过冷奥氏体转变往往因连续冷却而被抑制。图中虚线部分为共析钢等温转变曲线。由图 4-17 可知：

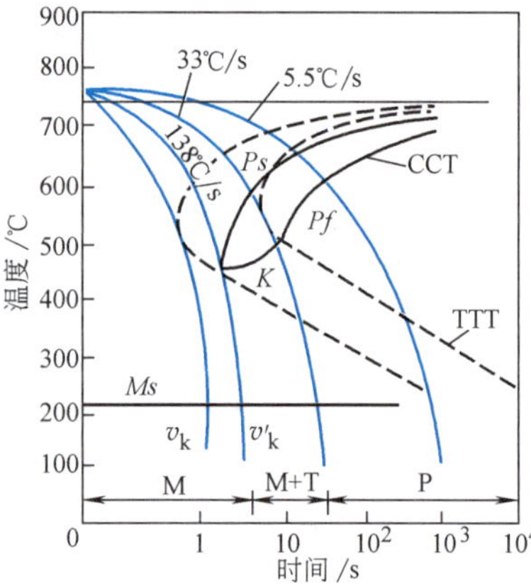

图 4-17　共析钢连续冷却转变曲线图

1）连续冷却转变图位于等温转变图的右下方，这表明连续冷却转变比等温转变要滞后一些，孕育时间要长一些，转变温度要低一些。

2）共析钢的连续冷却转变只发生珠光体类型转变和马氏体转变，而不发生贝氏体转变，即这类钢在连续冷却后的组织中得不到贝氏体组织。但其他钢种，在连续冷却时有可能发生贝氏体转变而得到贝氏体组织。

3）共析钢连续冷却转变，在不同冷却速度下得到不同的组织。当冷却速度≤33℃/s 时，过冷奥氏体向珠光体类型组织转变是在一个温度范围内进行的，在同一冷却速度下，先后获得的珠光体类组织粗细不均，转变温度范围越大，这种组织不均情况越严重。当冷却速度介于 33℃/s～138℃/s 之间时，冷却曲线与转变开始线 *Ps* 相交，部分奥氏体转变成珠光体类组织（托氏体），但转变没有结束就与 *K* 线相交，剩余的过冷奥氏体一直冷却到 *Ms* 温度后才转变为马氏体，最后形成 T＋M 的混合组织。当冷却速度≥138℃/s 时，奥氏体一直过冷到 *Ms* 才开始发生转变，形成马氏体组织。

4）与曲线鼻尖相切的冷却速度，是在冷却过程中抑制非马氏体转变的最小冷却速度，称为马氏体临界冷却速度（简称临界冷却速度），用 v_k' 表示。当冷却速度≥v_k'时，将获得全部马氏体组织。临界冷却速度对热处理工艺具有十分重要的意义。

2. 过冷奥氏体等温转变图在连续冷却转变中的应用

由于连续冷却转变曲线的测定比较困难，因此，常用等温转变图较粗略地估计转变产物与性能。其方法是将连续冷却速度曲线绘在等温转变图上，根据它与等温转变图相交的温度区间内所对应产生的等温转变产物，就可定性地确定连续冷却转变产物的组织和性能。如图 4-18 所示，v_1 相当于炉中冷却的冷速，与等温转变图相交于 700～650℃温度范围，估计奥氏体将转变为珠光体，硬度约为 170～220HBW；v_2 相当于空冷时的冷速，与等温转变图相交于 650～600℃温度范围，估计奥氏体将转变为索氏体，硬度约为 25～35HRC；v_3 相当于油中淬火时的冷速，大约在 570℃左右与等温转变图相交，部分奥氏体转变成托氏体，剩余的奥氏体转变成马氏体，最终获得托氏体＋马氏体的混合组织，硬度约为 45～55HRC；v_4 相当于水淬时的冷速，它不与等温转变图相交，奥氏体一直过冷到 *Ms* 下转变为马氏体，最终组织为马氏体＋少量残留奥氏体，硬度约为 65HRC。

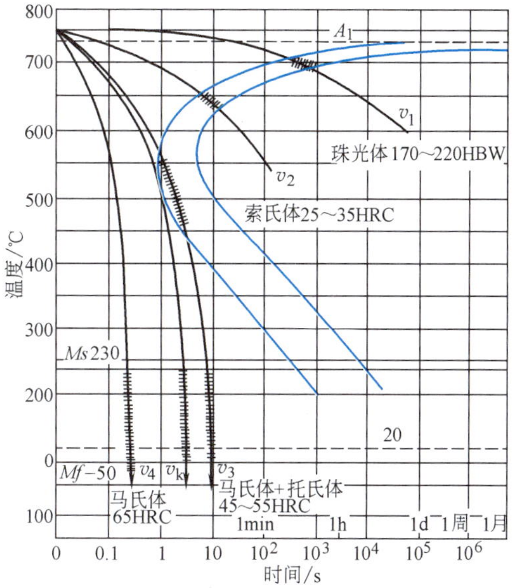

图 4-18 应用共析钢等温冷却曲线定性估计连续冷却时组织变化情况

根据等温转变图也可估计临界冷却速度 v_k'的大小。与等温转变图鼻尖相切的临界冷却速度用 v_k 表示，一般 $v_k = 1.5v_k'$。

第三节 钢的退火与正火

按工序位置的先后，常把热处理分为预备热处理和最终热处理。为达到工件加工工艺和最终热处理的要求而需要的预备组织和性能所进行的热处理，称为预备热处理。为获得工件在使用条件下要求的组织和性能所进行的热处理，称为最终热处理。

退火和正火是应用非常广泛的热处理工艺，既可用于各类铸、锻、焊毛坯或成品的预备热处理，也用于性能要求不高的机械零件的最终热处理。

一、退火

根据钢的成分和退火目的的不同，退火可分为完全退火、球化退火、去应力退火、等温退火及均匀化退火等。

1. 完全退火（退火）

完全退火主要用于亚共析钢（结构钢）的铸件、锻件及型材，其目的在于细化晶粒，去除残余应力，降低硬度，为切削加工和最终热处理做准备。

完全退火是将钢（亚共析钢）件加热到 Ac_3 以上 30～50℃，保温一定时间后随炉缓冷。由于加热温度较低，得到细晶粒的奥氏体，从而使晶粒细化；缓慢冷却，可使奥氏体转变成为接近平衡的组织（F+P），故可使钢的硬度降低，残余应力消除。

完全退火不适用于过共析钢（如工具钢），因过共析钢经退火后得到片状珠光体和网状渗碳体，硬度较高，难于切削，而且淬火时容易产生变形和开裂。

2. 球化退火

球化退火主要用于过共析钢（工具钢）的锻件和型材，其目的是使钢中所有的渗碳体都发生球状化，得到在铁素体基体上均匀分布着球状渗碳体组织，即球状珠光体，以降低硬度，改善切削加工性能，并为淬火作准备。

球化退火工艺一般是将钢加热到 Ac_1 以上 20～40℃，保温一定时间后，随炉缓冷。渗碳体能否形成球状，主要取决于加热和冷却条件。当加热温度稍高于 Ac_1 时，得到含碳不均匀的奥氏体和尚未溶解的渗碳体质点，在缓冷过程中，就会以渗碳体质点为核心形成球状渗碳体。若加热温度过高，渗碳体完全溶解，奥氏体的成分均匀一致，缓冷后就会形成片状渗碳体。球状珠光体的硬度比片状珠光体低，且塑性好。

近年来，对亚共析钢也进行球化退火，以提高塑性，降低硬度，从而改善钢的冷压力加工性能。若钢的原始组织中存在严重渗碳体网时，应采用正火将其消除。

3. 等温退火

等温退火加热工艺与完全退火或球化退火相同。所不同的是钢经奥氏体化后，以较快速度冷却到 A_1 以下，对应于等温转变图上的珠光体形成温度保温一定时间，使奥氏体转变为珠光体类型组织，然后以较快冷速（一般为空冷）冷至室温。因此，等温退火不仅可以缩短退火周期，提高生产率，而且由于钢件内外大致处在同一温度下发生组织转变，故能获得均匀的组织和性能。

4. 去应力退火

经铸、锻、焊等加工制成的钢件毛坯中往往存在着残余应力，如不及时消除，将会引起钢件的变形或开裂。残余应力的存在还会降低钢件的耐蚀性。去应力退火是将钢件缓慢加热到 500～650℃，保温一定时间，然后随炉缓冷（≤100℃/h）至 200～300℃ 出炉。由于加热温度低于 A_1，属于低温退火。钢在退火过程中并无组织和性能的变化。残余应力是通过保温和缓冷来消除的。

5. 均匀化退火（扩散退火）

为了减少金属铸锭、铸件或锻坯成分和组织的不均匀性而进行的退火称为均匀化退火，或称扩散退火。均匀化退火是将铸锭或铸件、锻坯加热到 Ac_3 以上 150～250℃，保温 10～15h，然后随炉缓冷至室温。由于均匀化退火时间长，温度高，使钢的组织严重过热，晶粒剧烈长大，因而在均匀化退火后必须再进行一次完全退火或正火来消除过热缺陷，细化晶粒。

二、正火

将钢加热到 Ac_3（或 Ac_{cm}）以上 30～50℃，保温适当时间后，在空气中冷却的热处理工艺，称为正火。

正火是一种操作简便、成本较低而生产率较高的热处理工艺，主要用于以下几方面：

1）用于普通结构零件作为最终热处理。因正火可消除铸造或锻造中产生的过热缺陷，细化晶粒，提高力学性能，普通结构零件通过正火可满足使用要求。

2）用于低碳钢作为均匀组织的预备热处理，可适当提高其硬度，改善切削加工性能。

3）用于较重要的中碳结构钢零件的预备热处理，不仅能改善钢的切削加工性，而且能减小零件淬火变形和开裂的倾向性，提高淬火质量。同时，也可代替调质处理，为以后高频感应淬火做准备。

4）用于过共析钢，为球化退火做好组织准备。正火冷却速度较快，因而可抑制或消除网状渗碳体，有利于球化。

三、退火与正火的选用

退火与正火属于同一类型热处理。在实际生产中，退火与正火的选择主要从以下三个方面来考虑。

1. 从切削加工性考虑

金属的切削加工性能，包括硬度、切屑脆性、加工表面粗糙度及对刀具的磨损等。一般说来，金属的硬度在170～230HBW范围内，切削性能较好。硬度过高，不但难以加工，而且使刀具很快磨损；硬度过低，切削时易造成粘刀及切屑缠绕，降低刀具寿命，且切削表面粗糙。在一般生产中，低、中碳结构钢以正火作为预备热处理较为合适，高碳结构钢（如轴承钢）和工具钢则以退火（球化退火）为好。对于合金钢，由于含有合金元素，钢的硬度有所提高，所以在大多数情况下，中碳以上的合金钢常选用退火。

2. 从使用性能考虑

如果对钢件的性能要求不太高，可采用正火作为最终热处理。但如果零件尺寸较大或形状较复杂，正火有可能使零件产生较大的残余应力或变形、开裂，这时应选择退火。对力学性能要求较高，必须进行淬火＋回火最终热处理的零件，从减少变形和开裂的倾向性来说，预备热处理应选用退火。

3. 从经济上考虑

正火比退火生产周期短，且操作简便。故在可能条件下，特别是在大批量生产时应优先考虑以正火代替退火。

第四节　钢的淬火与回火

淬火是将钢件加热到 Ac_3 或 Ac_1 以上30～50℃，保温一定时间，然后快速冷却（$>v_k$），以获得马氏体和（或）贝氏体组织的热处理工艺。钢件淬火后，为消除残余应力及获得所要求的组织和性能，将其加热到 A_1 以下的某一温度，保温一定时间，然后冷却到室温的热处理工艺，称为回火。一般情况下，钢件淬火后必须进行回火，淬火与回火是不可分割的，是一个综合工序。

一、淬火

淬火的目的主要是为了获得马氏体组织，以提高钢件的硬度和耐磨性。它是钢件重要的强化方法。

1. 淬火加热工艺

淬火加热工艺包括淬火加热温度、加热时间等内容。

淬火加热温度主要是根据钢的含碳量，利用 Fe-Fe_3C 相图来确定的，如图 4-19 所示。并应考虑以下两点：

1）淬火后希望得到全部细小马氏体。

2）淬火后希望硬度最高。

对亚共析钢，淬火加热温度一般为 Ac_3 +30～50℃。淬火后获得均匀细小的马氏体组织。加热温度过高，奥氏体晶粒粗化，淬火后马氏体粗大，使钢的性能变差，同时钢的氧化脱碳严重；加热温度过低，剩余的未溶铁素体过多，将造成淬火硬度不足。近年来，亚共析钢的亚温淬火获得实际应用，即将钢加热到 Ac_3 以下 5～10℃淬火，获得一定数量细小均匀分布的铁素体与马氏体的混合组织，这种少量均匀分布的铁素体，可抑制裂纹扩展和提高钢的强韧性及降低韧脆转变温度。

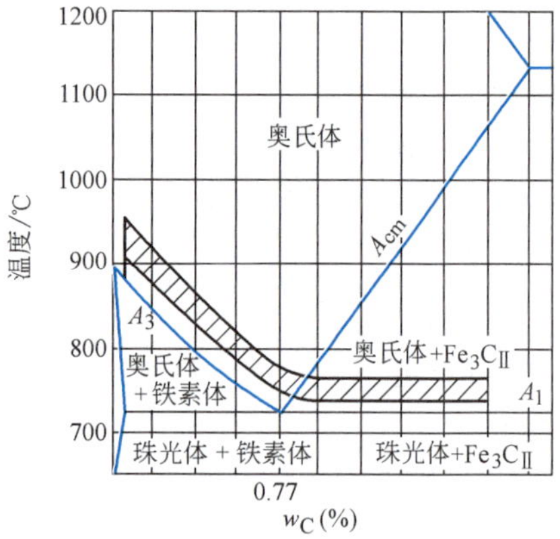

图 4-19 碳钢的淬火加热温度范围

过共析钢的淬火加热温度一般为 Ac_1 +30～50℃。淬火后获得均匀细小马氏体和粒状渗碳体的混合组织。由于两者的硬度都很高，因此提高了钢的硬度和耐磨性。加热温度过高，则由于渗碳体全部溶入奥氏体，提高了奥氏体含碳量，会使 *Ms* 下移，淬火后残留奥氏体增多，反而降低钢的硬度，还会使马氏体比体积增大，淬火应力增加；同时，加热温度过高引起晶粒粗大、韧性下降，这都会增加钢件淬火变形开裂倾向。因此，钢件过热淬火后会出现软而裂的现象。

通常将钢件淬火加热的升温和保温时间的总和，称为淬火加热时间。它与钢的成分、原始组织、钢件形状和尺寸、加热介质、装炉方式、炉温等许多因素有关，因此，要确切地计算加热时间是比较复杂的。目前可根据热处理手册来初定，然后再结合具体条件通过试验确定。

2. 淬火冷却工艺

淬火冷却，要保证获得马氏体组织，必须使淬火冷却速度大于临界冷却速度。而快速冷却又不可避免地会造成很大淬火应力，引起钢件的变形与开裂。因此，淬火工艺中最重要的一个问题是既要保证淬火钢件获得马氏体组织，又要使钢件减小变形和防止开裂。为此，合理选择冷却介质和冷却方法是十分重要的。

（1）理想淬火冷却速度　根据碳钢的等温转变图可知，要获得马氏体组织，并不需要在其整个冷却过程中都进行快速冷却。关键在于过冷奥氏体最不稳定的等温转变图鼻尖附近，即在 650～550℃的温度范围内要快冷，使奥氏体不发生珠光体类型转变，而在淬火温度到 650℃之间，以及 400℃以下，特别是 300～200℃范围内不需要快冷，否则，会因淬火应力引起钢件变形与开裂。因此，钢的理想淬火冷却速度应如图 4-20 所示。

（2）常用的淬火冷却介质　实际生产中常用的淬火冷却介质有水、水溶性盐类和碱类、有机物的水溶液，以及油、熔盐、空气等。下面介绍几种常用淬火冷却介质。

1）水。水是目前应用最广泛的淬火冷却介质，这是因为水价廉易得，使用安全。但是，由于水在300～200℃范围内的冷却速度也很大，常使淬火钢件变形开裂。同时水温的变化对其冷却能力的影响很大，水温越高，冷却能力越小。

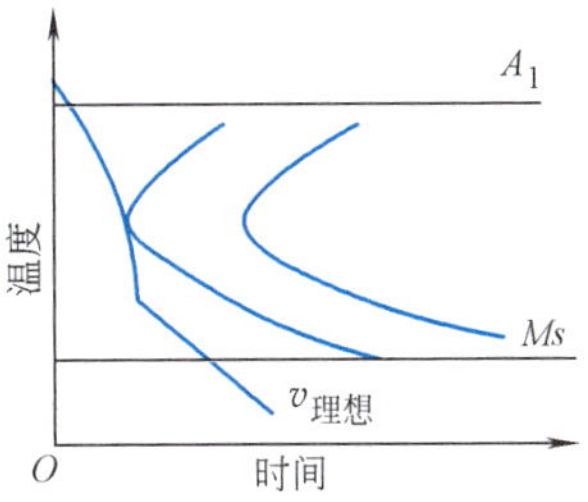

图4-20 钢的理想淬火冷却速度

为提高水的冷却能力，可加入少量的盐或碱。常用的是含5%～10%的盐（NaCl）水溶液。食盐水溶液在650～550℃时的冷却能力比水提高近一倍。因此，用食盐水溶液淬火的钢件，容易得到高而均匀的硬度和光洁的表面。但是，食盐水溶液在300～200℃范围内的冷却能力仍然很大，仍有可能使淬火钢件产生变形和开裂。

2）油。各种矿物油，也是一种应用很广泛的淬火冷却介质，目前最常用的是L-AN15（10号机油）。油在300～200℃温度范围内，冷却速度远小于水，这就大大减小了淬火钢件变形与开裂的倾向。但油在650～550℃温度范围内的冷却速度却比水小很多，因此，生产上用油作淬火介质，只适用于过冷奥氏体稳定性较大的合金钢淬火，不适用于碳钢的淬火。

3）盐浴。熔化的$NaNO_3$、KNO_3等盐浴也可作为淬火冷却介质，以减少工件淬火时的变形，主要用于贝氏体等温淬火，马氏体分级淬火。其特点是沸点高、冷却能力介于水与油之间，常用于处理形状复杂、尺寸较小和变形要求严格的工件。

以上介绍的几种淬火冷却介质，与理想淬火冷却的要求都存在一定差距。国内近年来在试制新型淬火冷却介质方面，已取得了较大进展，使用效果较好的新型淬火冷却介质有：水玻璃-碱（或盐）水溶液、氯化锌-碱水溶液、过饱和硝盐水溶液、聚乙烯醇水溶液等。

（3）淬火方法　由于实际应用的淬火冷却介质还不能完全满足淬火要求，为了保证淬火质量、防止变形和开裂，还必须采取正确的淬火方法，进行正确的淬火操作。常用的淬火方法有：

1）单液淬火法。将加热后的钢件投入一种淬火冷却介质中，连续冷却至室温的淬火工艺，如图4-21曲线①所示。碳钢在水中淬火、合金钢在油中淬火均属单液淬火。单液淬火操作简单，易实现机械化与自动化。缺点是：水中淬火变形与开裂倾向大，油中淬火冷却速度小，淬透直径小。但它仍然是一种最常用的方法。

2）双液淬火法。将钢件加热奥氏体化后，先浸入一种冷却能力强的介质，当钢件温度冷却至接近Ms时取出，马上浸入另一种冷却能力弱的介质中冷却的淬火工艺，如图4-21曲线②所示。常用的是先水淬后油冷，适用于碳钢；先油淬后空冷，适用于合金钢。

双液淬火的主要特点，在于把两种冷却能力不同的冷却介质的长处结合起来，克服单液淬火的不足，既保证获得马氏体组织，又减小了淬火应力，防止钢件的变形和开裂。但是，双液淬火，必须准确掌握钢件由第一种介质转入第二种介质时的温度。如果钢件温度过高（尚处在等温转变图鼻尖以上温度），取出缓冷时可能发生珠光体类型组织转变，从而达不到淬火目的。如果钢件温度过低（已处于Ms点以下温度），则已发生马氏体转变，失去双液淬火的作用。

3）分级淬火法。将钢件加热奥氏体化后，浸入温度稍高或稍低于钢的Ms点的液态介质（盐浴或碱浴）中，保持适当时间，待钢件的内层、外层都达到介质温度后取出空冷，以获得马氏体组织的淬火工艺，如图 4-21 曲线③所示。

分级淬火通过在 *Ms* 附近的均温，消除钢件内外温差，减小淬火应力，从而减小钢件变形与开裂。分级淬火在工艺上虽然比较理想，操作也较容易，但由于盐浴与碱浴的冷却能力较小，所以只适用于形状复杂、尺寸较小的钢件。

4）等温淬火法。将钢件加热奥氏体化后，随之快冷到贝氏体转变温度区间等温，使奥氏体转变为下贝氏体的淬火工艺，如图 4-21 曲线④所示。

等温淬火后的组织为下贝氏体，为避免在等温过程中发生珠光体和上贝氏体组织转变，等温时间和具体温度应根据钢件的组织和性能要求，从该钢种的等温转变图上确定。等温淬火的特点，是淬火内应力很小，钢件不易发生变形与开裂；同时，下贝氏体硬度较高，相对于马氏体又具有良好的韧性。因此，等温淬火可用来处理各种中碳、高碳钢和低合金钢制作的尺寸较小、形状复杂、强韧性要求较高的钢件，如各种模具、成形刀具和弹簧等。

5）局部淬火法。仅对钢件需要硬化的局部进行加热淬火的工艺。这种淬火工艺既保证了钢件局部的高硬度，又避免其他部分产生变形或开裂。图 4-22 所示为直径在 60mm 以上的较大卡规（材料是 T10A）的局部淬火。

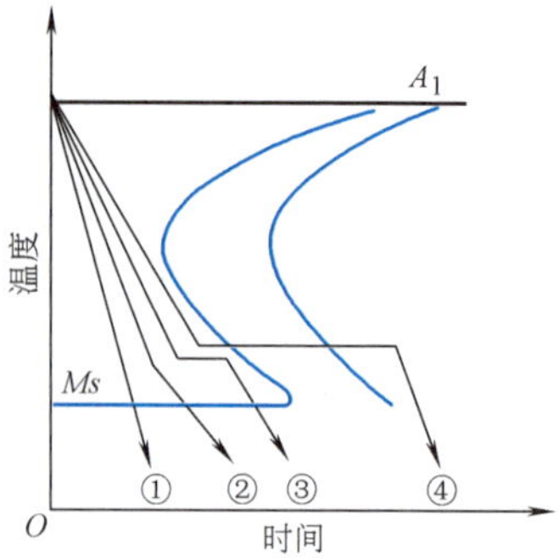

图 4-21 常用淬火方法示意图

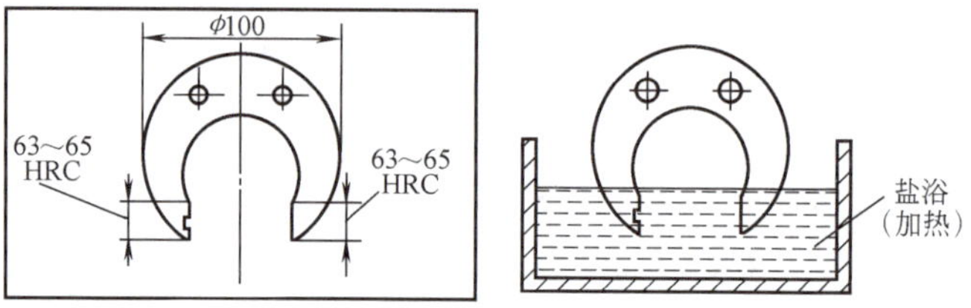

图 4-22 卡规及其局部淬火法

（4）冷处理 冷处理就是将淬火钢继续冷却到室温以下某一温度，使尚未转变的残留奥氏体继续转变为马氏体的一种淬火后续操作。冷处理的温度取决于钢的 *Mf* 点温度，一般为 -70 ~ -80℃，也可冷到更低温度。其目的是使残留奥氏体在继续冷却时转变为马氏体，即尽量减少钢中残留奥氏体量而增多马氏体量，提高钢的硬度和耐磨性，避免随后因奥氏体转变而引起钢件尺寸形状的改变，从而提高钢件尺寸的稳定性。

一般冷处理是将钢件置于干冰（固态 CO_2）和酒精的混合剂中，或冷冻机中冷却。只有特殊的冷处理，才将钢件置于 -103℃的液化乙烯或 -130℃的液态氮中进行。冷处理后可进行回火，以消除应力，避免裂纹。由于冷处理需要专门的设备，成本较高，因此，只用于如精密量具、模具、精密轴承等尺寸稳定性要求很高的钢件。

3. 热处理工件结构设计

若淬火钢件的结构形状不合理，则会增大淬火变形与开裂的倾向性，因而，在满足钢件使用要求的条件下，在设计淬火件的结构形状时，应充分考虑结构工艺性。一般应遵循的原则及改善结构工艺性的措施见表 4-2。

表 4-2 淬火件结构设计原则及改善结构工艺性的措施

原则		避免尖角、棱角	避免厚薄悬殊的断面	
改善措施		改为圆角	开设工艺孔	合理安排孔或槽的位置
图示	不合理	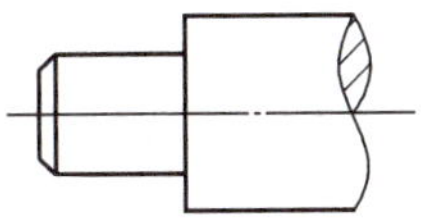	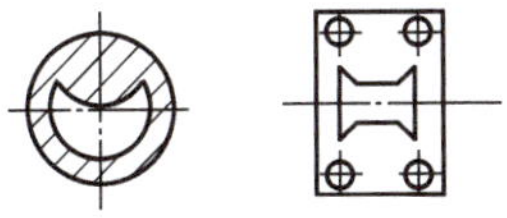	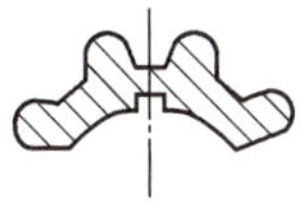
	合理	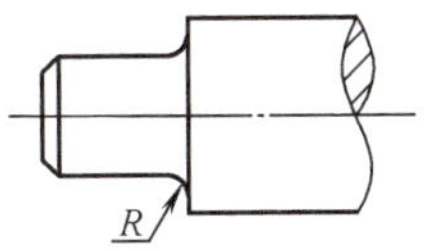	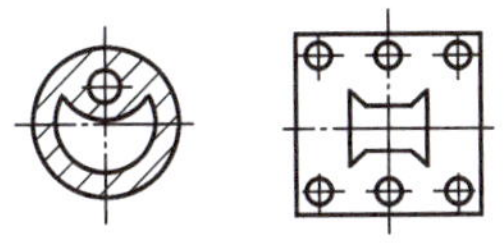	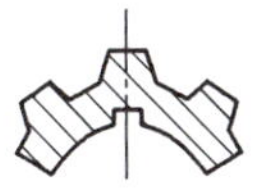

原则		避免不对称结构	采用组合结构	改用封闭结构或加筋
改善措施		尽量采用对称结构	将整体件改成组合件	开口形零件改为封闭结构，淬火后切开
图示	不合理		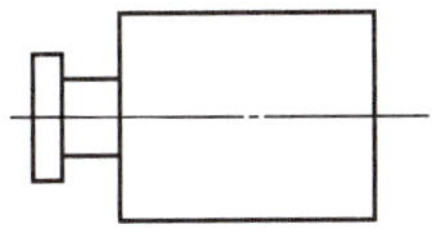	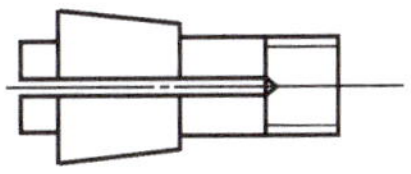
	合理		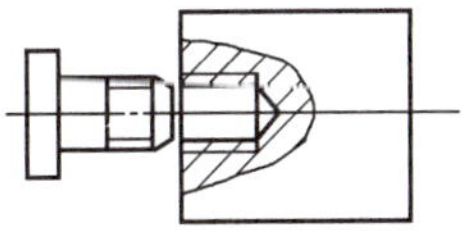	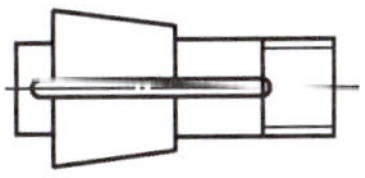

原则		改用封闭结构或加筋	避免不通孔
改善措施		增设筋、淬火后去掉	不通孔改为通孔
图示	不合理	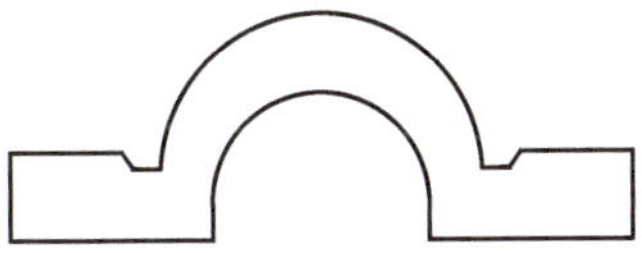	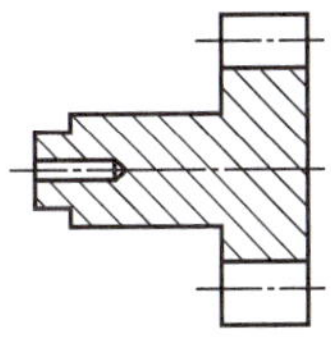
	合理	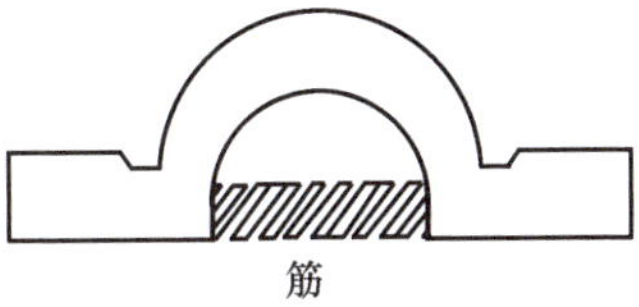	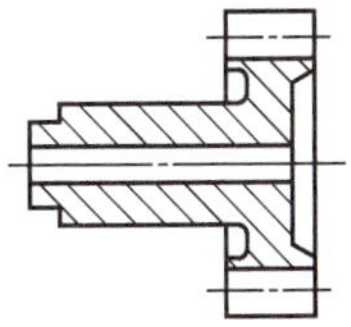

二、回火

1. 回火目的

（1）获得需要的组织和性能　在正常情况下，淬火组织中存在淬火马氏体和少量残留奥氏体，它具有高的强度和硬度，但塑性和韧性很低。为了满足各种钢件的不同性能要求，可以通过适当回火来获得要求的组织，以调整和改善钢的性能。

（2）稳定钢件尺寸　淬火马氏体和残留奥氏体都是极不稳定的，它们会自发地向稳定组织转变，从而引起钢件尺寸和形状的变化。通过回火可使淬火组织充分转变为稳定组织，就可保证钢件在使用过程中不再发生尺寸和形状的改变。

（3）消除或减小淬火内应力　钢件淬火后，一般存在很大内应力，如不及时通过回火来消除或减小内应力，就会引起变形甚至开裂。

2. 回火转变与组织

淬火马氏体与残留奥氏体都是不稳定组织，它们在回火过程中都会向稳定的铁素体和渗碳体（或碳化物）的两相组织进行转变，这种转变称为回火转变。以碳钢为例，回火过程中的组织转变，一般可分为下列几个阶段：

（1）回火第一阶段（低于200℃），马氏体分解　淬火马氏体是含碳量过饱和的 α 固溶体，在小于100℃回火时，淬火马氏体无明显转变。在100～200℃回火时，马氏体开始分解，其中过饱和的碳原子开始以 ε 碳化物（晶体结构为密排六方晶格，分子式为 $Fe_{2.4}C$）析出，这种 ε 碳化物是变成 Fe_3C 前的一种过渡产物。由于温度较低，马氏体中仅析出了一部分过饱和碳原子，它仍然是过饱和的 α 固溶体。因此，这一阶段的回火组织是由过饱和的 α 固溶体与 ε 碳化物组成。这种组织称为回火马氏体。回火马氏体中的碳化物极为细小，弥散度高，而且仍然是过饱和固溶体，因此，钢在回火第一阶段中，硬度并不降低。但由于 ε 碳化物析出，降低了晶格畸变，使淬火内应力有所减小，韧性有所提高。

（2）回火第二阶段（200～300℃），残留奥氏体转变　残留奥氏体于200℃开始分解，到300℃基本结束。它的转变与过冷奥氏体等温转变的本质相同，转变的温度区间也相同，所以在该阶段残留奥氏体转变为下贝氏体或回火马氏体。

由于在回火第一阶段中，马氏体分解尚未结束，所以在回火第二阶段中马氏体还在继续分解，使钢的硬度降低；但同时由于残留奥氏体转变为下贝氏体或回火马氏体，故钢的硬度并不显著下降，而淬火应力进一步减小。

（3）回火第三阶段（300～400℃），碳化物的转变　在该阶段中，碳原子从过饱和 α 固溶体中继续析出，同时 ε 碳化物也在逐渐转变为渗碳体。另一方面，由于碳原子的析出，使马氏体中含碳量基本上已降到铁素体的平衡成分，故马氏体转变为铁素体。因此，经第三阶段回火后，钢的组织是铁素体基体上分布着极其细小的颗粒渗碳体，这种组织称为回火托氏体。由于此时铁素体尚未再结晶，仍保持着原来马氏体的板条状或片状形态，而渗碳体颗粒很细小，难以分辨清楚。回火托氏体容易被腐蚀，在光学显微镜下呈黑色，只有上万倍的电子显微镜下才能分辨出渗碳体颗粒。

回火托氏体形成后，内应力基本消除，钢的强度、硬度下降，而塑性、韧性有所提高。

（4）回火第四阶段（>400℃），渗碳体聚集长大与 α 相再结晶　随着回火温度的升高，渗碳体将逐渐聚集长大。回火温度越高，渗碳体颗粒也越大，而弥散度则越小，钢的强度、硬度也就越低。

经回火第三阶段后，钢的组织虽然也是铁素体和颗粒状渗碳体组成，但 α 相（铁素体）仍保留着原马氏体的板条状或片状形态。随着回火温度的升高，α 相逐渐发生再结晶，使铁素体完全失去了原来马氏体形态而变成多边形。所以在500～600℃回火时，形成由多边形的铁素体与颗粒状渗碳体组成的回火索氏体组织。回火索氏体中的渗碳体因聚集长大，颗粒较大且弥散度较小。

总之，淬火钢经过回火可得到以下三种组织：回火马氏体（具有高硬度，较低的韧性）、回火托氏体（具有中等硬度，高强度，一定韧性）、回火索氏体（具有良好的综合力学性能）。应该指出，回火托氏体、回火索氏体比托氏体、索氏体，在硬度相同的条件下具有较高强度和较好韧性。这主要是由于回火组织中的渗碳体呈粒状存在的缘故。

3. 回火过程中力学性能的变化

由于淬火钢在不同温度回火时，将获得不同的回火组织，因而其力学性能也必将随之改变。

图 4-23 所示为两种不同成分钢的力学性能与回火温度的关系。由图可知：

（1）回火时硬度的变化　回火时钢硬度变化的总趋势是，随着回火温度的升高而逐渐降低。一般说来，高碳钢在 250℃以下回火时，硬度并不降低，在 100℃左右回火时，硬度反而稍有升高，在 250℃以上回火时，硬度下降显著。不同含碳量的钢，在回火时的变化规律基本相似。

（2）回火时强度和塑性的变化　强度（R_m、R_{eH}）的变化总趋势与硬度相似，即随着回火温度的升高而逐渐降低。但是，低碳钢的强度（R_m），在低于 200℃回火时却随着回火温度的升高而提高，这主要是由于淬火内应力的消除和高度弥散的细小 ε 碳化物的强化作用所致。钢的塑性随回火温度的升高而提高；弹性极限（R_e）则先随回火温度的升高而提高，在 300～400℃左右达到最大值，温度继续升高，R_e 将逐渐下降。

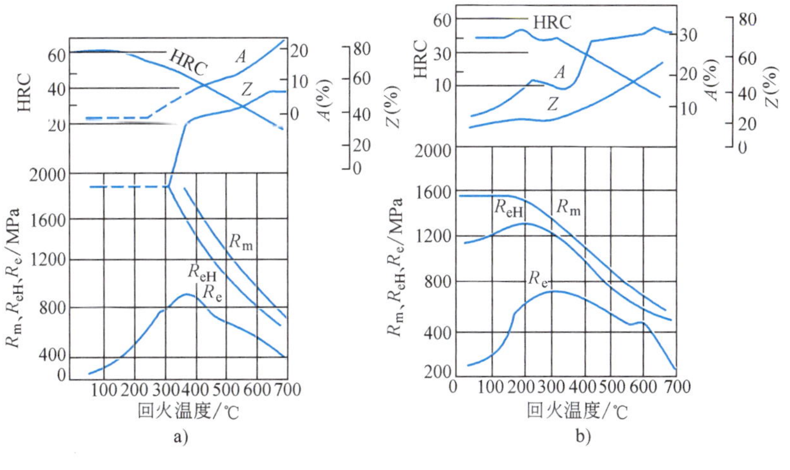

图 4-23　钢的力学性能与回火温度的关系

a）w_C 为 0.82% 的钢　b）w_C 为 0.2% 的钢

（3）回火脆性　在回火时钢的韧性变化总趋势是随着回火温度的升高而提高，但在 250～350℃范围内回火时，钢的韧性不仅不提高，反而显著降低，这种脆化现象称为回火脆性，又称不可逆回火脆性或称第一类回火脆性。造成这类回火脆性的原因，还不十分清楚，一般认为薄片状的碳化物沿马氏体边界分布，破坏了马氏体之间的连接，从而使韧性明显降低。为了避免产生这类回火脆性，一般钢件不在 250～350℃进行回火。

4. 回火种类与应用

（1）低温回火（150～250℃） 低温回火的目的是保持钢在淬火后得到高硬度和高耐磨性的前提下降低其淬火残余应力和脆性。这主要用于高碳钢的切削刃具、量具、冷冲模具、滚动轴承及渗碳淬火件等。回火后得到回火马氏体，硬度一般为58～64HRC。

（2）中温回火（350～500℃） 中温回火的目的是获得高的屈服强度、弹性极限和一定的韧性，因此它主要用于各种弹簧和模具的处理。回火后得到回火托氏体，硬度一般为35～50HRC。

（3）高温回火（500～650℃） 高温回火得到回火索氏体，它具有强度、硬度、塑性和韧性都较好的综合力学性能，因此应用于各种重要的结构零件，如连杆、螺栓、齿轮及轴类。回火后硬度一般为25～35HRC。

5. 调质和时效

（1）调质处理 钢件淬火及高温回火的复合热处理工艺，称为调质处理。虽然钢经正火后也能达到相近于调质处理后的硬度，但由于调质得到的回火索氏体（渗碳体呈粒状）比正火得到的索氏体（渗碳体呈片状）具有更高的强度、塑性和韧性。因此，重要的结构零件，一般都进行调质处理而不采用正火。表4-3为45钢经调质与正火处理后力学性能比较。

表4-3 45钢经调质与正火后的力学性能比较

热处理	R_m/MPa	A(%)	a_K/(J·cm^{-2})	HBW
正火	700～800	15～20	50～80	163～220
调质	750～850	20～25	80～120	210～250

调质处理，一般作为最终热处理，但也可以作为表面淬火和化学热处理的预备热处理。因为调质后钢的硬度不高，便于切削加工，并能获得较低的表面粗糙度值。

（2）时效处理 某些精密零件（精密量具、精密轴承等），常采用100～150℃加热、保温10～50h的时效处理。钢件经过时效处理后，其组织和性能基本不变，只是消除残余应力，使钢件组织和尺寸更加稳定，以保证钢件在长期使用和保存过程中不失去工作精度。

第五节 钢的淬透性与淬硬性

一、钢的淬透性

在实际淬火中常出现两种情况：一种是钢件从表面到中心都获得马氏体组织，具有同样的硬度，这说明钢件已被淬透；另一种情况是钢件表面淬成马氏体，而心部则是非马氏体组织。钢件淬火时，表面冷却速度最大，越到心部冷却速度越小（图4-24a），冷却速度超过临界冷却速度 v_k 的部分获得马氏体组织，而小于临界冷却速度 v_k 的部分，就会出现非马氏体组织，如图4-24b所示。

在规定条件下，决定钢材淬硬深度和硬度分布的特性，称为淬透性。它是钢材本身固有的一个属性。通常，从淬硬的工件表面测量至半马氏体区（即50%马氏体+50%非马氏体）的垂直距离作为淬硬层深度。不同钢种制成相同形状和尺寸的钢件，在同样条件下淬火，淬硬层深度越大，表明钢的淬透性越高；反之，淬透性高的钢淬硬层深度就大，淬透性低的钢淬硬层就浅。因此，在淬火条件相同的情况下，可根据淬硬层深度的大小来判定钢的淬透性高低。

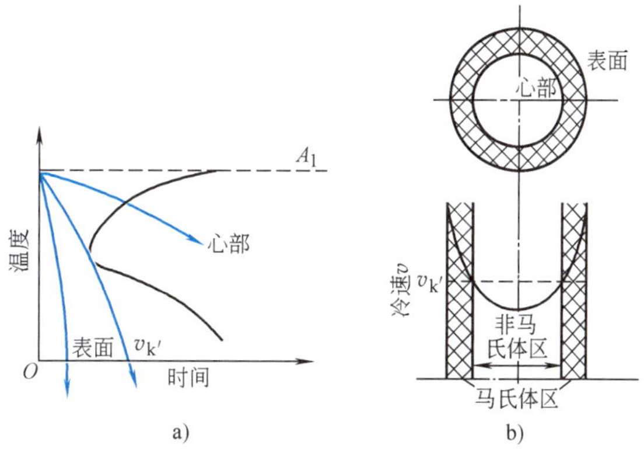

图 4-24　钢件淬硬层与冷却速度的关系

a）钢件截面上不同冷却速度　b）淬硬层分布

1. 影响淬透性的因素

钢的淬透性主要与钢的马氏体临界冷却速度有关。马氏体临界冷却速度的大小，又取决于过冷奥氏体的稳定性，因此，凡是能增加过冷奥氏体稳定性，促使其等温转变图（C 曲线）位置右移的因素，都能提高钢的淬透性。显然，钢的化学成分和奥氏体化的条件将是影响淬透性的主要因素。

（1）钢的化学成分

1）含碳量对淬透性的影响。在亚共析钢中，随着含碳量的增加，由于淬火临界冷却速度的减小，使淬透性增高；而在过共析钢中，含碳量 w_C 为 1.2%～1.3% 时，由于淬火临界冷却速度随含碳量的增加而明显加大，使淬透性显著地降低。

2）合金元素对淬透性的影响。一般说来，除钴（Co）和铝（w_{Al} >2.5%）以外的合金元素，当其溶入奥氏体后都能增加过冷奥氏体的稳定性，使等温转变图右移，临界冷却速度减小，从而使钢的淬透性提高。

（2）奥氏体化的条件　提高奥氏体化温度，延长保温时间，使奥氏体晶粒粗大，成分均匀，残余渗碳体和碳化物的溶解彻底，这些都有助于增大过冷奥氏体的稳定性，使等温转变图右移，临界冷却速度减小，从而提高钢的淬透性。

2. 淬透性的测定及表示方法

测定钢的淬透性的方法很多，最常用的方法有末端淬火法和临界直径法。

（1）末端淬火法　根据 GB/T 225—2006《钢　淬透性的末端淬火试验方法（Jominy 试验）》，将 ϕ25mm×100mm 圆柱形标准试样置于炉中加热至奥氏体化后，迅速放到端淬试验台上，对其下端喷水冷却（图 4-25a）。喷水柱自由高度为（65±10）mm，喷水管口距试样末端为（12.5±0.5）mm，水温为（20±5）℃。待试样冷却完毕后，沿其轴线方向相对的两侧各磨去 0.4～0.5mm，通常测量离开淬火端面 1.5mm、3mm、5mm、7mm、9mm、11mm、13mm、15mm 前 8 个测量点和以后间距为 5mm 的硬度值，绘出硬度与至淬火端距离的关系曲线，即为钢的淬透性曲线。图 4-25b 所示为 45 钢与 40Cr 钢的淬透性曲线，显然，淬透性较高的 40Cr 钢硬度下降趋势较为平坦，而淬透性低的 45 钢硬度呈急剧下降的趋势。

根据钢的淬透性曲线，钢的淬透性值通常用 J××-d 表示。其中 J 表示末端淬透性，d 表示至淬火端的距离（单位 mm），××为在该处测得的硬度值。例如 J40-5，表示距淬火端 5mm 处的硬度值为 40HRC，JHV450-10 即表示距淬火端 10mm 处的硬度值为 450HV。也可以按下列方法规定淬透性：

J45-6/18 表示在距淬火端 6～18mm 之间某些点的硬度值达到 45HRC；J35/48-15 表示

在距淬火端 15mm 处的硬度值在 35 ~ 48HRC 之间。

在一些国家，采用以下表示方法：

J15 = 35/45 表示在距淬火端 15mm 处的硬度值在 35 ~ 45HRC 之间。

（2）临界直径法 临界直径法是一种比较直观的衡量淬透性的方法。该方法是将某种钢做成各种不同直径的一组圆柱体试样，按规定的条件淬火后，可找出其中截面中心恰好是含 50% 马氏体组织的一根试样，该试样的直径就被称为临界淬透直径，以 D_0 表示。小于此直径时全部可以淬透，而大于此直径时就不能淬透。显然，临界直径与介质的冷却能力有关，同一钢种在不同的介质中的临界直径一般是不同的。但在同一冷却介质中，钢的临界直径越大，则其淬透性越好。表 4-4 列出了几种常用钢在水和油中淬火时的临界淬透直径。

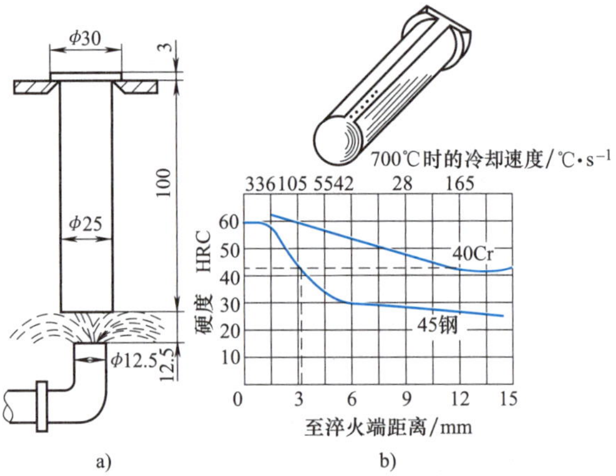

图 4-25 末端淬火试验与淬透性曲线

a）试样与淬火装置 b）淬透性曲线

表 4-4 几种常见钢在水和油中淬火时的临界淬透直径

钢 号	D_0 水/mm	D_0 油/mm	心部组织
45	10 ~ 18	6 ~ 8	50% M
60	20 ~ 25	9 ~ 15	50% M
40Mn	18 ~ 38	10 ~ 18	50% M
40Cr	20 ~ 36	12 ~ 24	50% M
18CrMnTi	32 ~ 50	12 ~ 20	50% M
T8 ~ T12	15 ~ 18	5 ~ 7	95% M

3. 淬透性的实际意义

钢的淬透性，是进行设计选材的重要依据。淬透性对钢的力学性能的影响很大，淬透性高的钢，淬透后经高温回火，其组织和性能沿整个截面均匀一致（图 4-26a）。淬透性低的钢，因未被淬透，使截面各处的组织和性能不均匀，未淬透部分的力学性能明显下降（图 4-26b），这种现象对于大截面的钢件表现更为明显。因而，对于截面尺寸大、性能要求高的钢件，必须选用淬透性高的钢材。

对于多数重要结构件都希望能淬透，以保证良好的使用性能。但并不是对任何钢件都要求有高的淬透性，例如，对于机床主轴、汽车后半轴、表面要求高耐磨并承受冲击的模具等某些轴类调质零件，因它们心部不要求很高的

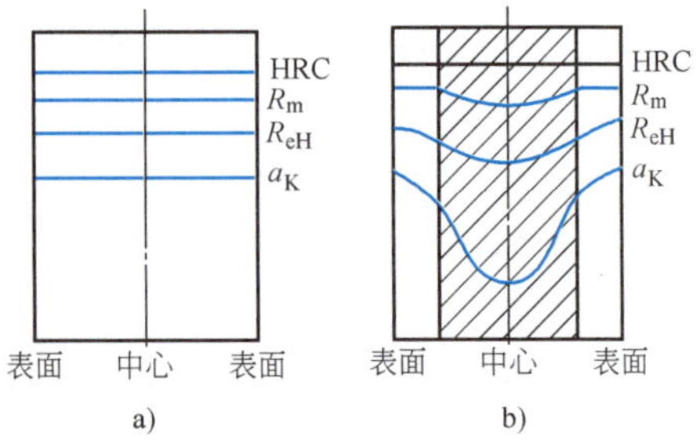

图 4-26 淬透性对调质后钢的力学性能的影响

a）已淬透 b）未淬透

硬度，而不必要求高的淬透性。因此，只有根据钢件的具体工作条件、受力情况、性能要求选用不同淬透性的钢材，才是合理的。

应该指出，钢件的淬硬层深度，不仅取决于钢的淬透性，还受钢件的截面尺寸和淬火介质的影响。截面尺寸小的钢件比大的钢件淬硬层深；水淬比油淬钢件淬硬层深。

二、钢的淬硬性

钢的淬硬性和淬透性是两个不同的概念。钢的淬硬性是指钢在理想条件下进行淬火硬化所能达到的最高硬度的能力。最高硬度值越大，说明钢的淬硬性越好。淬硬性主要取决于钢的含碳量。如高碳碳钢的淬硬性高，而淬透性低；低碳合金钢的淬硬性较低，而淬透性高。

第六节　钢的表面热处理

在实际生产中，有些钢件（如齿轮、凸轮、曲轴等）是在弯曲、扭转等交变负荷、冲击负荷及摩擦条件下工作，其表面要求有高的硬度、耐磨性和疲劳强度，而心部应有足够的塑性和韧性。有些钢件（如量规等）只要求表面有高的硬度和耐磨性。在这些情况下，若仅从钢材的选择和采用前述的普通热处理方法，已难满足要求。解决的方法是对钢件进行表面热处理。

仅对钢件表层进行热处理，以改变其组织和性能的工艺，称为表面热处理。主要包括：表面淬火和化学热处理。

一、钢的表面淬火

仅对钢件表层进行淬火的工艺，称为表面淬火。它是通过快速加热使钢件表层奥氏体化，在热量尚未传至心部时迅速冷却，使表层得到高硬度、耐磨损的细针状马氏体，而心部仍为韧性较高的原始组织（正火、退火或调质组织）。

根据加热方法的不同，表面淬火方法大致可分为感应淬火、火焰淬火、接触电阻加热淬火，以及盐浴快速加热表面淬火等多种。目前生产中应用最广泛的是感应淬火和火焰淬火。

1. 感应淬火

（1）感应加热的基本原理　如图 4-27 所示，把钢件放入由空心纯铜管绕制而成的感应器内，感应器中通入一定频率的交流电，以产生交变磁场，于是在钢件内就会产生频率相同、方向相反的感应电流，感应电流在工件内自成回路，称为“涡流”。涡流在钢件截面上的分布是不均匀的，表面密度大，中心密度小。通入感应线圈的电流频率越高，涡流越集中在钢件的表层，这种现象称为“趋肤效应”。由于电阻热使工件表层迅速被加热到淬火温度，而心部温度在 A_1 以下或接近室温。随即喷水（或浸入油或其他介质中）冷却后，钢件表层即

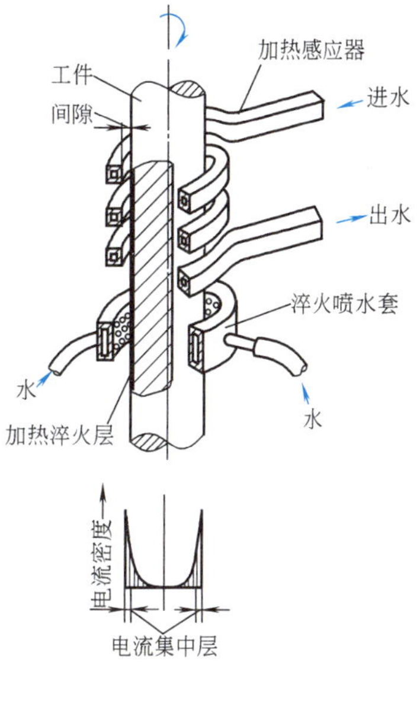

图 4-27　感应淬火示意图

被淬硬。

（2）感应淬火的分类　感应加热透入工件表面层的深度，主要取决于电流频率。频率越高，感应加热深度越浅，即淬硬层越浅。根据电流频率的不同，感应淬火可分为三类：

1）高频感应淬火。高频感应淬火是应用最广泛的表面淬火法。它采用电子管式高频发生装置，常用频率为200～300kHz，淬硬层深度一般为0.5～2.5mm。主要用于要求淬硬层较浅的中小型钢件（如小模数齿轮、中小型轴等）的表面淬火。

2）中频感应淬火。采用机械式中频发电机组或晶闸管中频变频器，常用频率为2.5～8kHz，淬硬层深度一般为2～8mm。它主要用于淬硬层要求较深的钢件（如直径较大的轴类和中等模数的齿轮、大模数齿轮单齿等）的表面淬火。

3）工频感应淬火。工频感应加热是用工业频率（50Hz）电流通过感应器加热工件。淬硬层深度可达10～15mm。它主要用于要求深淬硬层的大直径钢件（如轧辊、火车车轮等）的表面淬火。

（3）感应淬火的特点　与普通淬火相比，感应淬火有以下几方面的特点：

1）感应加热速度极快，只要几秒到几十秒的时间就可以把工件加热至淬火温度，而且淬火加热温度高（Ac_3 +80～150℃），比普通淬火加热温度高几十摄氏度。

2）加热时间很短，奥氏体晶粒细小均匀，淬火后表层能获得细小针状马氏体或隐针马氏体，使钢件表层具有比普通淬火稍高的硬度（高2～3HRC）和较低的脆性。同时由于只有表层组织是马氏体，其比体积较其他组织大，使钢件表层产生残余压缩应力，它能部分地抵消在循环负荷作用下产生的拉应力，从而提高了疲劳强度。

3）由于加热速度快，钢件表面不易氧化、脱碳，且钢件心部无组织变化，因而钢件变形比普通淬火要小。

4）生产率高，易实现机械化和自动化，适宜于大批量生产。

但感应加热设备较贵，维修调整困难，形状复杂的感应器不易制造，故不适用于单件生产。

（4）感应淬火用钢　感应淬火最适宜的钢种是中碳钢和低合金中碳钢，如40、45、40Cr、40MnB等。在某些条件下，感应淬火也可应用于高碳工具钢、低合金工具钢及铸铁等零件。

为了保证表面淬火后钢件表面和心部获得需要的组织和性能，表面淬火前一般要进行调质或正火。表面淬火后一般进行低温回火（170～200℃），以降低残余应力，稳定组织。生产上也常采用自回火法，即当淬火冷至200℃左右时停止喷水，利用钢件中的余热达到回火的目的。

2. 火焰淬火

利用氧-乙炔（或其他可燃气）火焰对钢件表面进行加热，随之淬火冷却的工艺。这种方法适用于中碳钢、中碳合金钢及铸铁制成的单件、小批生产，或大型工件（大模数齿轮、大型轴类、机床导轨、轧辊等）的表面淬火。火焰淬火方法简单，无需特殊设备，成本低，对大型工件或只需局部表面淬火的工件都比较方便；但此方法生产率低，工件质量较难控制，因此使用受到一定的限制。

二、钢的化学热处理

1. 概述

将钢件置于一定温度的活性介质中保温，使一种或几种元素渗入它的表层，以改变其化学成分、组织和性能的热处理工艺，称为化学热处理。

化学热处理既改变钢表层的化学成分，又改变表层的组织，因而可更有效地提高工件的表层性能。根据渗入元素的不同，常用的化学热处理包括渗碳、渗氮、碳氮共渗（氰化）、渗铝、渗铬等。

化学热处理是依靠活性介质中的元素向钢中的扩散作用来进行的。该过程一般包括以下三个基本阶段：

1）分解。由活性介质中分解出渗入元素的活性原子。

2）吸收。钢件表面对活性原子进行吸收，即活性原子由钢表面进入铁的晶格。

3）扩散。被钢件吸收的原子，由表层向内部扩散，形成一定厚度的扩散层。

目前，在机械制造业中，常用的化学热处理有渗碳、渗氮和氮碳共渗（软氮化）等。

2. 钢的渗碳

为了增加钢件表层的含碳量和一定的碳浓度梯度，将钢件在渗碳介质中加热并保温，使碳原子渗入表层的化学热处理工艺，称为钢的渗碳。

（1）渗碳目的及渗碳用钢　渗碳用钢一般为 $w_C=0.10\%\sim0.25\%$ 的低碳钢或低碳合金钢，如 15、20、20Cr 钢等。渗碳的目的是使钢件表面具有高的硬度、耐磨性及疲劳强度，而心部仍具有一定的强度和较高的韧性。

（2）渗碳方法　根据所采用的渗碳剂的不同，渗碳方法可分为固体渗碳、液体渗碳和气体渗碳三种。在实际生产中以气体渗碳为主，其次是固体渗碳。

1）气体渗碳法。把钢件置于密封加热炉中，通入渗碳剂并加热到渗碳温度，使钢件在气体渗碳剂中进行渗碳的工艺，称为气体渗碳。气体渗碳常用的渗碳剂有含碳气体（煤气、天然气、丙烷等）和碳氢化合物的有机液体（煤油、苯、醇等）。

气体渗碳过程如下，首先是渗碳剂在高温下分解出活性碳原子，即

$$CH_4 \rightleftharpoons 2H_2+[C]$$

$$2CO \rightleftharpoons CO_2+[C]$$

$$CO+H_2 \rightleftharpoons H_2O+[C]$$

随后，分解出的活性碳原子［C］被钢件表面吸收而溶于高温奥氏体中，并向钢的内部扩散而形成一定深度的渗碳层。渗碳温度一般在 900～930℃之间。保温时间则根据渗碳温度和渗碳层深度来确定，一般按 0.20～0.25mm/h 的速度进行估算。

2）固体渗碳法。将钢件放在填充粒状渗碳剂的密封箱内进行渗碳的工艺，称为固体渗碳。其渗碳温度 900～930℃。固体渗碳常用的渗碳剂是由木炭与碳酸盐（$BaCO_3$ 或 Na_2CO_3 等）混合而成。固体渗碳层的厚度取决于保温时间，一般可按 0.1～0.15mm/h 计算。

（3）渗碳层的含碳量和渗碳层深度　渗碳层的含碳量一般在 $w_C=0.85\%\sim1.05\%$ 范围内。含碳量过低，淬火＋低温回火后得到含碳量较低的回火马氏体，其硬度、耐磨性和疲劳强度均较低；含碳量过高，渗碳层出现大量块状或粗网状渗碳体，使渗碳层变脆，易剥落。同时由于随后淬火组织中残留奥氏体量增加，使表层硬度、耐磨性下降，而且残余压应力减少，导致疲劳强度显著降低。

渗碳后，表层碳浓度最高，由表层到心部（从左至右，图 4-28）逐渐降低，中心为原始碳浓度，钢件经渗碳缓冷到室温后的组织，由表层向中心连续地从过共析组织（珠光体＋网状二次渗碳体）、共析组织（珠光体）过渡到亚共析组织（铁素体＋珠光体），如

图4-28所示。

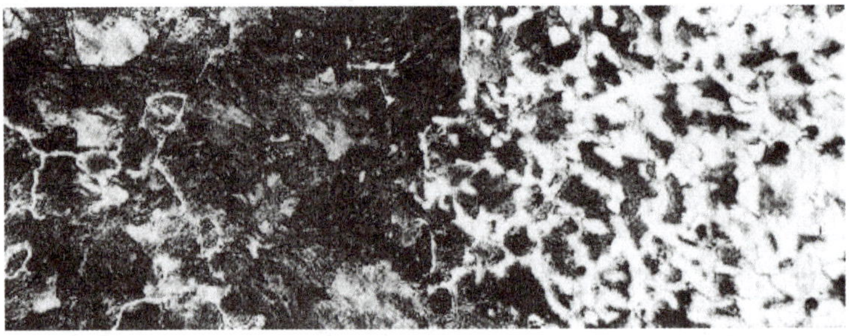

图4-28 低碳钢渗碳缓冷后的组织

在一定的渗碳层深度范围内，渗碳件的疲劳强度、抗弯强度和耐磨性，随渗碳层深度增加而增大，但当超过一定深度限度后，疲劳强度反而随渗碳层深度的增加而降低。渗碳层过深，冲击韧度也将大大降低。因此，渗碳层深度 δ 应根据其具体尺寸及工作条件来确定，下面的经验公式可供参考，即

轴类：$\delta=(0.1\sim0.2)R$，R——半径，mm。

齿轮：$\delta=(0.2\sim0.3)m$，m——模数，mm。

薄片钢件：$\delta=(0.2\sim0.3)t$，t——钢件厚度，mm。

钢件在工作条件下磨损较小时，δ 值取小些；磨损较大时，δ 值取大些。

（4）渗碳后热处理 钢件在渗碳后必须进行淬火＋低温回火的热处理。在生产上常采用三种热处理方法，如图4-29所示。

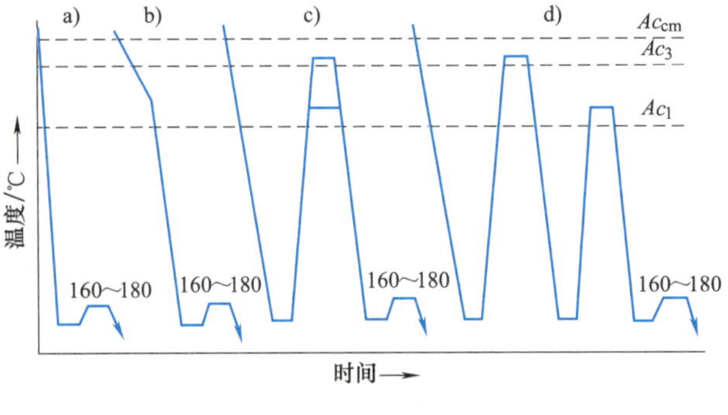

图4-29 渗碳后热处理示意图

a)、b）直接淬火 c）一次淬火 d）两次淬火

1）直接淬火法。将渗碳后的钢件直接或预冷至850℃左右后直接放入水或油中淬火，然后在160～180℃进行低温回火以消除淬火应力。这种方法简单，不需要重新加热，因而可减少热处理变形，节省时间和费用。但由于渗碳温度高，晶粒粗大，渗碳层的残留奥氏体数量多，会引起钢件表面硬度下降。因此，这种方法仅适用于晶粒长大倾向较小的细晶粒钢或性能要求不高的零件，如图4-29a、b所示。

2）一次淬火法。将渗碳件出炉空冷或缓冷后，然后再重新加热淬火，称为一次淬火法（图4-29c）。这种方法可细化渗碳时形成的粗大组织，提高力学性能。淬火温度的选择应兼

顾表层和心部。如果强化心部，则加热到 Ac_3 以上，使其淬火后得到低碳马氏体组织；如果强化表层，需加热到 Ac_1 以上。这种方法适用于组织和性能要求较高的零件，在生产中应用广泛。

3）两次淬火法。渗碳件出炉空冷或缓冷后，经两次淬火后再进行 160～180℃ 的低温回火（图 4-29d）。第一次淬火是为了心部的亚共析原始组织可得到一次重结晶的机会，从而细化心部组织，同时也可消除表层存在的网状渗碳体，故加热温度应在该钢的 Ac_3 以上。第二次淬火是为了使渗碳层的组织达到使用性能要求，即获得细片状马氏体、均匀分布的粒状碳化物和少量残留奥氏体，故加热温度应按过共析钢的淬火温度来考虑，即应选在 Ac_1 以上 30～50℃。经两次淬火后渗碳件的表层和心部组织都得到细化，不但表层有较高的硬度、耐磨性和疲劳强度，而且心部也有良好的韧性和塑性。但钢件经两次高温加热后变形较严重，且渗碳层易脱碳和氧化，生产周期长且成本高。因此，两次淬火法仅适用于对性能要求很高的重要钢件或承受重负荷的钢件。

低碳钢件经渗碳、淬火、低温回火后，表层组织通常为回火马氏体 + 粒状渗碳体（或碳化物）+ 少量残留奥氏体，其硬度可达到 58～64HRC。心部组织和硬度取决于钢的淬透性，碳钢一般为珠光体 + 铁素体，其硬度不超过 20HRC；合金钢一般为低碳回火马氏体或低碳回火马氏体 + 铁素体，硬度约为 30～45HRC。

3. 钢的渗氮

在一定温度（一般在 Ac_1 以下），使活性氮原子渗入钢件表面的化学热处理工艺，称为渗氮。其目的是提高工件表面硬度、耐磨性、耐蚀性及疲劳强度。

（1）渗氮原理　目前生产中应用较多的是在气体介质中进行渗氮，称为气体渗氮。它是将已脱脂净化了的钢件放在密封炉内，加热到 500～600℃，并通入氨气。氨气按下式分解出活性氮原子，即

$$2NH_3 \rightarrow 3H_2 + 2[N]$$

活性氮原子被钢件表层吸收并向里扩散，形成一定厚度的渗氮层。渗氮层的硬度高，表面硬度可达 1000～1100HV（>67HRC），厚度一般为 0.3～0.5mm。

（2）渗氮用钢　常用渗氮钢为 $w_C = 0.15\% \sim 0.45\%$ 的合金结构钢。由于多种合金元素可以形成不同合金氮化物，并以极高的弥散度分布在渗氮层中，获得很高的硬度和耐磨性，所以，常采用含有 Cr、Mo、Al 等合金元素的钢作为渗氮用钢。典型钢种有 38CrMoAlA，另外 35CrMo、18CrNiW 等钢也常作为渗氮用钢。

应当指出，为了提高渗氮零件心部的综合力学性能，在渗氮前要进行调质处理，使工件心部组织为回火索氏体。

（3）渗氮特点　合金钢耐磨零件经渗氮后，由于表层形成一层极硬、高度弥散、非常稳定的合金氮化物（渗氮后的显微组织如图 4-30所示），故不需要淬火便具有很高的硬度、耐磨性、抗咬合性、耐蚀性和热硬性。同时，由于氮化层体积增大，使钢件表面产生残余压应力，从而使疲劳强度显著提高。此外，渗氮处理的钢件变形小，随后经精磨或研磨、抛光即可使用。由于上述特点，钢的渗氮不仅可用

图 4-30　38CrMoAl 钢渗氮后的显微组织

于要求耐磨性很高的精密零件（如镗杆、磨床主轴），而且可用于要求耐热、耐蚀、耐磨的零件（如齿轮套、阀门等）及在交变负荷下工作的重要零件（如内燃机曲轴、齿轮）。但是渗氮的生产周期长，成本高，并需要专门的渗氮用钢，使其应用受到一定限制。

4. 钢的碳氮共渗和氮碳共渗

碳氮共渗是在一定温度下，同时将碳、氮渗入钢件表层奥氏体中，并以渗碳为主的化学热处理工艺。而氮碳共渗是在钢件表层渗入氮和碳，并以渗氮为主的化学热处理工艺。目前以中温气体碳氮共渗和低温气体氮碳共渗应用较为广泛。

（1）中温气体碳氮共渗　在加以改进的井式气体渗碳炉中滴入煤油，使其受热分解出渗碳气体，同时往炉中通入渗氮所需的氨气。在共渗温度（820～860℃）下，煤油与氨气除了单独进行前述的渗碳和渗氮外，它们相互间还可发生化学反应而产生活性碳、氮原子，即

$$CH_4 + NH_3 \rightleftharpoons HCN + 3H_2$$
$$CO + NH_3 \rightleftharpoons HCN + H_2O$$
$$2HCN \rightleftharpoons H_2 + 2[C] + 2[N]$$

活性碳、氮原子渗入钢件表层奥氏体中，并逐渐向内部扩散，形成碳氮共渗层。

共渗剂除用煤油和氨气外，还可用煤气和氨气，甲醇、丙烷和氨气，三乙醇胺和20%尿素等。

中温气体碳氮共渗，可用于低、中碳钢和低、中碳合金钢。共渗时间取决于渗层厚度、共渗温度及所用的共渗介质。共渗层的碳、氮含量，则取决于共渗温度，含碳量随共渗温度的升高而增高，含氮量随共渗温度的升高而降低。如在820～860℃范围内共渗，则表层含碳量 w_C 为0.7%～1.0%，含氮量 w_N 为0.15%～0.5%，共渗层厚为0.5～0.8mm。钢件经碳氮共渗后，也需直接淬火＋低温回火。热处理后表层具有较高的硬度；心部组织为低碳或中碳马氏体或非马氏体组织，具有一定的强度。

碳氮共渗与渗碳相比，具有加热温度低，钢件变形小，生产周期短，渗层的耐磨性、硬度、疲劳强度较高及有一定的抗蚀能力等特点。因此，此工艺应用日益广泛，目前常用来处理汽车和机床上的各种齿轮、蜗轮、蜗杆和轴类零件等。

（2）低温气体氮碳共渗　这是一种较新的化学热处理工艺，又称气体软氮化。其是在500～570℃范围内进行氮碳共渗，由于温度低，因而以渗氮为主。常用的共渗剂是尿素或甲酰胺、三乙醇胺等，在炉中分解出活性氮、碳原子渗入钢件。渗层厚一般为0.1～0.4mm，硬度为570～680HV（54～60HRC）。

低温氮碳共渗处理后的钢件变形很小，精度无明显变化，并能提高钢件的耐磨、耐疲劳、抗咬合和抗擦伤等性能，使钢件表层硬而具有一定韧性，不易剥落。此工艺广泛应用于模具、量具、高速刀具、曲轴、气缸套等耐磨钢件的表面处理。低温氮碳共渗的缺点是渗层较薄，不适用在重负荷下工作的零件。

第七节　其他热处理工艺简介

为了提高零件的力学性能，减少热处理中金属的氧化、脱碳以及零件的变形，近十几年来，出现了以下一些新的热处理技术。

一、形变热处理

形变热处理是将塑性变形与热处理有机结合，以提高材料力学性能的复合工艺。形变热处理有多种方法，最典型的是高温形变热处理和低温形变热处理。

1. 高温形变热处理

在奥氏体稳定区内先进行塑性变形（锻、轧等），然后立即进行淬火和回火，如图4-31a所示。对亚共析钢形变温度大多在 Ac_3 以上，对过共析钢则在 Ac_1 以上。为了保留形变强化效果，防止再结晶软化，形变之后应立即淬火。这种热处理可提高钢的强韧性，还可以提高疲劳强度及抗脆断能力，降低缺口敏感性。此外，还可利用锻造或轧制后的余热直接淬火，简化工序，节省工时和降低成本。高温形变热处理多用于调质钢及加工余量不大的锻件或轧材，如连杆、曲轴、弹簧及叶片等。

2. 低温形变热处理

将钢加热至奥氏体状态后，急冷至孕育期最长的温度（500～600℃）进行大量塑性变形，然后进行淬火和回火的工艺，如图4-31b所示。

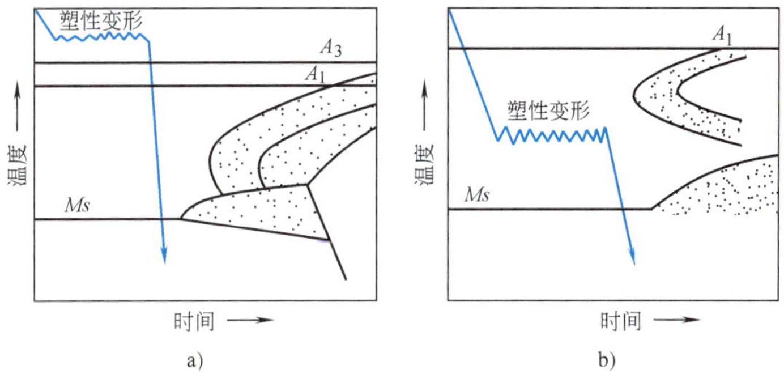

图 4-31 形变热处理工艺示意图

a）高温形变热处理 b）低温形变热处理

低温形变热处理可在保持塑性、韧性不降低的条件下，较大幅度地提高钢的强度和抗磨能力，主要用于要求高强韧的零件，如高速钢刀具、模具、弹簧及飞机起落架等。

这种工艺因变形温度较低，变形速度快，采用功率大的压力加工设备，所以强化效果好。但对形状复杂的工件进行形变热处理尚有困难。

二、真空热处理

在低于一个大气压的环境中进行加热的热处理工艺，称为真空热处理。真空热处理的真空度一般为1.33～0.0133Pa(10^{-2}～10^{-4}mmHg)。

真空热处理包括真空淬火、真空回火、真空退火和真空化学热处理等。真空热处理的特点为：

1）工件在真空中加热，不致产生氧化、脱碳，工件表面光洁。

2）可净化零件表面。因为金属表面的氧化物、油污在真空加热时分解，并被真空泵排除，不仅使工件表面光洁，而且还提高了工件的疲劳强度。

3）无对流传热，升温速度慢，工件截面温差小，热处理后变形小。

4）可除去金属内部溶解气体，从而提高金属的韧性。

真空热处理由于有上述优点，所以已成为热处理发展的主要方向之一。

三、离子轰击热处理

离子轰击热处理又称辉光放电热处理、等离子热处理。它是在低于一个大气压的特定气氛中利用钢件（阴极）与阳极之间产生辉光放电进行热处理的工艺。目前最常用的是离子渗氮。

离子渗氮的基本原理是：将钢件置于充有微量氨气的真空渗氮炉中，并以钢件为阴极，以容器壁为阳极，加以500～800V的直流电压。氨气被电离成氢和氮的正离子，这时阴极（钢件）表面形成一层紫色辉光。具有高能量的氮离子以很大速度撞击钢件表面，由动能转化为热能，使钢件表面温度升高到450～650℃，同时氮离子在阴极（钢件）上夺取电子形成氮原子，渗入钢件表面并向内层扩散而形成渗氮层。

离子渗氮是近些年来迅速发展起来的新的渗氮工艺。离子渗氮与普通气体渗氮相比，其优点是明显缩短渗氮时间，且渗氮后硬度可达1000HV以上，渗层脆性小，易实现钢件的局部渗氮，可适用于各类钢种、铸铁和有色金属材料。缺点是设备价格高，成本高，对于大型钢件的热处理困难。

四、可控气氛热处理

工件在炉气成分可控制的炉内进行的热处理，称为可控气氛热处理。

1. 可控气氛热处理的目的

1）减少和防止工件加热时的氧化与脱碳，既节约了钢材，又提高了零件的尺寸精度和表面质量。

2）控制渗碳时渗碳层的碳浓度，而且可以使脱碳的零件重新复碳。

2. 气氛种类

用于热处理可控气氛的类型很多，按照用途主要有以下几种：

（1）放热式气氛　燃料气（天然气、乙烷、丙烷等气体）按一定比例与空气混合后，靠自身的完全燃烧反应而制成的气体。由于反应时放出大量的热量，故称为放热式气氛。它是制备气体中最便宜的一种，主要防止氧化。

（2）吸热式气氛　燃料气（天然气、煤气、丙烷、丁烷）按一定比例与空气混合（燃料气量大、空气量较少）后，在化学反应中不完全燃烧，其反应过程中需要外界供应热量，是经吸热而制成的气体，故称为吸热式气氛。它主要用作渗碳气氛和高碳钢保护气氛。

（3）放热-吸热式气氛　这种气氛是由放热和吸热两种方式综合制备而成。第一步是将气体燃料与空气混合，在燃烧室中进行放热式燃烧；第二步是将燃烧室中的燃烧产物再次与少量燃烧气混合，在装有催化剂的反应罐内进行吸热反应，产生的气体冷却后便成为放热-吸热式气氛。它可用于用吸热式或放热式气氛的各种情况，也可作为渗碳和碳氮共渗的载气。此种气氛含氢量低，因而可以减少氢脆影响。

（4）滴注式气氛　用液体有机化合物（如甲醇、乙醇、丙酮、甲酰胺、三乙醇胺等）混合滴入，分解出气体与空气混合后喷入热处理炉内所得到的气氛，称为滴注式气氛。它主要用于渗碳、碳氮共渗、氮碳共渗、保护气氛淬火和退火等。

五、激光热处理

激光热处理是利用高能量密度的激光束对工件表面扫描照射，使其金属在百分之几秒到千分之几秒内被加热到相变温度以上，停止扫描照射后，热量迅速传至周围未被加热的金属，而加热处被迅速冷却，从而达到自行淬火的目的。

利用激光进行表面热处理，主要是控制表面温度和加热深度。这两个技术指标除受材料自身物理特性影响外，还受激光扫描速度和功率密度的影响。扫描速度越慢，功率密度越大，则激光加热深度越深。

激光热处理的优点是：加热速度快，淬火不用冷却介质；可控性好，可对任何复杂的几何形状进行局部选择加热淬火，而不影响临近部位的组织和表面质量；显著提高钢件表面的硬度和耐磨性，并能细化晶粒；淬火后钢件几乎无变形，表面光洁，不需再进行表面加工就可直接使用。

激光热处理是一种多功能、高效率的热处理新技术。但是，激光热处理表面淬火存在回火软区、设备功率不稳定等问题，目前尚未广泛应用，有待于进一步改进完善。

第五章

工业用钢

在工程材料中，仍以钢铁材料为主。据统计，在机械制造产品中钢铁材料占95%以上。

工业用钢包括碳素钢（即碳钢）和合金钢。碳钢是由生铁经冶炼获得的，碳钢的强度、塑性、韧性较好，又具有良好的工艺性能和较低的价格。因此，碳钢至今仍然是工业上使用最多的金属材料（占钢产量的80%）。但是，随着现代工业和科学技术的发展，碳钢的性能已满足不了越来越高的要求，于是人们研制了各种合金钢。所谓合金钢，就是在碳钢的基础上有目的地加入某些元素（称合金元素）而得到的。与碳钢相比，合金钢的性能有显著的提高，能提供多种性能，多种用途，因而合金钢用量比率正在逐年增长。

第一节　概　　述

一、钢中的常存杂质

无论是碳钢还是合金钢，除了含有铁、碳及合金元素之外，还或多或少地含有一些其他元素，如锰、硅、硫、磷等。这些元素往往是由于矿石及冶炼等方面的原因进入钢中的，故统称为杂质。这些杂质对钢性能的影响不可忽视。

（1）锰　一般认为锰在钢中是一种有益元素。它是在炼钢时随脱氧剂加入钢中的，目的是为了脱氧。锰在钢中以杂质形式存在时，一般含量 $w_{Mn} < 0.8\%$。锰在钢中大部分溶于铁素体中，并使铁素体强化；少部分溶于渗碳体，形成合金渗碳体。锰还能增加钢中珠光体的相对量，并使之细化。这些都能提高钢的强度。另外，锰与硫形成硫化锰 MnS，能减轻硫的有害作用。但锰作为杂质存在时，对钢的性能影响不显著。

（2）硅　硅在钢中也是一种有益元素。它也是在炼钢过程中随脱氧剂而加入钢中的。硅在钢中作为杂质时，含量一般 $w_{Si} < 0.4\%$。硅能溶于铁素体，对钢有一定的强化作用。但硅作为杂质元素存在时，对钢的性能影响也不显著。

（3）硫　在通常情况下，硫在钢中是一种有害杂质元素。它是在炼钢时由生铁和燃料（焦炭）带入的。在固态下，硫在铁中的溶解度极小，而是以 FeS 形式存在。由于 FeS 的塑性差，使钢的脆性增大。更严重的是 FeS 与 Fe 可形成低熔点（989℃）的共晶体，分布在奥氏体晶界上。当钢在 1000～1200℃进行压力加工时，晶界上的共晶体已熔化，致使晶粒脱开，钢变得极脆，这种现象称为热脆性。

锰和硫的亲和力较强，能从 FeS 中夺取硫而形成 MnS（熔点为 1620℃），并呈粒状分布在晶粒内，在高温下具有一定的塑性，能有效地消除钢的热脆性。因此，钢中要有适当的含锰量，并在各种钢中严格控制含硫量。

（4）磷　通常情况下，磷也是一种有害的杂质元素。它是由生铁带入钢中的。一般情况下，磷全部溶于铁素体中，可使铁素体的强度、硬度有所提高，而却使其室温下的塑性、韧性显著降低，尤其是在低温时更为严重（因为磷使钢的脆性转变温度升高）。这种在低温时使钢严重变脆的现象称为冷脆性。因此，各种钢都应严格控制含磷量。

应该指出的是，钢中的常存杂质除了上面所介绍的四种元素以外，还有氧、氢、氮等。它们是在炼钢过程中由炉料和铁合金带入的，或者是由炉气通过熔渣进入钢中的。这些杂质的存在，对钢的性能也有一定的影响。例如，氧主要存在于非金属夹杂物中，使钢的强度和塑性降低，特别是氧化物（如 FeO、MnO、SiO_2、Al_2O_3 等）的夹杂物，对钢的疲劳强度有很大的影响。

二、合金元素在钢中的作用

在合金钢中，经常加入的合金元素有锰、硅、铬、镍、钨、钼、钒、钛、铌、锆、硼和稀土元素等。按照其与碳的亲和力大小，可将这些合金元素分为：

1）非碳化物形成元素，包括 Ni、Si、Co、Cu、Al、B 等。

2）碳化物形成元素，包括 Mn、Cr、W、Mo、V、Nb、Ti、Zr 等，形成碳化物的倾向依次变强，即 Mn 最弱，Zr 最强。

合金元素在钢中的作用是非常复杂的。迄今为止，人们对它的认识还很不全面。不仅对于多种合金元素在钢中的综合作用认识不足，而且，即使是单一合金元素，其在钢中的作用也未完全搞清楚。下面，仅分析合金元素对钢中基本相、Fe-Fe_3C 相图和相变过程等方面的影响。

1. 合金元素对钢中基本相的影响

钢在退火、正火及调质状态下的基本相为铁素体和渗碳体相。因此，合金元素对钢中基本相的影响也就是指对铁素体和渗碳体的影响。

（1）合金元素溶于铁素体　所有非碳化物形成元素，由于不能与碳形成碳化物，所以基本上都能溶于铁素体中，形成合金铁素体；而碳化物形成元素中，与碳的亲和力较弱的（如锰、铬）大部分仍溶于铁素体中，与碳的亲和力较强的（如钼、钨、钒、钛）也能少量溶于铁素体中，形成合金铁素体。

溶于铁素体的合金元素能强化铁素体。各种合金元素对铁素体的强化效果是不同的，由图 5-1a 可知，Si、Mn、Ni 等元素的强化效果较显著，而 Cr、W、V、Mo 等元素的强化效果较弱。合金元素对铁素体韧性的影响如图 5-1b 所示，当硅含量 $w_{Si}>1\%$，Mn 含量 $w_{Mn}>1.5\%$，铬含量 $w_{Cr}>2\%$ 时，则显著降低铁素体的韧性。只有 Ni 不同，在铁素体中含 Ni 量 w_{Ni} 4%～5% 时，仍能保持较高的韧性。因此，Ni 的强韧化效果最好。

（2）合金元素溶于渗碳体或形成特殊碳化物　弱碳化物形成元素，如 Mn、Cr、Mo 等，可溶于渗碳体形成合金渗碳体或与碳形成特殊碳化物，如 $(FeMn)_3C$、$(FeCr)_3C$、Mn_3C、Cr_7C_3、Mo_2C 等；而强碳化物形成元素，如 V、Ti、Nb、Zr 等，一般都与碳形成特殊碳化物，如 VC、TiC、NbC、ZrC 等。

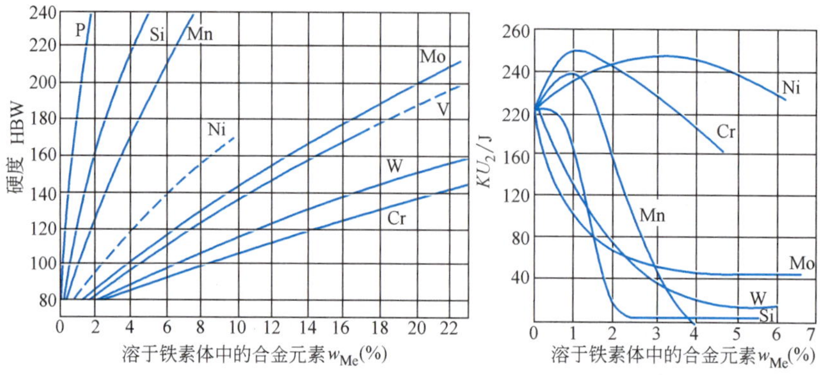

a) b)

图 5-1 合金元素对铁素体性能的影响（退火状态）

a）对硬度的影响 b）对韧性的影响

合金渗碳体和特殊碳化物具有较高的熔点和稳定性，在加热至高温时也不易溶入奥氏体，因此可起阻止奥氏体晶粒长大的作用。另外，它们又具有较高的硬度，当它们在钢中弥散分布时，可大大提高钢的强度、硬度及耐磨性，而不降低韧性，这对提高工件的使用性能极为有利。

2. 合金元素对 $Fe\text{-}Fe_3C$ 相图的影响

在碳钢中加入合金元素，将使 $Fe\text{-}Fe_3C$ 相图发生改变，为此，我们将讨论合金元素对 $Fe\text{-}Fe_3C$ 相图中奥氏体区（γ 区）的范围及 E、S 点位置的影响。

当合金元素溶入 γ-Fe 之后，γ 相（合金元素溶于 γ-Fe 中形成的固溶体）所在的温度范围会改变。在纯铁中，γ-Fe 的存在温度范围是在 1394 ~ 912℃之间。而溶入合金元素以后，γ 相区的温度范围就会扩大（A_3 下降，A_4 上升）或缩小（A_3 上升，A_4 下降），故相应地使 $Fe\text{-}Fe_3C$ 相图中的 γ 相区也就扩大或缩小。如加入 Cr、W、Mo、Si 等合金元素会使 γ 相区缩小（图 5-2a）；而 Ni、Mn 等合金元素则使 γ 相区扩大（图 5-2b）。凡扩大奥氏体区的合金元素，一般都使 A_3 和 A_1 温度降低，S 点和 E 点向左下方移动；凡缩小奥氏体区的合金元素，一般都使 A_1 和 A_3 温度升高，S 点和 E 点向左上方移动。奥氏体区的扩大或缩小，以及 S 点、E 点位置的移动对钢的平衡组织产生如下重大影响。

（1）S 点、E 点位置左移　含碳量相同的合金钢与碳钢相比，具有不同的显微组织。例如，含碳量 w_C 为 0.4% 的碳钢（40 钢）是亚共析钢组织（铁素体 + 珠光体），当加入 w_{Cr} 14%（40Cr13）后，由于共析点 S 左移，所形成的合金钢变成为过共析钢组织（珠光体 + 碳化物）。在一般合金钢中，虽然合金元素总量较少，但由于 S 点左移，在退火状态合金钢中珠光体的相对量较相同含碳量的碳钢为多，因此钢的强度也较高。又如，E 点左移，即降低奥氏体的最大溶碳量。这样会使某些合金钢，尽管其含碳量 $w_C < 2.11\%$，也能出现莱氏体组织，这种钢称为莱氏体钢。例如，高速工具钢 W18Cr4V，虽然其含碳量 w_C 为 0.7% ~ 0.8%，但由于大量合金元素 W、Cr 的影响，使钢的铸态组织中出现莱氏体，变成为莱氏体钢。

（2）可能形成单相奥氏体或铁素体钢　当钢中含有大量扩大 γ 相区的合金元素（如

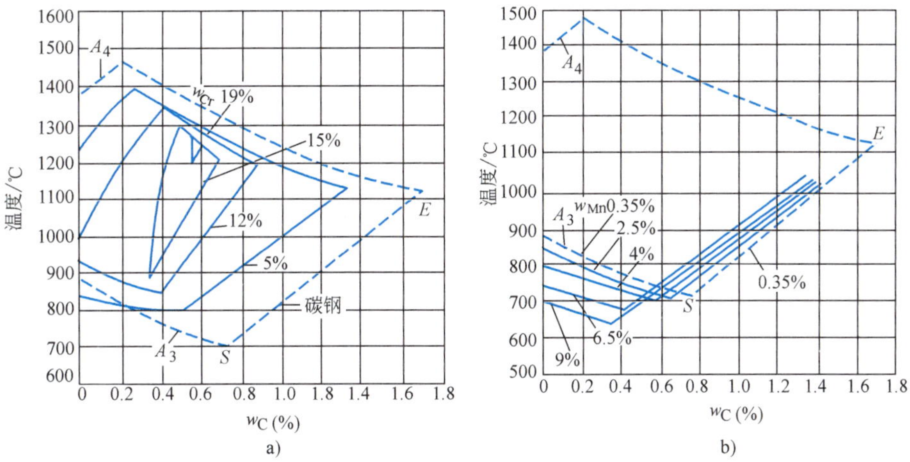

图 5-2 合金元素对 Fe-Fe_3C 相图 γ 相区的影响

a）Cr 的影响 b）Mn 的影响

Mn、Ni）时，则使相图中的 γ 相区一直延展到室温以下。因此，钢在室温时的平衡组织为稳定的单相奥氏体，这种钢称为奥氏体钢，如含 w_{Mn}13% 的 ZG120Mn13 钢就属于奥氏体钢。当钢中加入大量缩小 γ 相区的含金元素（如 Cr、Si）时，则奥氏体可能完全消失，此时钢在室温时的平衡组织为单相铁素体，这种钢称为铁素体钢，如含 w_{Cr}17% 的 10Cr17 钢就属于铁素体钢。

3. 合金元素对钢相变过程的影响

对于大多数合金钢来说，所要求的性能主要是通过合金元素对相变过程的作用来实现的。因此，合金元素对钢相变过程的影响具有特别重要的意义。

（1）合金元素对奥氏体形成的影响 合金元素对奥氏体形成的影响，主要表现在改变奥氏体的形成速度和阻止奥氏体晶粒长大两个方面。

合金钢在加热时，奥氏体的形成过程基本上与碳钢相同，但奥氏体的形成速度有所不同。由于合金元素的加入会改变碳在钢中的扩散速度，因而也改变奥氏体的形成的速度。Ni 和 Co 可提高碳在奥氏体中的扩散速度而增大奥氏体的形成速度；碳化物形成元素 Cr、Mo、W、V 等，则显著降低碳的扩散速度而大大减小奥氏体的形成速度；其他元素如 Si、Al 对奥氏体的形成速度影响不大。

除 Mn、P 外，几乎所有合金元素都能阻止奥氏体晶粒长大，起细化晶粒作用。合金元素形成碳化物的倾向越大，所形成的碳化物的熔点越高、越稳定，在加热时越难溶于奥氏体中，而是存在于奥氏体晶界上，强烈地阻止奥氏体晶粒长大。其中，以强碳化物形成元素 Ti、V 等作用最大；弱碳化物形成元素 W、Mo、Cr 等作用中等；非碳化物形成元素 Ni、Si 等作用不大；只有 Mn、P 是促进奥氏体晶粒长大的元素。因此，对于含有强碳化物形成元素的合金钢，即使采用较高淬火温度和较长的保温时间，钢的晶粒也不会粗大。但对于锰钢来说，由于其奥氏体晶粒易于长大，即过热敏感性大，所以，在淬火时应严格控制加热规范。

（2）合金元素对过冷奥氏体转变的影响 合金元素对过冷奥氏体转变的影响，表现在改变奥氏体等温转变图的位置、形状和改变 *Ms*、*Mf* 点。

除 Co 外，几乎所有合金元素溶于奥氏体后都会降低原子扩散速度，增大过冷奥氏体的稳定性，从而使奥氏体等温转变图在温度-时间坐标中的位置向右移。非碳化物形成元素和弱碳化物形成元素 Mn，仅使奥氏体等温转变图右移并不改变奥氏体等温转变图的形状，其形状与碳钢相似，如图 5-3a 所示。大部分碳化物形成元素，都不仅使等温转变图右移，而且还改变等温转变图的形状，使珠光体转变与贝氏体转变分离开来，出现两组曲线，如图 5-3b所示。由于合金元素（除 Co 外）使等温转变图右移，降低了钢的马氏体临界冷却速度，从而提高了钢的淬透性。常用的提高钢淬透性的合金元素有 Cr、Mn、Mo、Si、Ni、B 等。由于合金钢具有较高的淬透性，所以合金钢淬火通常是油淬。

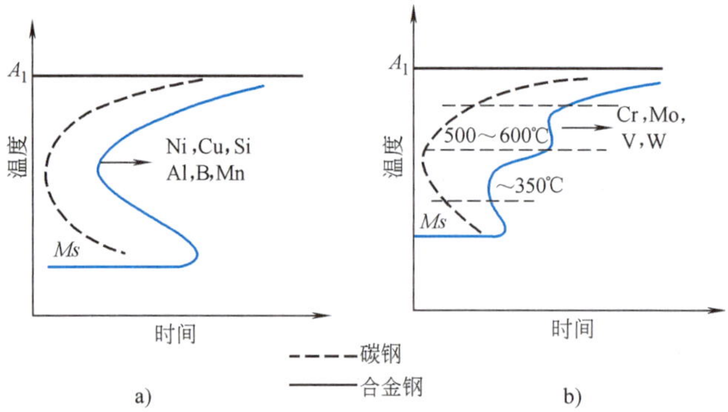

图 5-3 合金元素对奥氏体等温转变图的影响

a）非碳化物形成元素和 Mn b）碳化物形成元素

除 Al 和 Co 外，一般合金元素溶于奥氏体后都降低马氏体转变温度 *Ms* 和 *Mf*，其中 Cr、Ni、Mn 的作用最强。由于 *Ms* 和 *Mf* 点降低，导致淬火至室温时钢中的残留奥氏体量增多，有利于减少淬火变形；但残留奥氏体量过多，会降低淬火钢的硬度、耐磨性和尺寸稳定性。为了消除过量的残留奥氏体，某些合金钢在淬火后往往还要进行冷处理或多次回火。

（3）合金元素对回火转变的影响　与碳钢一样，合金钢回火也经历马氏体分解、残留奥氏体转变、碳化物集聚长大和 α 固溶体的再结晶等阶段。合金元素对回火转变的影响主要表现在以下三个方面：

1）提高回火稳定性。回火稳定性是指淬火钢在回火时抵抗软化的能力。合金元素可使回火各阶段的转变速度大大减慢，转变温度明显提高，从而提高了钢的回火稳定性。提高回火稳定性作用较强的合金元素有 V、Si、Mo、W、Ni、Mn、Co 等。

回火稳定性的提高，对许多钢都很重要。相同含碳量的碳钢和合金钢，在同一温度回火时，合金钢就能得到较高的硬度和强度；或者说，在含碳量相同的条件下，要得到同一硬度和强度时，则合金钢的回火温度要高，保温时间要长，这对消除残余应力、提高韧性、稳定组织都是非常有利的。

2）产生二次硬化。二次硬化是指钢在一次或多次回火后硬度提高的现象，这种现象是由于特殊碳化物析出和（或）残留奥氏体转变为马氏体或贝氏体所致。在钢中含有一定量的碳和碳化物形成元素 W、Mo、Cr、V 等，在 500～600℃ 回火时，会析出分布均匀、细小的特殊碳化物，这些特殊碳化物在钢中起弥散强化作用，从而提高了硬度。从图 5-4 可以看出，当含有 $w_C = 0.35\%$、$w_{Mo} \geq 2\%$ 时，钢在 500～600℃ 回火会产生二次硬化现象。在钢中含有较多的碳和碳化物形成元素 W、Mo、Cr、V 等，淬火后有大量残留奥氏体存在，这种钢在 500 ~ 600℃回火时不仅有特殊碳化物析出，而且还有残留奥氏体转变为马氏体或下贝氏体，这也会提高硬度。这种二次硬化现象在工具钢中是很有意义的。

3）引起回火脆性。合金钢在回火过程中，除与碳钢一样在 300℃左右会产生不可逆回火脆性（第一类回火脆性）外，还会在 500℃左右出现可逆回火脆性（第二类回火脆性）。可逆回火脆性，是指含有 Cr、Mn、Cr-Ni 等元素的合金钢淬火后，在脆化温度区（400 ~ 550℃）回火，或经更高温度回火后缓慢冷却，通过脆化温度区所产生的脆性。实验表明，这类回火脆性与 Cr、Mn 等合金元素和 P、As 等杂质元素向原奥氏体晶界偏聚有关。这类回火脆性，可通过高于脆化温度区的再次回火后快冷来消除，消除后如果再次在脆化温度区回火，或更高温度回火后缓慢冷却通过脆化温度区，则脆性重复出现。因此，这类回火脆性具有可逆性，为避免这类回火脆性产生，对较小的零件可用回火后快冷（水或油冷）的方法；对大型零件则选用含有 Mo 或 W 等元素的合金钢制造。

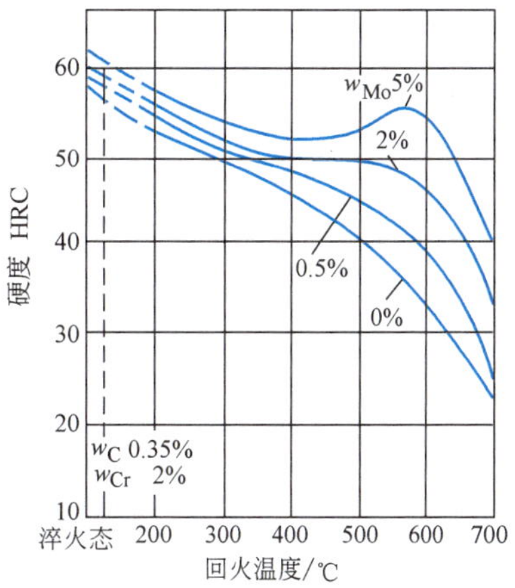

图 5-4　含 Mo 量对钢回火硬度的影响

三、钢的分类和编号原则

钢的品种繁多，为了便于生产、管理和使用，必须将钢加以分类和编号。

1. 钢的分类

（1）按化学成分分类　按钢的化学成分，可分为碳素钢与合金钢两大类。按钢的含碳量又可将碳素钢分为低碳钢（$w_C \leqslant 0.25\%$）、中碳钢（$w_C = 0.25\% \sim 0.60\%$）、高碳钢（$w_C \geqslant 0.60\%$）。合金钢按合金元素总含量分为低合金钢（$w_{Me} \leqslant 5\%$）、中合金钢（$w_{Me} = 5\% \sim 10\%$）、高合金钢（$w_{Me} \geqslant 10\%$）。另外，按钢中主要合金元素种类不同，又可分为锰钢、铬钢、硼钢、铬镍钢、铬锰钢等。

（2）按用途分类　按钢的用途可分为：

1）结构钢。结构钢包括：

工程结构用钢：有桥梁工程、船舶工程、车辆工程、建筑工程用钢。属于这类钢的有碳素结构钢、低合金高强度结构钢。

机器零件用钢：有渗碳钢、调质钢、弹簧钢、滚动轴承钢等。

2）工具钢。用于制造各种工具，如刀具、量具、模具。

3）特殊性能钢。具有特殊的物理或化学性能，如不锈钢、耐热钢、耐磨钢等。用于制造要求特殊性能的零件、工具和工程构件，如汽轮机叶片、排气阀、锅炉构件、手术刀等。

（3）按冶金质量分类　钢按冶金质量（主要以含硫、磷量多少）不同，可分为：

1）普通质量钢　（$w_S = 0.035\% \sim 0.050\%$，$w_P = 0.035\% \sim 0.045\%$）。

2）优质钢　（w_S、w_P 均 $\leqslant 0.035\%$）。

3）高级优质钢　（$w_S = 0.020\% \sim 0.030\%$，$w_P = 0.025\% \sim 0.030\%$）。

4）特级优质钢　（$w_S \leqslant 0.015\%$，$w_P \leqslant 0.025\%$）。

2. 钢的编号原则

钢的编号原则在国际上没有统一的规定。各国有各自的国家标准，据此来编制钢号，如日本为 JIS 标准，德国为 DIN 标准。有的国家内部也没有一个统一的钢号表示方法。如美国，比较常用的有钢铁学会的 AISI 标准和汽车工程学会的 SAE 标准。

我国的钢号编制原则如下：

（1）碳素钢的编号方法

1）碳素结构钢。碳素结构钢牌号表示方法由代表屈服强度屈字的汉语拼音字母（Q）、屈服强度数值、质量等级符号（A、B、C、D）及脱氧方法符号（F、Z、TZ）四个部分按顺序组成。例如 Q235AF，即表示屈服强度为 235MPa、A 等级质量的沸腾钢。F、Z、TZ 依次表示沸腾钢、镇静钢、特殊镇静钢，一般情况下符号 Z、TZ 在牌号表示中可省略。

2）优质碳素结构钢。其牌号用两位数字表示。两位数字表示钢中平均碳的质量分数的万倍。例如 45 钢，表示平均 $w_C=0.45\%$；08 钢表示平均 $w_C=0.08\%$。优质碳素结构钢按锰的质量分数不同，分为普通锰（$w_{Mn}=0.25\%\sim0.80\%$）与较高锰的（$w_{Mn}=0.70\%\sim1.20\%$）两组钢。较高锰的优质碳素结构钢牌号数字后加“Mn”，如 45Mn。

3）碳素工具钢。其牌号冠以“T”（“T”为“碳”的汉语拼音首位字母），后面的数字表示平均碳的质量分数的千倍。碳素工具钢分优质和高级优质两类。若为高级优质钢，在数字后面加“A”字。例如 T8A 钢，表示平均 $w_C=0.8\%$ 的高级优质碳素工具钢。对含较高锰（$w_{Mn}=0.40\%\sim0.60\%$）的碳素工具钢，则在数字后面加“Mn”，如 T8Mn、T8MnA 等。

4）铸造碳钢。其牌号用“ZG”代表铸钢二字汉语拼音首位字母，后面第一组数字为屈服强度数值（单位 MPa），第二组数字为抗拉强度数值（单位 MPa）。例如 ZG200—400，表示屈服强度 R_{eH}（或 $R_{p0.2}$）≥200MPa、抗拉强度 R_m≥400MPa 的铸造碳钢件。

（2）合金钢的编号方法

1）低合金高强度钢。其牌号由代表屈服强度的汉语拼音字母（Q）、屈服强度数值、质量等级符号（A、B、C、D、E）三个部分按顺序排列组成。例如 Q390A，表示屈服强度 $R_{eH}=390$MPa、质量等级 A 的低合金高强度结构钢。

2）合金结构钢。其牌号由“两位数字+元素符号+数字”三部分组成。前面两位数字代表钢中平均碳的质量分数的万倍，元素符号表示钢中所含的合金元素，后面的数字表示该元素的平均质量分数的百倍。合金元素的平均质量分数 $w_{Me}<1.5\%$ 时，一般只标明元素而不标明数值；当合金元素的平均质量分数≥1.5%、≥2.5%、≥3.5%…时，则在合金元素后面相应地标出 2、3、4…。例如 40Cr，其平均碳的质量分数 $w_C=0.4\%$，平均铬的质量分数 $w_{Cr}<1.5\%$。如果是高级优质钢，则在牌号的末尾加“A”。例如 38CrMoAlA 钢，则属于高级优质合金结构钢。

合金弹簧钢的牌号表示方法同合金结构钢。例如 60Si2Mn，其平均碳的质量分数 $w_C=0.60\%$，平均硅的质量分数 $w_{Si}=2\%$，平均锰的质量分数 $w_{Mn}<1.5\%$，若为高级优质，也在牌号末尾加“A”。

3）滚动轴承钢。在牌号前面加“G”（“滚”字汉语拼音的首位字母），后面数字表示铬的质量分数的千倍，其他合金元素的表示方法与合金结构钢一样，其碳的质量分数不标出。例如 GCr15SiMn 钢，就是平均铬的质量分数 $w_{Cr}=1.5\%$，平均硅的质量分数 $w_{Si}<1.5\%$，平均锰的质量分数 $w_{Mn}<1.5\%$ 的滚动轴承钢。滚动轴承钢都是高级优质钢，但牌号后不加“A”。

4）合金工具钢。这类钢的编号方法与合金结构钢的区别仅在于：当 $w_C<1\%$ 时，用一位数字表示碳的质量分数的千倍；当碳的质量分数 $w_C\geq1\%$ 时，则不予标出。例如 Cr12MoV 钢，其平均碳的质量分数为 $w_C=1.45\%\sim1.70\%$，所以不标出；Cr 的平均质量分数为 $w_{Cr}=12\%$，Mo 和 V 的质量分数都是小于 1.5%，故不标出。又如 9SiCr 钢，其平均 $w_C=0.9\%$，平均 w_{Si}、w_{Cr}均 <1.5%。不过高速工具钢例外，其平均碳的质量分数无论多少均不标出。另外，因合金工具钢及高速工具钢都是高级优质钢，所以它的牌号后面也不必再标“A”。

5）不锈钢与耐热钢。这类钢牌号前面数字表示碳的质量分数的万倍。例如 30Cr13 钢，表示平均 $w_C=0.3\%$，平均 $w_{Cr}=13\%$。（当碳的质量分数 $w_C<0.1\%$ 时，则在牌号前面冠“0”，例如 06Cr19Ni10、022Cr19Ni10 钢等。）

第二节　结　构　钢

用于制造各种机器零件和工程结构的钢，称为结构钢。结构钢在机械制造中应用最广，用量最大。

一、碳素结构钢

按照 GB/T 700—2006《碳素结构钢》规定，碳素结构钢的牌号、化学成分和力学性能，分别见表 5-1、表 5-2。

表 5-1　碳素结构钢的牌号及化学成分（GB/T 700—2006）

牌号	等级	厚度（或直径）/mm	化学成分（质量分数，%）不大于					脱氧方法
			C	Mn	Si	S	P	
Q195	—	—	0.12	0.50	0.30	0.040	0.035	F、Z
Q215	A	—	0.15	1.2	0.35	0.050	0.045	F、Z
	B	—				0.045		
Q235	A	—	0.22	1.40	0.35	0.050	0.040	F、Z
	B	—	0.20			0.045		
	C	—	0.17			0.040	0.040	Z
	D	—	0.17			0.035	0.035	TZ
Q275	A	—	0.24	1.50	0.35	0.050	0.045	F、Z
	B	≤40	0.21			0.045	0.045	Z
	C	>40	0.22			0.040	0.040	Z
	D	—	0.20			0.035	0.035	TZ

注：经需方同意，Q235B 的碳含量 w_C 可不大于 0.22%。

表 5-2 碳素结构钢的力学性能（GB/T 700—2006）

牌号	等级	屈服强度①R_{eH}/MPa，不小于						抗拉强度②	断后伸长率 A（%），不小于					冲击试验（V 型缺口）	
		厚度（或直径）/mm						R_m/MPa	厚度（或直径）/mm					温度/℃	吸收能量（纵向）/J 不小于
		≤16	>16～40	>40～60	>60～100	>100～150	>150～200		≤40	>40～60	>60～100	>100～150	>150～200		
Q195	—	195	185	—	—	—	—	315～430	33	—	—	—	—	—	—
Q215	A	215	205	195	185	175	165	335～450	31	30	29	27	26	—	—
	B													+20	27
Q235	A	235	225	215	215	195	185	370～500	26	25	24	22	21	—	—
	B													+20	27③
	C													0	
	D													-20	
Q275	A	275	265	255	245	225	215	410～540	22	21	20	18	17	—	—
	B													+20	27
	C													0	
	D													-20	

① Q195 的屈服强度值仅供参考，不作交货条件。

② 厚度大于 100mm 的钢材，抗拉强度下限允许降低 20MPa。宽带钢（包括剪切钢板）抗拉强度上限不作交货条件。

③ 厚度小于 25mm 的 Q235B 级钢材，如供方能保证吸收能量合格，经需方同意，可不做检验。

碳素结构钢可以钢材（如钢棒、钢板、型钢）供应，或以钢锭、钢坯供应。在供应时，钢的化学成分和力学性能均可做出保证。在机械制造中大多使用钢材，很少使用钢锭或钢坯。碳素结构钢钢材一般在热轧状态下使用，用它制造机器设备时，通常不进行加热锻造或热处理，因此只要力学性能符合国家标准规定，化学成分可不作为交货条件。但是，若以钢锭或钢坯供应，需要进行锻造或热处理，或者要求强度和质量级别均较高时，则钢的力学性能和化学成分均须保证。

这类钢的质量等级分为 A、B、C、D 四级。从表 5-1 可知，A、B、C、D 级，依次变优。D 级最佳，钢中的 w_S、w_P 含量均≤0.035%，属于优质钢。其他级别均属于普通钢。

碳素结构钢的牌号，以钢材的力学性能指标 R_{eH}（MPa）来标记，有 195、215、235、275 四个级别。从表 5-2 可知，钢材的屈服强度数值随钢材截面尺寸（厚度或直径）增大而下降。由于用这类钢材制造机器设备时往往用冷弯工艺方法，因此不仅要求钢材的 R_{eH}、R_m、A 值应符合国标规定，还要求钢材经冷弯 180°后表面不产生裂纹，以保证冷弯工艺性能。质量较高的 B、C、D 级钢材，还要求吸收能量 KV 符合国标规定。

碳素结构钢是工业上使用最大的一种结构钢，其中以 Q235A 为普通质量的低碳钢。该钢的强度与塑性配合较好，冷弯性能和焊接性能也很好。用 Q235A 制造机器设备时，一般采用冷弯、焊接，而不用锻造和热处理。它可用于制造工程构件和不重要的机械零件，如机座、螺栓等。承受冲击的工程构件或零件，如齿轮、吊钩，应选用 Q235B。重要的焊接结构，如锅炉、容器，应选用 Q235C 或 Q235D。

二、优质碳素结构钢

优质碳素结构钢供应时，既保证化学成分，又保证力学性能，而且比碳素结构钢规定较严格。其 w_S、w_P 均≤0.035%，一般都是在热处理之后使用。

优质碳素结构钢的牌号有 08F、10F、15F；08、10、15、…、80、85；15Mn、20Mn、…、65Mn、70Mn。优质碳素结构钢的牌号、化学成分和力学性能见表 5-3。该表中的 R_{eH}、R_m、A、Z 值，是在下列条件下测出的：钢的状态为正火的，钢材的截面尺寸（厚度或直径）为≤80mm，测定所用试样沿钢材纵向截取，其尺寸为 ϕ25mm。若改变上述条件，钢材的力学性能将有所不同。如果钢材为退火状态，其截面尺寸 >80mm，沿钢材横向取试样，则某些力学性能指标将有所降低。

表 5-3 优质碳素结构钢的牌号、化学成分和力学性能（GB/T 699—1999）

牌号	化学成分（质量分数，%）		力学性能					钢材交货状态 HBW10/3000，不大于	
	C	Mn	R_m/MPa	R_{eH}/MPa	A（%）	Z（%）	KU_2/J		
			不小于					未热处理	退火
08F	0.05～0.11	0.25～0.50	295	175	35	60		131	
10F	0.07～0.14		315	185	33	55		137	
15F	0.12～0.19		355	205	29	55		143	
08	0.05～0.12	0.35～0.65	325	195	33	60		131	
10	0.07～0.14		335	205	31	55		137	
15	0.12～0.19		375	225	27	55		143	
20	0.17～0.24		410	245	25	55		156	
25	0.22～0.30	0.50～0.80	450	275	23	50	71	170	
30	0.27～0.35		490	295	21	50	63	179	
35	0.32～0.40		530	315	20	45	55	197	
40	0.37～0.45		570	335	19	45	47	217	187
45	0.42～0.50		600	355	16	40	39	229	197
50	0.47～0.55		630	375	14	40	31	241	207
55	0.52～0.60		645	380	13	35		255	217
65	0.62～0.70		695	410	10	30		255	229
75	0.72～0.80		1080	880	7	30		285	241
85	0.82～0.90		1130	980	6	30		302	255
15Mn	0.12～0.19	0.70～1.00	410	245	26	55		163	
25Mn	0.22～0.30		490	295	22	50	71	207	
35Mn	0.32～0.40		560	335	19	45	55	229	197
45Mn	0.42～0.50		620	375	15	40	39	241	217
60Mn	0.57～0.65		695	410	11	35		269	229
65Mn	0.62～0.70	0.90～1.20	735	430	9	30		285	229
70Mn	0.67～0.75		785	450	8	30		285	229

注：钢中硫、磷的质量分数均不大于0.035%。

优质碳素结构钢按使用的加工方法不同，分为压力加工用钢和切削加工用钢。

（1）压力加工用钢　钢材表面不得有裂纹、夹杂等缺陷。否则，在锻压时钢材容易产生开裂而报废。并且钢材还应进行顶锻试验，如热顶锻，锻后的试样高度为原试样的1/3，其表面不得有裂纹出现。

（2）切削加工用钢　钢材表面允许有一定深度的裂纹，裂纹经切削加工后可以去除，不影响零件质量；并且要求钢材的硬度不允许超出国家标准规定的数值，以利于切削加工。

优质碳素结构钢，主要用于制造比较重要的机械零件。

低碳钢：如08F、10F、15、20等，具有良好的塑性、韧性和良好的锻压性能、焊接性能。其中，08F薄钢板是制造冷冲压件常用材料；15、20钢属于渗碳钢，常用于制造渗碳件。

中碳钢：如35、40、45等，属于调质钢，经调质处理后，具有较好的综合力学性能，并且具有良好的切削加工性。其中，45钢是常用材料，主要用于制造轴、齿轮等零件。

高碳钢：如65、70等，经淬火回火后具有较高的强度、弹性和一定的耐磨性，可用于制造弹簧和耐磨工件。

至于较高含锰量的优质碳素结构钢，其性能和用途与上述相应牌号基本相同，但淬透性稍好，可制作截面尺寸稍大或要求强度稍高的零件。

三、低合金高强度结构钢

低合金高强度结构钢属于普通钢，其含 w_S、w_P 均≤0.045%。它是在原普通碳素结构钢（现普通质量的碳素结构钢）的基础上发展起来的；钢中含有少量合金元素（一般 w_{Me} 在3%以下），屈服强度比碳素结构钢高。

1. 性能要求及化学成分特点

（1）性能要求　低合金结构钢钢材，主要用来制造强度要求较高的工程结构，如桥梁、船舶、压力容器、汽车、拖拉机等。据此，它必须具有以下的性能。

1）较高的强度、良好的韧性。较高的强度是这类钢的主要优点。钢的屈服强度提高到345～690MPa，以减轻工程结构自重，节省钢材，降低费用。此外，许多结构在低温、冲击条件下工作，为避免发生脆性断裂，要求钢材具有较好的韧性和较低的脆性转变温度。

2）良好的冷弯性能和焊接性能。由于工程结构大都是经冷变形和焊接制成的，且又难以进行热处理，因此要求钢材具有良好的焊接性能和冷弯性能。

除此以外，在潮湿大气、海洋气氛等带有腐蚀性环境中工作的工程结构，还要求钢材具有抗大气、海水等介质腐蚀的能力。

（2）化学成分特点　为了满足上述性能要求，低合金高强度结构钢的化学成分具有以下特点：

1）低碳量。为了保证良好的韧性、冷弯性能和焊接性能，钢中含碳量较低，一般在0.20%以下。

2）以锰为主加合金元素。锰是钢强化的基本元素，它溶于铁素体中起固溶强化作用，又能提高钢中珠光体的相对量，从而提高钢的强度。但锰量过高时，会显著降低钢的塑性、韧性和焊接性能。因此，钢中含锰量 w_{Mn} 一般在1.8%以下。

3）以Ti、V、Nb、Cu、P、N等为辅加合金元素。强碳化物形成元素Ti、V、Nb在钢中形成微细的碳化物，起细化晶粒和弥散强化作用，从而提高钢的强度和韧性，它们的质量分数一般在0.2%以下。低合金高强度结构钢加入适量的Cu、P、N，使钢的耐蚀能力比碳素结构钢高2~3倍。

2. 牌号及用途

低合金高强度结构钢的牌号、化学成分及性能见表5-4和表5-5。低合金高强度结构钢大多数是在热轧、正火或正火+回火状态下使用，其组织为铁素体+少量珠光体。

表5-4 低合金高强度结构钢的牌号及化学成分（GB/T 1591—2008）

牌号	质量等级	化学成分①、②（质量分数,%）														
		C	Si	Mn	P	S	Nb	V	Ti	Cr	Ni	Cu	N	Mo	B	Als
					不大于											不小于
Q345	A				0.035	0.035										—
	B	≤0.20			0.035	0.035										
	C		≤0.50	≤1.70	0.030	0.030	0.07	0.15	0.20	0.30	0.50	0.30	0.012	0.10	—	
	D	≤0.18			0.030	0.025										0.015
	E				0.025	0.020										
Q390	A				0.035	0.035										—
	B				0.035	0.035										
	C	≤0.20	≤0.50	≤1.70	0.030	0.030	0.07	0.20	0.20	0.30	0.50	0.30	0.015	0.10	—	
	D				0.030	0.025										0.015
	E				0.025	0.020										
Q420	A				0.035	0.035										—
	B				0.035	0.035										
	C	≤0.20	≤0.50	≤1.70	0.030	0.030	0.07	0.20	0.20	0.30	0.80	0.30	0.015	0.20	—	
	D				0.030	0.025										0.015
	E				0.025	0.020										
Q460	C				0.030	0.030										
	D	≤0.20	≤0.60	≤1.80	0.030	0.025	0.11	0.20	0.20	0.30	0.80	0.55	0.015	0.20	0.004	0.015
	E				0.025	0.020										
Q500	C				0.030	0.030										
	D	≤0.18	≤0.60	≤1.80	0.030	0.025	0.11	0.12	0.20	0.60	0.80	0.55	0.015	0.20	0.004	0.015
	E				0.025	0.020										
Q550	C				0.030	0.030										
	D	≤0.18	≤0.60	≤2.00	0.030	0.025	0.11	0.12	0.20	0.80	0.80	0.80	0.015	0.30	0.004	0.015
	E				0.025	0.020										
Q620	C				0.030	0.030										
	D	≤0.18	≤0.60	≤2.00	0.030	0.025	0.11	0.12	0.20	1.00	0.80	0.80	0.015	0.30	0.004	0.015
	E				0.025	0.020										
Q690	C				0.030	0.030										
	D	≤0.18	≤0.60	≤2.00	0.030	0.025	0.11	0.12	0.20	1.00	0.80	0.80	0.015	0.30	0.004	0.015
	E				0.025	0.020										

① 型材及棒材 w_P、w_S 可提高0.005%，其中A级钢上限可为0.045%。

② 当细化晶粒元素组合加入时，$20w_{(Nb+V+Ti)} \leqslant 0.22\%$，$20w_{(Mo+Cr)} \leqslant 0.30\%$。

表 5-5 低合金高强度结构钢的拉伸性能（GB/T 1591—2008）

牌号	质量等级	拉伸试验①,②,③																					
		以下公称厚度（直径，边长）下屈服强度（R_{eL}）/MPa									以下公称厚度（直径，边长）抗拉强度（R_m）/MPa							断后伸长率（A）（%）公称厚度（直径，边长）					
		≤16mm	>16~40mm	>40~63mm	>63~80mm	>80~100mm	>100~150mm	>150~200mm	>200~250mm	>250~400mm	≤40mm	>40~63mm	>63~80mm	>80~100mm	>100~150mm	>150~250mm	>250~400mm	≤40mm	>40~63mm	>63~100mm	>100~150mm	>150~250mm	>250~400mm
Q345	A、B	≥345	≥335	≥325	≥315	≥305	≥285	≥275	≥365	—	470~630	470~630	470~630	470~630	450~600	450~600	—	≥20	≥19≥	≥19	≥18	≥17	—
	C	≥345	≥335	≥325	≥315	≥305	≥285	≥275	≥365	—	470~630	470~630	470~630	470~630	450~600	450~600	—	≥21	≥20	≥20	≥19	≥18	—
	D、E	≥345	≥335	≥325	≥315	≥305	≥285	≥275	≥365	≥265	470~630	470~630	470~630	470~630	450~600	450~600	450~600	≥21	≥20	≥20	≥19	≥18	≥17
Q390	A、B、C、D、E	≥390	≥370	≥350	≥330	≥330	≥210	—	—	—	490~650	490~650	490~650	490~650	470~620	—	—	≥20	≥19	≥19	≥18	—	—
Q420	A、B、C、D、E	≥420	≥400	≥380	≥360	≥360	≥340	—	—	—	520~680	520~680	520~680	520~680	500~650	—	—	≥19	≥18	≥18	≥18	—	—
Q460	C、D、E	≥460	≥440	≥420	≥400	≥400	≥380	—	—	—	550~720	550~720	550~720	550~720	530~700	—	—	≥17	≥16	≥16	≥16	—	—
Q500	C、D、E	≥500	≥480	≥470	≥450	≥440	—	—	—	—	610~770	600~760	590~750	540~730	—	—	—	≥17	≥17	≥17	—	—	—
Q550	C、D、E	≥550	≥530	≥520	≥500	≥490	—	—	—	—	670~830	620~810	600~790	590~780	—	—	—	≥16	≥16	≥16	—	—	—
Q620	C、D、E	≥620	≥600	≥590	≥570	—	—	—	—	—	710~880	690~880	670~860	—	—	—	—	≥15	≥15	≥15	—	—	—
Q690	C、D、E	≥690	≥670	≥660	≥640	—	—	—	—	—	770~940	750~920	730~900	—	—	—	—	≥14	≥14	≥14	—	—	—

① 当屈服不明显时，可测量 $R_{p0.2}$ 代替下屈服强度。

② 宽度不小于600mm 扁平材，拉伸试验取横向试样，宽度小于600mm 的扁平材、型材及棒材取纵向试样，断后伸长率最小值相应提高1%（绝对值）。

③ 厚度 >250 ~400mm 的数值适用于扁平材。

Q345 钢在具有较高强度的同时又保持了良好的塑性和韧性，广泛用于工程结构中，如桥梁、船舶、高空电视塔等。

Q390、Q420 钢中加入 V、N 后生成 V 的氮碳化合物，可细化晶粒，又有析出强化的作用，广泛用于大型桥梁、锅炉、大型船舶等焊接结构中。

Q460 钢主要用于大型或高载荷焊接结构件、大型船舶、石油化工等厚壁高压容器、-40℃的低温压力容器等。

上述铁素体-珠光体组织的低合金高强度结构钢有时难以满足高强度的要求，于是发展了低碳贝氏体钢。我国研制了 14MnMoVBRE 和 14CrMnMoVB 等钢种，这类钢在热轧空冷条件下即可获得贝氏体组织，其屈服强度 $R_{eH}>650\text{MPa}$，并保持良好韧度，多用于制作焊接高压锅炉和高压容器等。

四、合金结构钢

合金结构钢是在优质碳素结构钢的基础上加入合金元素（如 Cr、Mn、Si、Ni、B 等）形成的，合金元素加入量不大（大多数 $w_{Me}<5\%$），属于低、中合金钢，是合金钢中用途广、用量大的钢种。

合金结构钢主要用于制造重要机械零件，如传动齿轮、汽车半轴、高速度重载的机床主轴和内燃机曲轴等。这些零件虽然其工作条件各异，但大多承受较大的交变应力和冲击负荷。因此，重要机械零件对钢材的性能要求主要是高的强度和良好的韧性，以抵抗交变应力和冲击负荷而不产生破坏。高的强度和韧性，即良好的综合力学性能，不仅靠钢材的化学成分来保证，还要通过热处理来达到。达到良好综合力学性能的途径有二：一是用低碳钢通过淬火低温回火得到的低碳回火马氏体来达到；二是用中碳钢通过调质处理得到回火索氏体来达到。钢材只有淬透得到马氏体，再经回火后才能得到低碳回火马氏体或回火索氏体组织。因此，钢材还必须具有高的淬透性。总之，重要机械零件对钢材的性能主要要求是良好的综合力学性能和高的淬透性。

按用途不同，这类钢可分为合金渗碳钢和合金调质钢等。

1. 渗碳钢

（1）化学成分特点　为满足性能要求，渗碳钢的化学成分有以下特点：

1）低碳量。含碳量 w_C 一般在 0.10%~0.25%，以保证零件心部具有足够的韧性。但含碳量不能太低，否则心部强度不足。

2）主加合金元素为 Cr、Ni、Mn、B。其作用是提高钢的淬透性，以使零件心部得到低碳马氏体组织，提高心部强度，同时不降低韧性。其中以 Cr、Ni 同时加入为最佳。

3）辅加合金元素 Ti、V、W、Mo。这些元素均为碳化物形成元素。加入这些元素的主要目的，是在热处理（主要指渗碳）时阻止奥氏体晶粒长大。

（2）常用牌号　常用渗碳钢的牌号、热处理、性能及用途见表 5-6。合金渗碳钢按淬透性不同，大致可归为以下三类，即：

1）低淬透性合金渗碳钢。属于这类钢的有 20Cr、20Mn2 等。由于钢中的合金元素含量少，钢的淬透性不高，只适用于制造受力不大的小型零件，如柴油机的凸轮轴、活塞销、小齿轮等。

2）中淬透性合金渗碳钢。属于这类钢的有 20CrMnTi、20SiMnVB 等，典型牌号是

20CrMnTi。由于钢中的合金元素含量较多，钢的淬透性较高，因此大量用于制造承受负荷较大和冲击较强烈的零件，如汽车变速箱齿轮、后桥齿轮等。

3）高淬透性合金渗碳钢。属于这类钢的有20Cr2Ni4、18Cr2Ni4WA等。这类钢含有较多铬、镍，淬透性高，空冷后能得到马氏体组织。因此，这类钢用于制造承受高负荷、冲击和大型重要零件，如飞机发动机及大功率柴油机中的曲轴、连杆等。

表5-6 常用渗碳钢的牌号、热处理、性能及用途（GB/T 3077—1999）

类别	牌号	热处理/℃			力学性能					毛坯尺寸/mm	用途
		预备处理	淬火	回火	R_m/MPa	R_{eH}/MPa	A（%）	Z（%）	KU_2/J		
低淬透性渗碳钢	15	—	920空（正火）	—	375	225	27	55	—	25	小轴、活塞销等
	20	—	910空（正火）	—	410	245	25	55	—	25	活塞销等
	20Mn2	850～870	850水、油	200	785	590	10	40	47	15	小齿轮、小轴、活塞销等
	20Cr	880水、油	780～820水、油	200	835	540	10	40	47	15	齿轮、小轴、活塞等
	20MnV	—	880水、油	200	785	590	10	40	55	15	同上，也可用作锅炉、高压容器、管道
中淬透性渗碳钢	20CrMnMo	—	850油	200	1180	885	10	45	55	15	汽车、拖拉机变速箱齿轮等
	20CrMnTi	880油	870油	200	1080	850	10	45	55	15	汽车、拖拉机变速箱齿轮等
	20MnTiB	—	860油	200	1130	930	10	45	55	15	代20CrMnTi
高淬透性渗碳钢	18Cr2Ni4WA	950空	850空	200	1180	835	12	45	78	15	重型汽车、坦克、飞机的齿轮和轴等
	12Cr2Ni4	860油	780油	200	1080	835	10	50	71	15	重型汽车、坦克、飞机的齿轮和轴等
	20Cr2Ni4	880油	780油	200	1180	1080	10	45	63	15	重型汽车、坦克、飞机的齿轮和轴等

注：1. 优质钢中w_S、w_P均不大于0.035%；高级优质钢中w_S、w_P均不大于0.025%。

2. 15钢、20钢的数据取自GB/T 699—1999。

（3）热处理特点 渗碳钢制造的零件毛坯，一般采用正火，略提高硬度，以利于切削加工；但对于高淬透性渗碳钢来说，正火后硬度过高（如 20Cr2Ni4 为 302 ~ 341HBW，18Cr2Ni4WA 为 340 ~ 375HBW），因此正火后应进行高温回火处理，才能满足切削加工要求。

渗碳钢制零件，一般采用渗碳淬火 + 低温回火。零件经热处理后，表层为高碳回火马氏体 + 碳化物 + 少量残留奥氏体组织，其硬度为 60 ~ 62HRC，具有高的耐磨性和疲劳抗力。心部的组织与性能与钢的淬透性和零件截面尺寸有关，心部淬透时，主要为低碳回火马氏体，硬度在 40HRC 左右；未淬透时，主要为铁素体与索氏体，硬度在 20HRC 以下，具有良好的韧性，一定的强度。对于高淬透性钢来说，零件经渗碳淬火后，表层有大量残留奥氏体存在，导致表面硬度不足，为了提高表面硬度，常采用附加处理，如冷处理，以使残留奥氏体转变成马氏体。渗碳钢制的零件，若只要求有良好的综合力学性能，则只要经淬火与低温回火，得到低碳回火马氏体，就能满足零件的要求。

2. 调质钢

（1）化学成分特点 为满足性能要求，调质钢的化学成分有以下特点：

1）中碳量。含碳量 w_C 一般在 0.25% ~ 0.50% 之间，以保证零件经调质后具有良好的综合力学性能。含碳量过低，调质后强度不足；含碳量过高，则零件的韧性不足。

2）主加合金元素为 Cr、Mn、Ni、Si、B。其主要作用是提高钢的淬透性，并且能强化铁素体，提高回火稳定性。

3）辅加合金元素为 Mo、W、V、Al。Mo、W 的主要作用是防止可逆回火脆性（高温回火脆性）；V 的主要作用是细化晶粒；Al 的主要作用是有利于 38CrMoAl 钢的氮化。

（2）常用牌号 常用调质钢的牌号、热处理、性能及用途见表 5-7。合金调质钢按淬透性不同，可分为以下三类：

1）低淬透性合金调质钢。属于这类钢的牌号有 40Cr、40MnB、40MnVB、35SiMn 等。由于钢中含合金元素较少，淬透性较低（油淬临界直径为 20 ~ 40mm），故多用于制造截面尺寸较小的零件，如中小型发动机曲轴、模数较小的齿轮、连杆螺栓等。其中，40Cr 是常用材料，40MnB、35SiMn 是 40Cr 的代用钢种。

2）中淬透性合金调质钢。属于这类钢的有 35CrMo、40CrNi、30CrMnSi 等。由于钢中含有较多的合金元素，因而淬透性较高（油淬临界直径为 40 ~ 60mm），可用于制造截面尺寸较大的零件，如大型发动机的曲轴、连杆等。

3）高淬透性合金调质钢。属于这类钢的有 37CrNi3、40CrNiMoA 等。由于钢中含有能显著提高淬透性的 Cr、Ni，并且含量较多，故淬透性高（油淬临界直径为 60 ~ 100mm），主要用于制造承受重负荷、大截面的零件，如发电机转子轴、汽轮机轴等。

（3）热处理特点 调质钢制的零件毛坯锻造后，一般要进行正火或退火处理，以改善锻件组织、性能，为切削加工和淬火作准备。淬透性较低的钢，一般用正火就能满足切削加工要求，并且比较经济；淬透性比较高的钢，一般用退火，将钢的硬度降到 200HBW 左右才有利于切削加工。

调质钢制的零件，通常要进行调质处理。合金调质钢调质后的组织，与碳素调质钢（如 45）没有本质的区别，也是回火索氏体，只是合金钢的回火索氏体是由合金铁素体和碳化物组成，并且碳化物分布更弥散，合金铁素体再结晶不彻底。钢经调质后硬度较高，为

25～35HRC。若零件要求耐磨时，可在调质后再进行表面淬火＋低温回火，使零件表层得到回火马氏体，硬度为 50～55HRC，以达到耐磨的目的，氮化钢（如 38CrMoAl）制的零件（如镗床镗杆、磨床主轴等）经调质后，一般用氮化来提高零件表面硬度、耐磨性。

表 5-7 常用调质钢的牌号、热处理、性能及用途（GB/T 3077—1999）

类别	牌号	热处理/℃		力学性能（不小于）					用途
		淬火	回火	R_m/MPa	R_{eH}/MPa	A（%）	Z（%）	KU_2/J	
低淬透性调质钢	45	840 水	600 空	600	355	16	40	39	主轴、曲轴、齿轮等
	45Mn2	840 油	550 水、油	885	735	10	45	47	$\phi<50$mm 以下可代 40Cr 做重要螺栓与零件
	35SiMn	900 水	570 水、油	885	735	15	45	47	可代 40Cr 做调质件
	40MnB	850 油	500 水、油	980	785	10	45	47	性能接近或优于 40Cr，用做调质零件
	40Cr	850 油	520 水、油	980	785	9	45	47	重要调质件，如轴类、连杆、螺栓，重要齿轮等
中淬透性调质钢	35CrMo	850 油	550 水、油	980	835	12	45	63	代 40CrNi 做大断面齿轮与轴等
	40CrNi	820 油	500 水、油	980	785	10	45	55	大截面齿轮与轴等
	40CrMn	840 油	550 水、油	980	835	9	45	47	代 42CrMo 节约 Mo
	30CrMnSi	880 油	520 水、油	1080	885	10	45	39	高速砂轮轴、齿轮、轴套等
高淬透性调质钢	37CrNi3	820 油	500 水、油	1130	980	10	50	47	大截面及需要高强度、韧性的零件
	25Cr2Ni4WA	850 油	550 水、油	1080	930	11	45	71	力学性能要求很高的大截面零件
	40CrNiMoA	850 油	600 水、油	980	835	12	55	78	高强度零件，如航空发动机轴及零件
	40CrMnMo	850 油	600 水、油	980	785	10	45	63	相当 40CrNiMo 的高级调质钢
	38CrMoAl	940 水、油	640 水、油	980	835	14	50	71	氮化零件如高压阀门、缸套等

注：1. 45 钢的数据取自 GB/T 699—1999。

2. 优质钢中 w_S、w_P 均不大于 0.035%；高级优质钢中 w_S、w_P 均不大于 0.025%。

五、易切削结构钢

在碳钢中加入合金元素，使之成为切削加工性能良好的钢，称为易切削结构钢。

常用的合金元素有 S、P、Pb、Ca 等。硫主要以（Mn、Fe）S 微粒形式分布于钢中，破坏钢基体的连续性，使切屑易断。（Mn、Fe）S 还能起减摩、润滑作用，以减少刀具磨损，并使切屑不易粘附在刀刃上。磷能溶于铁素体，使之变脆，以使切屑易断。铅以铅微粒（约 3μm）均匀分布于钢中，破坏钢基体的连续性，并能起减摩作用，从而改善切削加工性。钙在高速切削时，能形成具有减摩作用的保护膜，可显著延长刀具寿命。

易切削结构钢的牌号，应依次标出易切削钢的字母（“Y”或“易”）、平均含碳量（两位数字，单位为 0.01%）、合金元素符号及其平均含量（$w_{Me}<1.5\%$ 不标记）。如 Y40Mn，其牌号相当于优质碳素结构钢牌号前冠以“Y”。易切削结构钢的牌号、化学成分及力学性能见表 5-8。易切削结构钢一般不进行锻造和淬火回火等热处理，而是经冷镦、冷轧等冷压力加工和切削加工制成零件。这类钢主要用于制造受力较小、尺寸精度高、表面粗糙度低的仪器、仪表中的零件、标准件、普通机床丝杆等。

表 5-8　易切削结构钢的牌号、化学成分及力学性能（GB/T 8731—2008）

牌号	化学成分（质量分数,%）							力学性能（热轧状态）			
	C	Si	Mn	S	P	Pb	Ca	R_m/MPa	A（%）不小于	Z（%）不小于	硬度 HBW
Y12	0.08～0.16	0.15～0.35	0.70～1.00	0.10～0.20	0.08～0.15	—	—	390～540	22	36	≤170
Y12Pb	≤0.15	≤0.15	0.85～1.15	0.26～0.35	0.04～0.09	0.15～0.35	—	360～570	22	36	≤170
Y15	0.10～0.18	≤0.15	0.80～1.20	0.23～0.33	0.05～0.10	—	—	390～540	22	36	≤170
Y15Pb	0.10～0.18	≤0.15	0.80～1.20	0.23～0.33	0.05～0.10	0.15～0.35	—	390～540	22	36	≤170
Y20	0.17～0.25	0.15～0.35	0.70～1.00	0.08～0.15	≤0.06	—	—	450～600	20	30	≤175
Y30	0.27～0.35	0.15～0.35	0.70～1.00	0.08～0.15	≤0.06	—	—	510～655	15	25	≤187
Y35	0.32～0.40	0.15～0.35	0.70～1.00	0.08～0.15	≤0.06	—	—	510～655	14	22	≤187
Y40Mn	0.37～0.45	0.15～0.35	1.20～1.55	0.20～0.30	≤0.05	—	—	590～850	14	20	≤229
Y45Ca	0.42～0.50	0.20～0.40	0.60～0.90	0.04～0.08	≤0.04	—	0.002～0.006	600～745	12	26	≤241

六、合金弹簧钢

1. 用途及性能要求

弹簧是机械和仪表中的重要零件。它通过弹性变形来吸收冲击功，起到缓和冲击、消除振动的作用，如大炮的缓冲弹簧；它还可储存能量用以使机械完成某些动作，如钟表中的发条。弹簧一般是在动负荷、交变应力下工作，不允许产生塑性变形和疲劳断裂，因此弹簧对钢的性能要求是：

1）高的弹性极限、屈服强度、屈强比（R_{eL}/R_m），以防止弹簧产生塑性变形。

2）高的疲劳强度，以避免弹簧产生疲劳破坏。

3）足够的韧性，以使弹簧能承受冲击。

4）用弹簧钢制造弹簧时不经切削加工，加之弹簧表面承受应力较大，因此还要求钢的表面质量好，且要求在冷、热状态下易于成形。

2. 化学成分特点

为了获得所要求的性能，弹簧钢中的含碳量较高（碳钢为 w_C =0.6%～0.9%，合金钢为 w_C =0.5%～0.7%）。较高含碳量的弹簧钢，经冷拔、冷轧或淬火回火才能达到弹簧所要求的性能，即高强度。对于通过热处理来满足性能要求的弹簧来说，碳素弹簧钢（如65），由于淬透性差，若弹簧截面尺寸（线径或板厚）较大，会淬不透，明显降低强度，弹簧在使用时将产生塑性变形，故只能制作截面尺寸<12mm 的弹簧。对于承受负荷较大、大截面的弹簧必须用合金弹簧钢制造，弹簧钢中常加合金元素有 Si、Mn、Cr、V、W 等。其主要作用是提高钢的淬透性，并且能细化晶粒，增加回火稳定性，其中以 Si、Mn 作用最突出。

3. 钢种及牌号

常用合金弹簧钢的牌号、热处理、性能及应用见表 5-9。常用的弹簧钢有：

（1）锰钢　如65Mn，它属于含锰量较高的优质碳素结构钢。由于锰含量较高，故提高了钢的淬透性，可用于制造截面尺寸≤15mm 的弹簧，如机车板簧。但锰是促使钢的晶粒长大的元素，所以在热处理时应严格控制加热规范。

（2）硅锰钢　如60Si2Mn，硅锰同时加入，明显提高了钢的淬透性，还提高钢的回火稳定性，故广泛用于制造截面尺寸较大（≤25mm）的弹簧，如汽车板簧。钢中的锰容易促使晶粒长大；硅容易促使碳形成石墨和弹簧表面产生脱碳。因此，在弹簧热处理时必须采取相应的措施，以防止上述缺陷产生。

（3）铬钒钢　如50CrVA，由于 Cr、V 的加入，使钢的淬透性大大提高，而且能细化晶粒，增加回火稳定性，可用于制造在350～400℃下工作的大截面（≤30mm）弹簧，如高速柴油机的气门弹簧。

4. 弹簧钢的热处理

弹簧的热处理与所用钢料尺寸和状态、弹簧的成形方法有关。

（1）热成形弹簧　弹簧丝直径或弹簧钢板厚度为10～15mm 的螺旋弹簧或板弹簧，通常经加热至奥氏体状态后卷成螺旋弹簧或弯成板簧，即热成形。热成形弹簧利用余热进行淬火，然后中温回火（350～500℃），得到回火托氏体，其硬度大约为40HRC，以达到弹簧所要求的性能。

弹簧经热处理后一般还要进行喷丸处理，使表面强化，并在表面产生残余压应力，以提高其疲劳强度。

（2）冷成形弹簧 对于钢丝直径为 8 ~ 10mm 的弹簧，常用冷拔弹簧钢丝冷卷而成。此种钢丝在钢厂经索氏体化处理。用这种钢丝冷卷成弹簧，为消除冷卷所引起的残余应力，提高弹性极限，稳定弹簧的尺寸，只需在 200 ~ 250℃ 的油槽中进行一次去应力退火，就可以获得成品弹簧。

表 5-9 常用弹簧钢的牌号、热处理、性能及应用（GB/T 1222—2007）

牌号	热处理①			力学性能（不小于）					应用
	淬火温度/℃	淬火介质	回火温度/℃	R_m/MPa	R_{eL}/MPa	A（%）	$A_{11.3}$（%）	Z（%）	
65	840	油	500	980	785		9	35	小于 ϕ12mm 的小弹簧
65Mn	830	油	540	980	785		8	30	
55SiMnVB	860	油	460	1375	1225		5	30	ϕ20 ~ ϕ25mm 的弹簧，工作温度低于 230℃
60Si2Mn	870	油	480	1275	1180		5	25	
60Si2MnA	870	油	440	1570	1375		5	20	ϕ25 ~ ϕ30mm 的弹簧，工作温度低于 300℃
60Si2CrA	870	油	420	1765	1570	6		20	
60Si2CrVA	850	油	410	1860	1665	6		20	ϕ30 ~ ϕ50mm 的弹簧，工作温度低于 300℃ 的气阀弹簧
55SiCrA	860	油	450	1450 ~ 1750	1300（$R_{p0.2}$）	6		25	
55CrMnA	830 ~ 860	油	460 ~ 510	1225	1080（$R_{p0.2}$）	9		20	直径小于 50mm 的弹簧，工作温度低于 350℃
60CrMnA	830 ~ 860	油	460 ~ 520	1225	1080（$R_{p0.2}$）	9		20	
50CrVA	850	油	500	1275	1300	10		40	
60CrMnBA	830 ~ 860	油	460 ~ 520	1225	1080（$R_{p0.2}$）	9		20	直径小于 75mm、工作温度低于 350℃ 的弹簧，如重型汽车、越野车大截面板簧
30W4Cr2VA②	1050 ~ 1100	油	600	1470	1325	7		40	

① 除规定热处理温度上下限外，表中热处理温度允许偏差为：淬火，±20℃；回火，±50℃。根据需方特殊要求，回火可按 ±30℃ 进行。

② 30W4Cr2VA 除抗拉强度外，其他力学性能检验结果供参考，不作为交货依据。

七、滚动轴承钢

1. 用途

滚动轴承钢主要用来制造各种滚动轴承元件，如轴承内外圈、滚动体（滚珠、滚柱、滚针）的专用钢。该钢也可作其他用途，如形状复杂的工具、冷冲模具、精密量具以及要求硬度高、耐磨性高的结构零件。

2. 性能要求及化学成分

滚动轴承在工作时，滚动体与套圈之间存在着很大的交变接触应力，其应力大到3000～5000MPa，应力循环次数可达每分钟数万次，因此，容易引起轴承疲劳破坏。另外，滚动体与套圈之间还存在着滚动、滑动摩擦，且受到一定的冲击力作用。因此，滚动轴承钢应具有以下性能：高的接触疲劳强度和足够的韧性，均匀的高硬度和耐磨性，一定的抵抗润滑油和大气的腐蚀能力，良好的冶金质量和高的淬透性。

滚动轴承钢属高级优质高碳铬钢。滚动轴承钢中的含碳量为 w_C =0.95%～1.15%，以保证钢在淬火后，具有高的硬度和耐磨性。含铬量为 w_{Cr} =0.4%～1.65%，其作用是提高钢的淬透性，并且还与碳形成细小而均匀分布的碳化物，以提高钢的接触疲劳强度和耐磨性。若含铬量过高，会增加淬火钢中的残留奥氏体量，影响轴承的寿命。为了进一步提高淬透性，还可辅助加入 Si、Mn 等合金元素。滚动轴承钢中的有害杂质元素硫、磷含量很低，其质量分数均小于0.025%。钢中的疏松、偏析、非金属夹杂物、碳化物的尺寸形状与分布都应严格控制，以防在接触应力作用下产生应力集中而导致疲劳破坏。因此，滚动轴承钢的冶金质量，属于高级优质钢。

3. 滚动轴承钢的热处理

滚动轴承钢制零件毛坯锻造后采用球化退火，得到球状珠光体，硬度为179～207HBW，以利于切削加工，并为淬火做好准备。最终热处理采用淬火+低温回火，得到极细的回火马氏体+均匀分布的细小碳化物+少量残留奥氏体组织，硬度为62～64HRC。GCr15 为常用滚动轴承用钢。常用滚动轴承钢的牌号、化学成分及热处理规范见表5-10。

表5-10 常用滚动轴承钢的牌号、化学成分及热处理规范（GB/T 18254—2002）

牌号	主要化学成分（质量分数,%）								热处理及硬度			
	C	Si	Mn	Cr	Mo	P	S	Ni+Cu	退火HBW	淬火/℃	回火/℃	回火后HRC
						不大于						
GCr4	0.95～1.05	0.15～0.30	0.15～0.30	0.35～0.50	≤0.08	0.025	0.020		179～207	—	—	—
GCr15	0.95～1.05	0.15～0.35	0.25～0.45	1.40～1.65	≤0.10	0.025	0.025	0.50	179～207	830～850油	150～170	61～65
GCr15SiMn	0.95～1.05	0.45～0.75	0.95～1.25	1.40～1.65	≤0.10	0.025	0.025	0.50	179～217	820～840水、油	150～170	61～65
GCr15SiMo	0.95～1.05	0.65～0.85	0.20～0.40	1.40～1.70	0.30～0.40	0.027	0.020		179～217	830～850水、油	150～170	61～65
GCr18Mo	0.95～1.05	0.20～0.40	0.25～0.40	1.65～1.95	0.15～0.25	0.025	0.020		179～217	—	150～170	61～65

八、铸钢

前面所讲的各类钢是压力加工（如热轧）产品，即钢材，因此又称为变形钢。由钢液直接浇注而成结构件或机械零件，称为铸钢件（简称铸钢）。铸钢件有结构钢铸件、工具钢铸件、不锈钢铸件等，这里仅介绍结构钢铸件。

一般工程用铸造碳钢的牌号，以主要力学性能指标 R_{eH}、R_m 表示，其牌号由依次标出铸钢的字母“ZG”（铸钢）、屈服强度最小值（MPa）、抗拉强度最小值（MPa）组成。如 ZG200-400 表示 $R_{eH} \geqslant 200$MPa、$R_m \geqslant 400$MPa 的工程用铸造碳钢。铸造合金钢的牌号，是以主要化学成分表示，其牌号相当于在优质碳素结构钢、合金结构钢牌号前面加以“ZG”，如 ZG40Mn2 代表 $w_C = 0.40\%$、$w_{Mn} = 2\%$ 的铸造合金钢。

铸造碳素钢的牌号、化学成分及力学性能，见表 5-11。这类铸钢，一般用于制造结构件，如机座、机架、砧座、箱体等，要求力学性能符合国标规定，通常不进行热处理。

表 5-11 一般工程用铸造碳钢件的牌号、化学成分及力学性能（GB/T 11352—2009）

牌号	化学成分（质量分数,%，≤）					力学性能（≥）					
	C	Si	Mn	P	S	R_{eH}（$R_{p0.2}$）/MPa	R_m/MPa	A_5（%）	Z（%）	KV/J	KU/J
ZG200-400	0.20	0.60	0.80	0.035		200	400	25	40	30	47
ZG230-450	0.30	0.60	0.90	0.035		230	450	22	32	25	35
ZG270-500	0.40	0.60	0.90	0.035		270	500	18	25	22	27
ZG310-570	0.50	0.60	0.90	0.035		310	570	15	21	15	24
ZG340-640	0.60	0.60	0.90	0.035		340	640	10	18	10	16

注：1. 表中所列的各牌号性能，适应于厚度为 100mm 以下的铸件。当铸件厚度超过 100mm 时，表中规定的 R_{eH}（$R_{p0.2}$）屈服强度仅供设计使用。

2. 表中吸收能量 KU 的试样缺口为 2mm。

铸造碳钢的牌号，有 ZG200-400、ZG230-450、…、ZG340-640。铸造合金钢的牌号按 JB/T 6402—2006 有 ZG20MnMo、ZG40Cr1、ZG35Cr1Mo 等。这类铸钢主要用于比较重要的机械零件，如齿轮、水轮机转轮等。铸钢零件的晶粒粗大、化学成分不均匀，并且存在着较大的铸造残余应力，故不宜直接使用。铸钢零件一般采用正火或退火处理，以改善组织，消除残余应力，从而提高零件的力学性能。重要铸钢零件，还应进行调质处理；表面要求耐磨的铸钢零件，可进行表面淬火 + 低温回火。应该指出，铸钢零件的力学性能比相应的锻钢零件低，这主要是由于铸钢零件中存在着一些不能用热处理来改善的铸造缺陷，如疏松、夹砂、气孔等。

第三节 工 具 钢

用于制造刃具、量具和模具等工具的钢，称为工具钢。工具钢包括碳素工具钢、合金工具钢及高速工具钢等。

一、碳素工具钢

为保证工具有较高的硬度和耐磨性，碳素工具钢的含碳量 w_C 为 0.65% ~ 1.35%，属于高碳钢。为保证工具的质量，这类钢中的有害杂质元素含量较少。按冶金质量，它可分为优质钢和高级优质钢。

碳素工具钢的牌号、化学成分、热处理及性能见表 5-12。这类钢钢材以球化退火状态供应，其硬度值应符合国标规定。

表 5-12 碳素工具钢的牌号、化学成分、热处理及性能（GB/T 1298—2008）

<table>
<tr><th rowspan="3">牌号</th><th colspan="5">化学成分（质量分数,%）</th><th colspan="2">交货状态</th><th colspan="2">试样淬火</th></tr>
<tr><th rowspan="2">C</th><th rowspan="2">Mn</th><th rowspan="2">Si</th><th>S</th><th>P</th><th>退火</th><th>退火后冷拉</th><th rowspan="2">淬火温度/℃</th><th rowspan="2">HRC 不小于</th></tr>
<tr><th colspan="2">不大于</th><th colspan="2">HBW 不大于</th></tr>
<tr><td>T7</td><td>0.65～0.74</td><td>≤0.40</td><td>≤0.35</td><td>0.030</td><td>0.035</td><td rowspan="3">187</td><td rowspan="8">241</td><td>800～820</td><td rowspan="8">62</td></tr>
<tr><td>T8</td><td>0.75～0.84</td><td>≤0.40</td><td>≤0.35</td><td>0.030</td><td>0.035</td><td rowspan="2">780～800</td></tr>
<tr><td>T8Mn</td><td>0.80～0.90</td><td>0.40～0.60</td><td>≤0.35</td><td>0.030</td><td>0.035</td></tr>
<tr><td>T9</td><td>0.85～0.94</td><td>≤0.40</td><td>≤0.35</td><td>0.030</td><td>0.035</td><td>192</td><td rowspan="5">760～780</td></tr>
<tr><td>T10</td><td>0.95～1.04</td><td>≤0.40</td><td>≤0.35</td><td>0.030</td><td>0.035</td><td>197</td></tr>
<tr><td>T11</td><td>1.05～1.14</td><td>≤0.40</td><td>≤0.35</td><td>0.030</td><td>0.035</td><td rowspan="2">207</td></tr>
<tr><td>T12</td><td>1.15～1.24</td><td>≤0.40</td><td>≤0.35</td><td>0.030</td><td>0.035</td></tr>
<tr><td>T13</td><td>1.25～1.35</td><td>≤0.40</td><td>≤0.35</td><td>0.030</td><td>0.035</td><td>217</td></tr>
</table>

注：高级优质钢（牌号后加“A”），$w_S \leq 0.020\%$，$w_P \leq 0.030\%$，退火是指球化退火，淬火介质为水。

碳素工具钢钢材经锻造制成工具毛坯后应进行球化退火，以降低硬度，改善组织，为切削加工和淬火做准备；若锻件中有网状渗碳体存在，则应在球化退火之前，安排消除网状渗碳体的正火处理。碳素工具钢制的工具应进行淬火＋低温回火，获得回火马氏体＋粒状渗碳体＋少量残留奥氏体组织，以达到工具所要求的高硬度（60HRC 左右）和耐磨性。

碳素工具钢锻造和切削加工性能好，价格便宜，用量大。碳素工具钢的缺点是热硬性差，当刃部温度高于250℃时其硬度和耐磨性会显著降低。此外，钢的淬透性也低，水中淬透临界直径约为20mm，并容易产生淬火变形和开裂。因此碳素工具钢大多用于制造刃部受热程度较低的手用工具和低速、小进给量的机用工具，亦可制作尺寸较小的模具和量具。T7、T8 钢用于制造要求具有较高韧性的工具，如凿子、锤、冲头等；T9、T10、T11 钢用于制造要求较低韧性、较高硬度的工具，如小钻头、冲模、手丝锥等；T12、T13 钢用于制造要求具有高硬度和耐磨性的工具，如锉刀、量具等。

二、合金工具钢

合金工具钢是在碳素工具钢的基础上加入合金元素形成的钢，其牌号应依次标出平均碳的质量分数（单位为 0.10%，≥1% 不标出）、合金元素化学符号及其平均质量分数（单位为 1%）。例如，9SiCr 表示平均含碳量 w_C 为 0.9%、硅和铬平均质量分数均 <1.5% 的合金工具钢；Cr12 表示平均含碳量 $w_C \geq 1.0\%$，平均含铬量 w_{Cr} 为 12% 的合金工具钢。根据 GB/T 1299—2000 的规定，合金工具钢包括量具刃具用钢、冷作模具钢、热作模具钢、耐冲击工具用钢、无磁模具钢和塑料模具钢等六组。合金工具钢的牌号、化学成分和性能见表 5-13。

1. 量具刃具用钢

用于制造一般量具（如千分尺、塞规）和切削速度较低的刃具（如铰刀、丝锥）的钢，称为量具刃具用钢。量具在使用过程中经常与被测工件接触、摩擦和碰撞而磨损，丧失其工作精度。刃具在低速切削过程中，刀刃受力、冲击、振动和摩擦作用，同时引起刀刃温度略有升高和磨损而丧失切削能力。因此，对量具刃具用钢的主要性能要求，是高硬度、高耐磨性、足够的强度和韧性、较高的淬透性。这类钢属于高碳低合金的过共析钢，平均含碳量 w_C≥0.8%，大多在 w_C=0.8%~1.10%之间，并含有 Cr、Si、Mn、W 等合金元素，其总的质量分数小于5%。高碳是保证高硬度和高耐磨性的必要条件；合金元素的主要作用是提高淬透性和回火稳定性。

表 5-13 常用合金工具钢的牌号、化学成分和性能（GB/T 1299—2000）

组别	新牌号（旧牌号）	化学成分（质量分数,%）								交货退火HBW	试样淬火	
		C	Si	Mn	Cr	W	Mo	V	Ni		淬火，冷却剂/℃	HRC≥
量具刃具用钢	9SiCr	0.85~0.95	1.20~1.60	0.30~0.60	0.95~1.25					241~197	820~860 油	62
	Cr06	1.30~1.45	≤0.40	≤0.40	0.50~0.70					241~187	780~810 水	64
	Cr2	0.95~1.10	≤0.40	≤0.40	1.30~1.65					229~179	830~860 油	62
冷作模具钢	9Cr06WMn	0.85~0.95	≤0.40	0.90~1.20	0.5~0.8	0.5~0.8				241~197	800~830 油	62
	CrWMn	0.90~1.05	≤0.40	0.80~1.10	0.90~1.20	1.20~1.60				255~207	800~830 油	62
	Cr12Mo1V1	1.40~1.60	≤0.60	≤0.60	11.00~13.00		0.70~1.20	0.50~1.10		≤255	(820±15)℃预热，[1000（盐浴）或1010（炉控气氛）±6]℃加热，保温10~20min空冷，(200±6)℃回火	59
	Cr12MoV	1.45~1.70	≤0.40	≤0.40	11.00~12.50		0.04~0.60	0.15~0.30		255~207	950~1000 油	58
	Cr12	2.00~2.30	≤0.40	≤0.40	11.50~13.00					269~217	950~1000 油	60
热作模具钢	3Cr2W8V	0.30~0.40	≤0.40	≤0.40	2.20~2.70	7.50~9.00		0.20~0.50		255~207		
	4Cr5MoSiV1	0.32~0.45	0.80~1.20	0.20~0.50	4.75~5.50		1.10~1.75	0.80~1.20		≤235		
	4Cr5MoSiV1A	0.37~0.42	0.80~1.20	0.20~0.50	5.00~5.50		1.20~1.75	0.80~1.20		≤235		
	5Cr06NiMo（5CrNiMo）	0.50~0.60	≤0.40	0.50~0.80	0.50~0.80		0.15~0.30		1.40~1.80	241~197		
	5Cr08MnMo（5CrMnMo）	0.50~0.60	0.25~0.60	1.20~1.60	0.60~0.90		0.15~0.30			241~197		

（续）

组别	新牌号（旧牌号）	化学成分（质量分数,%）								交货退火 HBW	试样淬火	
		C	Si	Mn	Cr	W	Mo	V	Ni		淬火，冷却剂/℃	HRC ≥
塑料模具钢	20Cr13（2Cr13）	0.16 ~ 0.25	≤1.00	≤1.00	12.00 ~ 14.00					≤235		
	30Cr17Mo（3Cr17Mo）	0.28 ~ 0.35	≤0.80	≤1.00	16.00 ~ 18.00		0.75 ~ 1.25			≤235		
	40Cr13（4Cr13）	0.35 ~ 0.45	≤0.60	≤0.80	12.00 ~ 14.00					≤235		
	3Cr2MnMo（3Cr2Mo）	0.28 ~ 0.30	0.20 ~ 0.80	0.60 ~ 1.00	1.40 ~ 2.00		0.30 ~ 0.55			≤235		
	3Cr2MnNiMo	0.32 ~ 0.40	0.20 ~ 0.40	1.10 ~ 1.50	1.70 ~ 2.00		0.25 ~ 0.40		0.85 ~ 1.15	≤235		
耐冲击工具钢	4CrW2Si	0.35 ~ 0.45	0.80 ~ 1.10	≤0.40	1.00 ~ 1.30	2.00 ~ 2.50				217 ~ 179	860 ~ 900 油	53
	5CrW2Si	0.45 ~ 0.55	0.50 ~ 0.80	≤0.40	1.00 ~ 1.30	2.00 ~ 2.50				255 ~ 207	860 ~ 900 油	55
	6CrW2Si	0.55 ~ 0.65	0.50 ~ 0.80	≤0.40	1.00 ~ 1.30	2.20 ~ 2.70				285 ~ 229	860 ~ 900 油	57
无磁模具钢	7Mn15Cr2A 13V2WMo	0.65 ~ 0.75	≤0.80	14.50 ~ 16.50	2.00 ~ 2.50	0.50 ~ 0.80	0.50 ~ 0.80	1.50 ~ 2.00	2.30 ~ 3.30		1170 ~ 1190 水 650 ~ 700 时效	45

注：1. 钢中 w_S、w_P 均不大于 0.03%。

2. 冷作模具钢、热作模具钢及塑料模具钢数据摘自 GB/T 24594—2009《优质合金模具钢》。

这类钢的牌号有 9SiCr、8MnSi、Cr06、Cr2、9Cr2 等，其中，Cr2 和 9SiCr 为常用钢。Cr2 与 GCr15 相似，但冶金质量较差，常用于制造精度较低的量具，如塞规、平尺、量柱等。精度高的量具常用 GCr15 钢制造。9SiCr 钢的淬透性较高，直径 ϕ40 ~ ϕ50mm 的工具在油中能淬透，变形较小，回火稳定性较高，且碳化物分布均匀，因此适宜制造要求变形较小的薄刃刀具，如板牙、丝锥、铰刀等，也可用于制造冷作模具，是广泛使用的典型钢种。

量具刃具用钢的热处理，与碳素工具钢基本相同，也包括锻造毛坯的球化退火或正火 + 球化退火；工具的淬火 + 低温回火。量具刃具经热处理后，得到回火马氏体、粒状碳化物和少量残留奥氏体组织，硬度为 60 ~ 62HRC。应该指出，对于精密量具来说，不仅要求具有高硬度、高耐磨性，还要求在使用和存放过程中尺寸变化很小，即具有高的尺寸稳定性。因此，精密量具还必须在淬火后低温回火前安排冷处理，以减少残留奥氏体量；在磨削过程中安排时效处理，以减少由磨削引起的残余应力，从而达到稳定量具组织和尺寸的目的。

2. 冷作模具钢

用于制造冷冲模、冷挤压模、拉丝模等冷变形模具的钢，称为冷作模具钢。冷作模具在工作时承受很大的压力、弯曲力、冲击和摩擦，模具表面的温度一般不超过 300℃。因此，对冷作模具钢的主要性能要求是高硬度、高强度、高耐磨性、适当的韧性和高的淬透性。

这类钢属于高碳钢，平均含碳量 w_C 一般≥0.9%，有的高达 2%。钢中还含有 Cr、Mn、W、Mo、V 等碳化物形成元素，其总合金的质量分数 w_{Me} 为 2%～15%。这些合金元素，在淬火加热时溶入奥氏体中，能显著提高钢的淬透性和回火稳定性；与碳形成碳化物，能提高钢的耐磨性。

常用冷作模具钢的牌号有 CrWMn、9Cr06WMn、Cr12、Cr12MoV、Cr12Mo1V1 等，具体化学成分及淬火后的硬度见表 5-13。

对于尺寸小、形状简单、轻负荷的冷作模具，例如小冲头、剪落钢板的剪刀等，可选用 T7A、T8A、T10A 等碳素工具钢制造。用这类钢制造的优点是可加工性好、价格便宜、来源容易。但其淬透性低、耐磨性差、淬火变形大。因此，这类钢只适于制造一些尺寸小、形状简单、轻负荷的工具以及要求硬化层不深且保持较高韧性的冷镦模。

对于尺寸稍大、形状复杂、轻负荷的冷作模具，常用 9Cr06WMn、CrWMn 低合金模具钢及 9SiCr、GCr15 等钢制造。9Cr06WMn 钢具有一定的淬透性和耐磨性，淬火变形较小，碳化物分布均匀且颗粒细小，通常用于制造截面不大而变形复杂的冷冲模；CrWMn 钢具有高淬透性，可用来制造在工作时切削刃口不剧烈变热的工具和淬火时要求不变形的量具和刃具。

对于尺寸大、形状复杂、重负荷的冷作模具，必须采用中合金钢或高合金钢，如 Cr12 型冷作模具钢。这类钢属高碳、高铬的莱氏体钢，具有较好的淬透性和良好的耐磨性。由于钢中碳含量 w_C 最高可达 2.30%，从而钢变得硬而脆，所以冲击韧性较差，几乎不能承受较大的冲击荷载，易脆裂，而且易形成不均匀的共晶碳化物。因此，用 Cr12 型模具钢制造模具时，必须用锻造来打碎碳化物并使其分布均匀。Cr12 相当于 ASTM A681 的 D3 钢，该钢具有良好的耐磨性，多用于制造受冲击负荷较小、要求较高耐磨的冷冲模及冲头、冷剪切刀、钻套、量规、拉丝模等。Cr12MoV 具有高淬透性，可用来制造截面较大、形状复杂、经受较大冲击负荷的各种模具。Cr12Mo1V1 相当于 ASTM A681-94 的 D2 钢，是国际上较广泛采用的高碳高铬冷作模具钢，具有高的淬透性、淬硬性和高的耐磨性，高温抗氧化性能好，淬火和抛光后耐蚀能力好，热处理变形小。

与其他合金工具钢一样，冷作模具钢的热处理也包括球化退火的预备热处理，以及淬火、回火的最终热处理。最终热处理在加工成形后进行。热处理后模具已达到很高的硬度，通常只能进行研磨和修整。提高冷作模具钢的硬度有以下两种热处理方法：

（1）一次硬化处理法　采用较低的淬火温度与较低的回火温度，如 Cr12 钢采用 980℃左右的温度进行淬火，然后在 160～180℃低温回火，其硬度可达 61～63 HRC。这种处理法使模具具有较好的耐磨性和韧性，而且淬火变形较小。因此，凡承受较大负荷和形状复杂的模具都采用此法。

（2）二次硬化处理法　采用较高的淬火温度与多次高温回火，如 Cr12 钢采用 1050～1100℃淬火，淬火后钢的硬度较低，为 40～50 HRC，这是由于残留奥氏体多的缘故。如果在 510～520℃进行 2～3 次回火，将发生二次硬化现象，使硬度上升（可达 60～62HRC），热硬性提高。但由于淬火加热温度较高，晶粒较粗大，韧性比一次硬化处理法稍差。故通过这种处理的模具主要适用于承受强烈磨损、在 400～500℃条件下工作、要求一定热硬性的模具。

高铬冷作模具钢球化退火后的组织为球状珠光体和均匀分布的粒状碳化物，硬度为207～255 HBW。淬火、回火后的组织为回火马氏体、粒状碳化物和少量残留奥氏体，硬度一般达到60 HRC以上。

3. 热作模具钢

用于制造热锻模、热挤压模等热变形模具和压铸模的钢，称为热作模具钢。热作模具在工作时，型腔表面经常与1100～1200℃的金属材料（如钢料）或600～1000℃的液态金属（如铝合金、铜合金）接触，反复受热和冷却，其工作温度一般不允许超过500℃；模具还承受重负荷和冲击作用，从而会产生脆断和热疲劳。因此，对热作模具钢的主要性能要求，是在高温下应保持高强度、良好韧性、高的抗热疲劳性和良好的导热性。

这类钢属于中碳钢，平均含碳量 w_C 在0.30%～0.6%之间。含碳量过高，将使钢的韧性、导热性降低；含碳量过低，则钢的强度达不到要求。钢中还含有Cr、Ni、Si、Mn、W、Mo、V等合金元素，其总的质量分数 w_{Me} 不超过10%，属于中、低合金钢。其中，Cr、Ni、Si、Mn等元素的主要作用是提高钢的淬透性和回火稳定性，以提高钢的高温强度和韧性；W、Mo、V等元素的主要作用，是产生二次硬化、细化晶粒和防止可逆（高温）回火脆性。

常用热作模具钢的牌号有3Cr2W8V、4Cr5MoSiV1、4Cr5MoSiV1A、5Cr06NiMo、5Cr08MnMo等。热作模具钢包括锤锻模用钢、热挤压模用钢和压铸模用钢三类。

（1）锤锻模用钢　锤锻模的截面尺寸较大，在工作时承受冲击负荷的作用。因此，这类钢要求韧性较高，淬透性也较高。这类钢的常用牌号为5Cr06NiMo、5Cr08MnMo，属于中碳低合金亚共析钢，$w_C \approx 0.5\%$ 用以保证钢的良好强韧性；Cr、Ni、Mn用以提高钢的淬透性和回火稳定性，Mo主要用以防止产生高温回火脆性。

5Cr06NiMo具有良好的韧性、强度和高耐磨性，并具有十分良好的淬透性，300mm×300mm×400mm的模具可在油中淬透。淬火后经500～600℃回火，力学性能较高（抗拉强度 R_m =1200～1400MPa，硬度40～48HRC），用于制造形状复杂、冲击负荷重且要求高强度和较高韧性的大型锻模。

5Cr08MnMo具有与5Cr06NiMo相似的性能，淬透性较5Cr06NiMo略差，在高温下工作，耐热疲劳性逊于5Cr06NiMo，适用于制造要求受力较轻的中小型锻模。

（2）热挤压模用钢　热挤压模的工作特点是加载速度较慢，因此，模膛受热温度较高，通常可达500～800℃。对这类钢的使用性能要求应以高的高温强度（即高的回火稳定性）和高的耐热疲劳性能为主。对冲击韧性及淬透性的要求可适当放低。一般的热挤压模尺寸较小，常小于90mm。常用的热挤压模用钢有3Cr2W8V、4Cr5MoSiV1、4Cr5MoSiV1A。

3Cr2W8V钢中 w_C =0.3%～0.4%，但由于含有较多的Cr、W使Fe-Fe_3C相图中的 S 点左移，属于过共析钢。这类钢的模具毛坯采用球化退火；最终热处理采用1050～1150℃油中淬火+560～620℃回火，为避免回火脆性，回火后采用油冷，其硬度为40～48HRC。该钢在高温下具有较高的强度和硬度，可用来制作高温下高应力但不受冲击负荷的凸凹模、压铸模等。

4Cr5MoSiV1是一种空冷硬化的热作模具钢，也是所有热作模具钢中使用最广泛的牌号之一，该钢广泛用于制造热挤压模具与芯轴、模锻锤的锻模、锻造压力机模具等。该钢在1020～1050℃淬火，580～600℃回火后，硬度为48～50HRC，R_m =1600～1800MPa，R_{eL} =

1400～1500MPA，A＝9%～12%，Z＝45%～50%。

（3）压铸模用钢　从总体上看，压铸模用钢的使用性能要求与热挤压模用钢相近，即以要求高的回火稳定性与高的热疲劳抗力为主。所以通常所选用的钢种大体上与热挤压模用钢相同，如常采用3Cr2W8V和4Cr5MoSiV1（A）等钢。但又有所不同，如对熔点较低Zn合金压铸模，可选用40Cr、30CrMnSi及40CrMo等；对Al和Mg合金压铸模，可选用4Cr5MoSiV1（A）；对Cu合金压铸模，多采用3Cr2W8V钢。随着黑色金属压铸工艺的应用，多采用高熔点的钼合金和镍合金，或者对3Cr2W8V钢进行Cr-Al-Si三元共渗，用以制造黑色金属压铸模。此外，国内外正在试验采用高强度的铜合金作为黑色金属的压铸模材料。

4. 耐冲击工具用钢、无磁模具钢、塑料模具钢

（1）耐冲击工具用钢　一些刃具（如剪刀片）和模具（如切边模）在工作过程中承受较大的冲击，因此要求钢既具有较高的硬度又具有较高的韧性，以防止工具崩刃或断裂，这类钢的牌号有4CrW2Si、5CrW2Si、6CrW2Si。其中，5CrW2Si为常用钢。这类钢属于中碳低合金亚共析钢，钢中平均含碳量w_C为0.4%～0.6%，并含有Cr、W、Si等合金元素，其含量<5%。这些合金元素在钢中的主要作用是提高淬透性和回火稳定性，防止产生回火脆性，细化晶粒，从而使钢既具有较高的硬度又具有较高的韧性。这类钢经淬火＋低温回火后，得到回火马氏体组织，硬度为50～55HRC；与CrWMn、9SiCr等过共析钢相比，硬度稍低，但韧性较高。这类钢常用于制造承受较大冲击的薄刃刀具和模具，如切锻件毛边用的切边模、剪切钢板用的剪刀片、风动凿子等。

（2）无磁模具钢　7Mn15Cr2Al3V2WMo钢是在电子工业迅速发展，要求使用无磁模具情况下由我国研制而成的新钢种。它属于高碳高锰的奥氏体无磁模具钢，钢中平均含碳量w_C为0.70%，并含有顺磁合金元素Mn、Cr、W、Mo等。这些合金元素在外磁场中只能微弱地被磁化；其合金元素总的质量分数w_{Me}约为22%，其中含锰量w_{Mn}为15%。锰为扩大奥氏体相区的合金元素，故钢空冷后的组织为奥氏体，具有良好的无磁性。

7Mn15Cr2Al3V2WMo钢经高温退火（860～900℃、6～8h）后，具有较好的切削加工性；经固溶处理（1180～1200℃、1～2h保温后水淬），得到单相奥氏体组织，然后再进行时效强化（650～700℃、15～20h），使钒的碳化物在奥氏体基体上弥散析出而得到高硬度，硬度为45～47HRC。

（3）塑料模具钢　用于制造塑料模具的钢用量大，据统计约占模具钢总产量的39.8%。另外，塑料模具对钢的性能要求比较特殊，如压制添加玻璃纤维的增强树脂时，则要求钢具有高的耐磨性；压制有机玻璃的照相机透镜时，则要求钢具有高的镜面加工性；压制聚四氟乙烯时，则要求钢具有高的耐蚀性等。

我国过去无专用的塑料模具钢，一般塑料模具用正火的45和40Cr经调质后制造，因而模具硬度低、耐磨性差、表面粗糙度值高，加工出来的塑料产品外观质量较差，而且模具使用寿命低；精密塑料模具及硬度高塑料模具采用CrWMn、Cr12MoV等合金工具钢制造，不仅机械加工性能差，而且难以加工复杂的型腔，更无法解决热处理变形问题。由此，国内对专用塑料模具用钢进行了研制，并获得了一定的进展。我国已有了自己的专用模具钢系列，目前已纳入国家标准有六种，即1Ni3Mn2CuAl、20Cr13、30Cr17Mo、40Cr13、3Cr2MnMo（P20，美国）及3Cr2MnNiMo（718，瑞典）。纳入行业标准的已有20多种，已在生产中推广应用十多种新型塑料模具钢，初步形成了我国塑料模具用钢体系。

1Ni3Mn2CuAl 是一种镍铜铝系时效硬化型塑料模具钢，其淬透性好，热处理变形小，镜面加工性能好，适用于制造高镜面的塑料模具、高外观质量的家用电器塑料模具等。20Cr13 属于马氏体类型不锈钢，该钢机械加工性能较好，经热处理后具有优良的耐蚀性能，较好的强韧性，适宜制造承受高负荷并在腐蚀介质作用下的塑料模具和透明塑料制品模具等。30Cr17Mo 属于马氏体类型不锈钢，用于 PVC 等腐蚀性能较强的塑料成型模具。40Cr13 属于马氏体类型不锈钢，该钢力学性能较好，经热处理（淬火及回火）后，具有优良的耐蚀性能、抛光性能，较高的强度和耐磨性，适宜制造承受高负荷并在腐蚀介质作用下的塑料模具和透明塑料制品模具等。3Cr2MnMo（P20，美国）和 3Cr2MnNiMo（718，瑞典）是国际上较广泛应用的塑料模具钢，其综合性能好，淬透性高，大截面钢材在调质后具有均匀的硬度，并且具有很好的抛光性能，模具表面光洁度高。

三、高速工具钢（简称高速钢）

刃具，由于切削速度和进给量的增加，刃部的温度随之提高，如车削速度为 10～20m/min 时，刃部温度为 200～300℃；车削速度为 50～80m/min 时，刃部温度为 500～600℃；车削速度 >100m/min 时，刃部温度可达到 800～1000℃甚至更高。因此，高速切削刃具对所用材料的主要性能要求是高的硬度和热硬性。所谓热硬性，是指材料在高温下能保持高硬度（≥60HRC）的一种特性，一般用材料在加热时能保持≥60HRC 的最高温度来表示。常用刃具材料的热硬性：合金工具钢为 200～300℃，高速钢为 550～600℃，硬质合金为800～1000℃。

高速钢之所以具有高的硬度和热硬性，主要取决于钢的化学成分和热处理。

1. 高速钢的化学成分

高速钢属于高碳高合金的莱氏体钢。常用的 W18Cr4V、W6Mo5Cr4V2 中 w_C 为 0.7%～0.9%，并含有总质量分数 >10% 的钨、铬、钼、钒等合金元素。碳及合金元素在钢中的作用是：

（1）碳　一部分在淬火加热时溶入奥氏体中，淬火冷却后形成含碳较高的马氏体；另一部分形成合金碳化物，从而保证具有高硬度、高耐磨性。

（2）钨和钼　其主要作用是提高钢的热硬性。含有大量钨、钼的马氏体具有很高的回火稳定性，并且在 500～600℃回火时产生二次硬化现象，从而使钢具有高的热硬性。钼和钨可以互相代替，大约 1% 的 Mo 可以代替 1.8% 的 W。

（3）铬　其主要作用是提高钢的淬透性。在淬火加热时，铬几乎全部溶入奥氏体中，显著提高钢的淬透性，使钢空冷也能形成马氏体；同时，铬还能提高钢的回火稳定性。

（4）钒　其主要作用是提高钢的耐磨性。钒在钢中以稳定的 VC 形式存在，它不仅硬度很高，而且颗粒极细、分布均匀，因此，可显著提高钢的耐磨性，但给磨削加工造成困难。高速钢中的钒含量不能过高，一般 w_V 为 1%～2%。

2. 高速钢的热处理

高速钢属于莱氏体钢，其中有大量碳化物，如退火状态的 W18Cr4V 中碳化物含量为 30% 左右。这些碳化物的分布状态，对钢的性能影响很大。若碳化物分布不均匀，如呈带状、网状、大块状，会降低钢的工艺性能和力学性能，从而导致刃具在淬火时产生变形开裂，在使用时产生崩刃和过早磨损。为提高钢的性能和刃具寿命，高速钢刃具毛坯通常是用锻造制成的，通过锻造来打碎大块碳化物，使之分布均匀。

（1）退火　高速钢刃具毛坯锻造以后，应进行球化退火，来降低钢的硬度，消除残余应力，为切削加工和淬火作准备。退火后得到索氏体和粒状碳化物（图 5-5），硬度为207～255HBW。

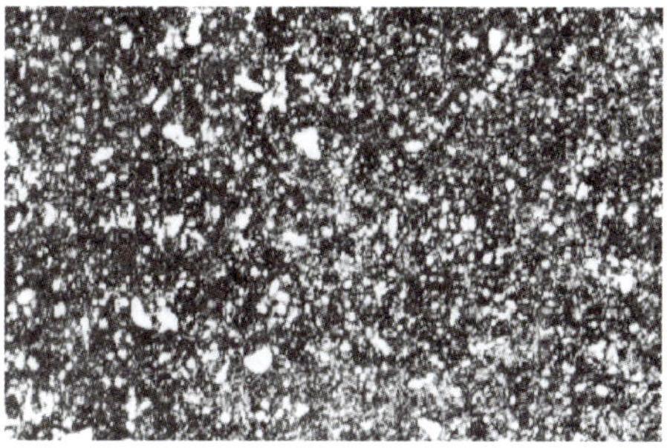

图 5-5　W18Cr4V 钢退火组织

（2）淬火　高速钢刃具的高热硬性，只有在正确的淬火回火后才能获得。高速钢的热硬性，主要取决于马氏体中的钨钼含量。淬火加热温度越高，钨钼碳化物分解得越多，奥氏体中溶解的钨钼量越多，淬火后马氏体中含钨钼量越多，钢的热硬性就越高；但淬火加热温度过高会引起钢过热、过烧，甚至熔化而报废。W18Cr4V 钢淬火加热温度为 1250～1280℃，W6Mo5Cr4V2 为 1200～1230℃。另外，为了防止产生变形开裂，淬火加热以前应进行预热；为了防止产生氧化、脱碳，高速钢刃具常用盐浴炉加热。淬火介质一般采用在盐浴中分级淬火或油冷。高速钢淬火后的组织是隐针马氏体＋大量（20%～25%）的残留奥氏体＋粒状碳化物（图 5-6），硬度约为 60HRC。

（3）回火　为保证获得高硬度和高热硬性，高速钢一般都在二次硬化峰值的温度下回火，W18Cr4V 为 550～570℃，W6Mo5Cr4V2 为 540～560℃。另外，高速钢淬火后的残留奥氏体，在回火过程中很难消除，一般采用三次回火，每次 1h，才能使大部分残留奥氏体转变成马氏体。

W18Cr4V 钢刃具的典型淬火回火工艺曲线，如图 5-7 所示。高速钢经淬火＋三次回火后，获得回火马氏体＋粒状碳化物＋少量（1%～2%）残留奥氏体组织，硬度为 63～66HRC。

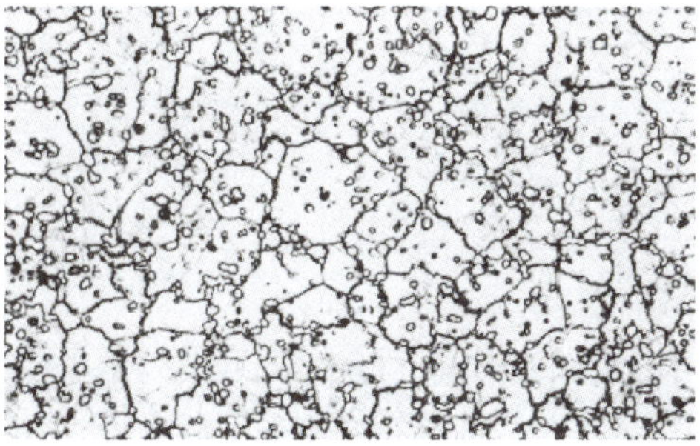

图 5-6　W18Cr4V 刃具钢淬火后的显微组织

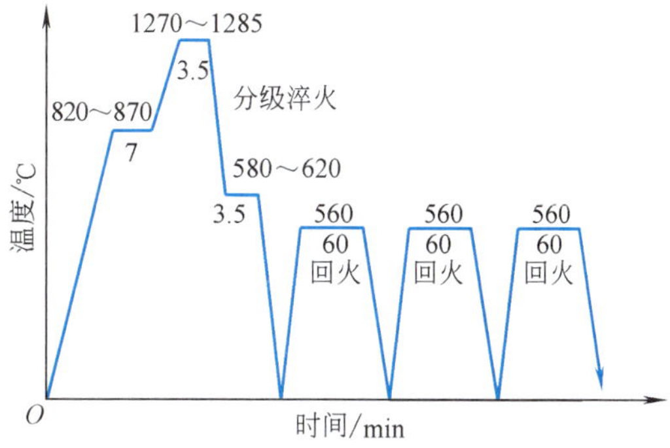

图 5-7　W18Cr4V 刃具钢的典型淬火回火工艺曲线

3. 高速钢的用途

常用高速钢的牌号、热处理和性能见表 5-14。

表 5-14 常用高速钢的牌号、热处理和性能（GB/T 9943—2008）

牌号	退火态硬度①HBW 不大于	试样热处理制度及淬回火硬度					
		预热温度/℃	淬火温度/℃ 盐浴炉	淬火温度/℃ 箱式炉	淬火介质	回火温度②/℃	硬度 HRC 不小于
W18Cr4V	255	800～900	1250～1270	1260～1280	油或盐浴	550～570	63
W6Mo5Cr4V2	255		1200～1220	1210～1230		540～560	64
W6Mo5Cr4V3	262		1190～1210	1200～1210		540～560	64
W12Cr4V5Co5	277		1220～1240	1230～1250		540～560	65
W10Mo4Cr4V3Co10	285		1220～1240	1220～1240		550～570	66
W6Mo5Cr4V3Co8	285		1170～1190	1170～1190		550～570	65
W9Mo3Cr4V	269		1200～1220	1220～1240		540～560	64
W6Mo5Cr4V2Al	269		1200～1220	1230～1240		550～570	65

① 退火＋冷拉态的硬度，允许比退火态指标增加 50HBW。

② 回火温度为 550～570℃时，回火 2 次，每次 1h；回火温度为 540～560℃时，回火 2 次，每次 2h。

W18Cr4V 钢，其热硬性较高、过热敏感性较小，磨削加工性较好；但热塑性差、碳化物粗大，适用于制造一般的高速切削刀具，但不适合做薄刃的刃具。W6Mo5Cr4V2 钢，其热塑性良好，碳化物分布比较均匀，耐磨性高，但热硬性较差，易脱碳和过热，广泛用于制造齿轮铣刀、插齿刀等刃具，对于热成形刃具（如麻花钻头）更为适宜。

W9Mo3Cr4V 是近几年研制的新钢种，具有 W18Cr4V 和 W6Mo5Cr4V2 的共同优点，较 W18Cr4V 有良好的热塑性，较 W6Mo5Cr4V2 有少一倍的钼含量，符合国内资源条件，又克服了它脱碳倾向性大的缺点，硬度比较高，因此是很有发展前途的钢种。W6Mo5Cr4V3Co8 是在 W6Mo5Cr4V3 基础上加入含钴量 w_{Co}8%～8.8% 而形成的超硬高速钢，热处理后硬度可达 65HRC 以上，热硬性显著提高，但脆性大，价格贵，一般制作形状简单截面较大的刃具，用于导热性差的奥氏体不锈钢、高温合金、超高强度钢、钛合金等需要刃具在高热硬性条件下的加工。含铝超硬高速钢 W6Mo5Cr4V2Al 具有与含钴超硬高速钢相似的性能，但价格便宜，热处理后硬度可达 65HRC 以上。含铝高速工具钢制作的刨刀、滚刀、拉刀等切削工具，用于加工高温合金、超高强度钢等难切削材料，也用于制造高负荷的冷作模具，如冷挤压模具等。

应该指出，高速钢不仅用于制造高速切削刃具，还用于制造低速切削刃具（如拉刀）、冷作模具（如拉丝模）和高温耐磨零件（如航空发动机轴承）等。

四、硬质合金

硬质合金是将难熔的金属碳化物粉末（如 WC、TiC）和粘结剂（Co、Ni）混合加压成型，再经烧结而成的一种粉末冶金材料，因其工艺与陶瓷烧结类似，故而得名陶瓷硬质合金（简称硬质合金）。按照 GB/T 18376—2008，常用硬质合金分为三个部分，即切削工具用硬质合金，地质、矿山工具用硬质合金和耐磨零件用硬质合金。这里仅简要介绍切削工具用硬质合金。

切削工具用硬质合金牌号按使用领域的不同分成 P、M、K、N、S、H 六类。各个类别为满足不同的使用要求，以及根据切削工具用硬质合金材料的耐磨性和韧性的不同，分成若干个组，用01、10、20…两位数字表示组号。必要时，可在两个组号之间插入一个补充组号，用05、15、25…表示。

切削工具用硬质合金牌号由类别代码、分组号、细分号（需要时使用）组成，如P201，其中P为类别代码，20为按使用领域细分的分组号，“1”为细分号。

切削工具用硬质合金各组别的使用领域、基本成分及力学性能要求见表5-15。

表5-15 常用切削工具用硬质合金各组别的使用领域、基本成分及力学性能（GB/T 18376.1—2008）

组别			基本成分	力学性能		
类别	使用领域	分组号		洛氏硬度 HRA 不小于	维氏硬度 HV_3 不小于	抗弯强度 R_{tr}/MPa 不小于
P	长切屑材料的加工，如钢、铸钢、长切削可锻铸铁等的加工	01	以TiC、WC为基，以Co（Ni+Mo，Ni+Co）作粘结剂的合金/涂层合金	92.3	1750	700
		10		91.7	1680	1200
		20		91.0	1600	1400
		30		90.2	1500	1550
		40		89.5	1400	1750
M	通用合金，用于不锈钢、铸钢、锰钢、可锻铸铁、合金钢、合金铸铁等的加工	01	以WC为基，以Co作粘结剂，添加少量TiC（TaC、NbC）的合金/涂层合金	92.3	1730	1200
		10		91.0	1600	1350
		20		90.2	1500	1500
		30		89.9	1450	1650
		40		88.9	1300	1800
K	短切屑材料的加工，如铸铁、冷硬铸铁、短切屑可锻铸铁、灰铸铁等的加工	01	以WC为基，以Co作粘结剂，添加少量TaC、NbC或CrC的合金/涂层合金	92.3	1750	1350
		10		91.7	1680	1460
		20		91.0	1600	1550
		30		89.5	1400	1650
		40		88.5	1250	1800
N	有色金属、非金属材料的加工，如铝、镁、塑料、木材等的加工	01	以WC为基，以Co作粘结剂，或添加少量TaC、NbC或TiC的合金/涂层合金	92.3	1750	1450
		10		91.7	1680	1560
		20		91.0	1600	1650
		30		90.0	1450	1700
S	耐热和优质合金材料的加工，如耐热钢，含镍、钴、钛的各类合金材料的加工	01	以WC为基，以Co作粘结剂，或添加少量TaC、NbC或TiC的合金/涂层合金	92.3	1730	1500
		10		91.5	1650	1580
		20		91.0	1600	1650
		30		90.5	1550	1750
H	硬切屑材料的加工，如淬硬钢、冷硬铸铁等材料的加工	01	以WC为基，以Co作粘结剂，或添加少量TaC、NbC或TiC的合金/涂层合金	92.3	1730	1000
		10		91.7	1680	1300
		20		91.0	1600	1650
		30		90.5	1520	1500

注：1. 洛氏硬度和维氏硬度中任选一项。

2. 以上数据为非涂层硬质合金要求，涂层产品可按对应的维氏硬度下降30~50。

切削工具用硬质合金硬度高（86～93HRA，相当于69～81HRC），热硬性好（可达900～1000℃，保持60HRC），耐磨性好，可切削50HRC左右的硬质材料。硬质合金刀具比高速钢切削速度高4～7倍，刀具寿命高5～80倍，用其制造的模具、量具，寿命比合金工具钢高20～150倍。但硬质合金脆性大，不能进行切削加工，难以制成形状复杂的整体刀具，因而常制成不同形状的刀片，采用焊接、粘接、机械夹持等方法安装在刀体或模具体上使用。

第四节 特殊性能钢

特殊性能钢是具有特殊物理、化学性能的钢，包括不锈钢、耐热钢和耐磨钢等。

一、不锈钢

不锈钢是指对腐蚀具有很高抗力的钢。它在石油、化工、电机、国防等工业部门广泛应用。

1. 金属腐蚀的概念

腐蚀是在外部介质作用下，金属表面逐渐受到破坏的现象。腐蚀有化学腐蚀和电化学腐蚀两大类。

化学腐蚀是金属在外部介质中发生直接化学作用而引起的腐蚀。例如，钢在高温下的氧化，就是一种典型的化学腐蚀。

电化学腐蚀是金属与电解质溶液（酸、碱、盐溶液等）接触发生作用而引起的腐蚀，腐蚀过程中有电流产生。图5-8a所示为Fe-Cu原电池示意图，Fe被溶解而Cu被保护。电化学腐蚀不仅发生在两种金属之间，而且还发生在同一种金属材料的两种相之间。例如，碳钢退火状态下是由铁素体和渗碳体相构成的，在电解质溶液中，铁素体的电极电位比渗碳体低，这样铁素体成为负极，渗碳体成为正极，这两种相形成原电池，结果是铁素体不断被腐蚀，如图5-8b所示。电化学腐蚀是金属腐蚀的主要形式。为提高钢对电化学腐蚀的抗力，可采用以下三种办法：

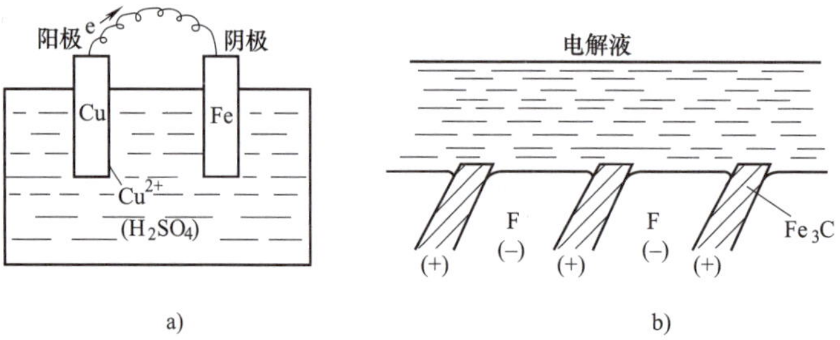

图5-8 电化学腐蚀示意图

(1) 尽量使钢呈单相结构 通过加合金元素，可使钢在室温下保持单相铁素体或奥氏体，以减少形成原电池的可能性。

(2) 提高基体相的电极电位 加入合金元素，如铬，使钢基体相的电极电位显著升高，以保护钢基体不被腐蚀。图5-9所示为大气条件下Cr含量对Fe-Cr合金电极电位的影响规律，

当 $w_{Cr}>12.7\%$，可显著提高基体电极电位。

（3）形成氧化膜（又称钝化膜） 在钢中加入大量合金元素（常用铬），使金属表面形成一种致密的氧化膜（如 Cr_2O_3 等），使钢与周围介质隔绝，提高耐蚀能力。

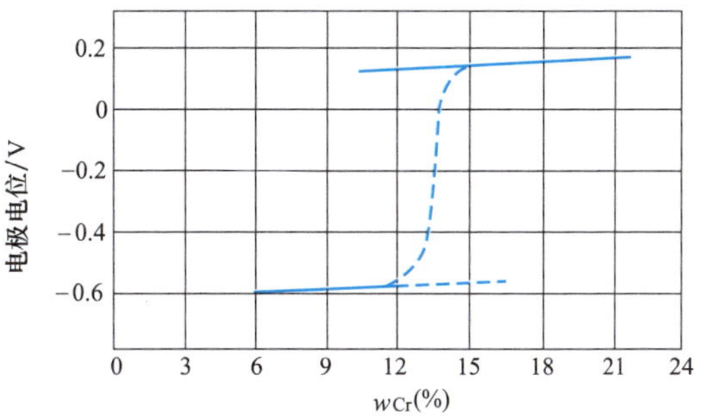

图 5-9 Cr 含量对 Fe-Cr 合金电极电位的影响（大气条件）

2. 常用不锈钢

不锈钢的牌号按组织特征，可以分为奥氏体型、铁素体型、马氏体型和奥氏体-铁素体型不锈钢。我们介绍常用的前三类。常用不锈钢的牌号、化学成分、热处理及性能见表 5-16。

（1）马氏体不锈钢 马氏体不锈钢是指在室温下保持马氏体显微组织的一种铬不锈钢。通常情况下，马氏体不锈钢比奥氏体不锈钢和铁素体不锈钢具有更高的强度，可通过热处理进行强化，具有良好的力学性能和高温抗氧化性。该钢种在大气、水和弱腐蚀介质如加盐水溶液、稀硝酸及某些浓度不高的有机酸，在温度不高的情况下均有良好的腐蚀性能。但该钢种不耐强酸，如硫酸、盐酸、浓硝酸等的腐蚀，常用于水、蒸汽、油品等弱腐蚀性介质。

表 5-16 常用不锈钢的牌号、化学成分、热处理及性能（GB/T 1220—2007）

类别	新牌号（旧牌号）	化学成分（质量分数,%）						热处理制度	拉伸试验 不小于				HBW
		C	Si	Mn	Ni	Cr	其他		$R_{p0.2}$/MPa	R_m/MPa	A（%）	Z（%）	≤
奥氏体型	12Cr17Mn6Ni5N（1Cr17Mn6Ni5N）	0.15	1.00	5.50～7.50	3.5～5.5	16～18	N：0.05～0.25	1010～1120℃快冷（固溶处理）	275	520	40	45	241
	12Cr18Ni9（1Cr18Ni9）	0.15	1.00	2.00	8～10	17～19	N：0.1	1010～1150℃快冷（固溶处理）	205	520	40	60	187
	022Cr19Ni10（00Cr19Ni10）	0.03	1.00	2.00	8～12	18～20		1010～1150℃快冷（固溶处理）	175	480	40	60	187
	022Cr17Ni12Mo2N（0Cr17Ni12Mo2N）	0.08	1.00	2.00	10～13	16～18	Mo：2～3 N：0.1～0.16	1010～1150℃快冷（固溶处理）	275	550	35	50	217
铁素体型	022Cr12（00Cr12）	0.03	1.00	1.00	0.6	11～13.5		700～820℃空冷或缓冷（退火）	195	360	22	60	183
	10Cr17（1Cr17）	0.12	1.00	1.00	0.6	16～18		780～850℃空冷或缓冷（退火）	205	450	22	50	183

（续）

类别	新牌号（旧牌号）	化学成分（质量分数,%）						热处理制度	拉伸试验 不小于				HBW ≤
		C	Si	Mn	Ni	Cr	其他		$R_{p0.2}$/MPa	R_m/MPa	A（%）	Z（%）	
马氏体型	12Cr13（1Cr13）	0.08～0.15	1.00	1.00	0.6	11.5～13.5		950～1000℃油冷 700～750℃快冷	345	540	22	55	159
	20Cr13（2Cr13）	0.16～0.25	1.00	1.00	0.6	12～14		920～980℃油冷 600～750℃快冷	440	640	20	50	192
	30Cr13（3Cr13）	0.26～0.35	1.00	1.00	0.6	12～14		920～980℃油冷 600～750℃快冷	540	735	12	40	217
	14Cr17Ni2（1Cr17Ni2）	0.11～0.17	0.8	0.8	1.5～2.5	16～18		950～1050℃油冷 275～350℃空冷	—	1080	10	—	—
	85Cr17（8Cr17）	0.75～0.95	1.00	1.00	0.6	16～18	Mo：0.75	1010～1070℃油冷 100～180℃快冷	—	—	—	—	HRC ≥56

注：1. 表中所列成分除标明范围外，其余均为最大值。

2. 奥氏体不锈钢中 P 的质量分数不大于 0.045%，S 的质量分数不大于 0.03%；铁素体、马氏体不锈钢中 P 的质量分数不大于 0.04%，S 的质量分数不大于 0.03%。

常用马氏体不锈钢的牌号有 12Cr13、20Cr13、30Cr13、85Cr17 等。这类钢的含铬量 w_{Cr} 都超过 12%，其作用是溶于钢的基体中，能使钢的表面形成一层致密的氧化膜（钝化膜），使之与外部介质隔开；Cr 能显著地提高钢基体的电极电位，从而使钢具有较好的耐蚀性。另外，Cr 还能提高钢的淬透性，这类钢空冷后得到马氏体组织。马氏体不锈钢中含碳量较高，因而具有较高的硬度、强度和耐磨性，良好的切削加工性，是不锈钢中力学性能最高、切削加工性较好的钢种。其缺点是耐蚀性较低。12Cr13、20Cr13 钢经淬火高温回火后的组织是回火索氏体，具有良好的综合力学性能，常用于制造耐蚀机械零件，如汽轮机叶片、螺栓、螺母等。85Cr17 钢经淬火低温回火后的组织是回火马氏体、碳化物和残留奥氏体，硬度≥56HRC，常用于制造耐蚀工具（如剪切刀片）或耐磨耐蚀零件（如滚动轴承）。

（2）铁素体不锈钢　铁素体不锈钢是指在使用状态下以铁素体组织为主的不锈钢。这类钢含碳量 $w_C<0.2\%$，含铬量 $w_{Cr}=11\%\sim30\%$，一般不含镍，有时含有少量的 Mo、Ti、Nb 等元素，具有体心立方晶体结构，不能通过热处理强化。这类钢具有热导率高、膨胀系数小、抗氧化性好、抗应力腐蚀优良等特点，多用于制造耐大气、水蒸气、水及氧化性酸腐蚀的零部件。但这类钢存在塑性差、焊后塑性和耐蚀性明显降低等缺点，因而限制了它的应用。

常用铁素体不锈钢的牌号有 022Cr12、10Cr17、008Cr30Mo2 等。022Cr12 钢碳含量很低，焊接部位弯曲性能、加工性能、耐高温氧化性能好，可做汽车排气处理装置、锅炉燃烧室、喷嘴等。10Cr17 钢具有耐蚀性、力学性能和热导率高的特点，在大气、水蒸气等介质中具有不锈性，但当介质中含有较高氯离子时，不锈性则不足，主要用于生产硝酸、硝铵的化工设备，如吸收塔、热交换器、贮槽等；薄板主要用于建筑内装饰、日用办公设备、厨房器具、汽车装饰、气体燃烧器等。由于它的脆性转变温度在室温以上，且对缺口敏感，不适宜制作室温以下的承受载荷的设备和部件。008Cr30Mo2 钢含碳量极低，属高纯铁素体不锈钢，具有良好的韧性、加工成型性和焊接性，主要用于化学工业（醋酸、乳酸等有机酸，苛性钠浓缩工程）成套设备、食品工业、石油精炼工业、电力工业、水处理和污染控制等用热交换器，压力容器、罐和其他设备等。

（3）奥氏体不锈钢　奥氏体不锈钢是指在常温下具有奥氏体组织的不锈钢。常用奥氏体不锈钢的牌号有 06Cr19Ni10（304，美国）、12Cr18Ni9、022Cr17Ni12Mo2（316，美国）等。这类钢中含碳量低，一般 $w_C \leqslant 0.15\%$；且含有较多的铬和镍，其平均含铬量 w_{Cr} 为 18%、含镍量 w_{Ni} 为 9%。由于较多镍的加入，扩大了奥氏体相区而获得奥氏体组织。又由于铬使钢表面形成钝化膜，并提高钢基体电极电位，所以这类钢具有高的耐蚀性。奥氏体型不锈钢中并不是单一的奥氏体组织，还有少量碳化物。为了减少或消除钢中的碳化物，一方面尽量降低钢中的含碳量，使钢中含碳量 w_C 降至 0.08% 或 0.03% 以下，但冶炼困难，成本较高；另一方面采用固溶处理，即将钢加热到 1010～1150℃后水淬，使钢中的碳化物在加热时全部溶于奥氏体中，水淬快冷至室温，得到单一奥氏体组织。经固溶处理后钢的性能见表 5-16。

奥氏体不锈钢在氧化性介质（如硝酸）、某些还原性介质（如硫酸）和蚁酸等有机酸中，均有良好的耐蚀性，同时还具有较高的高温强度、抗氧化性，以及无磁性。其力学性能特点是塑性、韧性好，但强度、硬度低。其工艺性能特点是焊接性能、冷压力加工性能好，但切削加工性差，属于难加工材料。这类钢一般用于制造化工设备中的构件和零件、抗磁仪表、医疗器械等。

二、耐热钢

1. 耐热钢的一般概念

这类钢主要用于制造高压锅炉、汽轮机、内燃机、火力电站、航空等在高温下工作的机械零件或构件。钢的耐热性包括高温抗氧化性和高温强度两方面。

高温抗氧化性是指钢在高温下对氧化作用的稳定性，它主要取决于钢的化学成分。当钢中含有足够的 Cr、Al、Si 等元素时，使钢在高温下与氧形成一层致密的高熔点氧化物（如 Cr_2O_3、Al_2O_3、SiO_2）薄膜，覆盖在金属表面，保护金属不再继续氧化。所以，提高高温抗氧化性的主要合金元素是 Cr，并配合适量的 Al 和 Si。

高温强度是指钢长时间在高温和负荷作用下抵抗变形或断裂的能力。钢在高温下长时间承受负荷时，即使工作应力低于屈服强度，在工作过程中也会产生连续而缓慢的塑性变形，这种现象称为蠕变。钢在 450℃（再结晶温度）以上会产生蠕变现象。

根据 GB/T 2039—2012《金属材料　单轴拉伸蠕变试验方法》，常用的高温强度指标有蠕变断裂强度（持久强度）和规定塑性应变强度。蠕变断裂强度是指在规定的试验温度 T，依据应力 σ_0 在试样上施加恒定的拉伸力，经过一定的试验时间（蠕变断裂时间 t_u）所引起断裂的应力 σ_0。蠕变断裂强度用符号 R_u 表示，并以蠕变断裂时间 t_u/h 作为第二角标，试验温度 T/℃为第三角标的符号来表示。例如：对于蠕变断裂时间 $t_u = 100000$h、试验温度 $T = 600$℃（600℃下 100000h 蠕变断裂强度）所测定的蠕变断裂强度用以下简短符号表示：$R_{u100000/600}$。规定塑性应变强度是指在规定的试验温度 T，依据应力 σ_0 在试样上施加恒定的拉伸力，经过一定的试验时间（达到规定塑性应变的时间，t_{px}）所能产生预计塑性应变的应力 σ_0。规定塑性应变强度用符号 R_p 表示，并以最大塑性应变量 x(%) 作为第二角标，达到应变量的时间为第三角标，试验温度 T/℃为第四角标的符号 R_p 来表示。例如：对于最大塑性应变量为1%，达到应变时间为1000h，试验温度 $T=600$℃的规定塑性应变强度用以下简短符号表示：$R_{p1,1000/600}$。

例如，奥氏体型耐热钢45Cr14Ni14W2Mo（气阀钢）的蠕变断裂强度为 $R_{u100000/600}$ = 150MPa，规定塑性应变强度 $R_{p1,1000000/600}=80$MPa。

2. 常用耐热钢

常用耐热钢的牌号、热处理、力学性能及用途见表5-17。钢棒按组织特征分为奥氏体型、铁素体型、马氏体型和沉淀硬化型等四种类型。

表5-17 常用耐热钢的牌号、热处理、力学性能及用途（GB/T 1221—2007）

类型	新牌号（旧牌号）	热处理制度	拉伸试验 $R_{p0.2}$/MPa	R_m/MPa	A（%）	Z（%）	HBW	应用举例
			不小于					
铁素体型	06Cr13Al（0Cr13Al）	780～830℃，空冷或缓冷	175	410	20	60	≤183	主要用于制作燃气涡轮压缩机叶片、退火箱、淬火台架等
	022Cr12（00Cr12）	700～820℃，空冷或缓冷	195	360	22	60	≤183	做汽车排气处理装置，锅炉燃烧室、喷嘴等
	10Cr17（1Cr17）	780～850℃，空冷或缓冷	205	450	22	50	≤183	≤900℃的耐氧化用部件、散热器、炉用部件、油喷嘴等
	16Cr25N（2Cr25N）	780～880℃，快冷	275	510	20	40	≤201	常用于抗硫气氛，如燃烧室、退火箱、玻璃模具、阀、搅拌杆等
马氏体型	12Cr13（1Cr13）	淬火950～1000℃油冷 回火700～750℃快冷	345	540	22	55	≥159	≤480℃的汽轮机叶片、<800℃的耐氧化用部件
	20Cr13（2Cr13）	淬火920～980℃油冷 回火600～750℃快冷	440	635	20	50	≥192	汽轮机叶片等
	13Cr13Mo（1Cr13Mo）	淬火970～1020℃油冷 回火650～750℃快冷	490	685	20	60	≥192	<800℃的抗氧化部件、高温高压蒸汽用机械部件
	15Cr12WMoV（1Cr12WMoV）	淬火1000～1050℃油冷 回火680～700℃空冷	585	735	15	45		500～580℃工作的汽轮机轮盘、叶片、紧固件等
	42Cr9Si2（4Cr9Si2）	淬火1020～1040℃油冷 回火700～780℃油冷	590	885	19	50		热强性600～700℃，常用作700℃以下工作的汽车发动机、柴油机的排气阀
	40Cr10Si2Mo（4Cr10Si2Mo）	淬火1010～1040℃油冷 回火720～760℃空冷	685	885	10	35		抗氧化850℃，热强650℃，适用于内燃机气阀、轻负荷发动机排气阀

（续）

类型	新牌号（旧牌号）	热处理制度	拉伸试验 $R_{p0.2}$ /MPa	R_m /MPa	A（%）	Z（%）	HBW	应用举例
			不小于					
奥氏体型	06Cr19Ni10（0Cr18Ni9）	固溶 1010～1150℃ 快冷	205	520	40	60	≤187	＜870℃反复加热通用耐氧化钢
	06Cr18Ni11Ti（0Cr18Ni10Ti）	固溶 920～1150℃ 快冷	205	520	40	50	≤187	400～900℃腐蚀条件下使用的部件、高温用焊接结构件
	45Cr14Ni14W2Mo（4Cr14Ni14W2Mo）	退火 820～850℃ 快冷	315	705	20	35	≤248	500～600℃超高参数锅炉和汽轮机零件、内燃机重载荷排气阀
沉淀硬化型	05Cr17Ni4Cu4Nb（0Cr14Ni4Cu4Nb）	经 1020～1060℃固溶处理后，470～490℃空冷	1180	1310	10	40	≥375	用于燃气涡轮压缩机叶片、燃气涡轮发动机周围材料
	07Cr17Ni7Al（0Cr17Ni7Al）	经 1000～1100℃固溶处理后，(915±10)℃保持 10min，空冷到室温，在 24h 内冷却到（－73±6）℃，保持 8h，再加热到（510±10）℃，保持 1h 后，空冷	1030	1230	4	10	≥388	做高温弹簧、膜片、固定器、波纹管
	06Cr15Ni25Ti2MoAlVB（0Cr15Ni25Ti2MoAlVB）	固溶 885～915℃快冷，时效 700～760℃空冷或缓冷	590	900	15	18	≥248	主要用于 700℃以下的工作环境，如汽轮机转子、叶片、骨架、燃烧室部件和螺栓等

（1）铁素体型钢　这类钢含碳量很低，钢含有较多的 Cr、Al、Si 等铁素体形成元素，有优良的抗氧化性和耐高温气体腐蚀的能力，特别是在含硫介质中具有足够的耐蚀性，且不含镍，比较经济。主要作为高温不起皮钢，用于承受负荷较低而要求良好的高温抗氧化和抗腐蚀的部件，如汽车排气净化装置、散热器、燃烧室、喷嘴、退火箱、炉罩等。我国列入标准的牌号有 022Cr12、06Cr13Al、10Cr17、16Cr25N 等。但由于其综合力学性能较差，应用范围受到了限制。

（2）马氏体型钢　这类钢常用的有两类：一类是铬含量 w_{Cr} 为 12% 左右的马氏体耐热钢；另一类是含铬量偏低而另添加 Mo、Si 等元素的马氏体耐热钢。

第一类如 Cr13 型不锈钢在大气、蒸汽中，虽具有耐蚀性和较高强度，但碳化物弥散效果差，稳定性也低。因此向 Cr13 型不锈钢中加入钼、钨、钒等合金元素，发展了 Cr13 型马氏体耐热钢，常用牌号如 12Cr13、13Cr13Mo、14Cr11MoV、15Cr12WMoV 钢等，多用于工作温度在 450～620℃范围内承受载荷较大的零件，如汽轮机叶片、耐热紧固件等。

另一类马氏体耐热钢如 42Cr9Si12、40Cr10Si2Mo 等铬硅钢。加入铬、硅是为了提高抗氧化性，加入钼是为了提高高温强度和避免回火脆性，含碳量 w_C 为 0.4% 左右主要是为了获得足够的硬度和耐磨性。它常用于制作汽车发动机、柴油机的排气阀，工作温度可达700～750℃。

（3）奥氏体型钢　这类钢含有较高的镍、锰、氮等奥氏体形成元素，高温下有较好的高温强度和组织稳定性，一般工作温度为600～700℃范围内。常用牌号如06Cr19Ni10、06Cr18Ni11Ti、45Cr14Ni14W2Mo钢等。奥氏体耐热钢主要用于制造燃气轮机叶片、轮盘、发动机气阀和喷气发动机的某些零件等。此类钢有高的热强性和抗氧化性，高的塑性和韧性，良好的焊接性，但切削加工性差。

当零件工作温度超过700℃时，则应考虑选用镍基、钼基、铌基或陶瓷等耐热合金；对于350℃以下工作的零件，则选择一般的合金结构钢即可。

三、耐磨钢

耐磨钢是指在冲击和摩擦条件下产生加工硬化而具有高耐磨性的钢。它广泛用来制造球磨机的衬板、破碎机的颚板、挖掘机的斗齿、拖拉机和坦克的履带板、防弹钢板等。

耐磨钢为高碳高锰的奥氏体钢，其牌号及化学成分见表5-18。钢中加入大量锰，扩大了奥氏体相区，因此形成奥氏体钢。奥氏体钢难以切削加工，其零件通常采用铸造成形。高碳高锰钢铸件为奥氏体和碳化物组织，因此硬而脆，耐磨性差，不能直接使用。为使钢具有良好的韧性和耐磨性，通常采用水韧处理。水韧处理是将钢加热到1060～1100℃，保温一段时间，使碳化物全部溶入奥氏体中，然后水淬冷却。由于冷却速度非常快，使碳化物来不及从奥氏体中析出，因而保持了均匀的奥氏体组织。水韧处理后，强度硬度并不高，而塑性韧性却很好（抗拉强度 $R_m \geqslant 685MPa$，布氏硬度为180～220HBW，断后伸长率 $A \geqslant 25\%$，吸收能量 $KU_2 \geqslant 118J$）。它在使用过程中受到剧烈冲击和摩擦时表层奥氏体产生加工硬化，并有马氏体和碳化物形成，使钢表层硬度迅速提高到500～550HBW，获得高的耐磨性，而心部保持着原来高塑性和高韧度的奥氏体状态，能承受较大的冲击应力。当表面磨损后，新露出的表面又可在冲击和磨损条件下获得新的硬化层。可见，这种钢具有很高的耐磨性和抗冲击能力。需要特别指出的是，高锰钢只有在强烈的冲击和磨损条件下工作时，才显示出高的耐磨性；而在无冲击和磨损的工况条件下，则其耐磨性不能显示出来。

表5-18　常见高锰钢铸件的牌号及其化学成分（GB/T 5680—2010）

牌　号	化学成分（质量分数,%）								
	C	Si	Mn	P	S	Cr	Mo	Ni	W
ZG110Mn13Mo1	0.75～1.35	0.3～0.90	11～14	≤0.060	≤0.040		0.9～1.2		
ZG100Mn13	0.90～1.05	0.3～0.90	11～14	≤0.060	≤0.040				
ZG120Mn13	1.05～1.35	0.3～0.90	11～14	≤0.060	≤0.040				
ZG120Mn13Cr2	1.05～1.35	0.3～0.90	11～14	≤0.060	≤0.040	1.5～2.5			
ZG120Mn13W1	1.05～1.35	0.3～0.90	11～14	≤0.060	≤0.040				0.9～1.2
ZG120Mn13Ni3	1.05～1.35	0.3～0.90	11～14	≤0.060	≤0.040			3～4	
ZG90Mn14Mo1	0.70～1.00	0.3～0.90	13～15	≤0.070	≤0.040		1.0～1.8		
ZG120Mn17	1.05～1.35	0.3～0.90	16～19	≤0.060	≤0.040				
ZG120Mn17Cr2	1.05～1.35	0.3～0.90	16～19	≤0.060	≤0.040	1.5～2.5			

注：允许加入微量V、Ti、Nb、B和RE等元素。

第六章

有色金属及其合金

第一节　铝及其合金

铝是地壳中储量较多的一种金属，它是铝、铁、钛、镁四大金属之首，其年产量居有色金属产量之冠。

一、工业纯铝

纯铝的纯度 w_{Al} 为 99.99% 时，其熔点为 660℃，具有面心立方晶格，无同素异构转变。工业上使用的纯铝的纯度 w_{Al} 为 99.7% ~ 98%，它具有以下性能特点：

1）密度小，相对密度仅为 2.72，大约是铜或铁的密度的 1/3。

2）导电和导热性好，仅次于银和铜，约为纯铜电导率的 64%。

3）抗大气腐蚀性好，因为铝表面与氧结合形成一层致密的 Al_2O_3 薄膜，阻止了铝进一步氧化。但铝不能耐酸、耐碱、耐盐的腐蚀。

4）塑性好、强度低，通过压力加工制成各种型材，如丝、线、棒、管等。

5）无铁磁性。

在工业纯铝中，主要杂质是铁和硅，是在冶炼时由矿石遗留下来的。铝中所含杂质的量越高，其导电性、导热性、耐蚀性及塑性就越低。

工业纯铝分为：未压力加工产品和压力加工产品（铝材）两种。按 GB/T 8063—1994 规定，铝锭的牌号有 ZAl99.7、ZAl99.6、ZAl99.5、ZAl99、ZAl98 等，Z 为铸造代号，Al 为铝的化学元素符号，数值表示铝以最低名义百分表示的质量分数。如 ZAl99.5 表示 w_{Al} = 99.5% 的铸造纯铝。

铝的质量分数不低于 99.0% 的铝材为纯铝，按 GB/T 16474—2011《变形铝及铝合金牌号表示方法》规定，变形铝采用 4 位字符牌号命名，纯铝即用"1XXX"表示。牌号的最后两位数值表示铝以百分表示的质量分数中小数点后面两位数字。牌号第二位的字母表示原始纯铝的改型情况，如果字母为 A，则表示为原始纯铝，若为其他字母，则表示为原始纯铝的改型。如 1A30 表示 w_{Al} = 99.30% 的原始纯铝。

根据纯铝的特点，主要用途是代替贵重铜合金制作电线、配制各种铝合金，以及制作要求质轻、导热、耐大气腐蚀而强度不高的器具。

二、铝合金

纯铝强度很低，不适宜作机械零件。如果在纯铝中加入适量的铜、镁、硅、锰、锌等合金元素制成铝合金，由于固溶强化和过剩相强化作用，可提高强度，并仍保持密度小、耐蚀性和导热性好的特殊性能。不少铝合金还可通过冷加工和热处理来进一步提高强度。因此铝合金可用来制造承受较大负荷的机械零件和构件。

1. 分类

铝合金一般具有如图6-1所示相图。根据铝合金的成分和工艺特点，可将铝合金分为变形铝合金和铸造铝合金两大类。

图6-1中成分在 D' 点以左的合金，当加热到固溶线以上时，可得到均匀的单相固溶体，塑性很高，适于压力加工，故称为变形铝合金。成分在 D' 以右的合金，由于有共晶反应，熔点低，流动性好，适宜铸造，故称为铸造铝合金。变形铝合金又可分为两类：一类是成分在 F 点以左的铝合金，固溶体成分不随温度发生变化，不能用热处理方法强化，为不可热处理强化的铝合金；另一类是成分在 F 点以右的铝合金，固溶体成分随温度而变化可用热处理方法强化，称为可热处理强化的铝合金。

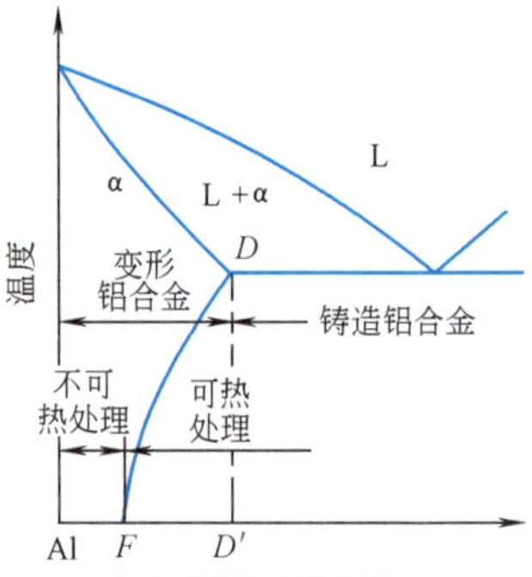

图6-1 铝合金相图的一般类型

上述分类不是绝对的，有些铝合金成分虽超过 D' 点，但仍可压力加工而属于变形铝合金。成分超过 F 点的合金，热处理后不一定能明显强化。

2. 铝合金的时效硬化

时效硬化是铝合金强化的主要手段。与钢不同，铝合金淬火后（也称固溶处理），强度、硬度无明显提高。但若将淬火后铝合金进行时效处理，即在室温下放置一段时间或在稍高于室温下保温一段时间，其强度、硬度明显升高，这种现象称为时效硬化。室温下进行的时效处理，称为自然时效；在室温以上温度进行的时效处理，称为人工时效。图6-2所示为含 w_{Cu}4%及少量镁、锰元素的铝合金自然时效曲线。由图可知，时效初期的一段时间，对强度影响不大，这段时期称为孕育期，孕育期自十几分钟至数小时不等。在孕育期内，对淬火铝合金可进行冷变形加工（如铆接、弯曲、校直等），随着时间的延长，铝合金逐渐强化。

铝合金的时效过程与温度、时间密切相关。图6-3所示为不同温度下人工时效对强度的影响。由图可知，人工时效比自然时效的强化效果差，温度越高，强化效果越差。若温度太低，则时效强化也难以进行，在－50℃以下，强度几乎不增加。生产上利用这种现象来保存某些零件（如铝合金铆钉等），使其在需要加工变形时仍具有良好的塑性。当时效温度超过150℃，保温一定时间后合金即开始硬化。温度越高，硬化速度越快。若时效温度过高或时间过长，反而使合金软化，这种现象称为过时效。

铝合金时效硬化的原理比较复杂。简而言之，双相（固溶体＋化合物）铝合金加热至高温单相固溶体区后快冷淬火，得到过饱和固溶体，其强度、硬度不高，塑性、韧性较好。时效时，在过饱和固溶体中形成溶质原子偏聚区，造成晶格严重畸变，使位错运动受阻，从而提高了合金的强度。若时效温度过高、保温时间过长，溶质原子的偏聚区一旦转变成为化合物，并从固溶体中析出，即得到固溶体和化合物相，则强化现象消失。

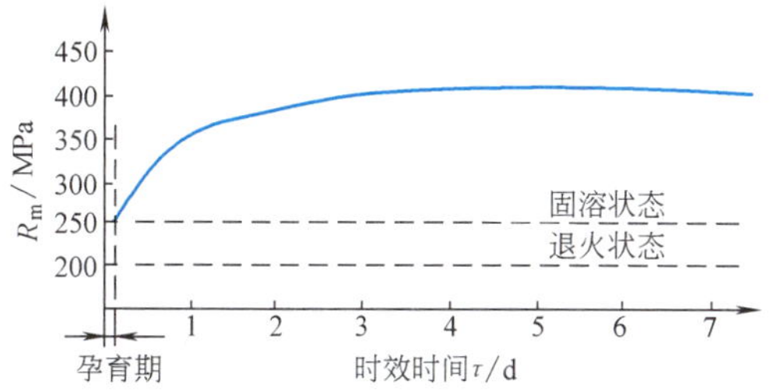

图 6-2 含 w_{Cu}4%的铝合金自然时效曲线

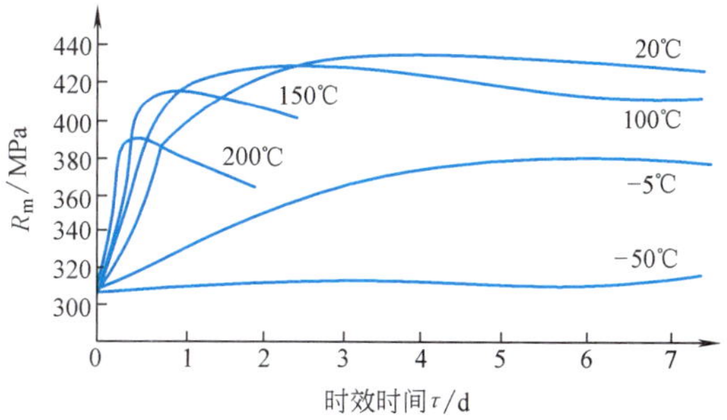

图 6-3 含 w_{Cu}4%的铝合金在不同温度下的时效曲线

3. 变形铝合金

变形铝合金均以压力加工（轧、拉、挤等）成型材，以棒、板、管、线、箔等产品供应。根据 GB/T 16475—2008《变形铝合金状态代号》其供应状态有退火态、固溶自然时效态、固溶人工时效态等。变形铝合金按性能特点和用途可分为防锈铝、硬铝、超硬铝和锻铝。变形铝合金采用4位字符牌号命名，牌号用 2XXX ~ 9XXX 系列表示。牌号的第一位数字是依主要合金元素 Cu、Mn、Si、Mg、Mg + Si、Zn、其他元素和备用铝合金的顺序来表示变形铝合金的组别。牌号第二位的字母表示原始纯铝的改型情况，如果字母为 A，则表示为原始纯铝，若为其他字母，则表示为原始纯铝的改型。牌号的最后两位数字用来区分同一组中不同的铝合金。如：2A11 表示以铜为主要合金元素的变形铝合金。表 6-1 为常用变形铝合金的牌号、化学成分及力学性能。

表 6-1 常用变形铝合金的牌号、化学成分及力学性能（GB/T 16474—2011）

新牌号	旧牌号	化学成分（质量分数,%）					直径及板厚/mm	供应状态	试样状态	力学性能	
		Cu	Mg	Mn	Zn	其他				R_m/MPa	A(%)
5A05	LF5	0.10	4.8 ~ 5.5	0.30 ~ 0.6	0.20	—	≤ϕ200	B、F	B、F	265	15
3A21	LF21	0.20	-	1.0 ~ 1.6	—	—	所有	B、F	B、F	<167	20
2A01	LY1	2.2 ~ 3.0	0.20 ~ 0.50	0.20	0.10	Ti0.15	—	—	BO、B、T4	—	—
2A11	LY11	3.8 ~ 4.8	0.40 ~ 0.80	0.40 ~ 0.80	0.30	Ti0.15	>2.5 ~ 4.0	Y	O、T4	<235 373	12 15
2A12	LY12	3.8 ~ 4.9	1.2 ~ 1.8	0.30 ~ 0.90	0.30	Ti0.15	>2.5 ~ 4.0	Y	M、T4	≤216 456	14 8

（续）

新牌号	旧牌号	化学成分（质量分数%）					直径及板厚/mm	供应状态	试样状态	力学性能	
		Cu	Mg	Mn	Zn	其他				R_m/MPa	A(%)
7A04	LC4	1.4～2.0	1.8～2.8	0.20～0.60	5.0～7.0	Cr0.10～0.25	0.50～4.0	Y	O	245	10
							>2.5～4.0	Y	T6	490	7
							ϕ20～ϕ100	B、F	B、T6	549	6
2A12	LD2	0.20～0.6	0.45～0.90	或 Cr0.15～0.35	—	Si0.5～1.2 Ti0.15	ϕ20～ϕ150	F、B、T4	B、T6	304	8
2A50	LD5	1.8～2.6	0.40～0.80	0.40～0.80	0.30	Si0.7～1.2 Ti0.15	ϕ20～ϕ150	F、B、T4	B、T6	382	10

注：供应（试样）状态说明，B——不包铝（无 B 者为包铝的），F——自由加工状态，O——退火，T4——固溶处理 + 自然时效，T6——固溶处理 + 人工时效，H——加工硬化状态（冷轧）。

（1）防锈铝合金　这类铝合金的主要合金元素为锰、镁。其主要作用是提高铝合金的抗蚀能力，而镁还使铝合金密度降低，它们都有固溶强化作用。防锈铝合金的特点是具有较高的抗蚀性、塑性，承受压力加工的能力强，焊接性也很好，但切削加工性较差。它时效硬化效果弱，一般只通过冷变形方法强化，常用拉深法制造高耐蚀性薄板容器（如油箱）、防锈蒙皮，以及受力小、质轻耐蚀的制品与结构件（如管道、窗框、灯具等）。常用防锈铝合金牌号有 5A05。

（2）硬铝合金　这类铝合金的主要合金元素是铜、镁，它们能形成强化相 $CuAl_2$ 及 $CuMgAl_2$，通过固溶处理 + 时效可显著提高强度，R_m = 420MPa，其比强度与高强度钢（一般 R_m = 1000～1200MPa）相似，故称为硬铝合金。

铜、镁含量少的硬铝强度较低而塑性好（如 2A01），大量用于制造铆钉。铜、镁含量多的硬铝则强度高而塑性差（2A12），用于制造中等强度的飞机受力结构件，如螺旋桨叶片及仪器仪表等。

在加工和使用硬铝时，必须注意它的两个缺点：其一是热处理时淬火温度范围较窄（仅 5～10℃），必须严格控制；其二是硬铝的耐蚀性差，因而需要防护，通常是采取外部包一层高纯度铝。

（3）超硬铝合金　这类铝合金的主要合金元素是铜、镁、锌。强化相除 $CuAl_2$ 和 $CuMgAl_2$ 相外，还有强化效果更大的 $MgZn_2$ 及 $Al_2Mg_3Zn_3$。在时效时产生强烈的强化作用。时效强化后，其强度是铝合金中最高的一类，R_m = 600MPa。这类铝合金的缺点是耐热性抗蚀性差。一般采用含锌量 w_{Zn}1% 的铝锌合金或纯铝进行包铝，以提高耐蚀性。常用超硬铝合金牌号为 7A04，多用于制造飞机起落架、大梁以及光学仪器中受力较大的结构零件。

（4）锻铝合金　这类铝合金所含的合金元素种类多，但含量较少。主要强化相为 Mg_2Si、$CuAl_2$、$CuMgAl_2$。常采用淬火加人工时效方法强化。由于这类合金热塑性及耐蚀性较好，在高温状态、退火状态和淬火时效状态下均有良好的塑性，故可进行冷态和热态压力加工（如锻造、挤压）。常用锻铝合金牌号为2A50、2B50，主要用于飞机或内燃机车上承受高载荷的锻件或模锻件。

4. 铸造铝合金

铸造铝合金具有优良的铸造性能，可使用各种铸造方法，生产各种形状复杂的零件。按所含主要合金元素的不同，铸造铝合金可分为铝硅、铝铜、铝镁、铝锌等四个系列。常用铸造铝合金的代号（牌号）、成分、热处理、性能及用途见表6-2。根据国家标准GB/T 1173—2013《铸造铝合金》规定，铸造铝合金牌号由Z（铸）Al、主要合金元素的化学符号及其平均百分表示的质量分数组成。如平均质量分数小于1%，一般不标数字，必要时可用一位小数表示。铸造铝合金的代号则由字母“ZL”（即“铸铝”）及其后面的三个数字组成。ZL后面的第一个数字表示合金系列，其中1为铝硅系，2为铝铜系，3为铝镁系，4为铝锌系。后两个数字表示顺序号。优质合金在数字后面附加字母A。

表6-2　常用铸造铝合金的代号（牌号）、成分、热处理、性能及用途（GB/T 1173—2013）

类别	合金代号（合金牌号）	化学成分（质量分数,%）（余量为铝）							铸造方法	合金状态	力学性能（≥）			用途
		Si	Cu	Mg	Mn		Zn	其他			R_m/MPa	A（%）	HBW	
铝硅合金	ZL101（ZAlSi7Mg）	6.5 ~ 7.5	—	0.25 ~ 0.45	—		—		S、J、R、K	F	155	2	50	形状复杂的砂型、金属型和压力铸造零件，如飞机、仪器的零件，抽水机壳体，工作温度不超过185℃的汽化器等
									SB、RB	T6	225	1	70	
	ZL101A（ZAlSi7MgA）	6.5 ~ 7.5	—	0.25 ~ 0.45	—		—	Ti0.08 ~ 0.20	SB、RB	T6	275	2	80	
	ZL102（ZAlSi12）	10.0 ~ 13.0	—	—	—		—	—	SB、JB、RB	T2	135	4	50	形状复杂的砂型、金属型和压力铸造零件，如仪表、抽水机壳体，工作温度在200℃以下，要求气密性承受低载荷的零件
	ZL105（ZAlSi5Cu1Mg）	4.5 ~ 5.5	1.0 ~ 1.5	0.4 ~ 0.6	—		—	—	J	T5	235	0.5	70	砂型、金属型和压力铸造的形状复杂，在225℃以下工作的零件，如风冷发动机的气缸头、机匣、油泵壳体等
	ZL108（ZAlSi12Cu2Mg1）	11.0 ~ 13.0	1.0 ~ 2.0	0.4 ~ 1.0	0.3 ~ 0.9		—	—	J	T1	195		85	砂型、金属型铸造的、要求高温强度及低膨胀系数的高速内燃机活塞及其他耐热零件
									J	T6	255		90	

（续）

类别	合金代号（合金牌号）	化学成分（质量分数,%）（余量为铝）							铸造方法	合金状态	力学性能（≥）			用途
		Si	Cu	Mg	Mn		Zn	其他			R_m/MPa	A（%）	HBW	
铝铜合金	ZL201（ZAlCu5Mn）	—	4.5～5.3		0.6～1.0		—		S、J、R、K	T4	295	8	70	砂型铸造在175～300℃以下工作的零件，如支臂、挂架梁、内燃机气缸头、活塞等
									S、J、R、K	T5	335	4	90	
	ZL201A（ZAlCu5MnA）	—	4.5～5.3		0.6～1.0		—	Ti0.15～0.35	S、J、R、K	T5	390	8	100	
	ZL202（ZAlCu10）	—	9.0～11.0		—		—	—	S、J	F	104		50	形状简单、表面粗糙度值要求较低的中等承载零件
									S、J	T6	163		100	
铝镁合金	ZL301（ZAlMg10）	—	—	9.5～11.5	—		—	—	S、J、R	T4	280	9	60	砂型铸造的在大气或海水中工作的零件，承受大振动载荷，工作温度不超过150℃的零件
	ZL303（ZAlMg5Si）	0.8～1.3		4.5～5.5	0.10～0.40				S、J、R、K	F	143	1	55	适合铸造在海水、化工、燃气等腐蚀介质下承受中等载荷的航空发动机、导弹、内燃机、化工泵、油泵、石化气泵壳、转子、叶片等零件
铝锌合金	ZL401（ZAlZn11Si7）	6.0～8.0	—	0.1～0.3	—		9.0～13.0	—	S、R、K	T1	195	2	80	压力铸造的零件，工作温度不超过200℃，结构形状复杂的汽车、飞机零件
									J	T1	245	1.5	90	
	ZL402（ZAlZn6Mg）		—	0.5～0.65	0.20～0.50		5.0～6.5	Ti0.15～0.35 Cr0.40～0.60	J	T1	235	4	70	结构复杂的汽车、飞机、仪器零件，也可制造日用品
									S	T1	220	4	65	

注：1. 铸造方法符号说明，S——砂型铸造，J——金属型铸造，R——熔模铸造，K——壳型铸造，SB——砂型铸造＋变质处理，JB——金属型铸造＋变质处理，RB——熔模铸造＋变质处理。

2. 合金状态符号说明，F——自由加工状态，T1——高温成型＋自然时效，T2——高温成型＋冷加工＋自然时效，T4——固溶处理＋自然时效，T5——高温成型＋人工时效，T6——固溶处理＋人工时效。

3. 用途在国家标准中未做规定。

（1）铝硅系合金　通常又称硅铝明，是铸造性能和力学性能配合最佳的一种铸造铝合金。如 ZL102，其 $w_{Si}=10\%\sim13\%$，正好处于共晶成分范围，其室温组织主要是（α+Si）共晶体，有极好的流动性与较小的收缩率，因而具有优良的铸造性能。但由于共晶体中的硅晶体为硬脆相，且呈粗大针状（图 6-4a），故强度、塑性都低。为此，在实际生产中常采用变质处理，即在浇注前的液态合金中加入 2%~3% 的变质剂（钠盐混合物）。钠能促进硅形核并阻碍晶粒长大，还使相图中共晶点向右下方移动（见图 6-5 中虚线），使变质处理后的组织为初生 α 固溶体与均匀细小的（α+Si）共晶体所组成的亚共晶组织（图 6-4b），从而使强度和塑性有明显的提高。

简单铝硅合金的强度，在变质后仍不高（$R_m<180\text{MPa}$）。为进一步提高铝硅合金的强度，在合金中加入一些能形成 $CuAl_2$、Mg_2Si 等强化相的铜、镁元素，形成可时效硬化的合金，称为复杂铝硅合金，如 ZL104、ZL105、ZL109 等。这类合金也要进行变质处理。

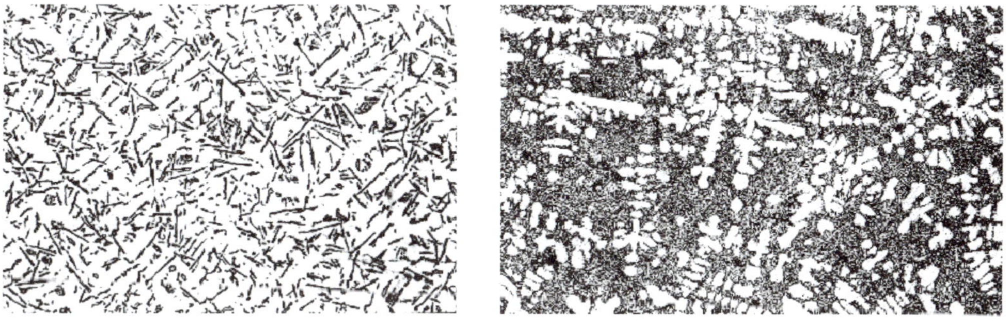

图 6-4　ZL102 合金变质处理前、后的显微组织

a）变质处理前　b）变质处理后

（2）铝镁系合金　属于这类合金的有 ZL301、ZL303、ZL305，常用的是 ZL301。这类合金的特点是密度小，耐蚀性好，因固溶强化效果大，故具有较高的强高。但它的铸造性能差，浇注时易氧化和形成缩松，且耐热性差，不宜在高温下使用。ZL301 具有良好的综合力学性能，切削加工后具有高光洁的表面。

（3）铝铜系合金　属于这类合金的有 ZL201、ZL203、ZL205 等。这类合金具有较高的强度和较好的塑性，且在 300℃ 以下能保持较高的强度，是耐热铸造铝合金。但它的铸造性能和耐蚀性差。

（4）铝锌系合金　属于这类合金的有 ZL401、ZL402。这类合金的铸造性能好，易充满铸型，强度较高且价格低廉。但它的耐蚀性差，热裂倾向大，常用于压铸件，不必进行热处理，经自然时效就可强化。

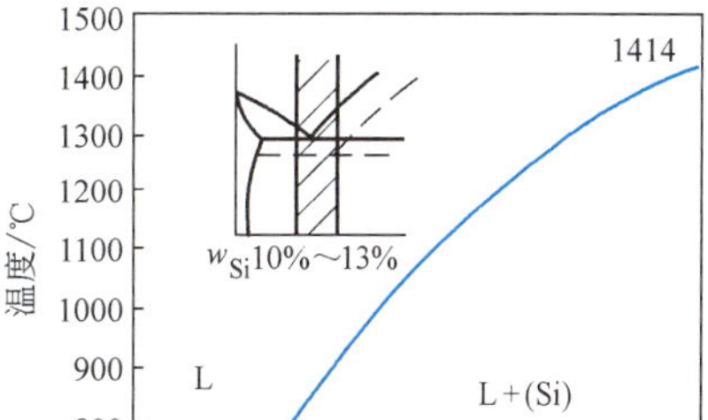

图 6-5　铝硅二元合金相图

第二节　铜及其合金

一、工业纯铜

纯铜又称紫铜、电解铜，熔点为1083℃，密度为8.93g/cm^3，具有高的导电性、导热性、耐蚀性和抗磁性，主要用作导电材料、散热材料及配制铜合金。

纯铜呈面心立方晶格，具有优良的塑性，但强度不高（R_m = 200 ~ 250MPa），硬度低（40 ~ 50HBW），因而常通过塑性加工制成板材、带材、线材。经冷变形加工后，可使铜的强度提高到 R_m = 400 ~ 450MPa，硬度提高到100 ~ 200HBW。但断后伸长率 A 却由35% ~ 45%下降至1% ~ 3%。

工业纯铜中常含有铅、铋、氧、硫、磷等杂质，它们都使铜的导电能力下降。铅、铋等元素能与铜形成低熔点的共晶体分布在铜的晶界上。在热加工时，共晶体熔化而破坏了晶粒间的结合，造成脆性断裂，这种现象称为“热脆”。此外，硫和氧等元素能与铜形成脆性化合物，在冷变形加工时易产生破裂，这种现象称为“冷脆”。

根据GB/T 5231—2012《加工铜及铜合金牌号及化学成分》，工业纯铜根据所含杂质多少可分为三级，牌号为T1（w_{Cu} = 99.95%）、T2（w_{Cu} = 99.90%）、T3（w_{Cu} = 99.70%）。“T”即“铜”的汉语拼音字母，数字表示顺序号。数字越大，纯度越低。纯铜中氧的质量分数小于0.003%，在工业上称为无氧铜，用TU表示，如TU3表示 w_{O_2} = 0.001%的无氧铜。

二、铜合金

纯铜的强度、硬度较低，难以满足机械零件的使用要求。为改善其力学性能，可在纯铜中加入合金元素制成铜合金。铜合金可分为黄铜（铜锌合金）、白铜（铜镍合金）和青铜（除黄铜、白铜外，其余的铜合金）。白铜具有适当的强度，优良的塑性和耐蚀性，高的电阻率，主要用来制造精密机械、精密仪表中的耐蚀零件及电阻器、热电偶等。工业中应用较广的是黄铜和青铜。

铜合金分为压力加工产品（简称加工铜）和铸造产品。

（1）加工产品　其牌号（写在以下括号内的为合金名称，用汉字和数字表示）用汉语拼音字母H（黄）、Q（青）、B（白）及其化学成分标记。

1）黄铜的化学成分只标出铜含量（%，普通黄铜）；或者标出第二主加元素符号、铜含量（%）及除锌外的各主加元素的含量（%，特殊黄铜）。例如，H70（70黄铜）为含 w_{Cu}70%的普通黄铜；HPb59-1（59-1铅黄铜）为含 w_{Cu}59%、含 w_{Pb}1%的铅黄铜。

2）青铜的化学成分标出第一个主加元素符号及各主加元素的含量（%）。例如，QSn4-3（4-3锡青铜）为含 w_{Sn}4%、含 w_{Zn}3%的锡青铜；QBe2（2铍青铜）为含 w_{Be}2%的铍青铜。

（2）铸造产品　牌号用汉语拼音字母Z（铸）及铜元素符号Cu打头，其后依次标出各主加元素符号及其含量（%）。例如牌号ZCuZn38，为含 w_{Zn}38%的铸造黄铜；牌号ZCuSn5Zn5Pb5，为含 w_{Sn}5%、含 w_{Zn}5%、含 w_{Pb}5%的铸造锡青铜。

1. 黄铜

以锌为主加元素的铜合金，称为黄铜。它又分为普通黄铜和特殊黄铜两类。

（1）普通黄铜　它是铜锌二元合金，平衡状态下室温组织由 α 和 β′两个基本相组成。α 相是锌溶于铜中的固溶体，具有较好的塑性，适于冷、热压力加工。β′相是以电子化合物 CuZn 为基的固溶体，室温下较脆，但高温时因迅速软化而具有良好的塑性，故含有 β′相的黄铜适于热压力加工。

工业中应用的普通黄铜，按其平衡状态的组织可分为以下两种类型：当 $w_{Zn}<39\%$ 时，室温下组织为单相 α 固溶体，称为单相黄铜；当 w_{Zn} 为 39%～45% 时，室温下组织为 α＋β′，称为双相黄铜。普通黄铜的显微组织如图 6-6 所示。

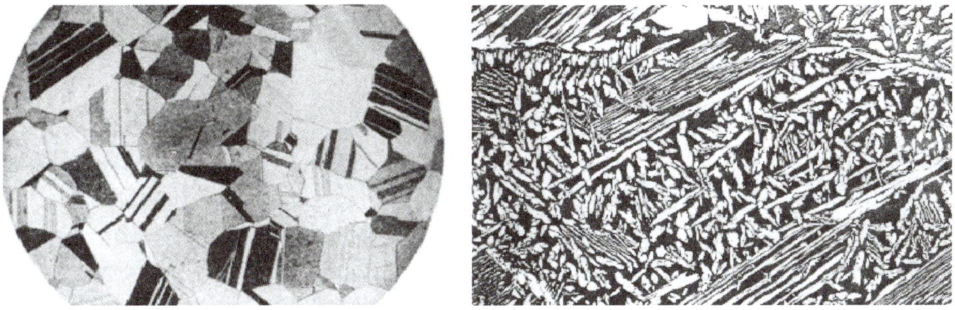

a)　　b)

图 6-6　普通黄铜的显微组织

a）单相黄铜　b）双相黄铜

普通黄铜的力学性能与含锌量有很大关系，如图 6-7 所示。由图可知，当含锌量增加时，由于固溶强化，使黄铜的强度提高，塑性有所改善。当含锌量 w_{Zn} 大于 32% 时，由于在实际生产条件下，已出现 β′相，故塑性开始下降，而一定数量的 β′相能起强化作用，使强度继续升高。但当含锌量 w_{Zn} 大于 45% 后，组织中已全部为脆性的 β′相，使黄铜的强度和塑性急剧下降，无实用价值。普通黄铜的耐蚀性良好，与纯铜相近。但含锌量 w_{Zn} 大于 7%（尤其是大于 20%）并经冷变形加工后的黄铜，由于有残余内应力的存在，在海水、湿气、氨等的作用下，易发生应力蚀裂（季裂）和脱锌现象，使黄铜受到腐蚀。黄铜还具有优良的铸造性能。

（2）特殊黄铜　在普通黄铜中再加入其他合金元素所组成的多元合金，称为特殊黄铜。常加入的元素有锡、铅、铝、硅等，根据所加入的元素，相应地称为锡黄铜、铅黄铜、铝黄铜、硅黄铜等。

合金元素的加入，都能或多或少地提高强度。加入铝、锰、硅、锡可提高黄铜的耐蚀性；加入硅还可改善铸造性能；而加入铅则可改善切削加工性。

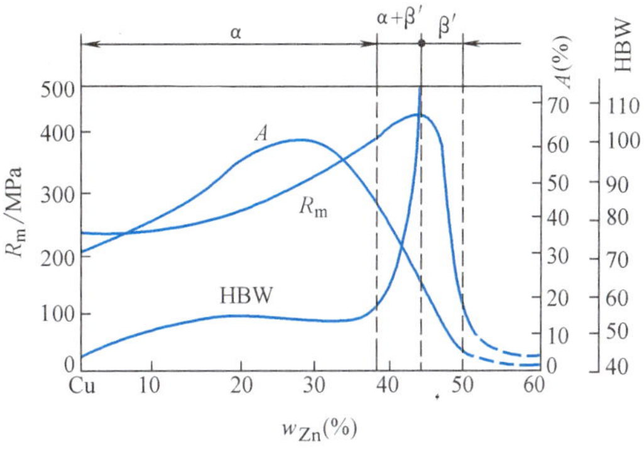

图 6-7　黄铜的力学性能与含锌量的关系

(3) 黄铜的热处理　黄铜常用的热处理方法是去应力退火和再结晶退火。去应力退火的加热温度一般为250~300℃，目的是防止应力蚀裂及切削加工后的变形，还可提高加工硬化后黄铜的塑性和弹性极限。再结晶退火的加热温度一般为500~700℃，目的是消除黄铜零件的加工硬化，恢复塑性。

(4) 常用的加工黄铜代号及用途　常用的加工黄铜有H70、H68、H62、H59和HPb59—1等。

H70、H68为单相α固溶体，塑性极佳，$A>45\%$；强度较低，$R_m \approx 300$MPa。其强化方法是冷变形，经冷拉、冷轧后可达到$R_m>600$ MPa。常用于制造形状复杂的冲压件，如散热器外壳、波纹管、弹壳等。

H62、H59为α+β′两相黄铜，含锌量较高，价格便宜；强度较高，$R_m=300\sim350$ MPa；塑性较差，A为20%~30%；切削加工性较好。常用切削加工方法制造机械零件，用于耐蚀零件如螺母、垫圈等。HPb59-1的性能与用途和H59相似，只是由于含有铅，故切削加工性好。

2. 青铜

除黄铜、白铜外，其余的铜合金统称为青铜。它又可分为普通青铜和特殊青铜。

(1) 普通青铜　是以锡为主加元素的铜锡合金，又称为锡青铜。

在一般条件下，$w_{Sn}<6\%$的锡青铜，其室温组织为单相α固溶体。α固溶体是锡在铜中的固溶体，有良好的塑性；$w_{Sn}>6\%$的锡青铜，室温组织为α+共析体(α+δ)，δ相是硬脆相。

含锡量对锡青铜的力学性能的影响如图6-8所示。当$w_{Sn}<6\%$时，由于加入锡产生固溶强化，且形成单相α固溶体，使锡青铜的强度、塑性随着含锡量的增加而升高。当$w_{Sn}>6\%$时，由于组织中出现硬脆的δ相，塑性急剧下降而强度继续升高。当$w_{Sn}>20\%$时，由于大量δ相的出现，使合金变脆，强度急剧下降。因此，工业用锡青铜w_{Sn}一般在3%~14%之间。$w_{Sn}<5\%$的锡青铜适于冷变形加工；w_{Sn}在5%~7%之间的锡青铜适于热变形加工；w_{Sn}在10%~14%之间的锡青铜适于铸造。

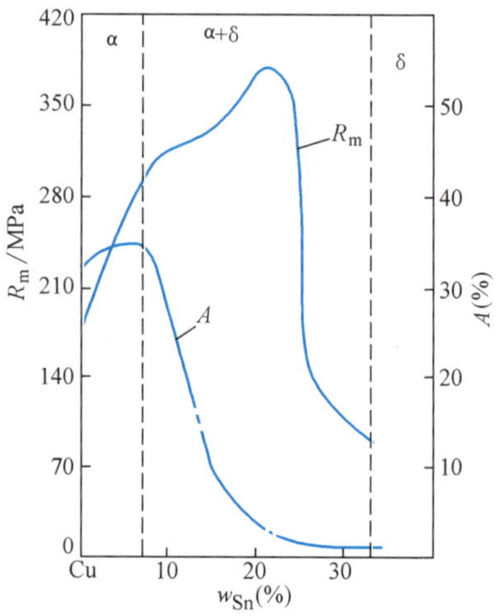

图6-8　含锡量对锡青铜性能的影响

锡青铜的特点是结晶温度范围较宽，冷凝时体积收缩率小，有利于获得尺寸接近于铸型的铸件。但其流动性差，偏析倾向较大，易产生分散缩孔而使铸件的致密度较低。

此外，锡青铜有较好的耐磨性、抗磁性和低温韧性，在海水、蒸汽、淡水中的耐蚀性超过纯铜和黄铜。常用的加工锡青铜主要有QSn4-3、QSn6.5-0.1。它们常用于制造弹性元件、耐磨零件、抗磁零件及耐蚀零件。

(2) 特殊青铜　不含锡的青铜称为特殊青铜，又称无锡青铜。它包括铝青铜、铍青铜、铅青铜和硅青铜等。大多数特殊青铜都比锡青铜有更高的力学性能、耐磨性和耐蚀性。

铝青铜是以铝为主加元素的铜合金，w_{Al}为5%~10%，如QAl7的结晶温度范围较窄，铸件收缩率大，铸造性能和焊接性能较差，但力学性能、耐热性、耐磨性及耐蚀性均高于锡青铜和黄铜。如果其中再加入铁、锰、镍等元素，能进一步提高其力学性能。

铍青铜是以铍为主加元素的铜合金，w_{Be}为1.6%～2.5%。如QBe2，是时效硬化效果极好的铜合金，经淬火时效后R_m可由淬火态的450MPa提高至1250～1450MPa，硬度可达350～400HBW。铍青铜还具有高的弹性极限、屈服强度和高的疲劳强度，它的耐磨性、耐蚀性、导电性、导热性和焊接性也很好。铍青铜主要用于制作弹性元件、防爆工具、焊机电极、航海罗盘仪中的零件等。

表6-3为常用铸造铜及铜合金的牌号、室温力学性能及应用举例。

表6-3　常用铸造铜及铜合金的牌号、室温力学性能及应用举例（GB/T 1176—2013）

合金牌号	合金名称	铸造方法	室温力学性能，不低于				应用举例
			R_m/MPa	$R_{p0.2}$/MPa	A（%）	HBW	
ZCu99	99铸造纯铜	S	150	40	40	40	在黑色金属冶炼中用作高炉风、渣口小套、冷却板、冷却壁；电弧炼钢用氧枪喷头、电极夹持器、熔沟；在有色金属冶炼中用作闪速炉冷却用件；大型电机用屏蔽罩、导电连接件；另外，还可用作饮用水管道、铜坩埚等
ZCuZn38	38黄铜	S	295	95	30	60	一般结构件及耐蚀零件，如法兰、阀座、支架、手柄、螺母等
		J	295	95	30	70	
ZCuZn25Al6Fe3Mn3	25-6-3-3铝黄铜	S	725	380	10	160	适用高强度耐蚀零件，如螺母、螺杆、滑块、蜗轮、耐磨板等
		J	740	400	7	170	
		Li、La	740	400	7	170	
ZCuZn31Al2	31-2铝黄铜	S、R	295	—	12	80	适用于压铸，如电机、仪表等压铸件以及造船、机械制造业的耐蚀件
		J	390	—	15	90	
ZCuZn40Mn3Fe1	40-3-1锰黄铜	S、R	440	—	18	100	耐海水腐蚀的零件以及300℃下工作的管配件
		J	490	—	15	110	
ZCuZn33Pb2	33-2铅黄铜	S	180	70	12	50	煤气和给水设备的壳体、机械、电子、精密仪器和光学仪器的部分构件
ZCuZn16Si4	16-4硅黄铜	S、R	345	180	15	90	接触海水工作的管配件以及水泵、叶轮、旋塞和在空气、淡水、油、燃料，以及工作压力在4.5MPa和250℃以下蒸汽中工作的铸件
		J	390	—	20	100	
ZCuSn10P1	10-1锡青铜	S、R	200	130	3	80	可用于高负荷（20MPa）以下和高滑动速度（8m/s）下工作的耐磨零件，如连杆、衬套、轴瓦、齿轮、蜗轮等
		J	310	170	2	90	
		Li	330	170	4	90	
		La	360	170	6	90	

（续）

合金牌号	合金名称	铸造方法	室温力学性能，不低于				应用举例
			R_m/MPa	$R_{p0.2}$/MPa	A（%）	HBW	
ZCuSn10Zn2	10-2 锡青铜	S	240	120	12	70	在中等及较高负荷和小滑动速度下工作的重要管配件，以及阀、旋塞、泵体、齿轮等
		J	245	140	6	80	
		Li、La	270	140	7	80	
ZCuPb30	30 铅青铜	J	—	—	—	25	要求高滑动速度的双金属轴瓦、减摩零件等
ZCuAl10Fe3	10-3 铝青铜	S	490	180	13	100	要求强度高、耐磨、耐蚀的重型铸件，如轴套、螺母、蜗轮以及 250℃下工作的管配件
		J	540	200	15	110	
		Li、La	540	200	15	110	
ZCuA110Fe3Mn2	10-3-2 铝青铜	S、R	490	—	15	110	要求强度高、耐磨、耐蚀的零件，如齿轮、轴承、衬套、管嘴以及耐热管配件等
		J	540	—	20	120	
ZCuNi10Fe1Mn1	10-1-1 镍白铜	S、J、Li、La	310	170	20	100	耐海水腐蚀的结构件和压力设备，海水泵、阀和配件
ZCuNi30Fe1Mn1	30-1-1 镍白铜	S、J、Li、La	415	220	20	140	用于需要耐海水腐蚀的阀、泵体、凸轮和弯管等

注：铸造方法符号说明，S——砂型铸造，J——金属型铸造，R——熔模铸造，Li——离心铸造，La——连续铸造。

第三节　滑动轴承合金

制造滑动轴承的轴瓦及其内衬的耐磨合金，称为滑动轴承合金。与滚动轴承相比，滑动轴承承压面积大、工作平衡无噪声，制造检查方便，常用于制作磨床主轴轴承、连杆轴承、发动机轴承等。

一、轴承合金的性能与组织

1. 轴承合金的性能要求

滑动轴承是支承轴工作的，当轴高速旋转时，轴承受到交变负荷和冲击的作用，轴颈与轴瓦或内衬发生强烈的摩擦。为了减少轴颈的磨损，轴承合金应满足下列性能要求：

1）具有足够的力学性能，特别是抗压强度、疲劳强度和冲击韧性。

2）具有良好的减摩性，即摩擦系数低、磨合性好、抗咬合性及蓄油性好。

3）具有良好的耐热性和耐蚀性，以保证轴承不因温度过高而软化或熔化和抗润滑油的腐蚀。

2. 轴承合金的组织

为了满足上述性能要求，轴承合金应有适宜的组织。目前常用的轴承合金有下列两类组织：

（1）在软基体上分布着硬质点（一般为化合物） 如图 6-9 所示，硬质点抗磨且突出表面以承受负荷。软的基体易被磨损后形成凹坑，可储存润滑油，有利于形成连续的油膜，保证良好的润滑条件和低的摩擦系数，同时软基体还有较好的磨合性和抗冲击振动的能力。但这类组织难以承受高的负荷。属于这类组织的有锡基轴承合金和铅基轴承合金。

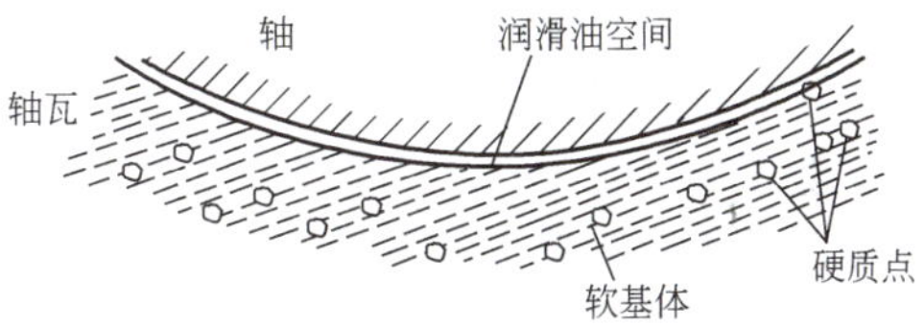

图 6-9 滑动轴承理想组织示意图

（2）在较硬的基体（硬度低于轴颈）上分布着软的质点 这类组织能承受较高负荷，但磨合性较差。属于这类组织的有铜基轴承合金和铝基轴承合金。

二、常用轴承合金

1. 锡基与铅基轴承合金

它们属于低熔点轴承合金，又称巴氏合金。

锡基轴承合金，又称锡基巴氏合金，是以锡为基加入少量锑、铜等元素组成的合金，其显微组织如图 6-10 所示。图中暗色基体是锑溶于锡的固溶体（软基体），白色方块状是以化合物 SnSb 为基的 β 固溶体（硬质点）。这种合金具有良好的抗咬合性、耐磨性、耐蚀性和韧性，但疲劳强度较低，其工作温度不超过 100℃，价格较高。

铅基轴承合金又称铅基巴氏合金，是以铅-锑为基，加入锡、铜等元素的轴承合金。其室温组织中，软基体为 α + β 共晶体（7 ~ 8HBW），α 相是锑溶于铅的固溶体，β 相是以 SnSb 化合物为基的含铅固溶体；硬质点是初生 β 相（白色块状 30HBW）及化合物 Cu_2Sb（图 6-11）。这类轴承合金与锡基轴承合金相比，价格便宜，但性能较差，主要是摩擦系数较大，耐蚀性也较差。

图 6-10 ZSnSb11Cu6 的显微组织

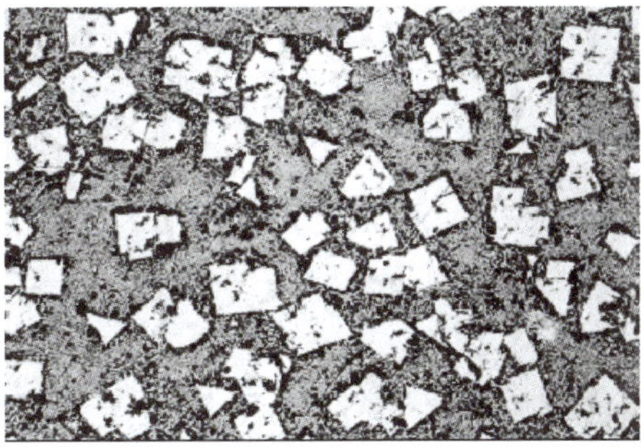
图 6-11 ZPbSb16Sn16Cu2 的显微组织

2. 铜基轴承合金

锡青铜、铝青铜、铅青铜等也可作轴承材料。

锡青铜 ZCuSn10Pb1 与 ZCuSn5Pb5Zn5 常用作轴承材料。其组织都是由软基体（α 固溶体）和硬质点（如 δ 相及化合物 Cu_3P）所构成，且组织中存在较多的分散性缩孔，有利于润滑油的储存。它们能用于承受中速及较大固定负荷的轴承。

铅青铜常用的是 ZCuPb30。铜与铅互不相溶，因而其组织为硬的铜基体上分布着大量软质点（铅晶粒）所组成。这类合金具有高的疲劳强度和承受高负荷的能力，还有高的导热性和低的摩擦系数，工作温度可达 350℃，适用于高温、高速、重负荷下工作的轴承。

3. 铝基轴承合金

它是近代发展起来的一种适宜在高速、高压、重负荷下工作的轴承合金。目前采用的是铝锑镁基轴承合金与高锡铝基轴承合金，后者应用较广。

高锡铝基轴承合金是以铝为基础，加入约 w_{Sn}20% 和 w_{Cu}1% 所组成。其组织为硬基体（铝）上分布着软的球状锡晶粒。这类合金具有高的疲劳强度，良好的耐热、耐磨及耐蚀性，适用于高速、重负荷工作的轴承，如汽车、拖拉机、内燃机车等较高速度的滑动轴承。

除上述轴承合金外，珠光体灰铸铁也可作滑动轴承材料。其显微组织由硬基体（珠光体）与软质点（石墨）组成。石墨还有润滑作用。灰铸铁轴承可承受较大压应力，价格低廉，但摩擦系数大，导热性低，只适用于低速的不重要轴承。

表 6-4 为常用轴承合金的牌号、成分、力学性能和应用举例。

表 6-4 常用轴承合金的牌号、成分、力学性能和应用举例（GB/T 1174—1992）

种类	牌号	化学成分(质量分数,%)					HBW	应用举例
		Sn	Sb	Pb	Cu	杂质		
锡基轴承合金	ZSnSb11Cu6	余量	10.0~12.0	—	5.5~6.5	0.55	27	1500kW 以上蒸汽机,370kW 涡轮压缩机、涡轮泵及高速内燃机轴承
	ZSnSb8Cu4	余量	7.0~8.0	—	3.0~4.0	0.55	24	一般大机械轴承及高负荷汽车发动机的双金属轴承
	ZSnSb4Cu4	余量	4.0~5.0	—	4.0~5.0	0.50	20	涡轮内燃机的高速轴承及轴承衬
铅基轴承合金	ZPbSb16Sn16Cu2	15.0~17.0	15.0~17.0	余量	1.5~2.0	0.6	30	110~880kW 蒸汽涡轮机,150~750kW 电动机和小于 1500kW 起重机及重载荷推力轴承
	ZPbSb10Sn6	5.0~7.0	9.0~11.0	余量	—	0.75	18	重负荷、耐蚀、耐磨轴承

第七章 非金属材料及新型材料

长期以来，机械工程材料一直以金属材料为主，但金属材料也存在一定的缺点，如密度大、耐蚀性差、电绝缘性低等。为了弥补金属材料的不足，满足各种条件下对材料的需求，近年来随着科学技术的不断发展，由工程塑料与橡胶等高分子化合物、陶瓷等组成的非金属材料和复合材料正在迅速发展，越来越多地应用在各个领域中，在某些生产领域中已成为一类独立使用的材料，有时甚至是一种不可取代的材料。

第一节　高分子材料的基本知识

一、基本概念

高分子材料又称为高分子化合物或高分子聚合物，简称高聚物，是以高分子化合物为主要组分的有机材料，可分为天然高分子材料和人工合成高分子材料两大类。天然高分子材料包括蚕丝、羊毛、纤维素、天然橡胶和蛋白质等，而人工合成高分子材料包括塑料、合成橡胶、合成纤维、胶粘剂和涂料等。工程上使用的主要是人工合成的高分子材料。

高分子化合物是指相对分子质量特别大的化合物，其相对分子质量在5000以上。高分子材料分无机高分子材料和有机高分子材料两类：无机高分子材料是在它们的分子组成中没有碳元素，如硅酸盐材料、玻璃、水泥以及陶瓷等；有机高分子材料，主要是由含碳、氢、氧、氮、硅等非金属原子的低分子化合物在一定条件下聚合而成，如聚乙烯塑料就是由乙烯聚合制成的：

$$n(CH_2{=}CH_2)\xrightarrow{\text{聚合反应}}\left[\!-CH_2-CH_2-\right]_n$$

化学上把一些低分子化合物聚合起来形成高分子化合物的过程称为聚合反应。在反应中，能够聚合成大分子链的低分子化合物称为单体。聚乙烯的单体是乙烯（$CH_2{=}CH_2$）；聚氯乙烯的单体是氯乙烯（$CH_2{=}CHCl$）；大分子链还可以由两种或两种以上单体共同聚合而成，例如，尼龙66就是由己二胺$\left[\begin{matrix}H\\ \quad\diagdown\\ \end{matrix}N-(CH_2)_6-N\begin{matrix}H\\ \diagup\quad\\ \end{matrix}\right]$（$H_2N-(CH_2)_6-NH_2$，两端N原子各连两个H）和己二酸

（$HO-\underset{\underset{O}{\|}}{C}-(CH_2)_4-\underset{\underset{O}{\|}}{C}-OH$）两种单体共聚而成的。所以，单体是人工合成高分子材料的原料。大分子链中的重复结构单元称为链节。如聚乙烯的大分子链中的重复结构单元是 $-\!\!\left[CH_2-CH_2\right]\!\!-$，它即为聚乙烯分子链的链节。

一个大分子链的链节重复次数称为聚合度。显然，聚合度越大，大分子链中重复排列的链节数越多，分子链越大，高分子材料的相对分子质量越大。上述反应式中的 n 即为聚合度。因此，高分子材料的相对分子质量大小与聚合度有直接关系，即

$$\overline{M}_n = nM_0$$

式中，$\overline{M}_n$ 为一个大分子链的相对分子质量；n 为大分子的聚合度；M_0 为一个链节的相对分子质量。

常用高分子材料的单体和链节见表 7-1。

表 7-1　几种常用高分子化合物的单体和链节

材料名称	原料（单体）	重复结构单元（链节）
聚乙烯	乙烯 $CH_2=CH_2$	$-CH_2-CH_2-$
聚氯乙烯	氯乙烯 $CH_2=CHCl$	$-CH_2-CHCl-$
聚丙烯	丙烯 $CH_2=\underset{\underset{CH_3}{\vert}}{CH}$	$-CH_2-\underset{\underset{CH_3}{\vert}}{CH}-$
聚苯乙烯	苯乙烯 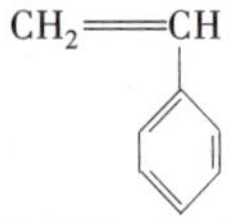	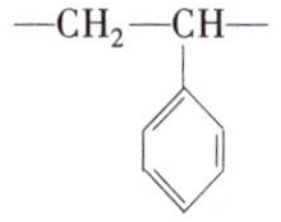
聚四氟乙烯	四氟乙烯 $CF_2=CF_2$	$-CF_2-CF_2-$
腈纶（聚丙烯腈）	丙烯腈 $CH_2=\underset{\underset{CN}{\vert}}{CH}$	$-CH_2-\underset{\underset{CN}{\vert}}{CH}-$

二、高分子化合物的合成

高分子化合物的合成方法很多，但从最基本的化学反应分类，可分为加聚反应和缩聚反应两大类。

1. 加聚反应

加聚反应是指一种或多种单体相互加成而连接成大分子链的过程。

加聚反应的单体一般都是具有双键的有机化合物，如烯烃和二烯烃等。它们在光照、加热或化学引发剂等的作用下把双键打开，通过新键把单体一个一个地连接起来，成为大分子链。

例如，氯乙烯单体在化学引发剂作用下，打开双键逐个地连接起来成为聚氯乙烯高分子化合物。即

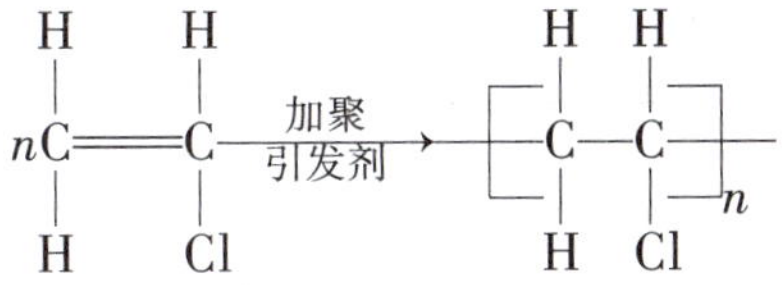

加聚反应有以下特点：

1）反应一旦开始，就进行得较快，直到形成最后产物为止，中间不能停留在某一阶段上，也得不到中间产物。

2）产物中链节的化学结构与单体的化学结构相同。

3）反应中没有小分子副产物生成。

目前产量较大的高分子化合物品种，如聚乙烯、聚丙烯、聚苯乙烯和合成橡胶等都是加聚反应的产品。所以，加聚反应是当前高分子合成工业的基础，大约有 80% 的高分子化合物是利用加聚反应生产的。

参加加聚反应的单体，可以是一种，也可以是两种或多种。凡同种单体聚合，称为均加聚反应，所得产物称为均聚物（如聚氯乙烯）。两种或两种以上单体聚合，称为共加聚反应，所得产物称为共聚物（如 ABS 塑料）。

2. 缩聚反应

缩聚反应是由具有活泼官能团（如—COOH、—OH、$—NH_2$ 等）的相同或不同的低分子物质相聚合，在生成聚合物的同时有小分子物质（如 H_2O、HCl、NH_3）放出的反应，简称缩聚。所得的聚合物称为缩聚物。

缩聚物与参加反应的单体组成不同。例如二元酸与二元醇的酯化得到聚酯的缩聚反应为

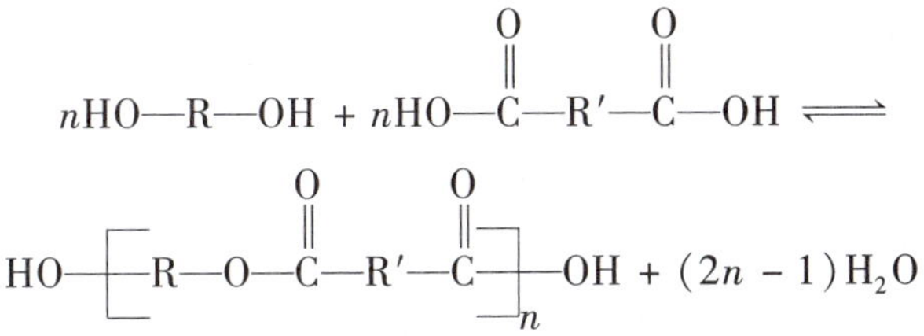

缩聚反应有以下特点：

1）缩聚反应由若干步聚合反应构成，因此它是逐步进行的，可以停留在某个阶段上得到中间产物。

2）缩聚产物的链节化学结构与单体的化学结构不完全相同。

3）在缩聚过程中总有小分子副产物析出。

缩聚反应有很大实用价值，如涤纶、尼龙、酚醛树脂、环氧树脂、聚酯、有机硅树脂等重要的高分子化合物都是由缩聚反应合成的。

三、高分子材料的分类与命名

1. 高分子材料的分类

高分子材料品种繁多，性质各异，由于着眼点不同、原则不同，则分类方法也不同。常见的分类方法见表7-2。

表7-2 高分子材料常见的分类方法

分类的原则	类　型	特征或举例
按高分子材料来源	天然高分子材料	如天然橡胶、纤维素等
	人造及合成高分子材料	如聚乙烯、聚酰胺等
按高分子材料的工艺性质	塑料	有固定形状和一定的热稳定性与机械强度
	橡胶	具有高弹性,可作弹性零件及密封材料
	纤维	单丝强度高,多用于纺织材料
	涂料	涂布于物体表面,可以形成坚固的防护膜
	胶粘剂	能将两种物质粘结在一起,形成很牢固的物质
按聚合反应的类型不同	加聚高分子材料	如聚烯烃等
	缩聚高分子材料	如酚醛、环氧树脂等
按高分子的几何结构	线型高分子材料	高分子为线型或支链型结构
	体型高分子材料	高分子为网状或体型结构
按高分子材料的热行为	热塑性高分子材料	线型(或支链)分子结构,可熔、可溶
	热固性高分子材料	体型(或网状)分子结构,不熔、不溶
按高分子材料的化学组成	碳链高分子材料	—C—C—C—
	杂链高分子材料	—C—C—O—C—,—C—C—N—
	元素有机高分子材料	—O—Si—O—Si—O—

2. 高分子材料的命名

高分子材料的命名有各种各样的方法，目前多采用习惯上命名有以下几种：

（1）天然高分子材料　通常各有专用名称（按其来源及性质决定），如纤维素、淀粉、蛋白质、虫胶等。

（2）加聚类高分子材料　通常在原料低分子物质前加一个“聚”字即可，如乙烯加聚生成聚乙烯，氯乙烯加聚生成聚氯乙烯等。

（3）缩聚类以及共聚类高分子材料　是在原料低分子化合物后加“树脂”或加“橡胶”两字即可。如酚类和醛类的聚合物称为酚醛树脂；由丁二烯和苯乙烯合成的聚合物称为丁苯橡胶。有时还可以在缩聚物的链节结构名称前加“聚”字，如聚己二酰、聚己二胺等。

（4）有些结构复杂的高分子材料可直称其商品名称　如聚对苯二甲酸乙二醇酯可直称为涤纶树脂；聚己内酰胺又可直称为锦纶；聚二酰己二胺又直称为尼龙。

此外，有些高分子材料是根据制品的特征命名的，如有机玻璃、电木等。还有不少高分子材料常用英文名称的第一个字母表示，如PS代表聚苯乙烯，PVC代表聚氯乙烯等。

第二节 高分子材料

高分子材料品种繁多、性质各异，根据其性质和用途，可分为塑料、橡胶、合成纤维和胶粘剂等，本节主要介绍塑料与橡胶。

一、工程塑料

1. 塑料的组成

塑料是以有机合成树脂为主要成分，再加入添加剂所组成的。

（1）合成树脂 是由低分子化合物通过缩聚或加聚反应合成的高分子化合物，如酚醛树脂、聚乙烯等，是塑料的主要组成，也起粘结剂作用。树脂在一定的温度、压力下可软化并塑造成形。

（2）添加剂 为改善塑料的性能而加入的其他组分，主要有以下几种：

1）填料。在塑料中加入填料，可以改善塑料的性能并扩大它的使用范围。例如加铝粉可提高塑料对光反射的能力并能防止老化；加二硫化钼可提高润滑性；加云母粉可改善导电性；酚醛树脂中加入木屑后就成为通常所说的电木，具有较高的机械强度。

2）增塑剂。为了提高树脂的可塑性和柔软性，常加入低熔点固体或液体有机物作为增塑剂，主要有甲酸酯类、磷酸酯类、氯化石蜡等。如聚氯乙烯树脂中加入邻苯二甲酸二丁酯，可变为橡胶一样的软塑料。

3）稳定剂。为了防止某些塑料在光、热或其他因素作用下过早老化，以延长使用寿命所加入的少量能起稳定化作用的物质称为稳定剂。如在聚氯乙烯中加入硬脂酸盐，可防止热成型时热分解；在塑料中加入炭黑作为紫外线吸收剂，可提高其耐光辐射的能力。

4）固化剂。固化剂的作用是通过交联使树脂具有体型网状结构，成为较坚硬和稳定的塑料制品。常用固化剂有胺类和酸类及过氧化物等化合物，如环氧树脂中加入己二胺；在酚醛树脂中加入六亚甲基四胺等。

塑料中还加入润滑剂、着色剂、阻燃剂、抗静电剂和发泡剂等。

2. 塑料的性能

（1）物理性能 密度小，不加任何填料或增强材料的塑料，其密度为0.85～2.20g/cm^3，只有钢的1/8～1/4；泡沫塑料更轻，密度为0.02～0.20g/cm^3。另外，塑料的电绝缘性好，介质损耗小，所以在电器、电机、无线电、电子工业方面应用广泛。

（2）化学性能 塑料一般能耐酸、碱、油、水及大气等的侵蚀，其中聚四氟乙烯甚至能耐强氧化剂“王水”的侵蚀。因此，塑料广泛用于制造在腐蚀条件下的零部件和化工设备。

（3）力学性能 塑料的强度和弹性模量都很低。例如，热塑性塑料的抗拉强度一般为50～100MPa，热固性塑料一般为30～60MPa，玻璃纤维增强尼龙，其抗拉强度也只有200MPa，相当于灰铸铁的强度。

减摩性好，塑料硬度虽低于金属，但摩擦系数小，如聚四氟乙烯自摩擦系数只有0.04；尼龙、聚甲醛、聚碳酸酯等也都有较小的摩擦系数，因此有很好的减摩性。另外，塑料还由于自润滑性能好，所以适合于制造轴承、凸轮、密封圈等要求减摩性好的零件，特别对在无润滑和少润滑的摩擦条件下工作的零件尤为适合。

金属材料在较高温度时，才有明显的蠕变现象，而塑料却不然，在室温承受载荷后就会出现蠕变。如架空的聚氯乙烯电线套管，在电线和自重的作用下会发生缓慢的挠曲变形。

3. 常用工程塑料

根据树脂的热性能，塑料可分为热塑性塑料和热固性塑料两大类。

（1）热塑性塑料　热塑性塑料受热时软化，冷却后固化，再受热时又软化，具有可塑性和重复性。这类塑料主要有聚酰胺、ABS、聚甲醛、聚碳酸酯、聚苯乙烯、聚砜、聚四氟乙烯、有机玻璃等。

1）聚酰胺（PA）。聚酰胺通常称为尼龙或锦纶，由氨基酸脱水制成己内酰胺再聚合而成，或者由二元胺与二元酸聚合而成。

根据胺和酸中碳原子数或氨基酸中的碳原子数，分别命名为尼龙6、尼龙66、尼龙610、尼龙1010等多种品种。尼龙6是含有6个碳原子的己内酰胺自身聚合而成；尼龙610是由含6个碳原子的己二胺与含10个碳原子的葵二酸聚合而成的高聚体。

尼龙具有突出的耐磨性和自润滑性能，良好的韧性，耐油、摩擦系数小，抗霉、抗菌、无毒，良好的成形性能等。其缺点是耐热性低，工作温度不超过100℃；蠕变值也较大，导热性差，约为金属的1/100，吸水性较大、尺寸稳定性低。

尼龙在机械工业中多用于制造小型零件，它们常用来代替青铜使用，以节约较贵重的铜，如制造齿轮、凸转、导板、螺钉和螺母等。由于尼龙减摩性、自润滑性能好，作为轴承材料也优于其他一般的工程材料。

2）ABS塑料。ABS塑料是丙烯腈（A）、丁二烯（B）、苯乙烯（S）的三元共聚物。它具有三种组元的特性。丙烯腈使ABS塑料具有良好的耐热、耐蚀性和一定的表面硬度；丁二烯能提高ABS塑料的弹性和韧性；苯乙烯赋予ABS塑料较高的刚性、良好的加工工艺性和着色性。因此，ABS塑料具有较高的综合性能。

ABS塑料的用途极广，在机械工业中制造轴承、齿轮、叶片、叶轮、管道、容器、把手等，在电气工业中制造仪器、仪表的各种零件等。近年来在交通运输的车辆、飞机零件上的应用发展很快，如车身、转向盘、内衬材料等。

3）聚甲醛（POM）。聚甲醛是以精制三聚甲醛为原料，以三氟化硼乙醚络合物为催化剂，在石油醚中聚合，经过端基封闭得到的热塑性型高聚物。聚甲醛具有优异的综合性能，抗拉强度约为700MPa，并有较高的冲击韧度、耐疲劳性和刚性，还具有良好的减摩性和自润滑性，摩擦系数低而稳定，在干摩擦条件下尤为突出，其使用温度范围在 -50～110℃，吸水性很小，尺寸稳定。但是，聚甲醛成型时收缩较大、热稳定性较差。

聚甲醛已广泛用来制造齿轮、轴承、凸轮、制动闸瓦、阀门、仪表外壳、化工容器、叶片等。

4）聚碳酸酯（PC）。聚碳酸酯的透明度为86%～92%，故有“透明金属”之称。它的大分子链中既有刚性的苯环，又有柔软的醚键，因此，它具有优良的综合性能，其抗拉强度为66～77MPa，耐冲击突出，比尼龙和聚甲醛高10倍左右，是刚而韧的工程塑料。它的抗蠕变性能好，尺寸稳定，使用温度范围宽，可在 -60～130℃间使用。此外，它还具有良好的耐候性和电性能，在10～130℃之间介电常数和介质损耗几乎不变。但其自润滑性差，减摩性不如尼龙和聚甲醛；疲劳抗力较低，有应力开裂倾向。

聚碳酸酯常用于各种机械、电器、仪表中的零件，如齿轮、蜗轮、轴承、凸轮等。又因其透明度高、耐冲击性好，可用作防盗、防弹窗玻璃等。

5）聚苯乙烯（PS）。聚苯乙烯密度小，常温下较透明，透明度达88%～92%，着色性好，吸水性极微，有良好的耐蚀性和绝缘性，高频绝缘性尤佳；但其冲击韧度低、耐热性差、易燃、易脆裂。它常用来制造车辆上的灯罩、仪表指示灯罩、设备外壳等。

6）聚砜（PSF）。聚砜是透明微黄色的线型非晶态聚合物，它的强度高、弹性模量大，特别是抗蠕变性优良，尺寸稳定性好，有优良的耐热性，可在－100～150℃下长期使用。它的缺点是：加工性不够理想，要在330～380℃下进行成型加工，且耐溶性差。

聚砜可用制作高强度、耐热、抗蠕变的结构件，耐腐蚀零件和电气绝缘件等，如精密齿轮、凸轮、真空泵叶片、仪器仪表零件等。另外，它还可通过电镀金属制成印制电路板和印制电路薄膜。

7）聚四氟乙烯（PTTE或F-4）。聚四氟乙烯又称为特氟隆，是结晶性聚合物，熔点为320℃。它最突出的特点是：具有极佳的耐化学腐蚀性，不会被几乎所有化学药物腐蚀；对任何浓度的强酸，甚至王水、强碱和强氧化剂等，即使在高温下也不受腐蚀，故有“塑料王”之称；它具有突出的耐高、低温性能，在－195～250℃范围内长期使用其力学性能几乎不发生变化；它的表面摩擦系数很小，并有自润滑性，在极潮湿的条件下仍能保持良好的绝缘性。

它的最大缺点是：加热后粘度大，不能用热塑性塑料成型的一般方法成型，只能采取类似粉末冶金的冷压、烧结成型工艺；特别注意，在高温时它会分解出对人体有害的剧毒气体，给成型和使用增加了困难；它的价格较贵，也限制了它的使用。

聚四氟乙烯主要用于化工管道、泵、电气设备、隔离防护层等方面。

8）有机玻璃（PMMP）。工业用有机玻璃，是由加增塑剂的聚甲基丙烯酸甲酯经挤压成型的板、棒或管材半成品塑料。有机玻璃可透过可见光99%，紫外光73%，在－60～95℃范围内性能变化不大。它还具有耐蚀、绝缘、易切削等性能。

有机玻璃主要用于制造具有一定透明度和强度要求的零件，如油标、油杯、窥镜、设备标牌、透明管道、飞机、座窗等。此外，它还用于仪器、仪表以及电信等工业部门。

（2）热固性塑料　热固性塑料大多是以缩聚树脂为基础，加入多种添加剂而成。这类塑料的特点是：初加热时软化，可注射成型，但冷却固化后再加热时不再软化，不溶于溶液，也不能再熔融或再成型。这类塑料主要有酚醛树脂、环氧树脂等。

1）酚醛塑料（PF）。由酚类或醛类经缩聚反应而制成的树脂称为酚醛树脂。根据不同性能要求而加入不同填料，便制成各种酚醛塑料。

以木粉为填料制成酚醛压塑粉，俗称胶木粉，是常用的热固性塑料，经常压制成电器开关、插座、灯头等。它不仅绝缘性能好，而且有较好的耐热性，较高硬度、刚性和一定的强度。

以纸片、棉布、玻璃布等为填料制成的层压酚醛塑料，具有强度、耐冲击性好以及耐磨性高等特点，常用来制造承受载荷要求较高的机械零件，如齿轮、轴承、汽车刹车片等。

2）环氧塑料（EP）。环氧塑料是由环氧树脂加入固化剂（胺类和酸酐类）后形成的热固性塑料。它的强度较高，韧性较好，并具有良好的化学稳定性、绝缘性以及耐热、耐寒性，长期使用温度范围为－80～150℃，成型工艺性好，可制作塑料模具、船体、电子工业零部件。

环氧树脂对各种工程材料都有突出的粘附力，是极其优良的粘结剂，有“万能胶”之称。目前，广泛用于各种结构粘结剂和制备各种复合材料，如玻璃钢等。

二、橡胶

1. 橡胶的组成

橡胶是在使用温度范围内处于高弹态的高分子材料，在较小的载荷作用下能产生很大变形，当载荷卸除后又能很快恢复到原来状态，是常用的弹性材料、密封材料、减振防振材料和传动材料。

橡胶的原料是生胶，性能不好，加入配合剂硫化后才能制成所需的各种产品。

（1）生胶　未加配合剂的天然橡胶或人工合成橡胶统称为生胶。生胶是橡胶制品的主要成分，它不仅决定了橡胶制品的性能，而且也是把各种配合剂和骨架材料粘成一体的粘结剂。

（2）配合剂　为了改善橡胶制品的某些性能而加入的物质称为配合剂。主要配合剂有硫化剂、硫化促进剂、活性剂、填充剂、防老化剂、增塑剂、着色剂等。

1）硫化剂。使橡胶分子交联起来，形成立体网状结构。这一过程称为硫化。起硫化作用的物质称为硫化剂。未硫化处理的橡胶，其物理性能、力学性能很差，实用价值不大；若经硫黄、硫化物等硫化剂硫化处理后，可提高橡胶制品的弹性、强度、耐磨性和抗老化能力。

2）硫化促进剂。加入少量催化剂，可缩短橡胶硫化时间，降低硫化温度，减少硫化剂用量，同时能改善性能。常用的硫化促进剂有镁、钙、锌的氧化物和有机硫化物。

3）活性剂。能加速发挥硫化促进剂的活性物质称为活性剂。常用活性剂有有机酸和胺类等。

4）填充剂。它是为了提高橡胶制品的强度、硬度，减少生胶用量及改善工艺性能。常用的填充剂有炭黑、陶土、石英、硝酸盐、滑石粉等。

5）防老化剂。橡胶制品在储存和使用过程中，因环境因素使性能变坏，发粘变脆，这种现象称为橡胶老化。为了防止和延缓橡胶制品的老化，可加入石蜡、蜂蜡或其他比橡胶更易氧化的物质作为防老化剂，以在橡胶表面形成稳定的氧化膜，抵抗氧的侵入。

6）增塑剂。为增加塑性便于加工成型而加入的物质称为增塑剂。它有松香、凡士林、石蜡、磷酸三甲苯酯等。

7）着色剂。使制品着色，有钛白、铁丹、锑红、镉钡黄、络黄、群青等颜色。

（3）骨架材料　为了提高橡胶制品的承载能力，限制变形，常加入各种纤维织物，甚至金属丝及其编织物作为骨架材料。如运输带中的纤维骨架材料占质量的65%；在汽车轮胎中占10%~15%；在高压和超高压胶管中多用金属丝网为骨架材料。

2. 橡胶的性能

由于使用条件不同，对橡胶有不同的性能要求，如抗拉强度、抗撕裂强度、耐磨性、弹性、伸长率、永久变形量、耐寒、耐高温、透气性等。其中最重要的性能还是橡胶的高弹性和强度。

（1）高弹性能　橡胶分子很长并处于无规则的线团状，分子间力很大，不易结晶，在使用温度下处于高弹态。

橡胶在高弹态下受载荷发生的变形是可逆的弹性变形，载荷消除后，能很快恢复原形。实际上，橡胶分子只需千分之一秒就能恢复卷曲状态。高弹变形时，橡胶的弹性模量低，大约为1MPa，而其他塑料纤维的弹性模量约2000MPa以上。高弹变形时，橡胶的变形量大，一般在100%～1000%，而其他聚合物只有0.1%～0.01%。橡胶还具有很好的回弹性能，如天然橡胶回弹高度达70%～80%。

（2）强度　经硫化处理和炭黑增强后，其抗拉强度达25～35MPa，并具有良好的耐磨性。

3. 常用橡胶

根据原料来源不同，橡胶分为天然橡胶和合成橡胶；根据应用范围，可分为通用橡胶和特种橡胶。

（1）天然橡胶　天然橡胶是橡胶树流出的胶乳，经凝固、干燥等加工工序后制成的弹性固状物，其单体为异戊二烯高分子化合物。天然橡胶具有很好的弹性，但强度与硬度并不高，为提高强度并使其硬化，需进行硫化处理。经硫化处理后抗拉强度为17～29MPa，用炭黑增强后抗拉强度可达35MPa。

天然橡胶是优良的电绝缘体，但耐热老化性和耐大气老化性较差，不耐臭氧、油和有机溶剂，且易燃。其使用温度范围为－70～110℃，广泛用于作轮胎、胶带和胶管等。

（2）合成橡胶　合成橡胶实际上是指具有类似橡胶性质的各种高分子化合物。它的种类很多，主要有以下几种。

1）丁苯橡胶。它是合成橡胶中应用最广、产量最大的一种，由丁二烯和苯乙烯聚合而成的。它具有较好的耐磨、耐自然老化、耐臭氧性，但加工性能不及天然橡胶。天然橡胶和丁苯橡胶均属于通用橡胶，广泛用于作轮胎、胶布、胶鞋、胶管等制品。

2）顺丁橡胶。顺丁橡胶是由丁二烯为原料，在催化剂作用下经聚合反应而得到的产品。其原料易得，发展速度最快，在全世界的产量仅次于丁苯橡胶而居第二位。

顺丁橡胶具有很好的耐磨性、耐老化性、耐寒性和高弹性；但不易加工，强度较差。它常用来制作轮胎、V带、减振器、橡胶弹簧等。

3）丁腈橡胶。丁腈橡胶是由丙烯腈和丁二烯经聚合反应而得到的产品。其特点是：突出的耐油性，耐磨性也较天然橡胶高30%～40%，耐热性也较好，最高可达150℃；但耐臭氧性及耐寒性较差，加工性能不好。它主要用于制造耐油制品，如输油管、耐油密封圈等。

4）氯丁橡胶。氯丁橡胶是由氯丁二烯经聚合反应而得到的产品。它的力学性能与天然橡胶接近，耐臭氧、耐油、耐溶剂性较好；但电绝缘性差。它使用温度范围为－35～130℃，常用来制造胶带、胶管、汽车门窗嵌条等。

5）聚氨酯橡胶。聚氨酯橡胶由氨基甲酸酯经聚合而成，它属于特种橡胶。聚氨酯橡胶的耐磨性高于其他各种橡胶，耐油性好；但耐水、酸、碱的性能较差。它最高使用温度在80℃以下，常用来制造胶辊、实心轮胎和耐磨制品。

6）硅橡胶。硅橡胶是指分子主链中含有硅氧键，经硫化后具有弹性的有机硅聚合物。它属于特种橡胶。硅橡胶的特点是：耐高温（300℃）、耐寒（－100℃），电绝缘性能优良；但抗拉强度低，价格较贵。它可用来制造耐高温、耐寒或耐高温电绝缘制品等。

7）氟橡胶。氟橡胶的品种很多，如全氟丙烯与偏二氟乙烯的共聚物等。它属于特种橡胶，其特点是：耐高温和耐介质腐蚀性好，耐臭氧和耐大气老化性也较好；但加工性差，价格较贵。它使用温度范围在 -50 ~ 300℃，常用来制造高级密封件、高真空耐蚀件等。

第三节　工 业 陶 瓷

陶瓷是各种无机非金属材料的通称。陶瓷可分为普通陶瓷（传统陶瓷）和特种陶瓷（近代陶瓷）两大类。其生产过程较复杂，但基本工艺是原料的制备、坯料的成型和制品的烧结三大步骤。

一、工业陶瓷的性能

1. 力学性能

（1）塑性　陶瓷受到载荷作用时，大多数情况只产生少量的弹性变形，几乎不产生塑性变形，因为陶瓷晶体在作相对滑移之前已经破裂。通常在高温下具有一定的塑性，塑性差是陶瓷的主要缺点之一。

（2）强度　陶瓷由于受到工艺制备因素的影响，在表面和内部会形成各种缺陷，如气孔、微裂纹等。陶瓷内含有气孔，起应力集中作用，在拉应力作用下气孔或裂纹会迅速扩展，引起脆断，所以陶瓷抗拉强度较低，但其抗压强度较高。可通过减少杂质和气孔、细化晶粒来提高致密度和均匀性，从而提高陶瓷的强度。

（3）硬度　陶瓷的硬度在各类材料中最高，多数陶瓷的硬度在 1500HV 以上，而淬火钢为 500 ~ 800HV，高聚物最硬也不超过 20HV。

2. 化学性能

陶瓷的组织结构非常稳定，很难与介质中的氧发生作用，不但在室温下不会氧化，就是在 1000℃以上的高温也不会氧化。另外，陶瓷对酸、碱、盐等腐蚀性很强的介质均有较强的耐蚀能力，与有色金属的银、铜等熔体也不发生作用。

3. 功能特性

在功能材料中，陶瓷占有重要地位。功能材料是指用于工业技术中具有特定物理功能，如具有特定光、磁、电、声、热等特性的各类材料。这些材料是能源、计算技术、电子、通信、激光等现代技术的基础。

（1）光学性能　在具有光学性能的材料中，现代陶瓷占了重要地位，如固体激光器材料、光导纤维材料、光存储材料等。这些材料的研究和应用，对通信、摄影、计算机技术等发展具有重要的实际意义。

氧化铝透明陶瓷的出现是光学材料的重大突破，透明陶瓷大多是由单一晶体组成的多晶体材料，1mm 厚的试片透光率可达 80% 以上。

（2）磁学性能　以氧化铁为主要成分（如 Fe_3O_4、$CuFe_2O_4$、$MgFe_2O_4$）的磁性氧化物，可作磁性陶瓷材料，在录音磁带、唱片、电子束偏转线圈、变压器铁心等方面有着广泛的应用。

（3）电学性能　陶瓷的电学性能跨越的范围很广。它具有极高的电阻率。如 Al_2O_3 的电阻率为 $10^{13}\Omega\cdot m$，可作电气工业的绝缘材料。少数陶瓷具有半导体性能，如高温烧结的氧化锡为半导体，可用来做整流器。铁电陶瓷（钛酸钡 $BaTiO_3$ 和其他类似的钙钛矿结构）具有极高的介电常数，可用来制作较小的电容器，其电容量却比由一般电容器材料制成的要大。利用这一优点，可更有效地改进电路。

（4）热学性能　陶瓷材料熔点高，大多在2000℃以上，具有比金属材料高得多的耐热性；导热能力远低于金属材料，它常作为高温绝热材料。多孔或泡沫陶瓷可用作 -120 ~ -240℃的隔热材料。陶瓷的线膨胀系数比高聚物低，比金属更低，一般在 $10^5 \sim 10^6$/K。

二、常用工业陶瓷

1. 普通陶瓷

普通陶瓷是以高岭土（$Al_2O_3 \cdot 2SiO_2 \cdot 2H_2O$）、长石［钾长石（$K_2O \cdot Al_2O_3 \cdot 6H_2O$）和钠长石（$Na_2O \cdot Al_2O_3 \cdot 6SiO_2$）］、硅砂（$SiO_2$）为原料配制成的。通过改变组成物的配比、熔剂、辅料以及原料的细度和致密度，可以获得不同特征的陶瓷。

普通陶瓷质地坚硬，有良好的抗氧化性、耐蚀性和绝缘性，生产工艺简单、成本低；但其强度低，通常使用温度为1200℃左右。普通陶瓷广泛应用于日用、电气、化工、建筑等部门，如装饰瓷、餐具、绝缘子、耐蚀容器、管道等。

2. 特种陶瓷

（1）氧化铝陶瓷　按氧化铝的含量可分为75瓷、95瓷、99瓷等。由于氧化铝的熔点（2050℃）高、热强度高、抗氧化，故耐热性好，室温下硬度仅次于金刚石，抗拉强度比普通陶瓷大5~6倍，而且热硬性也很高，可达1200℃。此外，它还具有很高的电阻率和低的热导率。

氧化铝陶瓷广泛用于制造高速切削刀具、量块、拉丝模、高温器皿、坩埚、热电偶套管、内燃机火花塞等。

（2）氮化硅陶瓷　氮化硅陶瓷具有优异的绝缘性，硬度高，摩擦系数小，有自润滑作用，故有优良的耐磨性；另外，其化学稳定性高，可耐各种无机酸和碱溶液的腐蚀，并能抵抗熔融的铝、铅、镍等非铁金属的浸蚀。

氮化硅陶瓷主要用于制作各种泵的耐蚀与耐磨的密封环、高温轴承、热电偶套管、燃汽轮机转子叶片和难切削加工的刀具。

（3）碳化硅陶瓷　碳化硅陶瓷具有较高的高温强度，其抗弯强度在1400℃仍保持在300~600MPa；而其他陶瓷在1200~1400℃时，抗弯强度就显著下降。碳化硅陶瓷还具有很高的热传导能力，热稳定性好，耐磨性、耐蚀性和抗蠕变性能也很好。

碳化硅陶瓷可用于工作温度高于1500℃的零件，如火箭喷嘴、热电偶套筒、高温电炉的零件、各种泵的密封圈等。

（4）金属陶瓷　金属陶瓷是由陶瓷硬质相与金属或合金粘结相组成的结构材料。为了使陶瓷既可以耐高温又不容易破碎，人们在制作陶瓷的粘土里加了些金属粉，因此制成了金属陶瓷。金属基金属陶瓷是在金属基体中加入氧化物细粉制得，又称弥散增强材料。主要有烧结铝（铝-氧化铝）、烧结铍（铍-氧化铍）、TD镍（镍-氧化钍）等。金属陶瓷是由一种或几种陶瓷相与金属相或合金所组成的复合材料。广义的金属陶瓷还包括难熔化合物合金、硬质合金、金属粘结的金刚石工具材料。金属陶瓷中的陶瓷相是具有高熔点、高硬度的氧化物或难熔化合物，金属相主要是过渡元素（铁、钴、镍、铬、钨、钼等）及其合金。

金属陶瓷兼有金属和陶瓷的优点，其密度小、硬度高、耐磨、导热性好，不会因为骤冷或骤热而脆裂。另外，在金属表面涂一层气密性好、熔点高、传热性能很差的陶瓷涂层，也能防止金属或合金在高温下氧化或腐蚀。金属陶瓷既具有金属的韧性、高导热性和良好的热稳定性，又具有陶瓷的耐高温 、耐腐蚀和耐磨损等特性。金属陶瓷广泛地应用于火箭、导弹、超音速飞机的外壳、燃烧室的火焰喷口等地方。

第四节 复合材料

由两种或两种以上物理、化学性质不同的物质，经人工合成而得到的多相材料（基体＋增强相）称为复合材料。人类在生产和生活中创造了许多人工复合材料，如钢筋混凝土、轮胎、玻璃钢等。

复合材料能充分发挥单一材料的优点，克服其某些弱点，因而其性能比单一材料优异得多。如玻璃纤维脆性较大，而树脂强度不高，但当它们组成复合材料（即玻璃钢）后，却有很高的韧性和强度。

一、复合材料的分类

复合材料常见的分类方法有以下三种：

（1）按基体类型分类　可分为非金属基体和金属基体两类。目前大量研究和使用的多是以高聚物材料为基体的复合材料。

（2）按增强材料性质和形态分类　可分为纤维增强复合材料、颗粒增强复合材料、晶须增强复合材料。

（3）按材料的用途分类　可分为结构复合材料、功能复合材料和智能复合材料。

1）结构复合材料。是利用其力学性能，如强度、硬度、韧性等，用以制作各种结构件或机械零件。

2）功能复合材料。是利用其物理性能，如光、电、声、热、磁等制作各种结构件。如雷达用玻璃钢天线罩，就是利用具有良好透过电磁波的磁性复合材料制作的；双金属片，就是利用不同膨胀系数的金属复合在一起而成的具有热功能性质的材料。

3）智能复合材料。是具有自诊断、自适应、自愈合，并具有自决策功能的高级复合材料。

二、复合材料的性能

1. 比强度和比模量高

在复合材料中，由于一般作为增强相的多数是强度很高的纤维，而复合后材料密度较小，所以，复合材料的比强度、比模量比其他材料高得多。这点对宇航、交通运输工具，在要求保证性能的前提下减轻自重具有重大的实际意义。表 7-3 为各类材料性能比较。

2. 疲劳极限较高

多数金属材料的疲劳极限为抗拉强度的 40%～50%，而碳纤维增强复合材料的疲劳极限为抗拉强度的 70%～80%。这是因为在纤维增强复合材料中，纤维与基体间的界面能够阻止疲劳裂纹的扩展，当裂纹从基体的薄弱环节处产生并扩展到结合面时，受到一定程序的阻碍，因而使裂纹向载荷方向的扩展停止。所以复合材料有较高的疲劳极限。

表 7-3 各类材料的性能比较

材料	密度 $\rho/(g\cdot cm^{-3})$	抗拉强度 R_m/MPa	弹性模量 E/MPa	比强度[①] R_m/ρ	比模量[①] E/ρ
硼纤维/铝	2.65	1000	200×10^3	380	75×10^3
钢	7.80	1010	206×10^3	129	26×10^3
铝	2.80	461	74×10^3	165	26×10^3
钛	4.50	942	112×10^3	209	25×10^3
玻璃钢	2.00	1040	39×10^3	520	20×10^3
碳纤维Ⅰ/环氧树脂	1.60	1070	240×10^3	670	150×10^3
碳纤维Ⅱ/环氧树脂	1.45	1500	137×10^3	1030	21×10^3
有机玻璃 PRD/环氧树脂	1.40	1400	800×10^3	1000	56×10^3
硼纤维/环氧树脂	2.10	1380	210×10^3	660	100×10^3

① 比强度、比模量的单位为 MN·m/kg。

3. 减振性能好

在复合材料中，纤维与基体间的界面具有吸振能力。由对相同形状尺寸的梁进行振动试验可知，轻合金梁需 9s 才能停止振动，而碳纤维复合材料的梁只需 2.5s 就停止振动。

4. 高温性能好

一般铝合金在 400℃时，其弹性模量大幅度下降，接近于零，强度也显著下降。但用碳纤维或硼纤维增强的铝合金复合材料，在上述温度下其弹性模量和强度基本不变。用钨纤维增强钴、镍及其合金时，可把这些合金的使用温度提高到 1000℃以上。

5. 工作安全性高

纤维增强复合材料在单位面积上分布着大量的纤维，过载时会使其中部分纤维断裂，但随即迅速进行应力的重新分配，而由未断裂纤维将载荷承受起来，不致造成构件在瞬时完全丧失承载能力而断裂，所以提高了工作的安全性。

三、常用复合材料及其应用

1. 纤维增强复合材料

（1）玻璃纤维增强复合材料　玻璃纤维增强复合材料是以玻璃纤维为增强相，以树脂为粘结剂（基体）而制成的，俗称玻璃钢。

以尼龙、聚烯烃类、聚苯乙烯类等热塑性树脂为粘结剂制成的热塑性玻璃钢，具有较高的力学、介电、耐热和抗老化性能，工艺性能也较好。它与基体材料相比，强度和抗疲劳性能可以提高 2～3 倍以上，冲击韧性提高 1～4 倍，蠕变抗力提高 2～5 倍以上，达到或超过了某些金属的强度，可用来制造轴承、齿轮、壳体等零件。

以环氧树脂、酚醛树脂、聚酯树脂、有机硅树脂等热固性树脂为粘结剂制成的热固性玻璃钢，具有密度小、强度高（表 7-4）、介电性和耐蚀性及成形工艺性好的优点，可用来制造车身、船体、直升机旋翼等。

表 7-4 几种树脂浇注制品的力学性能

性能项目 \ 树脂种类	环氧树脂	酚醛树脂	聚酯树脂	有机硅树脂
密度/g·cm^{-3}	1.15	1.30～1.32	1.10～1.46	1.70～1.90
抗拉强度/MPa	85～105	4.2～63	4.2～70	21～49
抗弯强度/MPa	108.5	77～119	59.7～119	68.6
抗压强度/MPa	150	87.5～150	91～169	63～126

（2）碳纤维增强复合材料　有碳纤-树脂复合、碳纤-金属-树脂复合、碳纤-陶瓷-树脂复合。与玻璃钢相比，其强度和弹性模量高，密度小。因此它的比强度、比模量在现有复合材料中名列前茅。它还有较高的冲击韧性和疲劳极限，优良的减摩性、导热性、耐蚀性和耐热性。

碳纤维树脂复合材料广泛用于制造要求比强度、比模量高的飞行器结构，如导弹的鼻锥体、火箭喷嘴、喷气发动机叶片等，还可制造重型机械的轴瓦、齿轮、化工设备的耐蚀零件。

2. 层叠增强复合材料

层叠增强复合材料是由两层或两层以上的不同性质的材料结合而成，以达到增强的目的。

三层复合材料是由两层薄而强度高的面板（或称为蒙皮）与中间夹一层轻而柔的材料构成。面板一般由强度高、弹性模量大的材料组成，如金属板等；而夹层结构有泡沫塑料和蜂窝格子两大类。这类材料的特点是密度小、刚性和抗压稳定性高、抗弯强度好，常用于航空、船舶、化工等工业，如船舶的隔板及冷却塔等。

3. 颗粒增强复合材料

颗粒增强复合材料是由一种或多种颗粒均匀分布在基体材料内而制成的。颗粒起增强作用，一般粒子直径在0.01～0.10μm范围内。粒子直径若偏离这一数值范围，则无法获得最佳增强效果。

常见的颗粒增强复合材料有两类：

（1）金属颗粒与塑料复合　金属颗粒加入塑料中，可改善导热、导电性能，降低线膨胀系数。将铅粉加入氟塑料中，可用作轴承材料。含铅粉多的塑料可作为γ射线的屏罩及隔声材料。

（2）陶瓷颗粒与金属复合　陶瓷颗粒与金属复合即金属陶瓷。氧化物（如Al_2O_3）金属陶瓷，可用作高速切削刀具的材料及高温耐磨材料；钛基碳化钨即硬质合金，可制造切削刀具；镍基碳化钛，可制造火箭上的高温零件等。

第五节　纳米材料

纳米材料并不是新生材料。纳米科技早已在自然界里存在，在广阔的自然界和生物界中早已充满了纳米科学的内涵。例如在坚硬的人齿表面排列着纳米尺寸的微晶。又如，考古学家观察到几千年前制备的古铜器和古瓷器表面至今完好无损，这些表面均是由纳米级的晶粒所组成。

纳米材料的发现者是著名的美国物理学家，两次诺贝尔奖金获得者 Richardfeynmen。他在 20 世纪 60 年代曾经预言：如果我们能控制物体微小规模上的排序，将获得很多具有特殊性能的物质。

纳米材料是 20 世纪 80 年代初发展起来的，它具有奇特的性能和广阔的应用前景。1984 年 Glecter 采用气体冷凝方法，制备成功铁纳米微粉。随后，美国、德国和日本科学家先后制成多种纳米材料粉末及烧结块体材料，开创了纳米材料及技术的研究时代。

一、纳米科学与技术

纳米（nanometer）实际上是一个长度单位，简写为 nm。$1nm = 10^{-3}\mu m = 10^{-6}mm = 10^{-9}m$。

由此可知，纳米是一个极小的尺寸，但它又代表人们认识上的一个新的层次，从微米进入到纳米，从数量级的不同产生质的飞跃。纳米不仅是空间尺度上的概念，而且是一种新的思维方式，它的内容是在纳米尺寸范围内认识和改变材料，它使生产过程越来越细，以至于在纳米尺度上直接控制原子、分子的排布，从而制造具有特定功能的产品。

纳米技术的功能主要有：

1）纳米技术能够改变材料制造业的现状，制造出纯度很高的材料。

2）纳米机器可以奇迹般地回收并提取微量元素，清除废水中的有毒化学物质。

3）纳米技术可以制造超级嗅觉器，用来检测毒品、炸药、工厂泄露物质等。

4）纳米机器可以缩短产品从设计到批量生产所需的时间。

5）使用纳米机器，可以使传统的装配工艺变成一次成型工艺。

6）纳米技术可以作修理工作，其工作范围从消除发动机零件的腐蚀损坏与细小裂纹到医治患者的病变、修复损坏的器官、进行人体肢体再生、人体整容等。

7）纳米逻辑器件具有先进水平，亿倍于目前微处理器和随机存取存储器芯片的容量。

8）纳米机器不仅可以控制单个电子，而且可以控制单个光子，实现通信瞬时化。

纳米科技是一门多学科交叉的、基础研究与应用开发紧密联系的高新技术，如纳米生物学、纳米电子学、纳米化学、纳米材料学和纳米机械学等新学科。

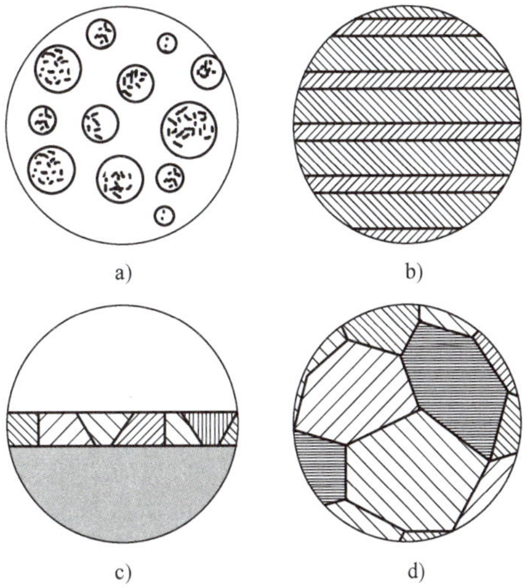

图 7-1　纳米材料的结构示意图

二、纳米材料的定义

纳米材料是指物质的颗粒尺寸 < 100nm 的材料。

纳米材料分为两个层次，即纳米超微粒子与纳米固体材料。纳米超微粒子指的是粒子尺寸为 1 ~ 100nm 的超微粒子；纳米固体是指由纳米超微粒子制成的固体材料。

目前人们已经能够制备多种纳米结构材料。图 7-1 是纳米材料的结构示意图。其中，

图 7-1a 是原子簇或由其形成的纳米粒子长径比等于 1 ~ ∞，因此其中包括纤维；图 7-1b是在一个方向上改变成分或厚度的多层膜；图 7-1c 是颗粒膜；图 7-1d 是纳米相材料。

三、纳米材料的结构与性能

纳米结构材料的特性，是由其组成的微粒尺寸、相组成和界面这三个方面的相互作用来决定的。

通常把直径小于 1nm 的粒子称为原子簇。含有千百万个原子的超微粒子称为纳米粒子，它的尺度大于原子簇，小于通常的微粉，一般在 1 ~ 100nm 之间，它是一般显微镜所看不见的粒子。把宏观大块物体细分成超微粒子后，在一定的尺寸下，它将会显示出许多奇异的特性，即它的力、电、热、光、磁、化学性质与传统固体相比有显著不同。

“超微”并非单纯的尺寸微小，它具有特定的含义：从功能材料的角度出发，当固体颗粒尺寸逐渐减小到一定程度时，其物理化学性质将发生突变。如果颗粒尺寸小于光波波长，则金、银、铜、锡等金属微粒均失去原有的光泽而呈黑色，这是由于光吸收引起的。磁性超微颗粒在尺寸小到一定范围时，会失去铁磁性，而表现出顺磁性，也称为超顺磁。此时，我们可以说颗粒尺寸进入超微粒的范畴。“超”的含义是表明它与大块物质相比较具有显著不同的性质。

1. 纳米材料的结构

从图 7-1 看出合成纳米结构材料具有以下结构特点：

1）原子畴（晶粒或相）尺寸小于 100nm。

2）晶界处的原子数比率高，可达 15% ~ 50%。

3）各畴之间存在相互作用。

纳米材料的结构一般分为两种，即纳米粒子的结构和纳米块体的结构。其中纳米块体材料，又可分为纳米粒子压制而成的三维材料、涂层、非晶态固体经过高温烧结而形成的纳米晶粒组成的材料、金属形变造成的晶粒碎化而形成的纳米晶材料，还有用球磨法制成的纳米金属间化合物或合金。

纳米粒子可以是由单晶或多晶组成的。不同的制备工艺可以制造出不同形状的纳米粒子。纳米材料的结构是有序排列还是无序排列还在研究讨论。一些科学家认为，纳米材料不同于晶态与非晶态，是物质的第三态固体材料。

2. 特殊的力学性质

纳米材料的粒子尺寸被限制在 100nm 以下，材料在一定临界长度尺寸范围内时，其性质将会发生变化。我们知道，陶瓷材料在通常情况下呈现脆性，而由纳米超微粒制成的纳米陶瓷却具有良好的韧性，这是由于纳米超微粒制成的固体材料具有大的界面，界面原子排列相当混乱，原子在外力条件下容易迁移，因此表现出甚佳的韧性与一定的延展性，使陶瓷材料具有新奇的力学性能。这就是目前推出的所谓“摔不碎的陶瓷碗”。人的牙齿之所以有很高的强度，是因为它是由磷酸钙等纳米材料构成的。纳米金属固体的硬度要比传统的粗晶材料硬 3 ~ 5 倍，而纳米金属-陶瓷复合材料则可在更大的范围内改变材料的力学性质。

3. 特殊的热学性质

纳米材料的另一种特性是相的稳定性。在粗晶粒尺寸时，金属具有固定的熔点，超微化后熔点降低。如块状的金的熔点为 1064℃，当颗粒尺寸减到 10nm 时降低为 1037℃，降低

27℃，2nm 时变为 327℃；又如银的常规熔点为 690℃，而超细银熔点变为 100℃，因此银超细粉制成的导电浆料可在低温下烧结。这样元件基片不必采用耐高温的陶瓷，可用塑料替代。采用超细银浆料制成的膜均匀、覆盖面积大，既省料质量又好。

超微粒的熔点下降，可以使粉末冶金工艺得到改善。例如，在钨颗粒中加入 0.1%～0.5% 质量比的纳米 Ni 粉，烧结温度可从 3000℃降为 1200～1300℃。

4. 特殊的光学性质

所有的金属超微粒子实际上均为黑色，尺寸越小，色彩越黑。银白色的铂（白金）变为铂黑，铬变为铬黑，镍变为镍黑等。这表明金属超微粒对光的反射率很低，一般低于 1%，大约有几纳米的厚度即可消光。利用此特性可制作高效光热、光电转换材料，可高效地将太阳能转化为热、电能，此外又可作为红外敏感元件、红外隐身材料等。

5. 特殊的磁性

人们发现鸽子、蝴蝶、蜜蜂等生物中存在超微磁性颗粒，使它们在地磁场中能辨别方向，具有回归本领。这些生物体内的磁颗粒是大小为 20nm 的磁性氧化物，小尺寸超微粒子的磁性比大块材料强许多倍。20nm 的纯铁粒子的矫顽力是大块纯铁的 1000 倍；但当尺寸再减小到 6nm 时，其矫顽力反而又下降到零，表现出所谓超顺磁性。利用超微粒子具有高矫顽力的性质，已做成高储存密度的磁记录粉，用于磁带、磁盘、磁卡及磁性钥匙等，利用超顺磁人们研制出应用广泛的磁流体，用于密封等。

6. 纳米固体材料的力学性能

由于合成纳米材料时可以使应力得到特殊的分布，导致纳米材料具有很好的力学性能。

（1）强度　由于纳米相金属的晶粒的减小而引起的力学性能的显著变化，大大增强了纳米金属的强度。

（2）硬度　最小晶粒尺寸（6nm）的样品比粗晶粒样品（50μm）的硬度可以增加 500%。例如，具有 5～10nm 晶粒尺寸的纳米钯样品比粗晶粒（100μm）的样品的硬度增加了 4 倍，屈服应力也有相应的增加。

（3）韧性　韧性增加是超细晶粒陶瓷的固有特性。人们已经研究了小晶粒尺寸的样品（如 TiO_2 是 12nm，ZnO 是 7nm），表明了纳米相陶瓷的韧性行为，以及在较小的晶粒尺寸的陶瓷中存在着相当大的高温增韧的潜力。

（4）塑性　在各种类型的纳米材料中，变形显著增加，甚至可产生超塑性形变。在很多的领域内，甚至对于相当脆的材料和难以形变的材料都可能引起大的形变或实现一次加工成形。纳米相陶瓷可以实现一次成形塑性形变。例如，在 900℃已把纳米 TiO_2 形变到所希望的形状，且表面光滑，并发现断裂韧性增加了 50%。

7. 纳米材料的化学性能

通过对比表面的控制，可以使纳米材料最大限度地增大空隙率，或者反过来消除空隙率，使材料完全致密化。另外，由于可以控制成分，纳米材料具有相当好的化学活性。纳米材料的特殊效应还表现在导电性、声学性质等方面。

四、纳米材料的制备

1. 纳米材料制备方法简述

纳米材料的制备方法比较多，一些制取超细微粉的方法都可以用来制备纳米微粒。但是，高效率、低成本获取优质纳米材料的技术，仍然是各国科学家研究的重点。目前，已经报道的工艺方法主要是以下几种：物理气相沉积法（PVD）、化学气相沉积法（CVD）、等离子体法、激光诱导法、真空成形法、惰性气体凝聚法、机械合金化法、共沉淀法、水热法、水解法、微孔液法、溶胶-凝胶法等。

纳米材料制备一般按以下步骤进行：

首先，在纳米尺寸状态中的原子簇拥有成千上万个原子，现在使用物理方法或化学方法来制备这些原子簇，再把其组装成材料。

第二，纳米结构材料中相的组成是非常重要的。因为相永远是传统材料的性能表现。在合成单相纳米结构材料时，纳米材料的相的纯度是很重要的。例如，制备一种氧化物或一种金属，这意味着要控制掺杂的不纯度、化学计量、组成相等诸因素，在成分控制的同时，至少粒子有一维的长度大小必须保持在100nm以内，这常常会使制备工艺变得更加复杂。

第三，控制组成相之间形成的界面性质，亦即交叉界面相互作用的性质。当然，在成分相同但有不同取向的晶粒之间，也存在这些晶界，包括多相界面和自由表面。与传统材料相比较，纳米结构材料中存在的界面数目是很大的，因此对于界面形成的控制很重要。

物理方法分为电阻加热惰性气体蒸发法、氢电弧等离子体法、超声速膨胀法、激光蒸发法和有机化合物激光分解法。

化学方法可以合成具有所需性质的纳米粒子，可以在分子水平上进行物质控制，可以用分子合成化学来制备新初始组分。实践中用水溶液法或有机溶液法制备金属与金属间化合物。

溶胶-凝胶法具有灵活多样性，被称为变色龙技术，以前主要用于陶瓷和玻璃的制备。现在这种技术是制造纳米结构材料的特殊工艺。

球磨法：在矿物加工、陶瓷工艺和粉末冶金工业中所使用的基本方法是材料的球磨。球磨工艺的主要目的包括粒子尺寸的减少、固态合金化、混合或融合，以及改变粒子的形状。球磨法的工艺大部分是用于有限制的或相对硬的、脆性的材料。这些材料在球磨过程中断裂、形变和冷焊。具体应用的球磨方法包括滚转、摩擦磨、振动磨和平面磨等。目前国内市场上已有各种行星磨、分子磨、高能球磨机等产品。

2. 机械合金化技术

球磨方法用来制备合金，也称为机械合金化方法。这种方法具有产量大、工艺简单易行等特点，在工业上很早就有应用。

（1）机械合金化技术的应用　20世纪中叶，机械合金化技术就被用于制备镍基氧化物弥散强化合金，20世纪70年代就被用来制造燃汽轮机的叶片和涡轮盘材料。后来该技术又被用于铁基弥散强化合金的研究，用于防止腐蚀材料及用于抗中子辐射的核燃料包裹材料。此后，该技术得到了进一步发展，由黑色金属扩大到有色金属。机械合金化技术在铜基、钛基和铝基弥散强化合金上也获得了应用。其中IN90211牌号显示高应变速率超塑性行为。

对于熔点相差悬殊，液相和固相都不互溶的材料，很难使用传统熔炼技术来制造均匀的合金，而机械合金化可以实现两相或多相不相溶成分的均匀混合，因此被用于Cu-Fe、Cu-Pb、Al-In、Mn-Bi合金及Cu-Cr、Cu-W、Cu-Ru电触头材料的生产。

机械合金化的另一个应用是制备金属间化合物。人们渴望用安排原子和分子来改善材料的性能。例如，对于TiAl、NiAl、Ti_3Al、Ni_3Al等结构材料，可以采用球磨方法使其成为金属间化合物，从而改善这些材料的性能。更引人注目的是使用机械合金化还可以制备具有功能性质的化合物。例如，永磁材料 $Nd_2Fe_{14}B$、Sm_2O、$Fe_{70}Ti_{10}$，储氢材料 Mg_2Ni，形状记忆合金 NiTi，超硬材料 SiC、TiB_2，以及化学催化剂 Ni-Co、Fe_3C 等都可以使用机械合金化方法来制备。

机械合金化方法应用最显著的一个就是在制备弥散强化合金工艺中的应用。弥散强化合金具有极好的高温强度和抗蠕变能力，在航空航天、热力机械和原子能工业领域得到广泛应用。另外，这种方法在固结成形、超硬强化合金、超硬材料、储氢合金、硬磁材料，以及催化剂等实际工业生产上的应用也显示出巨大的经济效益。

（2）机械合金化工艺过程分析　下面几个步骤是机械合金化的基本工艺过程。

1）根据所制产品的元素组成，将两种或多种单质或合金粉末组成初始粉末。

2）选择球磨介质，根据所制产品的性质，在钢球、刚玉球或其他材质的球中选择一种组成球磨介质。

3）把初始粉末和球磨介质一起按一定的比例放入球磨机中球磨。具体的工艺过程是：球与球、球与研磨桶壁的碰撞制成粉末，并使其产生塑性变形，形成合金粉。经长时间的球磨，复合粉末的组织细化，并发生扩散和固态反应，形成合金粉。

4）一般需要使用惰性气体 Ar、N_2 等保护。

5）对塑性非常好的粉末往往加入 1%～2%（质量）的有机添加剂（甲醇或硬脂酸），以防止粉末过度焊接和粘球。

6）机械合金化通常是在搅拌式、振动式或行星式球磨机中进行。

使用不同的球磨机、球磨强度、球磨介质、球的直径、球料比和球磨温度等参数，会得到不同的产物，相变是其中的重要因素。在不同的球磨条件下，会产生不同的相变过程。碰撞过程中使粉末产生形变，形成复合粉的同时，也会导致温度升高；同时伴随产生空位、位错、晶界及成分的浓度梯度，进一步发生了溶质的快速输运和再分散，从而容易形成新相。

在球磨过程中的粉末结构与特征、尺寸的变化，以及温度、应力和缺陷的数量，都直接影响相变过程。而相变过程又反过来影响进一步的形变和缺陷密度的变化。

五、纳米材料的应用

纳米材料标志着人们对材料性能的发掘达到了新的高度，这项技术大范围地改造了传统材料，又源源不断地创造出新的材料。纳米超微粒子的特殊性能决定了它在国民经济各领域中具有广阔的应用前景。

1. 在化工产品中的应用

纳米科技在化工方面的运用主要有催化技术和开发出种类繁多的化工产品。

催化是纳米超微粒子应用的重要领域之一。利用纳米超微粒子大比表面积与高活性可以显著地增进催化效率，国际上已作为第四代催化剂进行研究和开发。它在燃烧化学、催化化学中起着十分重要的作用。

2. 在环保健康方面的应用

随着经济的发展，人们越来越重视生活质量和健康水平的提高，抗菌、防腐、除味、净化空气、优化环境将成为人们的追求，纳米技术在这些方面将有广阔的发展空间，如 ZnO、Fe_2O_3、TiO_2 等半导体纳米粒子的光催化作用在环保健康方面有广阔的用途。使用纳米技术可以制备一种耐高温的环境友好催化剂。

纳米结构不仅坚固，而且具有自身对抗外界不纯物质的能力，不易与外界不纯物质结合。纳米技术制备的纳米级微粒或有机小分子将更有利于人体吸收，提高药物的效能。有些纳米金属粒子是嗜菌体，纳米半导体氧化物是抗菌体，两者在健康卫生领域有广阔应用前景。

3. 在电子工业产品中的应用

（1）在电子功能材料中的应用

1）纳米磁记录介质可制备高密度磁带，且可降低噪声，提高信噪比。

2）纳米敏感材料，可制成气、湿、光敏等多种传感器，极大地减小传感器的体积。

3）作为纳米电磁波、光波吸收材料，在国防中有重要应用。

（2）在微电子加工、生物分子器件和分子电子器件中的应用　纳米级的微电子线路可以使装置更小，是微米级装置的千分之一。纳米技术电路依靠单个分子改变位置或形状就能用于储存信息。全新的以分子自组装为基础制造出的生物分子电子器件，完全抛弃了以硅半导体为基础的电子元件。例如，加利福尼亚大学的研究人员开发出一种纳米电池，100 个这样的电池放在一起，也不过一个人体细胞的大小。

第六节　超导材料

1911 年荷兰物理学家昂尼斯发现汞的直流电阻在 4.2K 温度时突然消失。这是人类首次发现金属的超导现象。金属这样的现象称为“超导态”。而电阻突然变为零时的温度称为超导转变温度或临界温度 T_c。

超导材料是 20 世纪各国科学界竞相开展的研究领域。但直到 1986 年以前，已知超导材料的最高临界温度只有 23.2K，大多数超导材料的临界温度还要低得多，这样低的温度基本上只有液氦才能达到。因此，尽管超导材料具有重要的潜力，但由于既难以制造工程上所用的材料，又难以保持很低的工作温度，所以几十年来超导技术的实际应用一直受到严重限制。另外，在相当长的一段时间内，人们对超导的机制不太清楚，直到 1957 年提出了 BCS 理论，才真正弄清了超导的本质。当前，氧化物高温超导体的发现与研究，为超导技术进一步走向实用化提供了可能。

一、超导材料的分类及特点

电性质 $R=0$、磁性质 $B=0$ 是超导体两个最基本的特性。

超导材料按其化学组成可分为元素超导体、合金超导体、化合物超导体。由于氧化物超导体具有较高临界温度，人们把临界温度液氮温度（77K）以上的超导材料称为高温超导体，而把元素超导体、合金超导体、化合物超导体统称为低温超导体。

已知的超导材料有上千种。大部分金属元素都具有超导电性，在采用了特殊技术后（如高压技术、低温下淀积成薄膜技术、极快速冷却技术等），以前不能变成超导态的许多半导体和金属元素已在一定条件下实现了超导态。

1. 元素超导体

28 种具有超导电性的金属元素中，过渡族元素有 18 种，如 Ti、V、Zr、Nb、Mo、Ta、

W、Re 等，非过渡族元素有 10 种，如 Bi、Al、Sn、Cd、Pb 等。按临界温度高低排列，Nb 居首位，临界温度9.24K；其次是 Tc，临界温度为7.8 K；第三是 Pb，临界温度是7.197 K；第四是 Ld，临界温度是6.00K。然后是 V，临界温度是5.4K；以下依次为 Ta、Hg、Sn、In、Tl、Al。

元素超导体除 V、Nb、Ta 以外均属于第一类超导体，很难实用化。

2. 合金超导体

在目前的合金超导材料中，Nb-Ti 系合金实用线材的使用最为广泛。其原因之一是它与铜很容易复合，复合的目的是防止超导态受到破坏时超导材料自身被毁。复合后采取冷加工的方法将超导线材坯料拉成细丝，然后，在 300 ~ 500℃进行时效处理。第二相粒子的析出对磁通在超导体内的运动产生了很强的钉扎作用，有利于提高临界电流。Nb-Ti 合金线材虽然不是当前最佳的超导材料，但由于这种线材的制造技术比较成熟，性能也较稳定，生产成本低，所以目前仍是实用线材中的主导。20 世纪 70 年代中期，在 Nb-Zr、Nb-Ti 合金的基础上又发展了一系列具有很高临界电流的三元超导合金材料，如 Nb-40Zr-10Ti、Nb-Ti-Ta 等，它们是制造磁流体发电机大型磁体的理想材料。

为提高合金超导体的超导性能而进行的试验表明，在超导合金中，有些材料在降低温度使用时，其上临界磁场和临界电流可以有大幅度提高；而且合金超导体的临界温度在超高压下有所提高，如 Nb-Zr 合金，在 30GPa 压力下临界温度达到 17K 左右。

3. 化合物超导材料

与合金超导体相比，化合物超导体的临界温度和临界磁场都较高，至 1986 年，Nb_3Ge 的 $T_c=23.2K$，为超导材料中最高。化合物超导材料按其晶格类型可分为 B1 型（NaCl 型）、A15 型、C15 型（拉威斯型）、菱面晶型（肖布莱尔型）。其中最受重视的是 A15 型化合物，其中 Nb_3Sn 和 V_3Ga 最先引起人们的注意，其次是 Nb_3Ge、Nb_3Al、$Nb_3(AlGe)$等。A15 型化合物都具有较高的临界温度，如 Nb_3Sn，18K；V_3Si，17K；Nb_3Ge，23.2K…。由于其加工成线材较困难，实际能够使用的只有 Nb_3Sn 和 V_3Ga 两种。

化合物超导材料的加工方法目前较成熟的是 Nb_3Sn、V_3Ga 的加工技术。一般采用化学蒸镀法和表面扩散法制成 Nb_3Sn 带材；利用表面扩散法制成 V_3Ga 带材。日本利用 Cu-Ga 合金与 V 的复合，巧妙地制成了 V_3Ga 超细多芯线（太刀川法），使硬而脆的金属间化合物线材化成为可能。与此同时，美国也采用复合加工法制成 Nb_3Sn 线材。由于这种方法使用了铜合金（青铜）作为基体，故又称为青铜法，如图 7-2 所示。利用青铜法制作超细多芯线材，由于线材中青铜比例高，与表面扩散法带材相比，临界电流密度低，在强磁场中临界电流密度迅速下降。为了改善这一现象，在制造 Nb_3Sn 线材时，在铌芯中加入 Ta、Ti、Zr 等元素；在青铜中加入 Mg、Ga、Ti，或同时加入 Ga 与 Hf 等元素，可将临界磁场从 21T 提高到 25T。目前能够实用的超导材料，如 Nb-Ti 合金、V_3Ga 所产生的磁场均不超过 20T。而其他材料，如 Nb_3Al 和 $Nb_3(AlGe)$等临界温度及上临界磁场均高于 Nb_3Sn、V_3Ga。

除常规的金属超导材料，近年来非晶态超导体、磁性超导体、颗粒超导体都受到了研究人员的关注。此外，有机超导体在常压下的超导临界温度达到 8K，而且有不断增加的趋势。高温氧化物超导体的发展，使超导的研究与应用有了突飞猛进的发展。

二、超导材料的应用

粗略地估算，采用超导磁体后可以使现有设备的能量消耗降低到原来的 1/10 ~ 1/100。

但已应用于实际的超导器材，还是比较少的。应用技术的发展，有待于更高临界温度的超导材料的发现及加工、检测技术的建立和进步，如线材和薄膜的制造技术、制冷及冷却技术、超低温用结构材料和检测技术等。

在超导的应用上，目前处于领先地位的是制造高磁场的超导磁体。它不但应用于实验室，而且在高能物理、受控核反应、磁流体发电机、输电、磁悬浮列车、舰船推进、贮能、医疗各领域得到应用。具体的有以下几个方面。

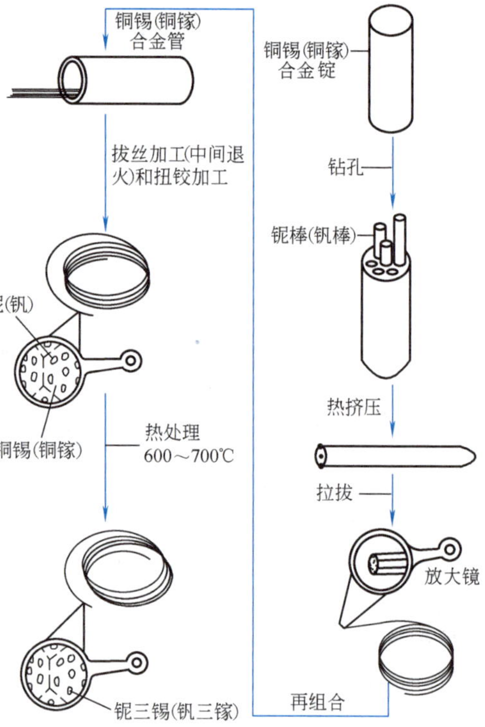

图 7-2 复合法制 Nb_3Sn、V_3Ga 线材

1. 开发新能源

（1）超导受控热核反应堆 受控热核反应的实现，将从根本上解决人类面临的能源危机。如果想建立热核聚变反应堆，利用核聚变能量来发电，首先必须建成大体积、高强度的大型磁场（磁感应强度约为 10^5T）。这种磁体贮能应达 4×10^{10}J，只有超导磁体才能满足要求，若用常规磁体，产生的全部电能只能维持该磁体系统的电力消耗。用于制造核聚变装置中超导磁体的超导材料，主要是 Nb_3Sn、Nb-Ti 合金、NbN、Nb_3Al、$Nb_3(Al,Ge)$等。

（2）超导磁流体发电 磁流体发电是一种靠燃料产生高温等离子气体，使这种气体通过磁场而产生电流的发电方式。磁流体发电机的主体主要由三个部分组成：燃烧室、发电通道和电极，其输出功率与发电通道体积及磁场强度的平方成正比。如使用常规磁体，不仅磁场的大小受到限制，而且励磁损耗大，发电机产生的电能将有很大一部分被自身消耗掉，尤其是磁场较强时；而超导磁体可以产生较大磁场，且励磁损耗小，体积、质量也可以大大减小。

目前，采用超导磁体的磁流体发电机已经进入应用，磁流体-蒸汽联合电站正在进行试验。磁流体发电超导磁体产生的磁场达 4.5T，贮能 60MJ，发电 500kW。

磁流体发电特别适合用于军事上大功率脉冲电源和舰艇电力推进。

2. 节能方面

（1）超导输电 超导体的零电阻特性使超导输电引起人们极大的兴趣。以前实用的超导材料临界温度较低，使它的实际应用受到限制。但是，经过各国科技人员的不懈努力，高温超导体被发现，使超导传输电缆在电力传输系统中得到实际应用。2004 年 7 月 10 日，我国第一组超导电缆系统正式在云南昆明普吉变电站并网运行，成为继美国、丹麦之后世界上第三个将超导电缆投入电网运行的国家。该超导电缆系统应用了国产超导材料，经正式运行后状态良好。

（2）超导发电机和电动机 超导电机的优点是小型、质轻、输出功率高、损耗小。据计算，电机采用超导材料线圈，磁感应强度可提高 5 ~ 10 倍。一般常规电机允许的电流密度为 $10^2 \sim 10^3 A/cm^2$，超导电机可达到 $10^4 A/cm^2$ 以上。

（3）超导变压器　用超导材料制造变压器，可使磁损耗大大降低，体积缩小，质量变轻。

（4）超导磁悬浮列车　磁悬浮列车是一种高速列车，它利用路面的超导线圈与列车上超导线圈磁场间的排斥力使列车悬浮起来，消除了普通列车车轮与轨道的摩擦力，使列车速度大大提高。

日本在 1979 年就研制成了时速 517km 的超导磁悬浮实验车。而 1990 年德国汉诺威—维尔茨堡高速磁浮列车线路正式投入运营，使德国在磁浮列车的实用化方面居领先地位。

（5）超导贮能　由于超导体电阻为零，在其回路中通入电流，则电流应永不衰减，即可以将电能存贮于超导线圈中。目前，超导贮能的应用研究主要集中于两个方面：一方面，计划用口径几百米的巨大线圈贮存电力，供电网调峰用；另一方面，超导贮能作为脉冲电源，如用作激光武器电源。

此外，超导磁体在研究领域、高能物理方面（同步加速器）、电子显微镜、核磁共振成像技术等方面也得到应用。

第七节　贮氢合金

进入 21 世纪以来，能源危机日益加剧，大气污染越来越严重，氢将是一种石油、煤炭和天然气以外的非常重要的二次能源。它的资源丰富，发热值比任何一种化学燃料的发热值都高，氢燃烧后生成水，不污染环境。鉴于以上种种优点，氢能源的开发引起了人们极大的兴趣。大量制氢可以考虑利用太阳能，用光解法制氢，或到海水中取氢。但氢的存贮是一个更大的难题。虽然可将氢气存贮于钢瓶中，但这种方法有一定危险，而且贮氢量小（15MPa，氢气质量尚不到钢瓶质量的 1/100），使用也不方便。液态氢比气态氢的密度高许多倍，固然少占容器空间，但是氢气的液化温度是 -253℃，为了使氢保持液态，还必须有极好的绝热保护，绝热层的体积和质量往往与贮箱相当。大型运载火箭使用液氢作为燃料，液氧作为氧化剂，其存贮装置又占去整个火箭 50% 以上的空间。

为了解决氢的存贮和运输问题，人们想到了用金属贮氢。最早发现 Mg-Ni 合金具有贮氢功能，随后又开发了 La-Ni、Fe-Ti 贮氢合金，此后，新型贮氢合金层出不穷。

一、金属贮氢原理

人们发现许多金属（或合金）可固溶氢气形成含氢的固溶体（MH_x），固溶体的溶解度与其平衡氢压 p_{H_2} 的平方根成正比。在一定温度和压力条件下，固溶体（MH_x）与氢反应生成金属氢化物，贮氢合金正是靠其与氢起化学反应生成金属氢化物来贮氢的。金属与氢的反应，是一个可逆过程。正向反应，吸氢、放热；逆向反应，释氢、吸热；改变温度与压力条件可使反应按正向、逆向反复进行，实现材料的吸释氢功能。

二、贮氢合金的分类

贮氢材料按结构分类有两种类型。一类是Ⅰ和Ⅱ主族元素与氢作用，生成的 NaCl 型氢化物（离子型氢化物）。这类化合物中，氢以负离子态嵌入金属离子间。另一类是Ⅲ和Ⅳ族过渡金属及 Pb 与氢结合，生成金属型氢化物。其中，氢以正离子态固溶于金属晶格的间隙中。

作为实用的贮氢材料，应具备如下条件：

1）单位质量或单位体积贮氢量大。

2）金属氢化物的生成热要适当，如果生成热太高，生成的金属氢化物过于稳定，释氢时就需要较高温度；当然，如果用作热贮藏，则希望生成热高。

3）平衡氢压适当，最好在室温附近只有几个大气压，便于贮氢和释放氢气。

4）吸氢、释氢速度快。

5）传热性能好。

6）对氧、水和二氧化碳等杂质敏感性小，反复吸、释氢时，材料性能不致恶化。

7）在贮存与运输中其性能可靠、安全、无害。

8）化学性质稳定，经久耐用。

9）价格便宜。

能够基本满足上述要求的合金成分主要有以下几类。

1. 镁系贮氢合金

这是最早研究的贮氢材料。镁与镁基合金贮氢量大、质量轻、资源丰富、价格低廉。其主要缺点是分解温度过高（250℃），吸、释氢速度慢，实用性不好。

2. 钛系贮氢合金

（1）钛铁系合金　钛和铁可形成 TiFe 和 $TiFe_2$ 两种稳定的金属间化合物。$TiFe_2$ 基本上不与氢反应。TiFe 可在室温与氢反应生成 $TiFeH_{1.04}$ 和 $TiFeH_{1.95}$ 两种氢化物。

TiFe 合金价格便宜，在不到 1MPa 压力的室温下即可释氢。但是它活化困难，抗杂质气体中毒能力差，且在反复吸释氢后性能下降。如果以过渡金属（M）Co、Cr、Cu、Mn、Mo、Ni、Nb、V 等置换部分铁，形成 $TiFe_{1-x}M_x$ 合金，则可使 TiFe 合金的贮氢特性大为改善。

（2）钛锰系合金　钛-锰系二元合金中 $TiMn_{1.5}$ 贮氢性能最好，在室温下即可活化。这种合金吸氢量较大。若提高 Ti 含量，吸氢量增大，但形成稳定的 Ti 氢化物使室温释氢能力下降。

3. 稀土系

稀土系贮氢合金的典型代表是 $LaNi_5$。其优点是室温即可活化，吸、释氢容易，平衡压力低，滞后小，抗杂质等；其缺点是成本高，大规模应用受到限制。

除以上几类典型贮氢合金外，非晶态合金与相同组分晶态合金，在相同温度和压力下有更大的贮氢量，同时具有较高的耐磨性、吸氢后体积膨胀小、几百次吸（释）氢后也不破碎等优点，因而其应用前景乐观。另外，可用于核反应堆中的金属氢化物及非晶态贮氢合金、复合贮氢材料已引起人们极大兴趣。

三、贮氢合金的应用

1. 作为贮运氢气的容器

用贮氢合金制作贮氢容器具有质量轻、体积小的优点。其次，用贮氢合金贮氢，无需采用高压及贮存液氢的极低温设备和绝热措施，节省能量，安全可靠。

贮运氢的贮氢合金装置有固定式和移动式两类。固定式主要用于大规模贮存氢气，而移动式贮氢装置可作为车辆燃料箱等。贮氢装置的结构有多种，由于金属—氢的反应存在热效应，所以贮氢装置一般为热交换器结构，其中贮氢材料多与其他材料复合，形成复合贮氢材料。

2. 氢能汽车

氢燃料电池汽车离我们的生活越来越近，如美国通用汽车公司生产的氢动力一号和我国上海生产的氢动力汽车，已经接近实用化程度。贮氢合金作为车辆氢燃料电池的氢贮存器，当前的主要问题是贮氢材料的质量比汽油箱质量大得多，影响汽车速度。但氢的热效率高于汽油，而且无燃烧污染，使氢能汽车的前景十分美好。

3. 分离、回收氢

为了有效分离和回收工业废气中的氢气，可以使废气流过装有贮氢合金的分离床，只要废气中氢分压高于合金-氢系平衡压，氢就被贮氢合金吸收，形成金属氢化物杂质排出；加热金属氢化物，即可释放出氢气。例如，生产中采用一种由 $LaNi_5$ 与不吸氢的金属粉及粘结材料混合压制烧结成的多孔颗粒作为吸氢材料，分离出合成氨生产中所需的氢气。

4. 制取高纯度氢气

如含有杂质的氢气与贮氢合金接触，氢被吸收，杂质则被吸附于合金表面；除去杂质后再使氢化物释氢，则得到的是高纯度氢气。利用贮氢合金对氢的选择性吸收特性，可制备99.9999%以上的高纯氢。在这方面，$TiMn_{1.5}$ 及稀土系贮氢合金应用效果较好。

5. 氢气静压机

改变金属氢化物温度时，其氢分解压也随之变化，由此可实现热能与机械能之间的转换。这种通过平衡氢压的变化而产生高压氢气的贮氢金属，称为氢气静压机。

实际应用中为获得高压氢所用的氢化物压缩器，大多数用于氢化物热泵、空调机、制冷装置、水泵等。这些压缩器只具备增压功能，在100℃以下加热条件下只能获得中等压力的氢气。我国开发的一列氢化物净化压缩器兼有提纯与压缩两种功能。其中 MH HC24/15 型压缩器，使用（$(Mn\text{-}Ca)_{0.95}Cu_{0.05}$（NiAl）作为净化压缩介质，在温度低于100℃的情况下可获得14MPa 的高压氢，可直接充灌钢瓶。

6. 氢化物电极

由于 $LaNi_5$ 基多元合金在循环寿命方面的突破，用金属氢化物电极代替 Ni-Cd 电池中的负极组成的 Ni/MH 电池开始进入实用化阶段。

除上面介绍的几个方面外，贮氢合金在热能的贮存与运输、金属氢化物热泵、空调与制冷、均衡电场负荷方面都有广阔的应用前景。

但是，贮氢合金在应用时存在贮氢能力低、对气体杂质的高度敏感性、初始活化困难、氢化物在空气中自燃、反复吸释氢时氢化物产生歧化等问题。相信随着新型贮氢材料，如非晶态合金、过渡金属络合物及一些非金属材料等的开发和成熟，上述问题能够得到解决。

第八节　形状记忆材料

具有形状记忆效应（shape memory effect，缩写为 SME）的材料称为形状记忆材料。材料在高温下形成一定形状后，待冷却到低温进行塑性变形为另外一种形状，然后经加热后通过马氏体逆相变，即可恢复到高温时的形状，这就是形状记忆效应。形状记忆材料，通常是两种以上的金属元素构成，所以也叫形状记忆合金（shape memory alloys，缩写为SMA）。

形状记忆合金种类很多，可以分为镍-钛系、铜系、铁系合金三大类。近年来发现一些聚合物和陶瓷材料也具有形状记忆功能。目前已实用化的形状记忆材料只有 Ti-Ni 合金和铜系及应力诱发马氏体类铁基合金。

形状记忆材料主要应用在以下几个方面。

1. 工程应用

应用于工程上的形状记忆材料主要做各种结构件，如紧固件、连接件、密封垫等。另外，它也一直应用在一些与温度有关的传感器和自动控制件。作紧固件、连接件时，形状记忆合金较其他材料有许多优势：①夹紧力大，接触密封可靠，避免了由于焊接而产生的冶金缺陷；②适于不易焊接的接头；③金属与塑料等不同材料可以通过这种连接件连成一体；④对安装技术要求不高。

把形状记忆合金制成的弹簧与普通弹簧安装在一起，可以制成自控元件。它对温度比双金属片敏感得多，可代替双金属片用于控制和报警装置中。如图 7-3 所示，在高温和低温时，形状记忆合金弹簧由于发生相变，母相与马氏体强度不同，使元件向左、右不同方向运动。这种构件可以作为暖气阀门，温室门窗自动开启的控制，描笔式记录器的驱动，温度的检测、驱动。

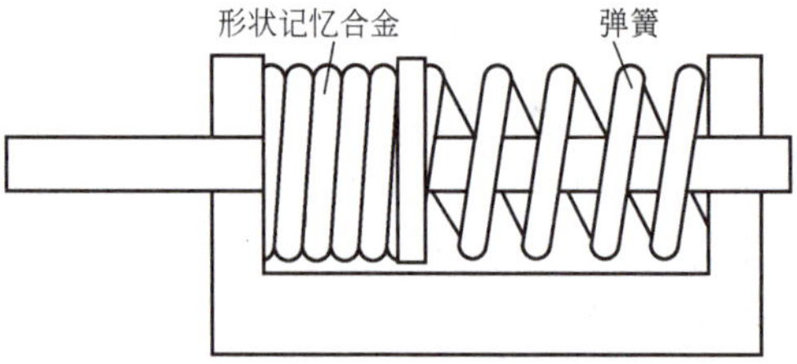

图 7-3　自控元件原理

2. 医学应用

医学上将 Ti-Ni 形状记忆合金埋入人体作为移植材料，这种材料对生物体有较好的相容性。在生物体内部作固定折断骨架的销、进行内固定接骨的接骨板，由于体内温度使 Ti-Ni 合金发生相变，形状改变，不但能将两段骨固定住，而且能在相变过程中产生压力，迫使断骨很快愈合。另外，假肢的连接、矫正脊柱弯曲的矫正板，都是利用形状记忆合金治疗的实例。

关于形状记忆合金的伪弹性，在医疗方面最典型的应用是牙齿矫正线，依靠固定在牙齿托架上金属线（Ti-Ni 合金线）的弹力来矫正排列不整齐的牙齿。这种方法已大量应用于临床。眼镜片固定丝也是伪弹性应用的一个例子。

3. 智能应用

形状记忆合金是一种集感知和驱动双重功能为一体的新型材料，因而可广泛应用于各种自调节和控制装置，如各种智能、仿生机械。形状记忆薄膜和细丝，可能成为未来机械手和机器人的理想材料。

近年来，日本研制出一种形状记忆塑料——苯乙烯和丁二烯聚合物。当加热至 600℃

时，丁二烯部分开始软化，而苯乙烯仍保持坚硬，以此来保持形状记忆功能。日本几家汽车公司甚至设想把形状记忆塑料制成汽车的保险杠和易撞伤部位，一旦汽车撞瘪，只要稍微加热（如用电吹风），就会恢复原形。

第九节　非晶态合金

以极高的速度将熔融状态的合金冷却，凝固后的合金结构呈玻璃态。这样的合金称为非晶态合金，俗称"金属玻璃"。

非晶态合金与普通金属相比，成分基本相同，但结构不同，使两者在性能上呈现差异。由于非晶态合金具有许多优良的性能，如强度高、良好的软磁性及耐蚀性能等，使它很快进入应用领域，尤其是作为软磁材料，有着相当广泛的应用前景。下面结合非晶态材料的性能特点，介绍其主要应用。

一、力学性能

非晶态材料具有极高的强度和硬度，其强度远超过晶态的高强度钢，材料的强度利用率也大大高于晶态金属。此外，非晶态材料的疲劳强度也很高，钴基非晶态合金可达1200MPa。非晶态合金的伸长率一般较低，但其韧性很好。另外，非晶态合金压缩变形时压缩率可达40%，轧制下可达50%以上而不产生裂纹，弯曲时可以弯至很小曲率半径而不折断。非晶态合金变形和断裂的主要特征是不均匀变形，变形集中在局部的滑移带内，使得在拉伸时由于局部变形量过大而断裂，所以伸长率很低。

由于非晶态合金的强度、硬度高，韧性好，可以用来制作轮胎、传送带、水泥制品及高压管道的增强纤维。用非晶态合金制成的刀具，如保安刀片，已投入市场。另一方面，利用非晶态合金的力学性能随电学量或磁学量的变化，可制作各种元器件，如用铁基或镍基非晶态合金可制作压力传感器的敏感元件。

另外，非晶态合金制备简单，由液相一次成形，避免了普通金属材料生产过程中的铸、锻、压、拉等复杂工序，且原材料本身并不昂贵，生产过程中的边角废料也可全部收回，所以生产成本可望大大降低。但非晶态合金的比强度及弹性模量与其他材料相比还不够理想，使产品形状有较大局限性。

二、软磁特性

非晶态合金由于是无序结构，不存在磁晶各向异性，因而易于磁化，而且没有位错、晶界等晶体缺陷，故磁导率、饱和磁感应强度高，矫顽力低，损耗小，是理想的软磁材料。目前比较成熟的非晶态软磁合金，主要有铁基、铁-镍基和钴基三大类，主要用作变压器材料、磁头材料、磁屏蔽材料、磁致伸缩材料及磁泡材料等。

三、耐蚀性能

非晶态合金由于生产过程中的快冷，导致扩散来不及进行，所以不存在第二相，组织均匀；其无序结构中不存在晶界、位错等缺陷；非晶态合金本身活性很高，能够在表面迅速形成均匀的钝化膜，阻止内部进一步腐蚀。由于以上原因，非晶态合金的耐蚀性优于不锈钢。

在耐蚀方面应用较多的是铁基、镍基、钴基非晶态合金，其中大都含有铬，如 $Fe_{70}Cr_{10}P_{13}C_7$、Ni-Cr-$P_{13}B_7$ 等。它们主要用于制造耐腐蚀管道、电池的电极、海底电缆屏蔽、磁分离介质及化工用的催化剂、污水处理系统中的零件等。

四、高的电阻率

非晶态材料在室温电阻率比一般晶态合金高 2～3 倍，而且电阻率与温度之间的关系也与晶态合金不同，变化比较复杂，多数非晶态合金具有负的电阻温度系数。

五、超导电性

很早人们就发现非晶态金属及其合金具有超导电性。1975 年以后，用液体急冷法制备了多种具有超导电性的非晶态合金，为超导材料的研究开辟了新的领域。

非晶态超导材料有良好的韧性及加工性能并有很大的发展空间。非晶态合金还具有良好的催化特性，如用 $Fe_{20}Ni_{60}B_{20}$ 作为 CO 氢化反应的催化剂。

非晶态合金这种大有前途的新材料也有不尽如人意之处。其缺点主要表现在两方面：一是由于采用急冷法制备材料，使其厚度受到限制；二是它在热力学上不稳定，受热后有晶化倾向。

除上述所介绍的功能材料外，还包括很多，如在各种电功能材料中的金属电接点材料、金属电阻材料、金属导电材料等，在磁性功能材料中的软磁材料、永磁材料，在热功能材料中的膨胀材料、测温材料、隔热材料，在光功能材料中的固体激光器材料、信息显示材料、光纤、隐形材料等，已越来越多地引起人们的关注。随着科学技术的发展，材料需要适应更加复杂的环境，所以将不断会有新的功能材料被研究出来，并得以广泛应用。

第八章 铸造

铸造是把熔化的液体金属烧注到具有与零件形状相当的铸型空腔中，待其冷却凝固后获得零件或毛坯的方法。这种方法生产的零件或毛坯称为铸件。

铸造方法可分为砂型铸造和特种铸造两大类，其中以砂型铸造应用最普遍。

铸造生产的特点是原材料来源广泛，生产成本低，工艺灵活性大，几乎不受零件尺寸、形状及结构复杂程度的限制。铸件的质量可由几克到几百吨；壁厚可由0.5mm到1m。铸造不仅能生产毛坯件，采用某些精密铸造方法还能直接生产精度高、表面粗糙度值低的零件。因此，铸造在制造行业得到了广泛的应用。

第一节 合金的铸造性能

合金的铸造性能是指合金在铸造生产中所表现的工艺性能。它是保证铸件质量的重要因素。合金的铸造性能主要包括流动性和收缩等。

一、合金的流动性

合金的流动性是指液态合金本身的流动能力。合金流动性是合金重要的铸造性能之一。流动性越好，越易于浇注出轮廓清晰、薄而复杂的铸件，同时，有利于液态金属中的非金属夹杂物和气体的上浮和排除，也有利于液态金属对凝固过程中所产生的收缩进行补缩。所以提高合金的流动性，能在一定程度上避免或减少气孔、夹杂、缩孔等缺陷的产生。因此，在进行铸件的结构设计和制订工艺规程时，必须考虑合金的流动性。

衡量合金流动性的好坏通常是用螺旋形试样来测定（图8-1）。流动性越好的合金，液体金属填满铸型的能力越强，则浇铸出的螺旋形试样就越长。

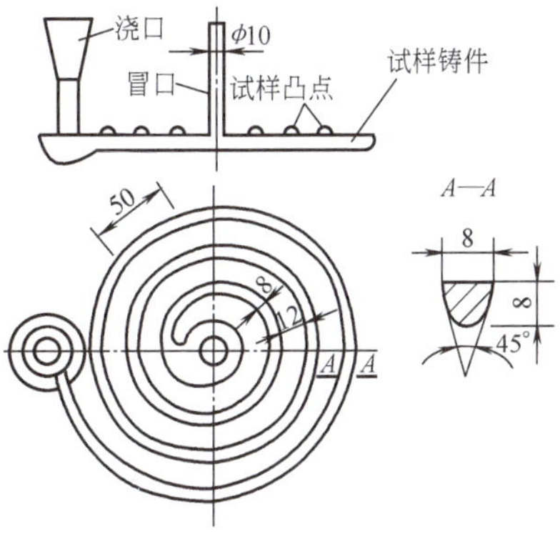

图8-1 螺旋形试样

二、影响合金流动性的因素

影响合金流动性的主要因素有合金的浇注温度、化学成分和铸型填充条件。

1. 浇注温度对流动性的影响

提高浇注温度可以显著地改善合金的流动性。浇注温度高，液体金属的过热度大，可使合金保持液态时间增长，防止铸件产生浇不足、冷隔等铸造缺陷。但浇注温度过高，容易出现缩孔、缩松、粘砂、气孔等缺陷。因此，浇注温度一般是在保证合金的流动性足够的前提下，尽可能采用“高温出炉，低温浇注”的方法。

2. 化学成分对流动性的影响

合金的化学成分不同，则具有不同的结晶特点，对流动性影响也不相同。共晶成分合金的结晶特点是在恒定温度条件下凝固，且结晶温度较低，过热度增大，枝晶阻碍作用小，故流动性最好。非共晶成分的合金凝固时，在两相区中生长出大量枝状晶粒会阻碍液体合金的流动，所以合金的结晶温度区间越大，其流动性则越差。铁碳合金的流动性与含碳量的关系如图 8-2 所示。由图可见，亚共晶铸铁随含碳量的增加，结晶温度范围减小，流动性提高。

3. 铸型条件对流动性的影响

铸型条件的不同对流动性的影响也很大。在铸型中凡增加合金流动阻力、降低流速和加快冷却速度的因素，都会降低流动性。因此，在铸造工艺上常采取加高直浇道，扩大内浇道截面，增设出气口，铸型烘干，减少合金与铸型的温差等措施，提高液态合金的流速，延长流动时间，以改善铸型的填充条件。

三、合金的凝固

在铸件的凝固过程中，其断面上一般存在三个区域，即固相区、凝固区和液相区，其中，对铸件质量影响较大的主要是液相和固相并存的凝固区的宽窄。铸件的“凝固方式”就是依据凝固区的宽窄（图 8-3b 中 S）来划分的。

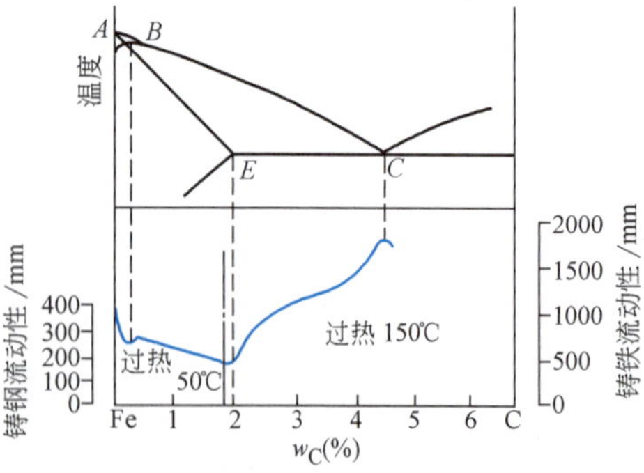

图 8-2 Fe-C 合金流动性与含碳量的关系

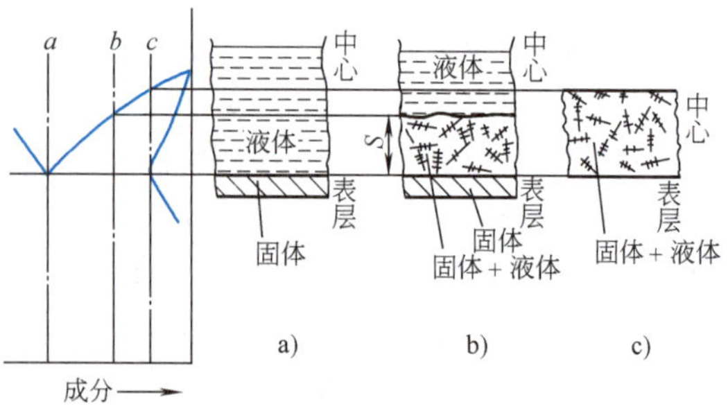

图 8-3 铸件凝固方式

a）逐层凝固 b）中间凝固 c）糊状凝固

1. 逐层凝固

纯金属或共晶成分合金在凝固过程中因不存在液、固并存的凝固区（图 8-3a），故断面上外层的固体和内层的液体由一条界线（凝固前沿）清楚地分开。随着温度的下降，固体层不断加厚，液体层不断减少，直达铸件的中心，这种凝固方式称为逐层凝固。

2. 糊状凝固

如果合金的结晶温度范围很宽，且铸件的温度分布较为平坦，则在凝固的某段时间内，铸件表面并不存在固体层，而液、固并存的凝固区贯穿整个断面（图 8-3c）。由于这种凝固方式与水泥类似，即先呈糊状而后固化，故称糊状凝固。

3. 中间凝固

大多数合金的凝固介于逐层凝固与糊状凝固之间（图 8-3b），称为中间凝固方式。

铸件质量与其凝固方式密切相关。一般说来，逐层凝固时，合金的充型能力强，便于防止缩孔和缩松；糊状凝固时，难以获得结晶致密的铸件。在常用合金中，灰铸铁、铝硅合金等倾向于逐层凝固，易于获得结晶致密的铸件；球墨铸铁、锡青铜、铝铜合金等倾向于糊状凝固，为获得致密铸件常需采用适当的工艺措施，以便补缩或减小其凝固区域。

四、合金的收缩

液体合金在凝固和冷却过程中，体积和尺寸减小的现象称为合金的收缩。收缩能使铸件产生缩孔、缩松、裂纹、变形、内应力等缺陷，严重地影响铸件的质量。因此有必要对合金收缩的规律进行研究。

1. 收缩及其影响因素

（1）收缩　合金从浇注温度冷却到室温时，总的收缩由三个互相联系的收缩阶段所组成。

1）液态收缩。从浇注温度冷却到凝固开始温度（即液相线温度）的收缩。

2）凝固收缩。从凝固开始温度冷却到凝固终了温度（即固相线温度）的收缩。

3）固态收缩。从凝固终了温度冷却到室温的收缩。

合金的液态收缩和凝固收缩会引起铸件的体积收缩，通常用体积收缩率来表示（表 8-1）。这两个阶段的收缩是铸件产生缩孔和缩松缺陷的基本原因。合金的固态收缩，虽然也反映体积的变化，但它只引起铸件外部尺寸的变化，因此，通常用线收缩率来表示（表 8-2）。固态收缩是铸件产生内应力、裂纹和变形等缺陷的主要原因。铸件模型制作时要考虑合金的线收缩率。

表 8-1　几种铁碳合金的体积收缩率

合金种类	w_C(%)	浇注温度/℃	液态收缩(%)	凝固收缩(%)	固态收缩(%)	总体积收缩(%)
铸造碳钢	0.35	1610	1.6	3	7.86	12.46
白口铸铁	3.0	1400	2.4	4.2	5.4~6.3	12~12.9
灰铸铁	3.5	1400	3.5	0.1	3.3~4.2	6.9~7.8

表 8-2　几种常用铸造合金的线收缩率

合金种类	灰铸铁	可锻铸铁	球墨铸铁	铸造碳钢	铝合金	铜合金
线收缩率(%)	0.8~1.0	1.2~2.0	0.8~1.3	1.3~2.0	0.8~1.6	1.2~1.4

（2）影响收缩的因素

1）化学成分的影响。碳素铸钢随含碳量增加，凝固收缩增加，而固态收缩略减。灰铸铁中，碳是形成石墨的元素，硅是促进石墨化的元素，所以碳、硅含量越多，收缩越小。锰和硫是阻碍石墨析出的元素，随着铸铁中锰或硫含量的增加，收缩将增大。但适当的含锰量，可与硫结合成 MnS，从而抵消了锰和硫阻碍石墨析出的作用，使收缩率减少。

2）浇注温度的影响。浇注温度越高，过热度越大，液态收缩量增加。因此，在满足流动性要求的前提下，尽量采用低温浇注的措施来减少液态收缩。

3）铸件结构和铸型的影响。铸件在铸型中冷却时，收缩过程能自由地进行，称为自由收缩。相反，在收缩时，受到铸件结构上其他部位的相互制约（如铸件壁厚不均匀造成各部位冷速不同）而对收缩产生阻碍，以及铸型和型芯对收缩的阻碍而不能自由收缩，称为限制收缩。通常，铸件在铸型中并不是自由收缩，而是限制收缩。因此，在设计模型时，必须根据合金种类、铸件的结构情况等因素，选取适合的收缩率。

2. 缩孔与缩松的形成及防止

（1）缩孔和缩松的形成　液体合金浇注到铸型后，在冷凝过程中铸件体积要缩减，若其收缩得不到液体合金的补充，则在铸件最后凝固的部位形成孔洞。按孔洞的大小和分布分为缩孔和缩松，容积较大的集中的孔洞称为缩孔，而分散小孔洞称为缩松。

1）缩孔。缩孔的形成过程如图 8-4 所示。假定合金液的凝固温度范围很小，图 8-4a所示为液体金属充满铸型的型腔；图 8-4b 所示为经过铸型的吸热及不断向外散热，铸件外表面首先凝固一层外壳；图 8-4c表示温度进一步降低，凝固层加厚，内部的剩余液体由于液态收缩和补充凝固层的收缩，导致体积缩减，液面下降，铸件内出现了空隙；图 8-4d 表示温度继续下降，外壳继续加厚，液面不断下降，到合金全部凝固后，则在铸件上部形成容积较大的缩孔；图 8-4e为已经产生缩孔的铸件，冷却到室温时，随着铸件的固态收缩，铸件外形尺寸稍有缩小。

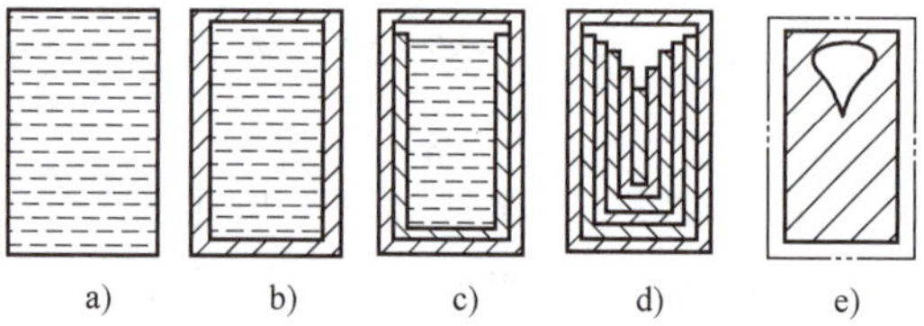

图 8-4　缩孔形成过程示意图

纯金属和共晶成分的合金易形成缩孔。缩孔集中在铸件上部或最后凝固的部位，通常隐藏在铸件内，有时缩孔也产生在铸件的上表面，呈明显凹坑。缩孔的特征是：形状不规则，多数近于倒圆锥形，内表面粗糙。

2）缩松。缩松也是由于金属液态收缩和凝固收缩而未能补缩所致，实质上是将集中缩孔分散为许多的细小缩孔。对于相同的收缩容积，缩松的分布面积比缩孔大得多。

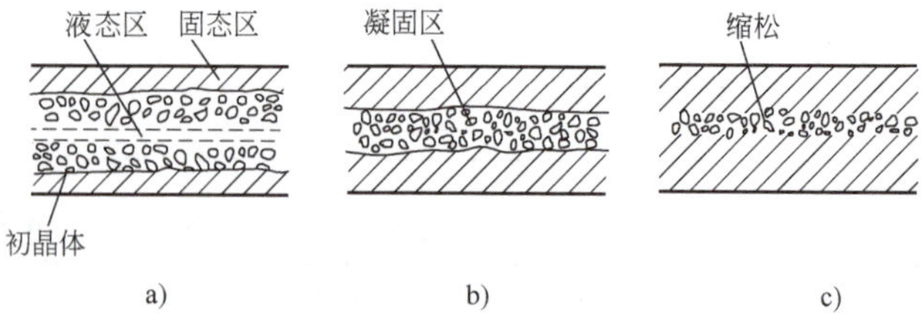

图 8-5　缩松形成意图

a）凝固初期　b）液相区消失　c）缩松形成

缩松的形成过程可由图 8-5 来说明。假定合金液的凝固温度范围很大，铸件首先从外层开始凝固，在凝固后期，铸件截面上一定的宽度区域内形成一个同时凝固区，既有正在长大的晶体，又有液态合金，而初生的晶体呈枝状长大，并且彼此相互交错，将液体合金分割成许多小的封闭液体区，当封闭液体区内液体合金凝固时，得不到液态合金的补充，形成许多分散的小孔洞，即缩松。

（2）防止缩孔与缩松的方法　缩孔与缩松不仅减小铸件受力的有效面积，而且在缩孔部位易产生应力集中，使铸件力学性能显著降低。因此，通常在工艺上采用控制铸件的冷却速度和实现顺序凝固的方法，将合金的收缩引导到铸件最后凝固的部位，并在该部位上设置补缩冒口，利用补缩冒口内的液体金属来补充由于收缩所产生的孔洞，以得到没有缩孔的致密的铸件，如图 8-6 所示。

对形状简单的铸件，可将浇口设置在厚壁处，适当扩大浇口的截面积，利用浇口直接进行补缩，如图 8-7 所示。

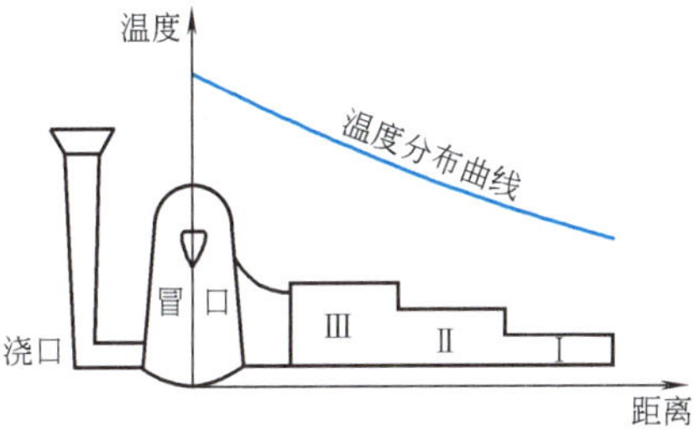

图 8-6　顺序凝固

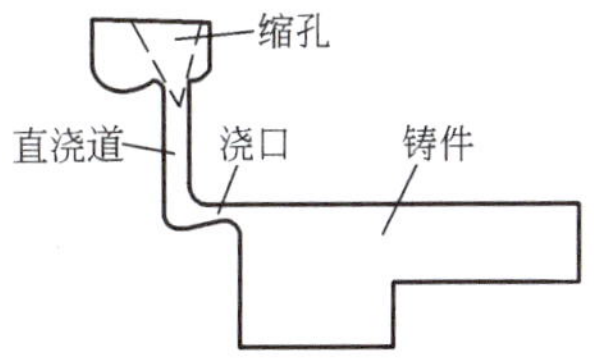

图 8-7　利用浇口直接补缩示意图

对于形状复杂壁厚不均匀的铸件，容易在最后凝固的厚壁部位产生缩孔，如图 8-8a 所示。为了消除厚壁处的缩孔，可在产生缩孔部位设置补缩冒口（侧冒口和顶冒口）如图 8-8b所示，将缩孔转移到冒口内，以保证获得无缩孔的铸件。

冒口主要用于凝固收缩大和结晶范围小的合金，如铸钢件、高强度灰铸铁件、球墨铸铁件、可锻铸铁件及黄铜等。

除了设置补缩冒口外，生产上为了控制铸件的凝固顺序，还可以在铸件厚壁处（即热节部位）安放冷铁，如图 8-8c 所示。冷铁是一种用铸铁或钢制成的金属块，嵌在铸件厚大部位的铸型中，由于冷铁加速了该部位铸件金属的散热，使缩孔转移到铸件冒口的位置，从而达到防止缩孔的产生。冷铁本身并不起补缩作用。

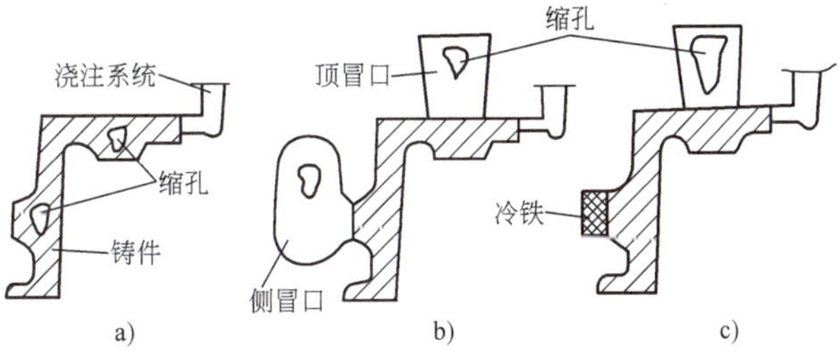

图 8-8　用冒口和冷铁消除缩孔的示意图

五、铸造内应力、变形和裂纹

铸件受到阻碍不能自由收缩，会在铸件内部产生内应力，称为铸造内应力。产生的内应力有两种情况：一种是在冷却过程中暂存的，即外在阻碍条件去除后，内应力就自行消失；另一种是外在阻碍条件不存在时而内应力一直残留在铸件内，称为残余内应力。内应力是造成铸件产生变形、裂纹等缺陷的主要原因。

1. 内应力形成及防止

铸造内应力，按其产生的原因主要分为机械应力和热应力两种。

（1）机械应力　机械应力是在铸件冷却收缩时受到铸型或型芯机械式的阻碍而产生的应力，如图 8-9 所示。铸件在冷却过程中，尺寸 L 要逐渐缩小，若铸型强度过高，便会产生裂纹。

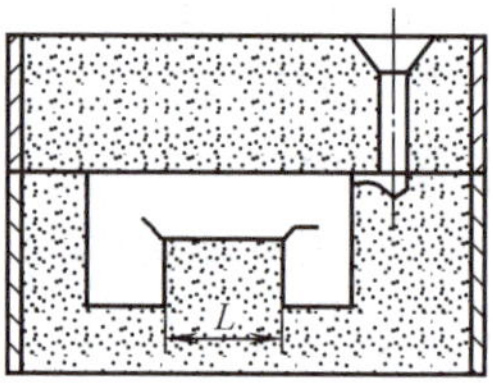

图 8-9　机械应力形成过程示意图

机械应力与铸件各部分的冷却速度无关，它是暂存的内应力，铸件经过落砂或清除型芯后，应力便会消失。为了防止铸件产生机械应力，应提高铸型和型芯的退让性，从而减少对铸件收缩的阻力。

（2）热应力　热应力是由于铸件壁厚不均匀，各部分冷却速度不同，以致在同一时期内铸件各部分收缩不一致而引起的。

为了分析热应力的形成，首先必须了解固态金属自高温冷却到室温时状态的变化，即区分塑性状态和弹性状态。固态金属在再结晶温度以上（钢和铸铁为 620 ~ 650℃），处于塑性状态，在应力作用下，产生塑性变形，变形之后内应力自行消失。相反，金属在再结晶温度以下处于弹性状态，由于铸件厚薄部位收缩不同造成的内应力，致使铸件产生弹性变形，变形后应力继续存在。

以框形铸件为例来分析热应力的形成（图 8-10a）。当铸件处于高温阶段（图中 $t_0 \sim t_1$ 间），两杆均处于塑性状态，尽管两杆的冷却速度不同，收缩不一致，但瞬时的应力均可通过塑性变形而自行消失。继续冷却后，冷速较快的细杆Ⅱ已进入弹性状态，而粗杆Ⅰ仍处于塑性状态（图中 $t_1 \sim t_2$ 间）。由于细杆Ⅱ冷速快，收缩大于粗杆Ⅰ，所以细杆Ⅱ受拉伸、粗杆Ⅰ受压缩（图 8-10b），形成了暂时内应力。但这个内应力随之便被粗杆Ⅰ的微量塑性变形（压短）而消失（图 8-10c）。当进一步冷却到更低温度时（图中 $t_2 \sim t_3$ 间），粗杆Ⅰ也处于弹性状态，此时，尽管两杆长度相同，但所处的温度不同。粗杆Ⅰ的温度较高，还将进行较大的收缩；细杆Ⅱ的温度较低，收缩已趋停止。因此，粗杆Ⅰ的收缩必然受到细杆Ⅱ的强烈阻碍，于是，细杆Ⅱ受压缩，粗杆Ⅰ受拉伸，直到室温，形成了残余内应力（图 8-10d）。

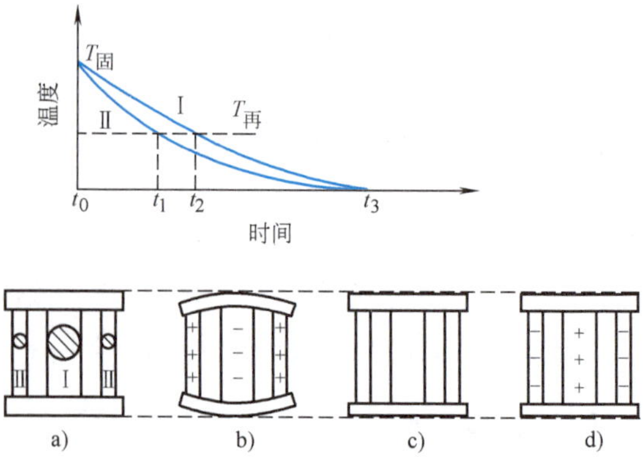

图 8-10　热应力的形成

+表示拉应力　−表示压应力

从上述分析来看，产生热应力规律是，铸件冷却较慢的厚壁或心部存在拉伸应力，冷却较快的薄壁或表层存在压缩应力。合金固态收缩率越大，铸件壁厚差别越大，产生热应力越大。

预防热应力的基本途径是尽量减少铸件各部分的温度差，使其均匀地冷却。为此，要求设计铸件的壁厚尽量均匀一致，避免金属的聚集，并在铸造工艺上采用同时凝固原则。

2. 铸件的变形与防止

在热应力的作用下，铸件薄的部分受压应力，厚的部分受拉应力，但是铸件总是力图通过自由地变形来松弛内应力的，因此，铸件常由于内应力而发生不同程度的变形。

图 8-11 所示为厚薄位置不同的两种 T 形杆件，厚的部分受拉应力，薄的部分受压应力，结果两种 T 形杆件产生不同方向的变形。

图 8-12 所示为平板铸件，其中心部分比边缘散热慢，受拉应力，而铸型上面又比下面冷却快，于是平板发生如图所示方向的变形。

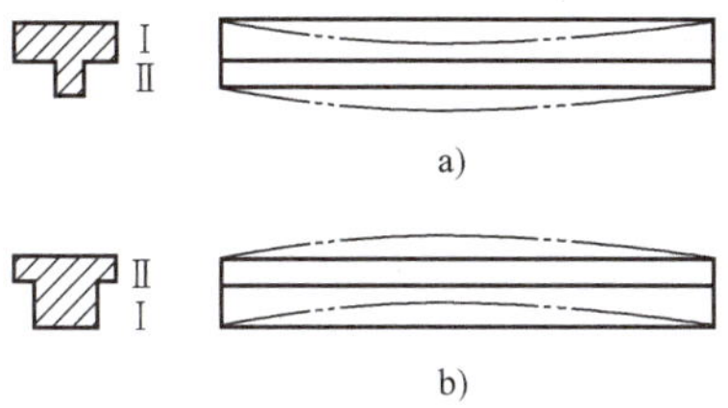

图 8-11 铸件厚薄部位不同对变形的影响

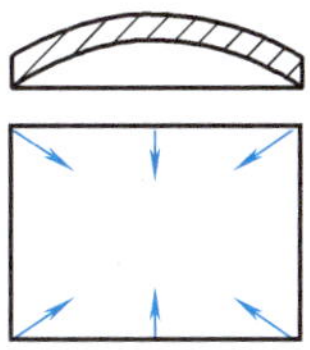

图 8-12 平板铸件的变形

为防止铸件变形，应尽可能使所设计的铸件壁均匀或形状对称。在铸造工艺上应采用同时凝固。有时，对长而易变形的铸件，可采用反变形法，即模型制成与铸件变形相反的形状，用以抵消铸件产生的变形。

尽管铸件冷却时会发生一定的变形，但残余应力仍难以彻底去除。经机械加工后，残余应力将重新分布，加工面还会逐步发生变形，使零件丧失应有的精度。为此，对不允许变形的重要铸件，必须采用去应力退火，将残余应力去除。常用去应力退火方法有人工时效和自然时效两种。人工时效是将铸件进行低温退火。它比把铸件放置在露天的自然时效节省时间，应用广泛。

3. 铸件的裂纹与防止

当铸造内应力超过金属的抗拉强度时，铸件便发生裂纹。裂纹是严重的铸件缺陷，必须设法防止。裂纹的发生根据温度的不同分为热裂和冷裂两种。

（1）热裂 热裂是在凝固后期，此时高温下金属的强度很低，如果金属较大的线收缩受到铸型或型芯的阻碍，机械应力超过该温度下的金属强度，便产生热裂。其形状特征是裂纹短、缝隙宽、形状曲折、缝内呈氧化颜色。热裂是铸钢和铝合金铸件常见的缺陷。

为了防止热裂，首先要设计合理的铸件结构；其次改善型砂和芯砂的退让性；同时，应严格限制钢和铁中的含硫量，因为硫会增加热脆性，使合金的高温强度降低。

（2）冷裂 若铸件所产生的热应力与机械应力的总和大于该温度下金属强度，就会出现裂纹。该裂纹是在较低温度下形成的，并常出现在受拉应力和有应力集中的部位，这种裂纹通常称为冷裂。其特征是裂纹细小、呈连续直线状、缝内干净，有时呈轻微氧化色。对于壁厚差别大、形状复杂的铸件，特别是大而薄的铸件易于发生冷裂。防止冷裂的总原则是减少铸造内应力和降低合金的脆性。例如铸件壁厚要均匀，增加型砂和芯砂的退让性，降低钢和铸铁中含磷量，因为磷能显著降低合金的冲击韧性。

第二节　常用铸造合金

铸造用的合金种类很多，常用的有铸铁、铸钢、铜合金和铝合金等。本节重点介绍灰口铸铁的组织、性能、铸造工艺特点及其应用。同时简介钢、铜及铝合金的铸造特点。

一、灰口铸铁

灰口铸铁按照石墨形态可分为灰铸铁、可锻铸铁、球墨铸铁、蠕墨铸铁四种。

1. 灰铸铁

（1）灰铸铁的性能

1）力学性能。灰铸铁属于脆性材料，抗拉强度和弹性模量均比钢低，塑性和韧性近于零。因为灰铸铁的显微组织由金属基体（铁素体和珠光体）和片状石墨组成。石墨的强度、硬度、塑性极低，对基体起着割裂作用，减少了承载的有效面积，石墨的尖角处还会引起应力集中。但灰铸铁的抗压强度受石墨的影响较小，并与钢相近，达到了600～800MPa。

2）工艺性能。灰铸铁的塑性极差，不能锻造和冲压。焊接时焊接区容易出现白口组织，裂纹的倾向较大，故焊接性较差。但灰铸铁的铸造性能优良，铸件产生缺陷的倾向小；另外灰铸铁的硬度不高，脆性较大，进行切削加工的切削性能较好。

3）物理性能。灰铸铁具有优良的减振性和耐磨性。由于石墨对机械振动起缓冲作用，阻止了振动能量的传播。灰铸铁减振能力为钢的5～10倍。石墨本身还是一种良好的润滑剂，而石墨剥落后又使金属基体形成储存润滑油的凹坑，故灰铸铁的耐磨性优于钢。另外，外部缺口对灰铸铁的疲劳强度影响甚微，所以其缺口敏感性低。

（2）影响灰铸铁组织和性能的因素　灰铸铁由于化学成分和冷却速度的不同，有三种不同的组织：铁素体灰铸铁、铁素体-珠光体灰铸铁和珠光体灰铸铁。其显微组织如图8-13所示。

铁素体灰铸铁是在铁素体基体上分布着粗的片状石墨（图8-13a），故其强度、硬度最差，很少应用。

铁素体-珠光体灰铸铁是在铁素体和珠光体组成的基体上分布着片状石墨（图8-13b），其石墨片较粗大，数量也较多，故其强度、硬度较差。该铸铁铸造性能、切削性能好，所以用途最广。

a)　　b)　　c)

图8-13　灰铸铁显微组织

a）铁素体灰铸铁　b）铁素体-珠光体灰铸铁　c）珠光体灰铸铁

珠光体灰铸铁是在珠光体的基体上分布着片状石墨（图8-13c），其强度、硬度较高，主要用来制造较重要的铸件。

铸铁的组织取决于石墨化的程度。所谓石墨化，就是指铸铁组织中石墨的形成过程。而影响石墨化的因素主要是铸铁的化学成分和冷却速度。

1）铸铁成分的影响。铸铁是一种复杂的多元铁碳合金，除 Fe、C 外，还含有 Si、Mn、P、S 等元素。碳和硅是铸铁中最主要的两个合金元素，对铸铁组织和性能起着重大的影响。在生产上经常是通过调整 C 和 Si 的含量来控制灰铸铁的性能。

碳是铸铁中形成石墨的基础。随着含碳量的提高，析出的石墨就越多、越粗大，而铸铁组织中含铁素体量就会增多，珠光体量相对减少；反之，石墨析出量会越少，而且石墨片细化。

硅是强烈促进石墨化的元素，含硅量增加，石墨显著增多。实践证明，若铸铁中含硅量极少时，即使碳量很高，也难以石墨化，只有在一定含硅量的前提下提高含碳量，才能促进石墨化。

硫会引起铸铁的热脆性，阻止石墨析出，使铸铁有形成白口组织的倾向，降低铸铁的力学性能和流动性。硫是铸铁中非常有害的元素，必须严格控制其含量。锰与硫会形成 MnS，可减弱硫的有害作用，提高铸铁的强度和硬度。磷对铸铁石墨化影响不显著，但会增加铸铁的冷脆性，硫和磷属有害元素。

在灰铸铁中，C 和 Si 含量一般控制在 w_C 2.5%～4.0%、w_{Si} 1.0%～3.0%，w_S 和 w_P 均在 0.1%～0.15%，w_{Mn} 在 0.6%～1.2%。

2）铸件冷却速度的影响。铸件的冷却速度对石墨化影响很大，冷却越慢，对石墨化越有利，而快冷则会阻止石墨化，产生白口组织。铸件壁厚是影响冷却速度的主要因素，同一铸件上不同壁厚，获得的组织往往是有差异的。

通过上述分析，化学成分（主要是 C 和 Si）和冷却速度（主要是壁厚）对铸铁石墨化过程都有很大的影响，这两个因素必须同时考虑。图 8-14 所示为铸件的壁厚和铸铁中的 C 和 Si 的总量对其组织（即石墨化程度）的影响。

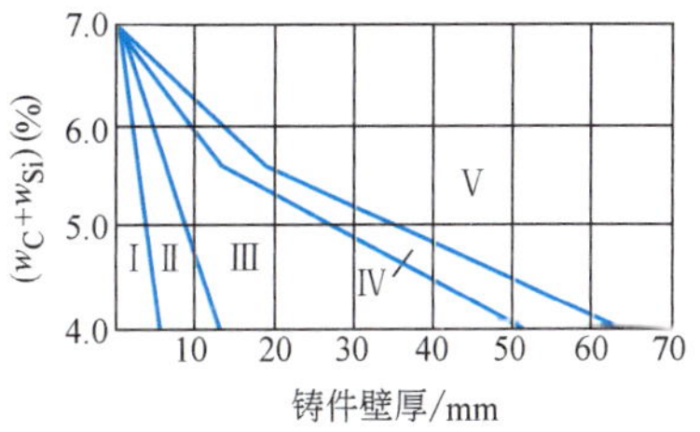

图 8-14 铸铁成分（C + Si）和铸件壁厚（冷速）对铸铁组织的影响

它共分五个区域：

Ⅰ——白口铸铁区，其组织是 $Ld' + P + Fe_3C_{Ⅱ}$，不含石墨；

Ⅱ——麻口铸铁区，其组织是 $P + Fe_3C$ + 石墨。其性能与白口铸铁相近，在铸造生产中基本不采用；

Ⅲ——珠光体灰铸铁区，其组织是 P + 石墨；

Ⅳ——珠光体-铁素体灰铸铁区，其组织是 P + F + 石墨；

Ⅴ——铁素体灰铸铁区，其组织是 F + 石墨。

在生产中，常利用这种简易明了的组织图，根据铸件壁厚及所需的铸铁的组织来调整铸铁中的 C 和 Si 的含量。

（3）灰铸铁的孕育处理　灰铸铁的主要缺点是因粗片状石墨的存在而导致的力学性能降低。采用孕育处理（或叫变质处理）的方法，可改善灰铸铁的力学性能。所谓孕育处理，就是先熔化出 C 和 Si 的含量均低的原始铁液（一般为 w_C 2.7%～3.3%、w_{Si} 1.0%～2.0%），然后在出炉的铁液中加入孕育剂。常用的孕育剂为硅铁（含 w_{Si} 75%），其块度为 3～10mm。加入量为铁液质量的 0.25%～0.6%（厚壁铸件取小值）。

孕育剂使灰铸铁在凝固过程中产生大量的人工晶核，促使石墨的形核和结晶，可得到在珠光体基体上分布均匀、细小片状石墨的灰铸铁。这种铸铁又称为“孕育铸铁”。孕育铸铁的强度、硬度比灰铸铁有显著提高，故耐磨性较高。但孕育铸铁的石墨仍为片状，所以其塑性、韧性仍然很低。

孕育铸铁的另一优点是冷却速度对组织性能的影响小，使得铸件在厚大截面上的性能均匀。孕育铸铁适用于要求较高强度、高耐磨性的重要铸件，特别是厚大铸件。

（4）灰铸铁的牌号和应用　灰铸铁的牌号、力学性能和应用见表8-3，其中汉语拼音字母“HT”表示“灰铁”，后三位数字表示最小抗拉强度值。

表8-3　灰铸铁的牌号、力学性能及应用（GB/T 9439—2010）

牌号	铸铁类别	铸件壁厚/mm		最小抗拉强度 R_m（强制性值）/MPa（min）		铸件本体预期抗拉强度 R_m/MPa(min)	布氏硬度 HBW	应用举例
		>		单铸试棒	附铸试棒或试块			
HT100	F灰铸铁	5	40	100	—	—	≤170	低负荷和不重要的零件，如盖、外罩、手轮、支架、重锤等
HT150	（F+P）灰铸铁	5	10	150	—	155	125~205	承受中等应力（抗弯应力小于100MPa）的零件，如支座、底架、齿轮箱、刀架、工作台、端盖、阀体、管路附件及一般无工作条件要求的零件等
		10	20		—	130		
		20	40		120	110		
		40	80		110	95		
		80	150		100	80		
		150	300		90	—		
HT200	P灰铸铁	5	10	200	—	205	180~230	承受较大应力（抗弯应力小于300MPa）和较重要的零件，如气缸体、齿轮、机座、飞轮、床身、飞轮、缸套、活塞、制动轮、联轴器、齿轮箱、轴承座、液压缸等
		10	20		—	180		
		20	40		170	155		
		40	80		150	130		
		80	150		140	115		
		150	300		130	—		
HT225		5	10	225	—	230	170~240	
		10	20		—	200		
		20	40		190	170		
		40	80		170	150		
		80	150		155	135		
		150	300		145	—		
HT250		5	10	250	—	250	180~250	
		10	20		—	225		
		20	40		210	195		
		40	80		190	170		
		80	150		170	155		
		150	300		160	—		

(续)

牌 号	铸铁类别	铸件壁厚/mm		最小抗拉强度 R_m(强制性值)/MPa (min)		铸件本体预期抗拉强度 R_m /MPa(min)	布氏硬度HBW	应用举例
		>	≤	单铸试棒	附铸试棒或试块			
HT275	孕育铸铁	10	20	275	—	250	190～260	承受高弯曲应力（小于500MPa）及抗拉应力的重要零件，如齿轮、凸轮、车床卡盘、剪床和压力机的机身、床身、高压油压缸、滑阀壳体等
		20	40		230	220		
		40	80		205	190		
		80	150		190	175		
		150	300		175	—		
HT300		10	20	300	—	270	200～275	
		20	40		250	240		
		40	80		220	210		
		80	150		210	195		
		150	300		190	—		
HT350		10	20	350	—	315	220～290	
		20	40		290	280		
		40	80		260	250		
		80	150		230	225		
		150	300		210	—		

2. 可锻铸铁

可锻铸铁又称玛铁，是由白口铸铁在固态下经长时间石墨化退火而得到的具有团絮状石墨的铸铁（图8-15）。由于石墨呈团絮状，对基体金属的割裂作用大大减轻，因此它不但具有比灰铸铁高的强度，而且具有一定的塑性和韧性（断后伸长率 A 可达12%，冲击韧度 a_K 可达30J/cm^2）。可锻铸铁其实并不能锻造，“可锻”只表示这种铸铁有较好的塑性和韧性，在球墨铸铁出现以前，可锻铸铁曾是力学性能最高的铸铁。

（1）可锻铸铁的生产　可锻铸铁生产必须经过两个步骤。第一步先浇注获得白口铸件，要严格控制铁液中C（w_C =2.4%～2.8%）、Si（w_{Si} =0.8%～1.4%）的含量。第二步石墨化退火。由于石墨化退火的方法不同，可得到黑心可锻铸铁、珠光体可锻铸铁和白心可锻铸铁。

目前我国常用的可锻铸铁是黑心可锻铸铁和珠光体可锻铸铁。图8-16所示为黑心可锻铸铁（曲线①）和珠光体可锻铸铁（曲线②）的退火工艺曲线。

可锻铸铁的生产周期长（总周期为50～70h），工艺复杂，造成铸件成本较高。另外由于碳、硅的含量低，熔点高（约1300℃），结晶温度范围大，因而流动性差，收缩大，因此要求铸造工艺上对形状复杂的薄壁件采用高温浇注，顺序凝固，增设冒口和提高砂型的退让性等措施来防止产生冷隔、浇不足、缩孔、缩松、裂纹等缺陷。

（2）可锻铸铁的牌号和应用　我国常用可锻铸铁的牌号、性能及用途见表8-4。其牌号由“KTH”“KTZ”和“KTB”及两组数字组成。“KT”是“可铁”二字汉语拼音的字首，

“H”“Z”和“B”分别表示“黑”“珠”和“白”汉语拼音的字首；后面两组数字中，第一组数字表示最小抗拉强度值，第二组数字表示最小伸长率。

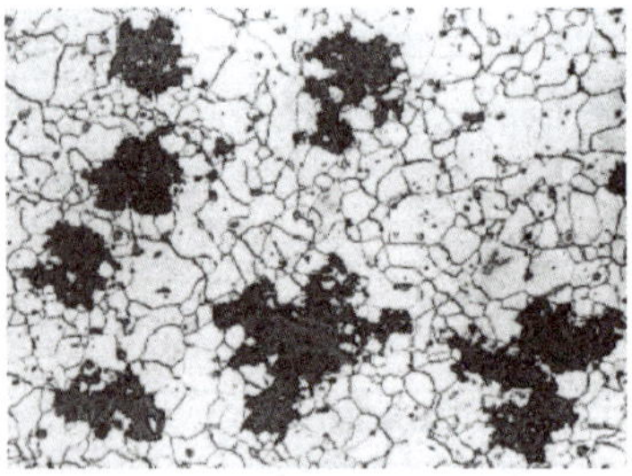

图 8-15　可锻铸铁的显微组织

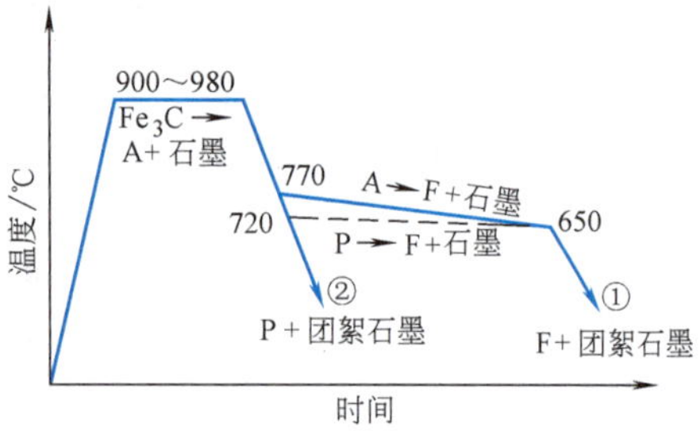

图 8-16　两种可锻铸铁退火工艺曲线

表 8-4　可锻铸铁的牌号、性能及用途（GB/T 9440—2010）

种类	牌号	试样直径/mm	力学性能				用途举例
			R_m/MPa (min)	$R_{p0.2}$/MPa (min)	A(%) (min) ($L_0=3d$)	布氏硬度 HBW	
黑心可锻铸铁	KTH275-05	12 或 15	275	—	5	≤150	弯头、三通等管道配件、中低压阀门等
	KTH300-06		300	—	6		
	KTH330-08		330	—	8		农机犁刀、犁柱、车轮壳；汽轮壳、差速器壳等
	KTH350-10		350	200	10		
	KTH370-12		370	—	12		
珠光体可锻铸铁	KTZ450-06	12 或 15	450	270	6	150～200	可代替碳钢、合金钢制造承受较高载荷，在磨损条件下工作并要求一定韧度的零件，如曲轴、连杆、齿轮、凸轮轴、活塞环、轴套、耙片、万向接头、棘轮、扳手、传动链条等
	KTZ500-05		500	300	5	165～215	
	KTZ550-04		550	340	4	180～250	
	KTZ600-03		600	390	3	195～245	
	KTZ650-02		650	430	2	210～260	
	KTZ700-02		700	530	2	240～290	
	KTZ800-01		800	600	1	270～320	
白心可锻铸铁	KTB350-04	6	270	—	10	≤230	薄壁铸件仍具有较高的韧度，且焊接性能好、切削加工性能好，适用于铸造壁厚在 15mm 以下的薄壁铸件和焊接后不需进行热处理的铸件
		9	310	—	5		
		12	350	—	4		
		15	360	—	3		
	KTB360-12	6	280	—	16	≤200	
		9	320	170	15		
		12	360	190	12		
		15	370	200	7		

（续）

种类	牌　　号	试样直径/mm	力学性能				用途举例
			R_m/MPa (min)	$R_{p0.2}$/MPa (min)	A(%) (min) ($L_0=3d$)	布氏硬度HBW	
白心可锻铸铁	KTB400-05	6	340	190	12	≤220	薄壁铸件仍具有较高的韧度，且焊接性能好、切削加工性能好，适用于铸造壁厚在15mm以下的薄壁铸件和焊接后不需进行热处理的铸件
		9	360	200	8		
		12	400	220	5		
		15	420	230	4		
	KTB450-07	6	380	200	12	≤220	
		9	400	230	10		
		12	450	260	7		
		15	480	280	4		
	KTB550-04	6	—	—	—	≤250	
		9	490	310	5		
		12	550	340	4		
		15	570	350	3		

3. 球墨铸铁

球墨铸铁大约是在1947年发展起来的一种新型铸铁材料。它是通过浇注前向铁液中加入一定量的球化剂和孕育剂的方法，促进石墨呈球状结晶，浇注后获得球状石墨铸铁（图8-17）。由于球形石墨的存在，使石墨对金属基体的割裂和应力集中现象大大减轻，其基体强度的利用率可达70%~90%（灰铸铁只有30%~50%），故其力学性能可与钢媲美。

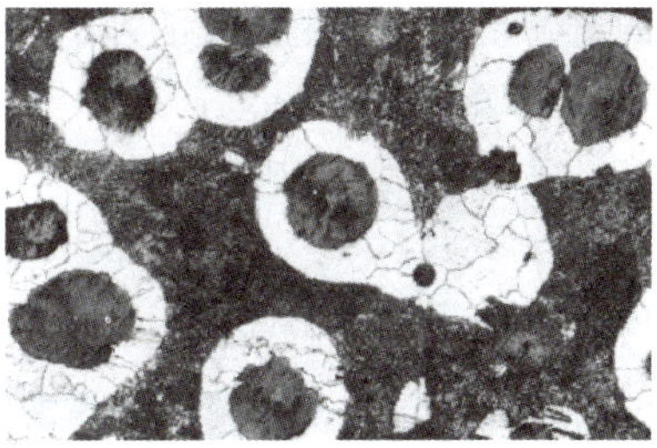

图8-17　球墨铸铁

（1）球墨铸铁的生产

1）铁液的化学成分。用于球化处理的铁液含碳量要高（$w_C=3.6\%\sim4.0\%$），含硫、磷量要低（$w_S<0.07\%$，$w_P<0.1\%$）。

2）球化剂和孕育剂。球化剂的作用是使石墨结晶时呈球状析出。我国应用最广的球化剂是稀土镁合金。镁和稀土都是球化元素，稀土镁合金球化剂的作用平稳，既节约球化剂量，还能改善球铁的质量。球化剂的加入量一般为铁液质量的1%~1.6%，具体视铁液化学成分和铸件大小而定。

孕育剂的作用是促进铁液的石墨化，防止产生白口。常用的孕育剂为$w_{Si}=75\%$的硅铁，加入量为铁液质量的0.4%~1.0%。

3）球化处理。球化处理的方法很多，其中以冲入法的应用最为普遍（图8-18）。包底的形状有堤坝式、凹坑式和平底式。将球化剂放入包底，为了提高吸收率，上面铺以硅铁粉或稻草灰，以防球化剂上浮。开始时，先将铁液包容量的1/2~1/3的铁液冲入包内，使球化剂与铁液发生反应。然后，冲入其余铁液，经搅拌扒渣后，即可浇注。

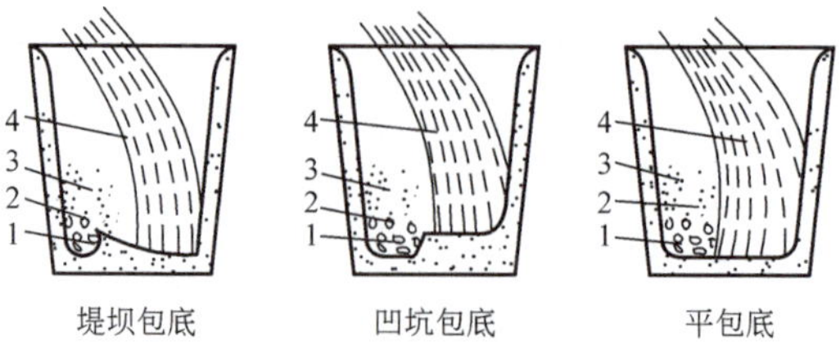

图 8-18 冲入法球化处理

1—球化剂 2—硅铁粉或切屑 3—稻草灰 4—铁液

4）球墨铸铁的铸造工艺特点。球墨铸铁铁液经球化和孕育处理，温度会下降（40℃左右），铁液的流动性有所降低，因此必须提高铁液出炉温度（1400℃以上），防止因流动性不足而产生的缺陷。

球墨铸铁的液态收缩和凝固收缩较大，形成缩孔和缩松的倾向大，因此工艺上应采用顺序凝固，提高铸型致密度，采用冒口和冷铁等措施防止产生缩孔等缺陷。

由于球墨铸铁铁液中的 MgS 与型砂水分接触，生成 H_2S 气体，铸铁件易产生皮下气孔。因此要严格控制铁液中含硫量及型砂中的水分。

5）球墨铸铁的热处理。多数球墨铸铁件铸后要进行热处理，这是由于铸态的球墨铸铁多为珠光体和铁素体的混合基体，有时还存有自由渗碳体，形状复杂的铸件还存有残余内应力所致。球墨铸铁可通过退火、正火、调质、高频淬火、等温淬火等使基体形成不同组织，从而进一步改善球墨铸铁的性能。常用的热处理是退火和正火。退火可获得铁素体基体，正火可获得珠光体基体。

（2）球墨铸铁的牌号和应用 我国常用球墨铸铁的牌号、性能及用途见表 8-5。其牌号由 QT 与两组数字组成，QT 表示“球铁”二字汉语拼音的字首，第一组数字代表最低抗拉强度值，第二组数字代表最低伸长率。

表 8-5 球墨铸铁的牌号、力学性能及用途（GB/T 1348—2009）

牌号	基体组织	力学性能（单铸试样）				用途举例
		R_m /MPa (min)	$R_{p0.2}$ /MPa (min)	A (%) (min)	HBW	
QT350-22L	铁素体	350	220	22	≤160	承受冲击、振动的零件，如汽车、拖拉机的轮毂、驱动桥壳、差速器壳、拨叉，农机具零件，中低压阀门，上、下水及输气管道，压缩机上高低压气缸，电机机壳，齿轮箱，飞轮壳等
QT350-22R	铁素体	350	220	22	≤160	
QT350-22	铁素体	350	220	22	≤160	
QT400-18L	铁素体	400	240	18	120～175	
QT400-18R	铁素体	400	250	18	120～175	
QT400-18	铁素体	400	250	18	120～175	
QT400-15	铁素体	400	250	15	120～180	
QT450-10	铁素体	450	310	10	160～210	
QT500-7	铁素体+珠光体	500	320	7	170～230	

（续）

牌　号	基体组织	力学性能（单铸试样） R_m /MPa (min)	$R_{p0.2}$ /MPa (min)	A (%) (min)	HBW	用途举例
QT550-5	铁素体+珠光体	550	350	5	180~250	机器座架、传动轴、飞轮、电动机架、内燃机的机油泵齿轮、铁路机车车辆轴瓦等
QT600-3	珠光体+铁素体	600	370	3	190~270	
QT700-2	珠光体	700	420	2	225~305	载荷大、受力复杂的零件，如汽车、拖拉机的曲轴、连杆、凸轮轴、气缸套，部分磨床、铣床、车床的主轴、机床蜗杆、蜗轮、轧钢机轧辊、大齿轮，小型水轮机主轴，气缸体，桥式起重机大小滚轮等
QT800-2	珠光体或索氏体	800	480	2	245~335	
QT900-2	托氏体+索氏体或回火马氏体	900	600	2	280~360	高强度齿轮，如汽车后桥螺旋锥齿轮，大减速器齿轮，内燃机曲轴，凸轮轴等

注：字母“L”表示该牌号有低温（-20℃或-40℃）下的冲击性能要求；字母“R”表示该牌号有室温（23℃）下的冲击性能要求。

4. 蠕墨铸铁

蠕墨铸铁是近些年发展起来的一种新型铸铁，其石墨呈短片状，片端钝而圆，类似蠕虫（图8-19），是介于片状石墨与球状石墨之间的一种过渡组织。

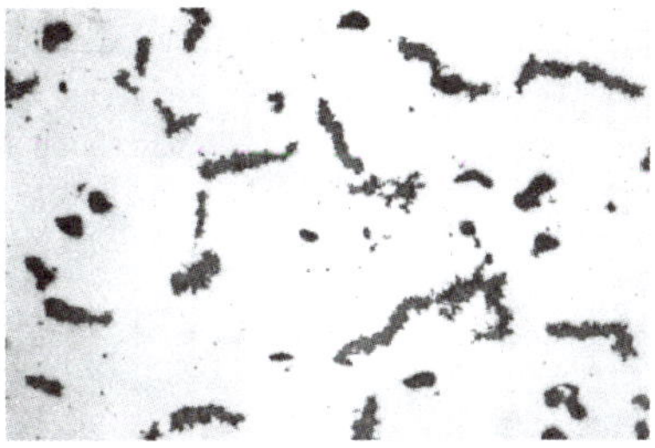

图8-19　蠕墨铸铁

（1）蠕墨铸铁的性能　蠕墨铸铁的力学性能介于基体相同的灰铸铁与球墨铸铁之间，如抗拉强度优于灰铸铁，且具有一定的塑性和韧性（R_m=360~440MPa，A=1.5%~4.5%），但因石墨是相互连接的，故强度和韧性都不如球墨铸铁。

蠕墨铸铁的突出优点是导热性优于球墨铸铁，抗氧化性较其他铸铁均高。同时，其断面敏感性较灰铸铁小，故厚大截面上的性能较为均匀。此外，蠕墨铸铁的耐磨性优于孕育铸铁及高磷耐磨铸铁。

蠕墨铸铁的牌号、力学性能和用途见表8-6。

（2）蠕墨铸铁的制取　制造蠕墨铸铁的原铁液和炉前处理与球墨铸铁类似。炉前处理时，先向铁液中加蠕化剂，再加入孕育剂。蠕化剂一般采用稀土镁钛、稀土镁钙合金或镁钛合金，加入量为铁液质量的1%~2%。蠕墨铸铁的铸造性能接近灰铸铁，缩孔、缩松倾向比球墨铸铁小，故铸造工艺较简便。

（3）蠕墨铸铁的应用　由于蠕墨铸铁力学性能高，导热性和耐热性优良，因而适于制造工作温度较高或具有较高温度梯度的零件，如大型柴油机气缸盖、制动盘、钢锭模、金属

表 8-6 蠕墨铸铁的牌号、力学性能和用途（JB/T 4403—1999）

牌 号	主要基体组织	力学性能（单铸试样）				性能特点	应用举例
		R_m /MPa	$R_{p0.2}$ /MPa	A (%)	HBW		
		不小于					
RuT420	珠光体	420	335	0.75	200～280	强度、硬度高，具有高的耐磨性和较高的热导率，适用于制造要求强度或耐磨性高的零件	活塞环、气缸套、制动盘、玻璃模具、制动鼓、钢珠研磨盘、吸淤泵体等
RuT380	珠光体	380	300	0.75	193～274		
RuT340	珠光体＋铁素体	340	270	1.0	170～248	强度和硬度较高，具有较高的耐磨性和热导率，适用于制造要求较高强度、刚度及要求耐磨的零件	带导轨面的重型机床件、大型龙门铣横梁，大型齿轮箱体、盖、座，制动鼓、飞轮、玻璃模具、起重机卷筒、烧结机滑板等
RuT300	铁素体＋珠光体	300	240	1.5	140～217	强度和硬度适中，有一定的塑韧性，热导率较高，致密性较好，适用于制造要求较高强度及承受热疲劳的零件	排气管、变速箱体、气缸盖、纺织机零件、钢锭模、液压件、小型烧结机蓖条等
RuT260	铁素体	260	195	3	121～197	强度一般，硬度较低，有较高的塑韧性和热导率，适用于制造承受冲击负荷及热疲劳的零件	增压器废气进气壳体，汽车、拖拉机的某些底盘零件等

注：蠕化率 VG 不小于 50%。

型等。由于其断面敏感性小、铸造性能好，故可用于制造形状复杂的大铸件，如重型机床和大型柴油机机体等。用蠕墨铸铁代替孕育铸铁，既可提高强度，又可节省许多钢材。总之，蠕墨铸铁综合性能优良，是有广阔发展前途的新材料。

二、铸钢

铸钢主要用于强度、塑性和韧性要求均较高的机件，如轧钢机机架、机车车架和万吨水压机的机座、立柱等。铸钢件的产量仅次于铸铁。

1. 铸钢的分类、性能和应用

铸钢按化学成分不同，可分为铸造碳钢和铸造合金钢两大类。其中铸造碳钢易于制取，且比较经济，因此应用较广，占铸钢总产量的 80% 以上。

常用的铸造碳钢的牌号、成分和力学性能见表 5-11。

碳素铸钢的力学性能和组织主要取决于含碳量，依含碳量不同主要分为低碳、中碳和高碳铸钢。

（1）低碳铸钢　$w_C<0.25\%$，如 ZG200-400。其组织主要由铁素体及少量珠光体组成。其强度和硬度较低，塑性和韧性较高，导电，导磁性较好，通常利用其软磁特性制造电机零件。低碳铸钢熔点高，流动性差，且易氧化和热裂倾向大，铸造较困难，因此，应用较少。

（2）中碳铸钢 $w_C = 0.25\% \sim 0.45\%$，如 ZG230-450 ~ ZG310-570。其组织由铁素体和珠光体组成，强度和硬度较高，塑性和韧性较低。中碳铸钢的流动性较好，氧化热裂倾向小，但导热性较差，易产生内应力。中碳铸钢是铸钢中应用最多的材料。

（3）高碳铸钢 $w_C = 0.50\% \sim 0.60\%$，如 ZG340-640。其组织主要由珠光体及少量铁素体组成。它的硬度高，塑性低。高碳铸钢的流动性好，收缩小不易产生粘砂，形成热裂的倾向小，但导热性差，塑性低，因而形成内应力及冷裂的倾向大，仅适用于制造耐磨铸件，如轧辊等。

铸钢的强度虽然与球墨铸铁相似，但铸钢的冲击韧性和塑性都超过球墨铸铁。因此，对于承受冲击载荷较大的工件，应选用铸钢件。另外，铸钢的焊接性能好，便于采用组合铸-焊联合工艺来制造重型机器零件。

对于力学性能要求高或具有耐热、耐磨、耐酸等特殊性能的铸件，可采用铸造合金钢。如用高锰钢（ZG120Mn13）铸造火车道岔，用不锈钢铸造耐酸泵的耐蚀件等。

2. 碳钢的铸造工艺特点

（1）钢的熔练 生产铸钢件的炼钢炉有多种，如电弧炉、感应电炉和平炉等。

（2）铸型工艺特点 碳钢的熔点较高，相应浇注温度较高（一般浇注温度为 1520 ~ 1600℃），所以铸造性能较差，易氧化，流动性差，体积收缩约为灰铸铁的三倍，容易产生各种铸造缺陷。因此，必须在铸型材料、造型工艺、浇注规范的选择及铸件设计方面采取相应措施。

根据铸钢件的特点，要求型砂的强度、透气性、耐火度和退让性都较好。因此，铸钢用型砂常采用颗粒大而均匀的硅砂。为防止粘砂，铸型表面要涂以硅粉或锆砂粉涂料。为减少气体来源，增强铸型强度和提高合金流动性，铸钢件多用烘干或快干铸型来铸造。

铸钢件浇口和冒口的安置对铸件质量有很大影响，必须使其既能防止缩孔，又能防止裂纹。一般对于轮廓尺寸较大壁厚均匀的薄壁铸件，可采用同时凝固的原则，可开设多道直浇口，以较大的速度充满铸型，如图 8-20 所示。对壁厚相差较大的铸件，应采用顺序凝固的原则，即在铸件热节部分安置冒口和冷铁。图 8-21 所示为阀体铸件的补缩方法，右边设置了冒口和冷铁后，铸件实现了顺序凝固，防止了缩孔的产生。铸钢件往往需要设置相当数量的冒口，消耗大量的钢液，常占浇入金属质量的 25% ~ 50%，增大了造型和切割冒口的工作量。

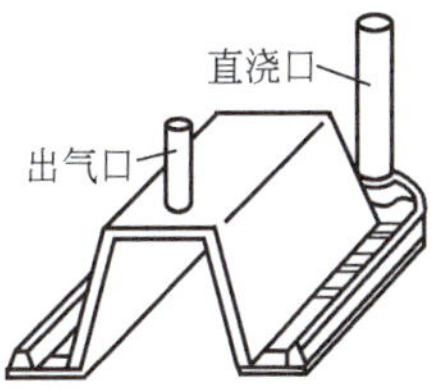

图 8-20 薄壁铸钢件的浇注系统

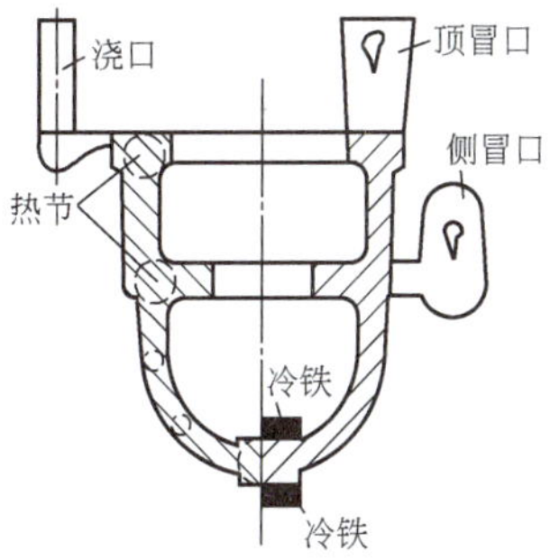

图 8-21 铸钢件设置冒口和冷铁

3. 铸钢件的热处理

铸钢件的晶粒粗大、组织不均，并常有残余应力，所以强度、塑性和韧性不够高。为了细化晶粒、消除内应力、提高钢的力学性能，通常要进行退火或正火处理。

三、有色金属的铸造

有色金属的铸造最常用的是 Al、Cu 合金。

1. 铸造铝合金

铸造铝合金种类很多，主要有铝硅合金、铝铜合金、铝镁合金和铝锌合金四类，其中铝硅合金应用最广。铝硅合金有良好的铸造性能，流动性好，线收缩和热裂倾向小，有良好的力学性能。铝硅合金中加入 Cu、Mg 及其他合金元素形成特殊铝硅合金。这种合金除变质处理外，还能进行淬火时效处理，进一步提高铝硅合金的强度。因此铝硅合金应用约占铸造铝合金的 50% 以上，多用于制造内燃机的活塞、气缸体、水冷的气缸盖、气缸套和电机外壳等。常用铸造铝合金的牌号、成分、性能及用途见表 6-2。

（1）铝合金熔炼的特点　铝合金熔炼可用坩埚炉、电阻炉等。铝硅合金的熔炼特点是当熔炼温度过高（>800℃）时，会产生强烈的氧化（Al_2O_3）和吸气（氢气）。Al_2O_3 的熔点高（2050℃），密度比铝稍大，在熔化搅拌时 Al_2O_3 进入铝液，呈非金属夹渣，很难排出，造成合金力学性能下降。另外，氢气溶解在铝液中，凝固时气体来不及逸出，易产生气孔（针孔）缺陷，影响铸件的气密性，并使力学性能降低。为了保证铸件质量必须采取如下措施：

采用熔剂保护，减缓铝合金的氧化和吸气，如熔化时加入 KCl、NaCl 等盐类作为熔剂，将铝液覆盖，与炉气隔离。为了排出吸入的气体，在熔炼后期要进行除气精炼。除气精炼是往铝液中加入氯化物，如氯化锌（$ZnCl_2$）、六氯乙烷（C_2Cl_6）等，反应后生成 C_2Cl_4 和 $AlCl_3$ 气体，这些气体在上浮过程中将氢气及部分 Al_2O_3 一并带出铝液。铝硅合金除气精炼后，还应进行变质处理，以提高其强度和塑性。

（2）铝合金铸造工艺特点　一般在单件和小批量生产时，铝合金铸件的铸型用砂型，在大量生产时多采用金属型。铝合金由于熔点低，流动性好，一般可浇铸壁厚为 2.5mm 的复杂铸件，另外可用细砂造型，以获得表面光洁的铸件。

2. 铸造铜合金

铸造铜合金有黄铜和青铜两大类。铸造黄铜是以锌为主加元素的铜合金。铸造青铜是除锌、镍以外的元素为主加元素的铜合金，其中铜与锡组成的锡青铜是最常用的铸造青铜。铸造黄铜的力学性能多比铸造青铜高，铸造青铜的耐磨性和耐蚀性多比铸造黄铜好。常用铸造铜合金的牌号、性能和用途见表 6-3。

铜合金铸造特点如下：

（1）铜合金的熔炼　铜合金的熔炼特点是铜料与燃料不直接接触。常用熔炼炉有坩埚炉和单相电弧炉等。

铜合金在液态下与炉气作用易于氧化，形成能溶解其内的 Cu_2O，使力学性能和导电性降低。为防止氧化，常采用在熔剂保护下进行熔炼，如加入玻璃或硼砂，起覆盖铜液的作用；也可用木炭熔剂，同时有辅助脱氧的作用。为去除已形成的 Cu_2O，最好在出炉前向铜液中加入 0.3%~0.6% 的磷铜，进行脱氧和精炼。熔炼黄铜时，因黄铜中的锌能脱氧，所以，不需另加熔剂和脱氧剂。

（2）铜合金的铸造工艺特点　铜合金的熔点低，采用细砂造型，可得到表面光洁的铸件，而且流动性好可浇铸薄壁复杂的铸件。

铜合金收缩较大，为此，要安置冒口和冷铁，使之顺序凝固，防止缩孔。

第三节　砂型铸造

砂型铸造是传统的铸造方法，为获得合格砂型铸造的铸件，须经过造型、制芯、熔炼铸造合金以及浇注、落砂、清理和检验等工序。

造型是铸造生产中最复杂和最重要的工序，直接影响铸件的质量。造型通常分为手工造型和机器造型两大类。

一、手工造型的特点和应用

手工造型中紧砂和起模的操作是靠手工来完成的，需要工人有较熟练的操作技能。手工造型具有操作灵活、适应性强、模型成本低、生产准备时间短等优点。不足之处是铸件质量不易保证，生产率低，劳动强度大等。它主要适用于单件和小批量生产。

在实际生产中，由于铸件结构形状、生产数量以及生产条件的不同，有各式各样的手工造型方法。合理地选择造型方法，对于获得合格铸件、减少制模和造型工作量、降低铸件成本和缩短生产周期都是非常重要的。表 8-7 为常用手工造型方法的特点及应用范围。

表 8-7　常用手工造型方法的特点及应用范围

造型方法		主要特点	应用范围
按砂箱特征区分	两箱造型 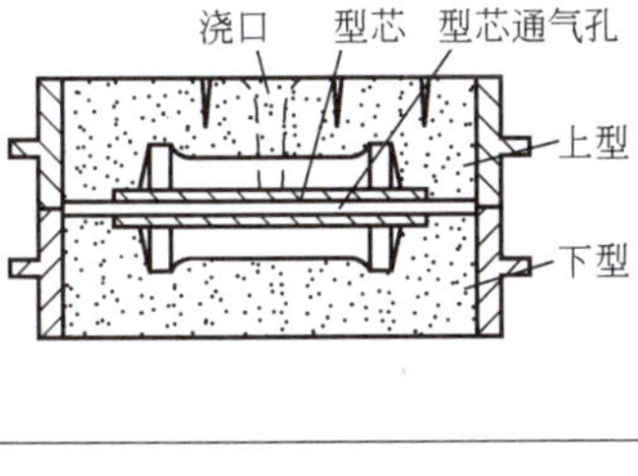 	铸型由上型和下型组成，造型、起模、修型等操作方便	适用各种生产批量，各种大、中、小铸件
	三箱造型 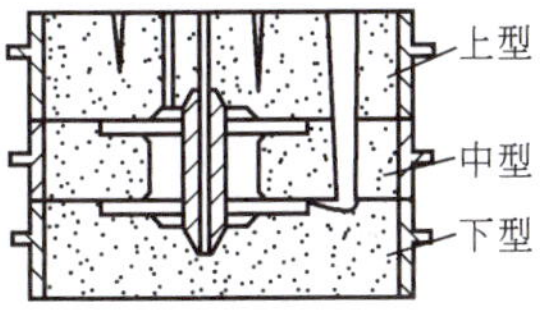 	铸型由上、中、下三型组成，中型高度须与铸件两个分型面的间距相适应。三箱造型费工，中型需有合适的砂箱	主要用于单件，小批生产具有两个分型面的铸件

（续）

	造型方法	主要特点	应用范围
按砂箱特征区分	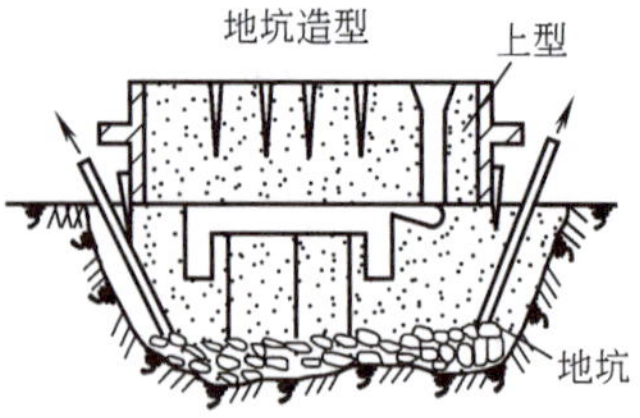	在车间地坑内造型，用地坑代替下砂箱，只要一个上型，便可造型，减少砂箱的投资。但造型费工，而且要求工人的技术水平较高	常用于砂箱不足，生产批量不大的大、中型铸件
	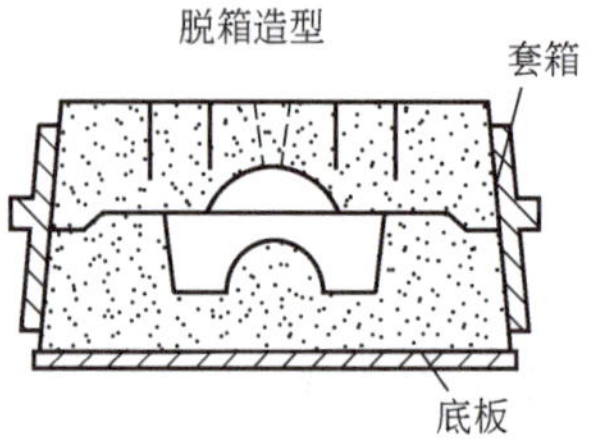	铸型合型后，将砂箱脱出，重新用于造型。浇注前，需用型砂将脱箱后的砂型周围填紧，也可在砂型上加套箱	主要用在生产小铸件，砂箱尺寸较小
	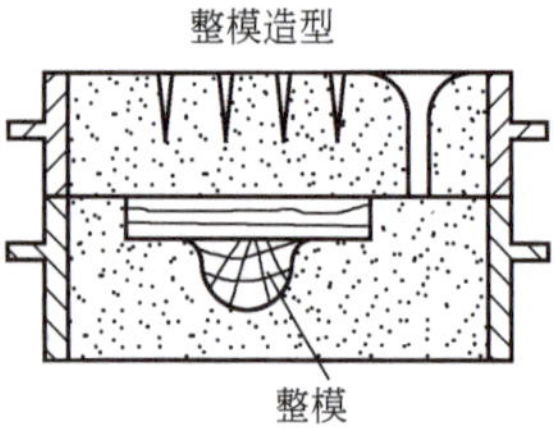	模样是整体的，多数情况下，型腔全部在半个铸型内，另外半个无型。其构造简单，铸件不会产生错型的缺陷	适宜于一端为最大截面且为平面的铸件
	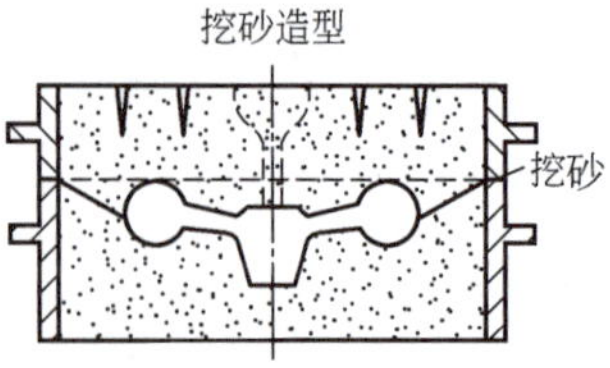	模样虽是整体，但铸件的分型面为曲面。为了起模方便，造型时用手工挖去阻碍起模的型砂。每造一件，就挖砂一次，费工，生产率低	用于单件或小批量生产，分型面不是平面的铸件
	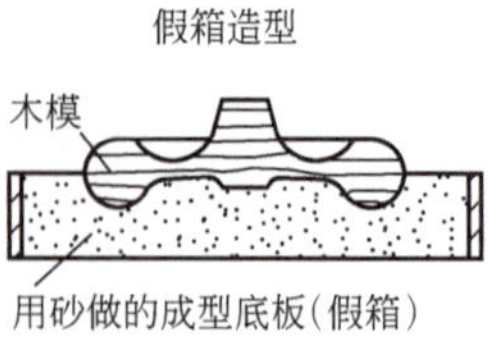	为了克服挖砂造型的缺点，先将模样放在一个预先做好的假箱上，然后放在假箱上造下型，省去挖砂的操作。操作简便，分型面整齐	用于成批生产需要挖砂的铸件
	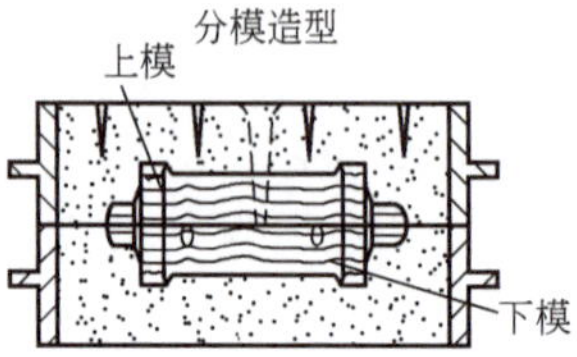	将模样沿最大截面处分为两半，型腔分别位于上、下两个半型内，造型简单、节省工时	常用于铸件最大截面在中间部分的铸件

（续）

造型方法		主要特点	应用范围
按砂箱特征区分	活块造型 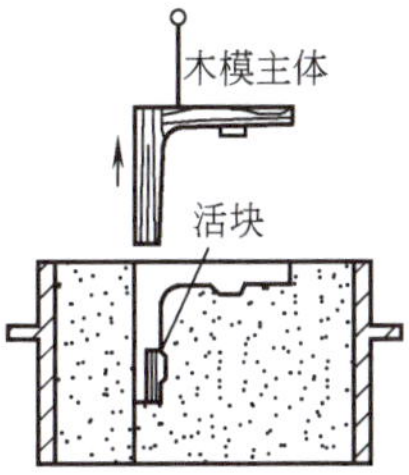 	铸件上有妨碍起模的小凸台、筋条等。制模时将此部分作成活块，在主体模样起出后，活块仍留在铸型内，然后从侧面取出活块。造型费工，要求工人的技术水平高	主要用于单件、小批量生产带有突出部分，难以起模的铸件
	刮板造型 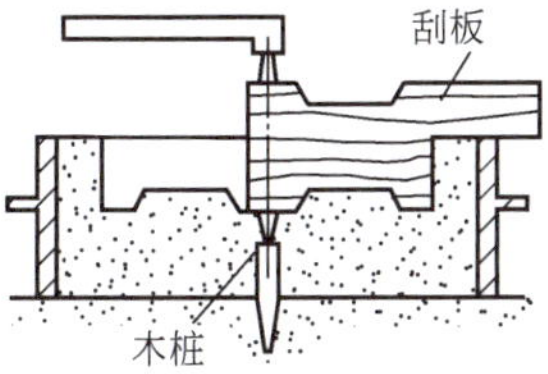 	用刮板代替模样造型。它可大大降低模样成本，节约木材缩短生产周期。但生产率低，要求工人的技术水平高	主要用于有等截面或回转体的大、中型铸件的单件或小批量生产

二、机器造型及其工艺特点

机器造型是在造型过程中用机器操作代替手工操作，进行紧实型砂和起模。较完善的造型机能使整个造型过程，包括填砂、搬动和翻转砂箱等自动进行。

在大批量生产中采用机器造型能提高劳动生产率，改善劳动条件，提高铸件精度和表面质量，降低铸件成本。因此，机器造型是大批量生产铸件的基本方式。

造型机绝大多数是以压缩空气和液压为动力来紧实型砂的，因此，按最基本紧砂方法分为压实、震压、抛砂、射压和挤压造型等。其中以震压式应用最广。

1. 震压式造型

震压紧砂方法是将砂箱放在机器的工作台上，填满型砂，先进行多次震击，在惯性力的作用下使型砂获得初步紧实，震击终了后再进行压实，以提高震击后砂箱上层型砂的紧实度。震压式紧砂原理如图 8-22 所示。造型机工作时，压缩空气由进气口 1 进入震击气缸，使震击活塞带动工作台及砂箱上升，活塞在上升过程中关闭进气口，继续上升使排气口打开，工作台便下降，从而完成了一次震击。如此反复多次将型砂初步紧实。当压缩气从进气口 2 进入压实气缸后，工作台再次上升，型砂触及上面的压头，型砂便被压实，然后压实气缸排气，砂箱下降，完成了全部紧砂过程。最后压缩空气推动压力油进入起模液压缸，推动起模顶杆将砂箱顶起，使砂箱与模样分离。这种造型机紧砂效果较好，广泛用于制造中、小铸件，缺点是生产率不够高、噪声大。

微震压实造型机是在压实的同时，产生高频率（600～800 次/min）、小振幅（2～6mm）的微震，使型砂紧实。它比普通震压式造型机紧实砂效率高，紧实度均匀，噪声小。高压造型机一般指压实比压超过 0.7MPa 的造型机。高压造型不仅生产率高，而且铸型紧实度均匀，提高了铸件精度。如高压微震多触头式造型机的压头由许多可以分别动作的小液压缸触头组成（图8-23），每个触头的工作液压缸可以是连通的，也可以是分组控制的，以适应不同形状、凹凸悬殊的模样，使整个砂型得到均匀的紧实度。

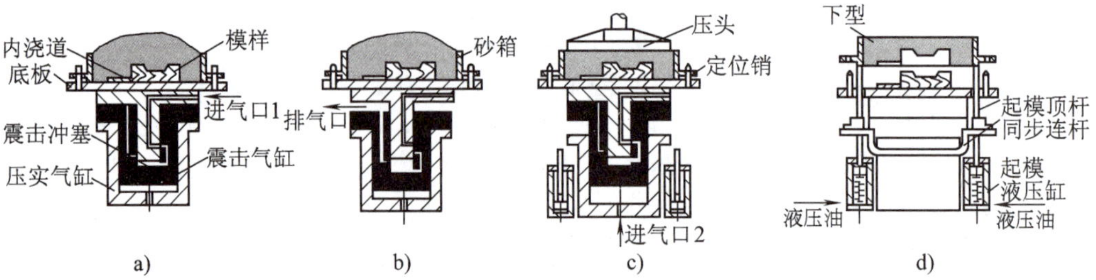

图8-22 震压式紧砂原理示意图

a）填砂 b）震击紧砂 c）辅助压实 d）起模

2. 抛砂造型

在制造大、中型铸件或大型型芯时，常采用抛砂机进行抛砂紧实。抛砂紧实（图8-24）是利用抛砂机机头上电动机的高速旋转叶片，连续地将输送带运来的型砂在机头内初步紧实，并呈团状被高速地抛入砂箱中做进一步紧实，同时完成砂箱内填砂，所以生产率高，型砂紧实度均匀。

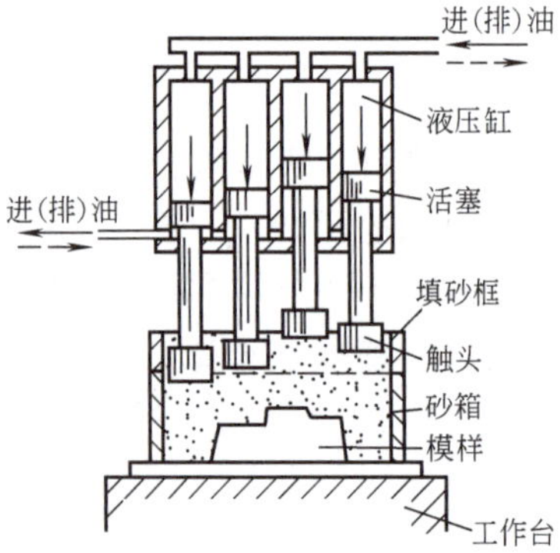

图8-23 多触头压实示意图

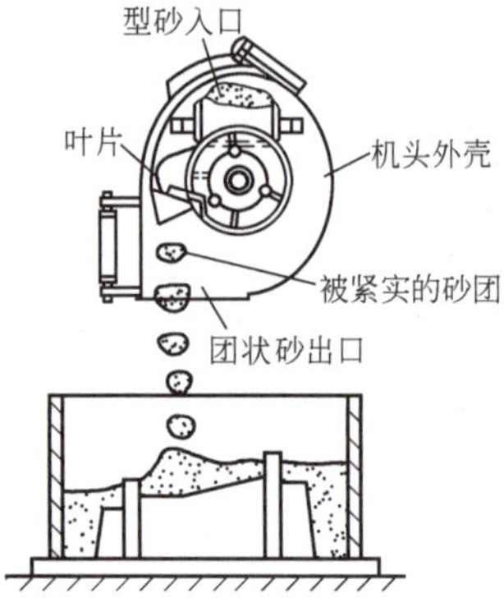

图8-24 抛砂造型示意图

3. 射压造型

是用射砂方式填砂和压实紧实的复合方法来紧实砂型（图8-25）。射压造型形成的是一串无砂箱的垂直分型的铸型。通常，射压造型与浇注、落砂、配砂构成一个完整的自动生产线，其生产率为每小时240～300型。射压造型的主要缺点是因垂直分型导致下芯困难，且对模具精度要求高，主要用于大量生产小型简单件。

三、制芯

型芯的作用是形成铸件内腔，有时也用型芯形成铸件外形上妨碍起模的凸台和凹槽等。

型芯可用手工制造，也可用机器制造。在单件、成批生产中，多用手工制芯。

在大量生产中，广泛应用机器制芯。常用的制芯机有振动制芯机、射芯机，制造大型芯也可应用抛砂机等。

图 8-26 所示为射芯机射砂制芯原理图。射砂紧实是利用压缩空气将芯砂高速射入芯盒而进行紧实的。其射砂过程是：打开射砂阀，储气筒中的压缩空气通过射砂筒上的缝隙进入射砂筒中，使芯砂形成高速砂流，从射砂孔射入芯盒内，将砂紧实，然后气体从排气孔排到大气中。该机生产率较高，应用广泛。

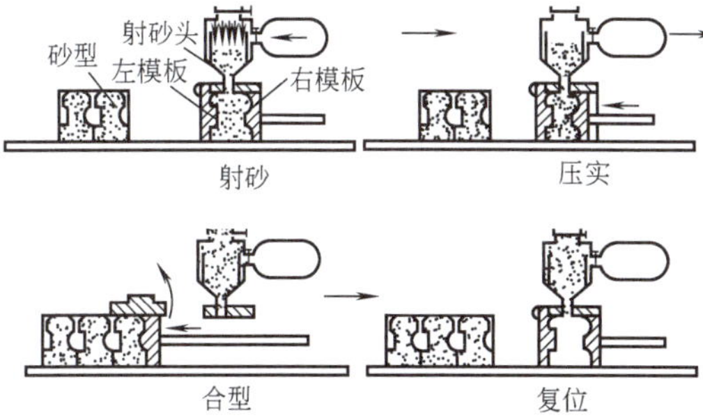

图 8-25 射压造型机的工作原理

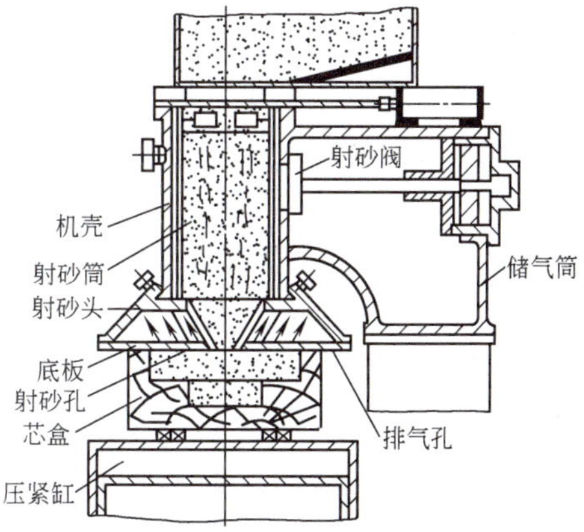

图 8-26 射芯机射砂紧实制芯原理

第四节 铸件工艺的制订原则及结构工艺性

在铸造生产中应根据零件的特点、技术要求、生产批量及生产条件等，来确定铸件工艺方案。铸造工艺方案确定的主要内容有铸件浇注位置和分型面的选择、工艺参数的确定和绘制出铸造工艺图。

一、铸件浇注位置和分型面的选择

1. 确定浇注位置的原则

铸件的浇注位置是指浇注时铸件在铸型中所处的位置。为保证铸件质量，浇注位置的确定有以下原则：

1）铸件的重要加工面或主要工作面应处于底面或侧面（图 8-27），避免气孔、砂眼、缩孔等缺陷出现在工作面上。

2）铸件的大平面应朝下，以防止产生气孔和夹砂等缺陷，如图 8-28 所示。

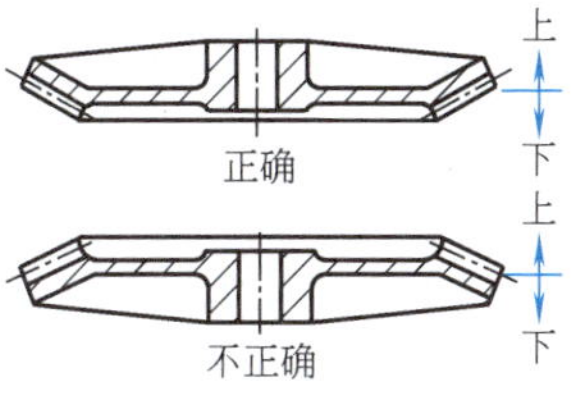

图 8-27 圆锥齿轮浇注位置

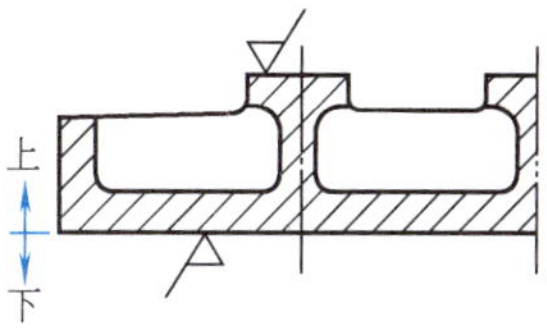

图 8-28 平板铸件的浇注位置

3）铸件的薄壁部分应朝下或倾斜，以免产生浇不足、冷隔等缺陷，如图 8-29 所示。

4）铸件的厚壁部分应放在上面或接近分型面，以便安装冒口进行补缩。

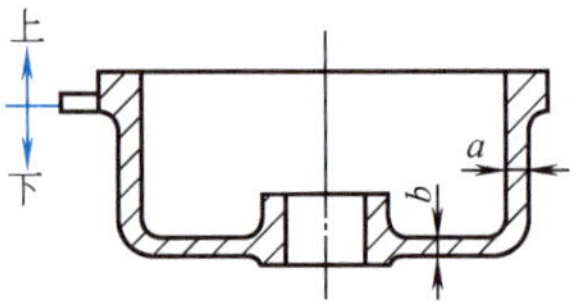

图 8-29　电动机端盖的浇注

2. 确定分型面的原则

铸型的分型面是指两半个铸型相互接触的表面。选择分型面时，应在保证质量的前提下尽量简化工艺过程。

1）铸件尽可能放在一个砂箱内，或将重要加工面和加工基准面放在同一砂箱中，以保证铸件的尺寸精度。图 8-30 所示为管子塞头可选择Ⅰ和Ⅱ两个分型面方案，根据本原则，Ⅱ的分型面方案能满足要求，所以Ⅱ比Ⅰ合理。

2）要尽量减少分型面的数目。机器造型时，通常只有一个分型面，并力求采用直分型面代替特殊形状的分型面。如图 8-31 所示为绳轮铸件，在大批量用机器造型时，采用图中所示的环状型芯，将原来用三箱两个分型面造型变成两箱一个分型面。又如图 8-32 所示为起重臂铸件，可取Ⅰ和Ⅱ两个分型方案。方案Ⅰ为平面分型面，可以简化模具制造和造型工艺，比曲面分型面Ⅱ方案合理。

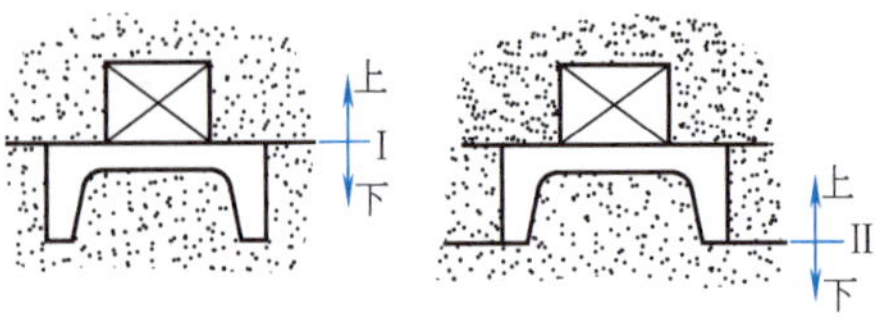

图 8-30　管子塞头分型方案

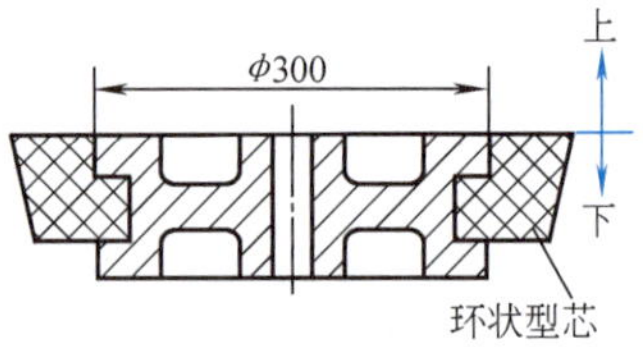

图 8-31　绳轮铸件的分型面

3）尽量减少型芯或活块的数目，并注意减少砂箱高度。图 8-33 所示为端盖铸件上的两个分型方案Ⅰ和Ⅱ。从减少砂箱高度，便于起模和修型角度来看，分型面取在Ⅰ处比Ⅱ处好。对于较高的铸件应特别注意这个问题。

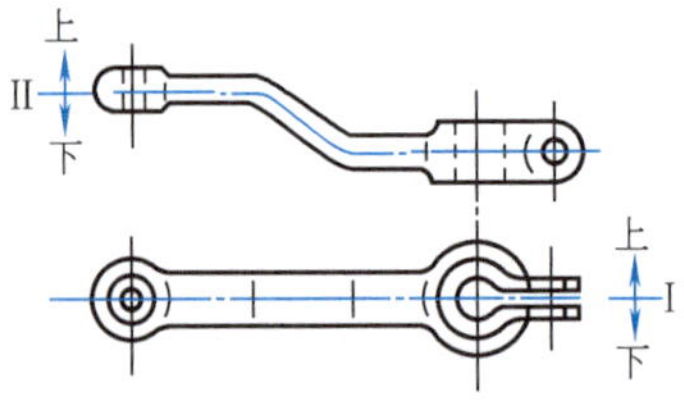

图 8-32　起重臂铸件的两个分型方案

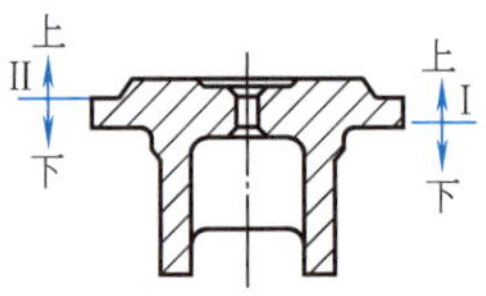

图 8-33　端盖铸件的分型方案

4）为了有利于下芯、合型和便于检查型腔尺寸，通常把主要型芯放在下型中。图 8-34 所示机床支柱两种分型情况，假若分型面取在Ⅰ处，若产生型芯偏移则不容易检查出来；分型面取在Ⅱ处，若型芯偏移的情况很明显，则易于检查，因此分型面取在Ⅱ处是合理的。

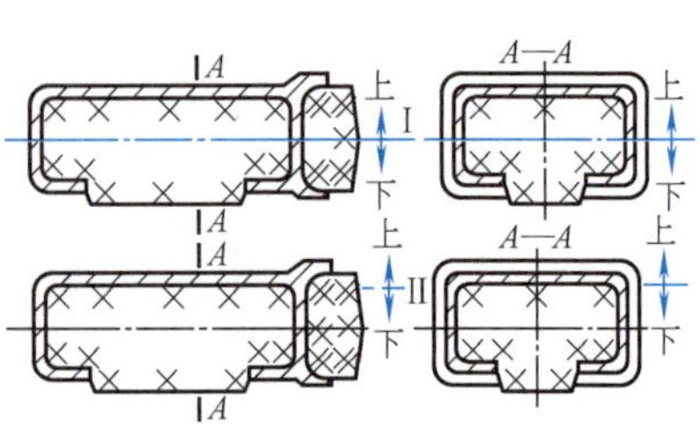

图 8-34　机床支柱的分型方案

以上所述分型面选择的几项原则，对于具体的铸件的应用往往彼此是有矛盾的，难以全部满足，因此在确定浇注位置和分型面时，要注意全面分析比较，抓住主要矛盾，至于次要矛盾则应从工艺措施上设法解决。

3. 工艺参数的确定

为了绘制铸造工艺图，在铸造方案确定后，还须选择确定以下工艺参数。

（1）确定机械加工余量　铸件需要进行机械加工的表面上留有加大的厚度，称为机械加工余量。它与铸件的精度要求、合金种类、尺寸大小、加工面的浇注位置等有关。加工余量大小可查相关手册。

铸件上待加工的孔和槽是否铸出，必须根据孔和槽的尺寸大小、生产批量、合金种类等因素而定。在单件小批量生产的条件下，灰铸铁件上直径小于 30mm 和铸钢件上直径小于 35mm 的加工孔，可不铸出，留给机械加工时直接钻孔反而经济合算。

（2）确定铸造收缩率　铸件冷却后，由于合金的线收缩而使铸件尺寸比铸型型腔尺寸缩小，为保证铸件应有的尺寸，在制造模样时，必须使模样的尺寸大一点。线收缩率大小可查表。常用铸造合金的线收缩率见表 8-2。但由于铸件各部分收缩阻力、起模、浇注过程等可能会改变型腔的尺寸，故表中数据还应通过实践加以调整。

（3）确定起模斜度　为了使模样（或型芯）易于从铸型（或芯盒）中取出，凡垂直于分型面的立壁，在制造模样时必须留出一定的倾斜度，此斜度称为起模斜度或铸造斜度。起模斜度大小取决于垂直壁高度和模型材料，通常在 15′～3°之间。机器造型应比手工造型斜度为小。铸件的内壁比外壁斜度要大（图 8-35）。

（4）确定型芯头的构造　型芯头的形状与尺寸对于型芯在铸型中装配的工艺性与稳定性有很大影响。

型芯头按型芯在铸型中固定的方法主要分为垂直芯头和水平芯头两种（图 8-36）。

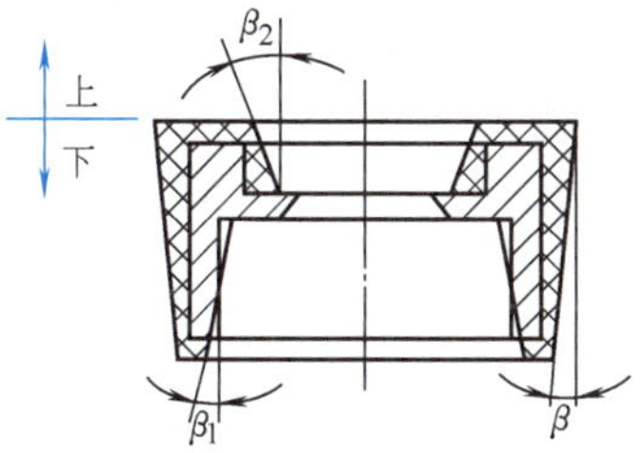

图 8-35　起模斜度

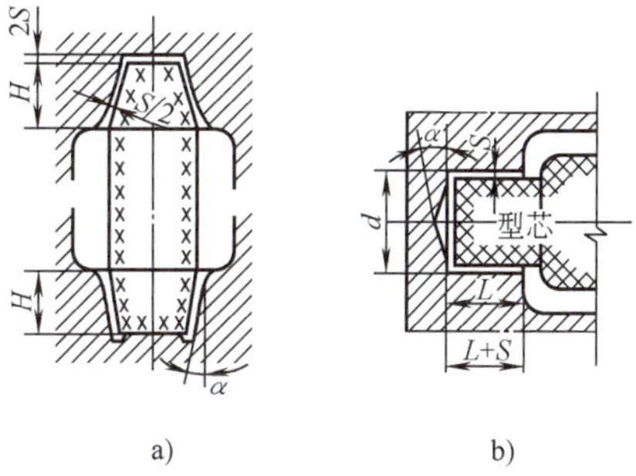

图 8-36　型芯头的构造

垂直型芯一般都有上、下芯头（图 8-36a），但短而粗的型芯也可省去上芯头。为方便下芯、合型，芯头必须留有一定的斜度 α。下芯头的斜度应小些（5°～10°），上芯头的斜度为便于合型应大些（5°～15°）。水平芯头（图 8-36b）其伸出长度 *L* 主要取决于型芯头的直径和型芯的长度。悬臂型芯头其固定端型头必须长而大，以平衡支持型芯的质量，防止合型时型芯下垂或被金属液抬起。另外，为了便于型芯在铸型中的装配，型芯头与铸型型芯座之间应有 1～4mm 的间隙。

上述各项工艺参数的具体数值可查机械工程手册铸造篇。

二、铸造工艺图举例

图 8-37 所示支座为一支承件，没有特殊质量要求的表面，在制订工艺方案时，不考虑浇注位置要求，主要考虑工艺上的简化。支座虽属简单件，但底板上四个 ϕ10mm 孔的凸台及两个轴孔的内凸台可能妨碍起模。同时，轴孔若要铸出，还必须考虑下芯的可能性。

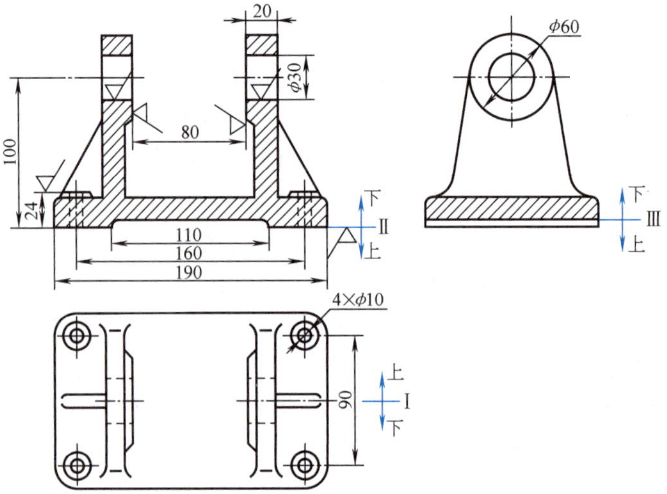

图 8-37　支座

支座分型面选择方案有：

（1）方案Ⅰ　沿底板中心线分型，即采用分开模造型。其优点是底面上 110mm 凹槽容易铸出，轴孔下芯方便，轴孔内凸台不妨碍起模。缺点是底板上四个凸台必须采用活块，同时，铸件易产生错型缺陷，飞边清理的工作量大。此外，若采用木模，加强筋处过薄，木模易损坏。

（2）方案Ⅱ　沿底面分型，铸件全部位于下型，为铸出 110mm 凹槽必须采用挖砂造型。方案Ⅱ克服了方案Ⅰ的缺点，但轴孔内凸台妨碍起模，必须采用两个活块或下型芯。当采用活块造型时，ϕ30mm 轴孔难以下芯。

（3）方案Ⅲ　沿 110mm 凹槽底面分型。其优缺点与方案Ⅱ类同，仅是将挖砂造型改用分开模造型或假箱造型，以适应不同的生产条件。

可以看出，方案Ⅱ、Ⅲ的优点多于方案Ⅰ。但在不同生产批量下，具体方案可选择如下：

1）单件、小批生产。由于轴孔直径较小，无须铸出，而手工造型便于进行挖砂和活块造型，此时方案Ⅱ分型较为经济合理。

2）大批量生产。由于机器造型难以使用活块，故应采用型芯制出轴孔内凸台。同时，应采用方案Ⅲ从 110mm 凹槽底面分型，以降低模板制造费用。图 8-38 为其铸造工艺图，由图可见，方型芯的宽度大于底板，以便使上型压住该型芯，防止浇注时上浮。若轴孔需要铸出，采用组合型芯即可实现。

三、铸件结构工艺性

进行铸件设计时，不仅要满足其工作性能的要求，还必须考虑该零件在生产制造过程中

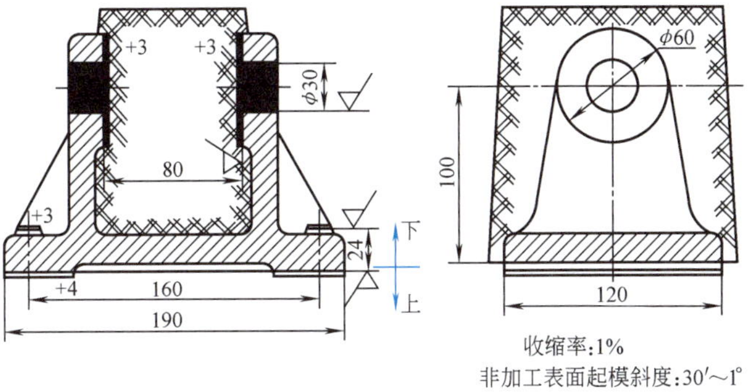

图 8-38 制作的铸造工艺图

能满足工艺性的要求。符合铸造工艺要求的铸件结构，则可称为具有良好的铸造工艺性。铸件结构工艺性对铸件质量、生产成本及生产率有很大的影响。一般评价铸件结构工艺性的好坏，主要从两方面看：一是铸造工艺对铸件结构的要求，二是合金铸造性能对铸件结构的要求。表 8-8 是一些典型铸件的结构工艺性实例。

表 8-8 铸件的结构工艺性

对铸件结构的要求		a 原铸件结构	b 改进后的铸件结构
铸造工艺对铸件结构的要求	避免起模方向外部侧凹，便于起模 图 a 有上下法兰，要用三箱造型 图 b 去掉上部法兰，简化了造型	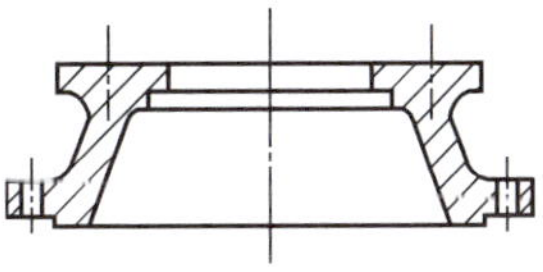	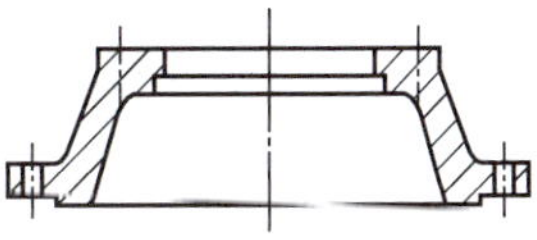
	分型面易平直 图 a 分型面需采用挖砂造型 图 b 去掉了不必要的外圆角，使造型简化	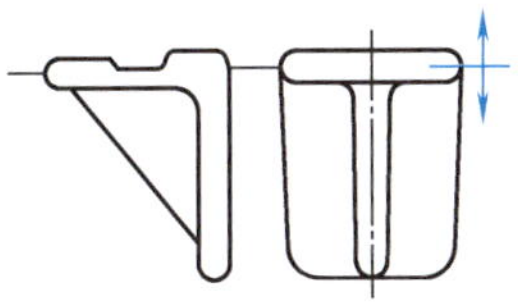	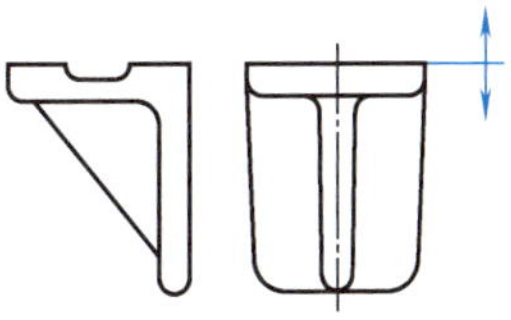
	凸台和筋条结构应便于起模 图 a 需用活块或增加外部型芯才能起模 图 b 将凸台延长到分型面，省去了活块或型芯	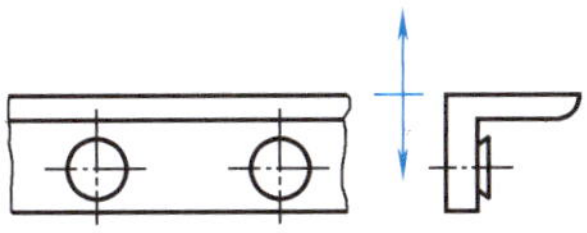	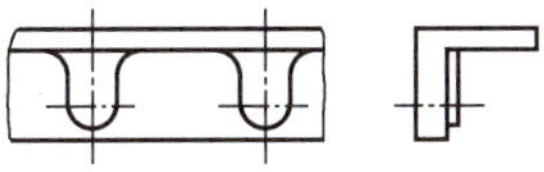
	垂直分型面上的不加工表面应有结构斜度	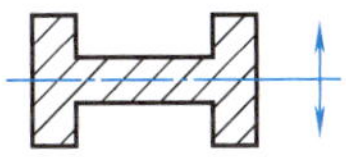	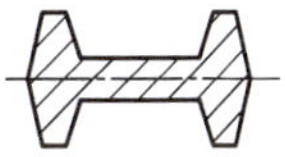

（续）

	对铸件结构的要求	a 原铸件结构	b 改进后的铸件结构
铸造工艺对铸件结构的要求	尽量不用和少用型芯 图 a 采用中空结构，要用悬臂型芯和型芯撑加固；图 b 采用开式结构，省去了型芯 图 a 因出口处尺寸小，要用型芯形成内腔；图 b 扩大了出口，且 $D>H$，故可用砂垛（自带型芯）形成内腔，从而省掉型芯	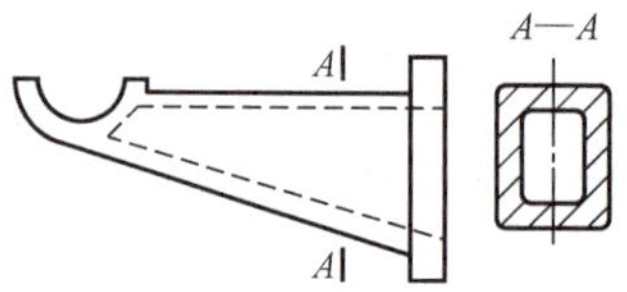 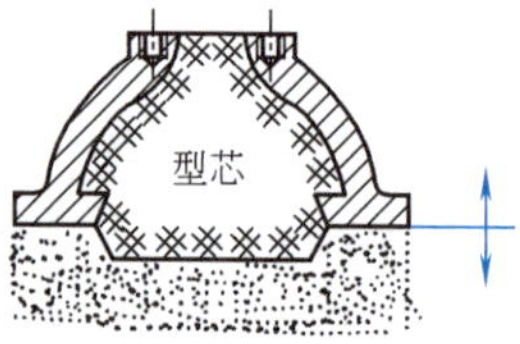	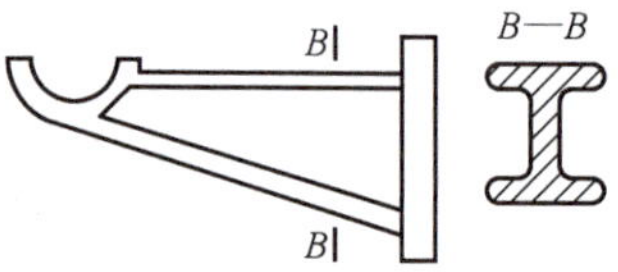 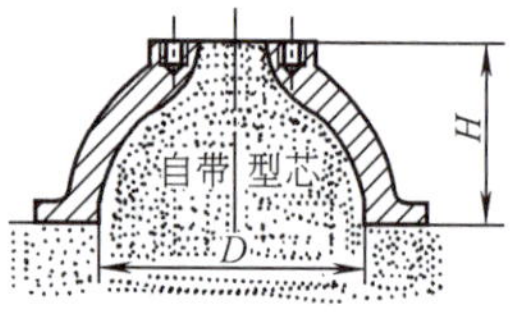
	应有足够的芯头，以便于型芯的固定、排气和清理 图 a 采用悬臂型芯，需用型芯撑加固 图 b 避免了型芯撑，并使型芯定位稳固	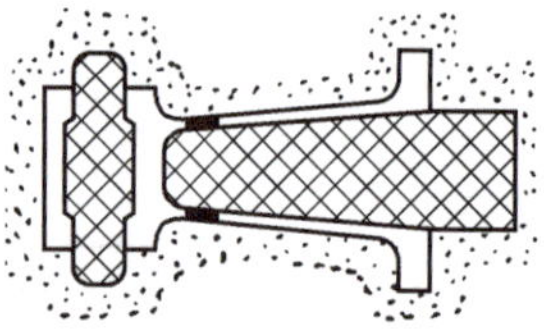	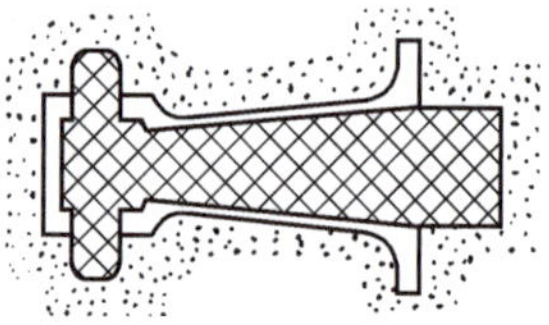
合金铸造性能对铸件结构的要求	合理设计最小壁厚		

材料名称	砂型铸造条件下的最小壁厚/mm		
	<200×200	200×200～500×500	>500×500
铸钢	5～8	10～12	15～20
灰铸铁	3～5	4～10	10～15
球墨铸铁	4～6	8～12	12～20
可锻铸铁	3～5	6～8	—
铝合金	3～3.5	4～6	—
铜合金	3～5	6～8	—

	对铸件结构的要求	a 原铸件结构	b 改进后的铸件结构
合金铸造性能对铸件结构的要求	铸件壁厚设计尽可能均匀 图 a 壁厚差别过大，厚壁处易产生缩孔、缩松、裂纹等缺陷 图 b 铸件壁厚的均匀，避免了缩孔、缩松、裂纹等缺陷	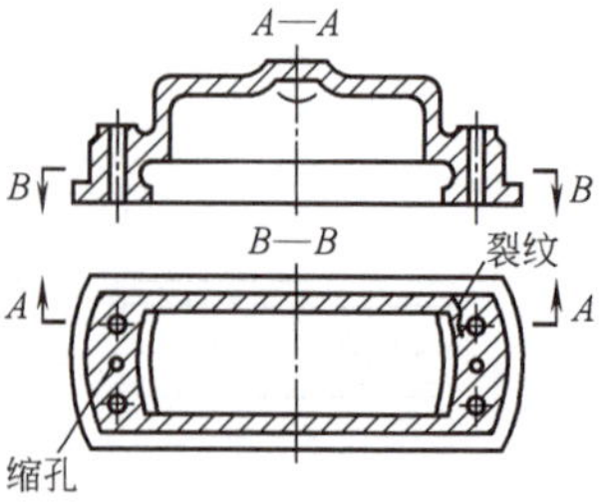	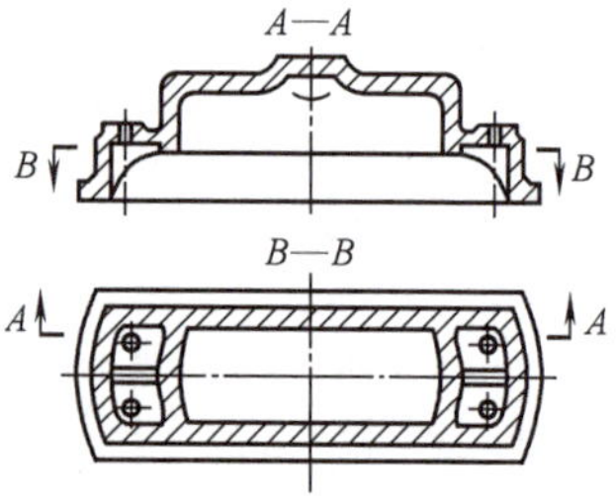
	铸件内表面及外表面转角连接处要有结构圆角	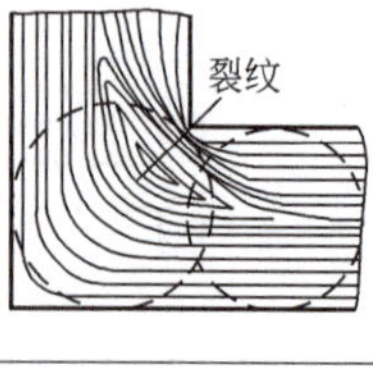	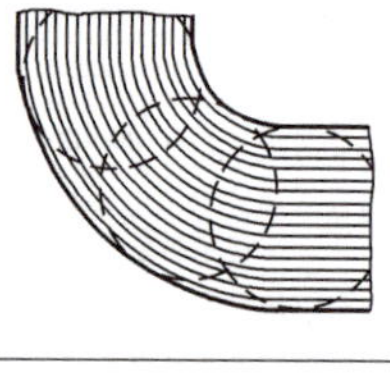

（续）

	对铸件结构的要求	a 原铸件结构	b 改进后的铸件结构
合金铸造性能对铸件结构的要求	铸件内表面及外表面转角连接处要有结构圆角	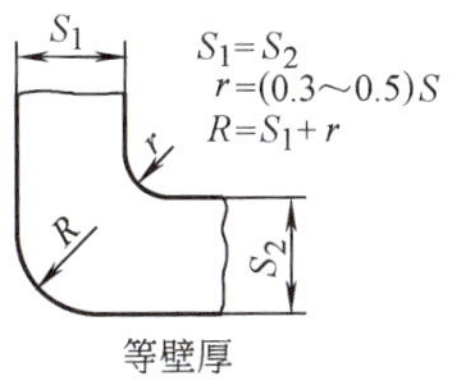	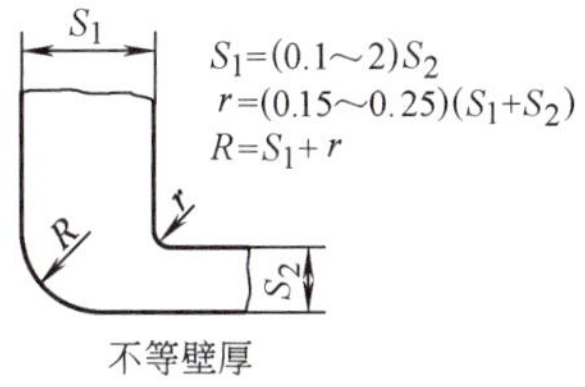
	厚壁和薄壁连接要逐步过渡，防止壁厚突变	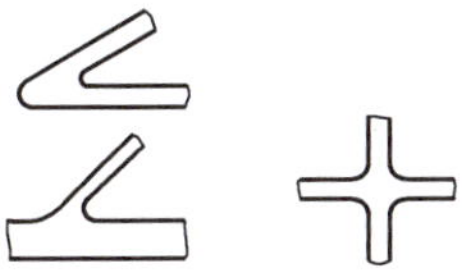	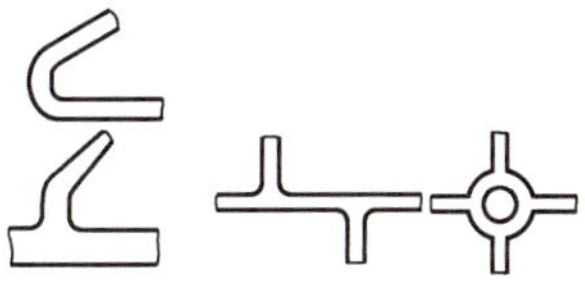
	铸件的筋、辐应能自由收缩	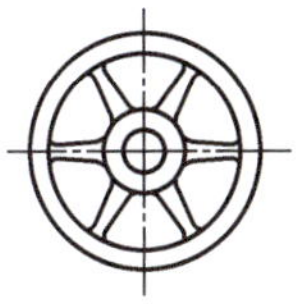	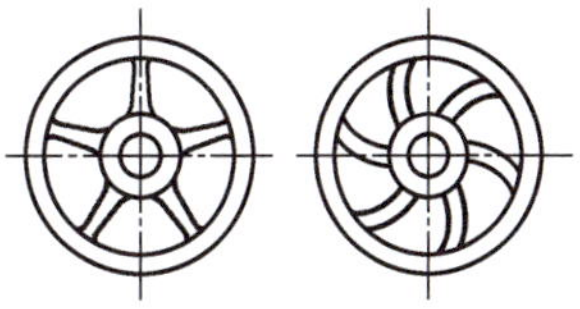
	在铸件易裂处增设防裂筋	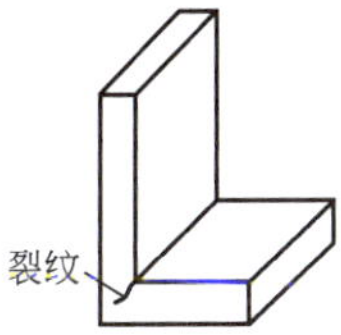	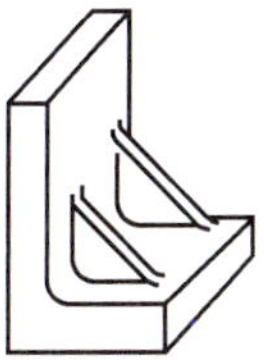

第五节 特种铸造

特种铸造是指与普通砂型铸造有显著区别的铸造方法。目前使用较为普遍的有：熔模铸造、金属型铸造、压力铸造、低压铸造、离心铸造、陶瓷型铸造、实型铸造及真空吸铸等。特种铸造与普通砂型铸造相比，有其优越之处和适用的场合，近年来发展较快。

一、熔模铸造

熔模铸造是一种精密铸造方法。它是用易熔材料制成模样，然后在模样上涂挂造型材料，经过硬化，再将模样熔失，从而获得无分型面的整体型壳（即铸型），型壳经焙烧后即可浇注。由于模样广泛采用蜡质材料来制造，故又称为“失蜡铸造”。

1. 熔模铸造工艺过程

熔模铸造工艺过程如图 8-39 所示。

（1）母模　母模是铸件的基本模样，多用钢或黄铜经机械加工制成，是用来制造易熔合金压型的。

（2）压型　压型是用来制造蜡模的特殊铸型。为了保证蜡模的表面粗糙度和尺寸准确，压型要有很高的精度。常用的压型有机械加工压型和易熔合金铸造压型。钢质或铝质机械加工压型精度高，寿命长，主要用于大批量生产或高精度的铸件；而易熔合金压型，一般用锡铋合金或铅锑合金利用母模直接浇铸出来，制造比较方便，用于精度要求不高的铸件。此外，在单件生产中还可采用石膏压型。

（3）制模　制造蜡模的材料有石蜡、蜂蜡、硬脂酸和松香等。

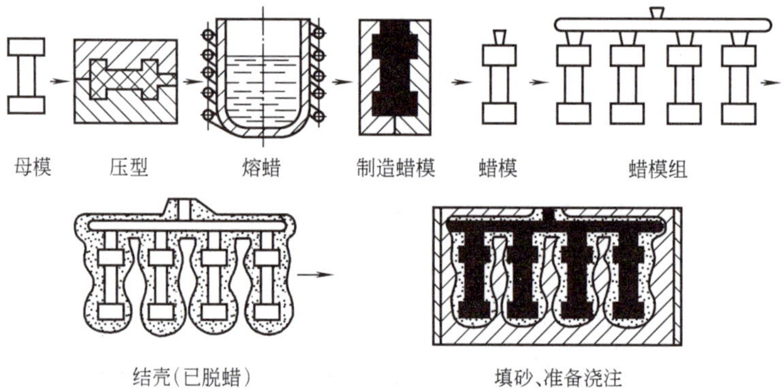

图 8-39　熔模铸造工艺过程

将熔化好的蜡料挤入压型中，待冷却凝固后取出，修去毛刺，即得单个蜡模。为了一次能浇注出多个铸件，还需将单个蜡模粘合到蜡质的浇注系统上，制成蜡模组。

（4）制壳（包括结壳、脱模、焙烧等）　结壳是在蜡模组上涂挂耐火涂料层，并使其成为具有一定强度的耐火型壳的过程。最常用的方法是以水玻璃为结壳的粘结剂，用水玻璃与石英粉配成涂料，将蜡模组浸挂涂料后，再向其表面撒一层硅砂，然后将粘附硅砂的蜡模组放入硬化剂（氯化铵溶液）中，利用化学反应使其快速硬化，如此重复涂挂多次直至结成 5 ~ 10mm 的硬壳为止。

型壳制好后即可进行脱模处理。低熔点蜡模常用热水法脱模，即把型壳泡在 85 ~ 95℃ 的热水中，蜡模熔化而脱出，型壳则形成铸型空腔。

为了进一步提高铸型强度，排除残蜡及水分等，还须将型壳放入 850 ~ 950℃ 高温炉内焙烧。

（5）浇注　为了防止金属浇注时型壳发生破裂或变形，将焙烧后的型壳放在容器内，周围填入干砂，然后进行浇注。常在焙烧后趁热进行浇注，以提高液体合金的充型能力，防止浇不足缺陷。

金属凝固冷却后，进行落砂脱壳，去除浇冒口，再进行清理和热处理等，便获得精密铸件。

2. 熔模铸造的特点及应用范围

1）铸件精度高，表面粗糙度值低，尺寸精度可达 IT11 ~ IT14，表面粗糙度值可达 $Ra3.2 \sim 25\mu m$，且可浇铸形状复杂的薄壁件（最小壁厚 0.7mm）。

2）能够铸造各种合金铸件。尤其是适于生产那些高熔点金属及难以切削加工的特殊性能合金钢铸件，如耐热合金钢、磁钢等。

3）生产批量不受限制，从单件、成批到大量生产都可以。

熔模铸造是少无切削加工工艺的重要组成部分，但这种方法主要缺点是工序繁杂，生产周期较长（约4～15天），而且铸件不能太大和太长，目前熔模铸件质量一般不超过45kg。它主要用于制造汽轮机、燃气轮机、涡轮发动机等各种叶片、叶轮、切削刀具和刀杆以及汽车、拖拉机、纺织机、风动工具、机床的小型零件的生产，用以代替锻件和砂型铸件。

二、金属型铸造

金属型铸造是将液体金属浇注到金属铸型中而获得铸件的铸造方法。生产中也叫硬模铸造或铁模铸造。又因金属型可以重复使用几百次至上万次，所以又称为永久型铸造。

1. 金属型铸造工艺特点

金属型按分型面方位不同，可分为垂直分型式、水平分型式和复合分型式等。其中垂直分型式的金属型具有便于开设浇口和取出铸件、易于实现机械化生产等优点，所以应用最广。

图8-40所示为铸造铝活塞的金属型，它属于垂直分型式，两半型以铰链相连接，工作时，活动半型向固定半型合拢，锁紧后便可浇注。

金属型一般用铸铁制成，性能要求高时才采用铸钢。铸件的内腔可用金属型芯或砂芯得到。金属型芯通常只用于浇铸有色金属铸件，若内腔形状复杂，整体金属型芯难以取出时，型芯可以由几块拼合而成，浇注后按先后次序抽出，如图8-41所示。

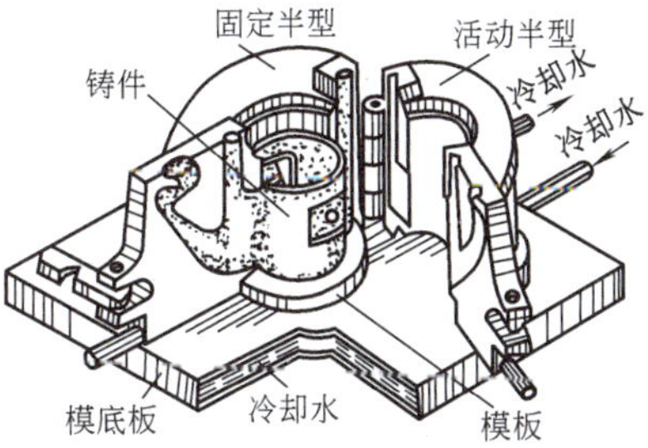

图8-40 铸造铝活塞的金属型

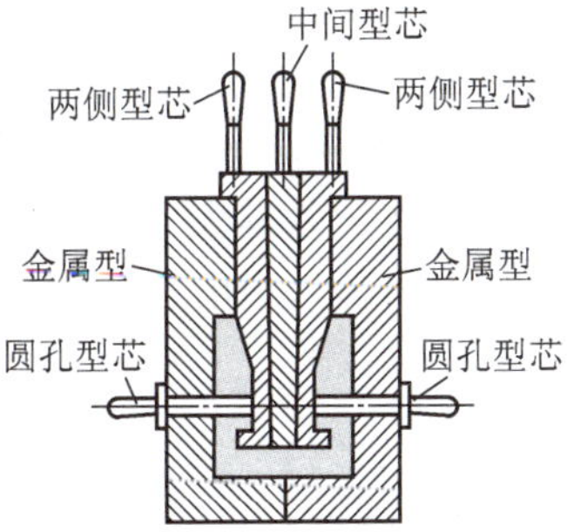

图8-41 活塞的组合型芯

因为金属型导热快，没有透气性和退让性等，所以铸件易产生浇不足、冷隔、气孔、裂纹以及白口等缺陷。

为了提高铸型寿命，防止铸件缺陷的产生，必须采取如下工艺措施：

1）金属型要保持一定的工作温度，以减缓铸型的冷却速度，减少铸件缺陷，并能延长铸型的寿命。金属型的合理工作温度，铸铁件为250～350℃，非铁金属件为100～250℃。

2）金属型型腔内要涂以厚度为0.2～1.0mm耐火涂料。同时，每浇注一次要喷涂一层薄的煤油或灯烟等，以形成隔热气膜。

3）为防止铸铁件产生白口，要控制铸件壁厚（大于15mm）和铁液中碳硅含量（总量不小于6%）。实践证明，采用孕育处理的铁液浇注，对于防止产生白口非常有效。对于已产生白口的铸件，可采用高温退火处理。

此外，为了排出型腔内部的气体，在金属型的分型面上应开一定数量的通气槽。

2. 金属型铸造的特点及应用范围

金属型铸造与砂型铸造比较，具有如下特点：

1）金属型可承受多次浇注，实现了“一型多铸”，节约了大量造型工时和型砂，提高了生产率，改善了劳动条件。

2）由于在金属型中液体金属的冷却速度快，金属结晶后晶粒比较细小，从而提高了铸件的力学性能，如铜铝合金铸件，其 R_m 比砂型铸造可提高10%以上。

3）金属型铸造条件比较稳定，有较高的尺寸精度及表面质量。铸件尺寸精度一般可达IT12～IT14，表面粗糙度可达 $Ra12.5 \sim 25\mu m$，故可少切削或不切削。

但制造金属型的成本高，周期长，铸造工艺规程要求严格，铸铁件易产生白口组织。此外，金属型铸造还必须配合机械化或自动化装置，否则劳动条件也较差。因此，其应用范围受到一定条件的限制。金属型铸造主要适用于大批量生产的有色金属铸件，铸铁次之，铸钢用的最少。金属型铸造的铸件不宜过大、过薄和过于复杂。金属型铸造主要应用于航空、汽车、内燃机、纺织机、医疗器械、电气工业等方面的铝镁合金铸件以及铜轴瓦和轴套等。

三、压力铸造

压力铸造是在高压作用下（比压约为5～150MPa），将液态或半液态合金快速压入高精度的型腔内（速度约5～100m/s、时间约0.001～0.1s），并在压力下快速凝固，获得优质铸件的高效率铸造方法，也简称为压铸。

1. 压力铸造工艺过程

图8-42所示为卧式压铸机工作过程的示意图。铸型合型后定量注入金属液体到压室中，压射冲头将金属液压入铸型，并保持压力。金属凝固后，压射冲头返回，动型移开，即开型，由顶出机构将铸件顶出。

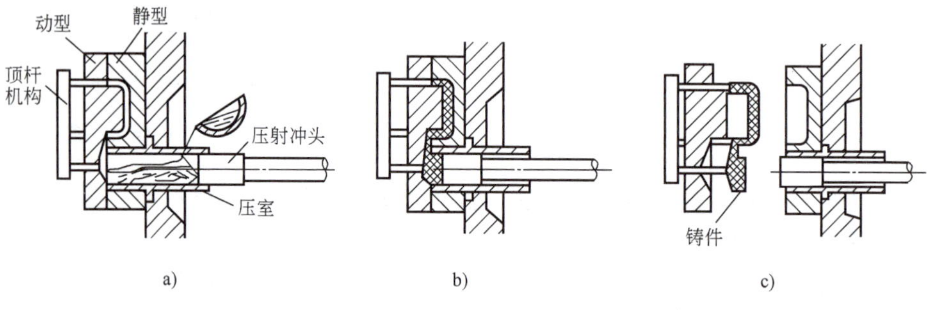

图8-42 压力铸造过程示意图

a）合型 b）压入 c）开型

压力铸造过程中压铸所用的金属模具称为压型。压型与垂直分型的金属型相似，半个固定在压铸机上称为静型，另半个可在压铸机上移动称为动型。压型上装有自动顶出铸件的顶杆机构和拔芯机构。

2. 压力铸造特点及应用范围

（1）压力铸造的主要优点

1）产品质量好。压铸件尺寸精度可达IT11～IT13，表面粗糙度可达 $Ra1.6 \sim 6.3\mu m$；由于铸型冷却快，又是在压力下结晶，故铸件组织细密，因此铸件强度比砂型铸件提高

20%～40%；另外，铸件尺寸稳定，互换性好，可压铸薄壁复杂铸件。

2）生产率高。压铸的生产率比其他任何铸造方法都高，如我国生产的压铸机平均每小时可压铸50～500次。

3）实现少、无屑切削加工。压铸件一般不再进行机械加工或只需少量的精加工，即可当零件直接使用。

（2）压力铸造的主要缺点

1）压铸设备投资大，制造压型费用高，生产周期长，只有在大量生产条件下经济上才合算。

2）压铸合金的种类目前还受限制，一般用于Al、Mg、Zn等有色金属；压铸高熔点黑色金属（如钢、铸铁等）时，压型寿命很低，难以适用。

3）由于压铸速度高，流态不稳定，致使铸件中易产生气孔和缩松。由于小气孔的存在，热处理加热时因气体膨胀常使铸件表面不平或变形，所以压铸件不能进行热处理，也不能在高温下工作。

目前压力铸造主要用于大批大量生产中小型有色金属合金铸件，其中以锌合金、铝合金、镁合金压铸件应用最为广泛。压铸件的质量自几克至几万克。压铸件的最小壁厚可达0.5～1.0mm，最小孔径为0.7mm。

四、低压铸造

1. 低压铸造过程

低压铸造是介于重力铸造（如砂型、金属型铸造等）与压力铸造之间的一种铸造方法。其基本原理如图8-43所示。它是向贮有液体金属的密封坩埚内通入干燥压缩空气，使金属液面上保持一定的压力（20～70kPa），在此压力作用下金属液自下而上地通过升液管经浇口注入放在密封盖上的型腔内。充满型腔后保持一定压力或适当增压，直到型腔内的金属液全部凝固时为止，然后撤除液面上的压力，使升液管和浇注系统内尚未凝固的金属液，在重力作用下流回坩埚中，完全成了低压铸造过程。

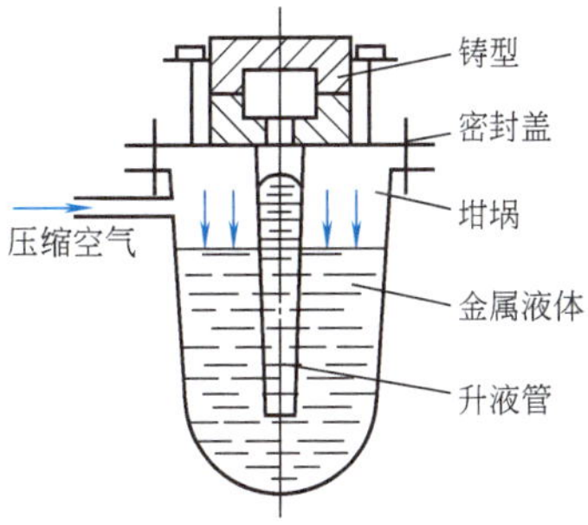

图8-43　低压铸造原理示意图

2. 低压铸造特点及应用范围

1）浇注及凝固时的压力和速度可根据铸件和铸型特点加以控制，因此可用于金属型、砂型、熔模型壳、树脂壳等各种铸型。由于充型时间及压力可以控制，金属液充填平稳，减少了金属液对型腔的冲刷和飞溅，加上铸型可采取有效的排气措施，避免了铸件产生小气孔和浇不足等缺陷。

2）由于铸件是在压力下结晶，同时能以浇口为中心的自上而下、由远而近的顺序凝固，因此铸件组织致密，质量较好。

3）省去了补缩冒口，使金属的利用率提高到90%～98%。

由于低压铸造有以上特点，所以目前主要用来生产质量要求高的镁、铝合金铸件，如气缸体、缸盖、活塞等零件，并成功地制造出重最达30t的铜螺旋桨及球墨铸铁曲轴等。

五、离心铸造

离心铸造是将液体金属注入高速旋转（一般在 250 ~ 1500r/min）的铸型内，使金属液在离心力的作用下充填铸型、结晶并形成铸件。

离心铸造可以用金属型，也可以用砂型。铸型在离心铸造机上可绕垂直轴或水平轴旋转。它既适合浇注中空铸件，也能铸造成形铸件，如图 8-44 所示。图 a 是铸型绕垂直轴旋转的离心铸造，铸件内表面（自由表面）是呈抛物线形状，因此，铸造中空铸件不宜过高。另外，其铸型的固定和浇注较方便，主要用于浇注环类零件（如环、轮缘、轩轮等）和短套类铸件及成形铸件。图 b 是铸型绕水平轴旋转的离心铸造，铸件无论是在长度方向或圆周方向均可获得均匀的壁厚，因此该离心铸造机应用较广泛，常用来制造各种管类件及汽车、拖拉机的缸套等。

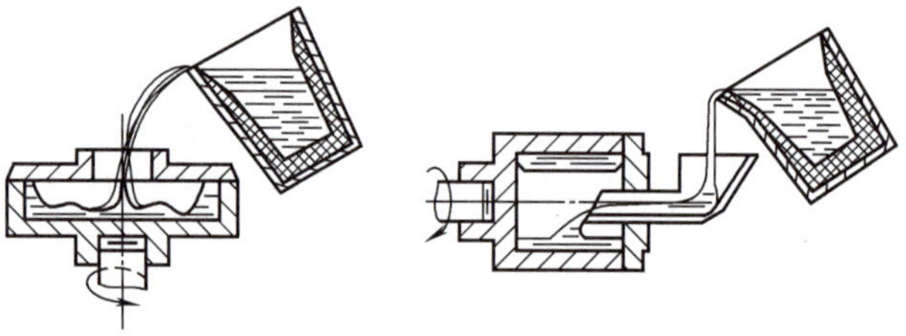

a)　　　　b)

图 8-44　离心铸造图

a）铸型绕垂直轴旋转　b）铸型绕水平轴旋转

离心铸造结晶过程的特点是，在离心力的作用下金属中的气体和熔渣等均集中于铸件的内表面，使液态金属呈方向性结晶，因而铸件结晶组织细密，无缩孔、气孔、渣孔等缺陷，使铸件具有较高的力学性能。在获得中空的圆筒形铸件时，因为不用型芯而节省了芯砂及型芯的制造，与普通的铸造相比可以省去浇注系统或减少浇注系统的质量，金属的利用率可达 90% ~95%。另外，离心铸造能够获得薄壁铸件和使用流动性较低的合金，还可以进行双金属离心铸造。

离心铸造适用于铸造空心旋转体的铸件，也可用熔模型壳浇注刀具、齿轮等成形铸件。

离心铸造的不足之处是浇铸出来的铸件内尺寸不准确，内表面质量较差，若需切削加工，必须加大余量。

六、各种铸造方法的比较

各种铸造方法都有其优缺点和适用范围，因此在决定某铸件究竟采用哪种铸造方法时，必须结合生产具体情况综合考虑，如铸件的形状、大小、合金种类、生产批量、精度和质量要求，以及车间现有设备和技术条件等，要进行全面分析比较，才能正确选择合适的铸造方法。

表 8-9 所列为几种铸造方法的比较。砂型铸造尽管有许多缺点，但其适应性最强，且设备比较简单，因此，它仍然是当前生产中最基本的铸造方法。特种铸造仅在一定条件下才能显示其优越性。

表 8-9 几种铸造方法的比较

铸造方法 / 比较项目	砂型铸造	熔模铸造	金属型铸造	压力铸造	低压铸造	离心铸造
适用金属	任意	不限制，以铸钢为主	不限制，以有色合金为主	铝、锌等低熔点合金	以有色合金为主	黑色合金及铜合金为主
适用铸件大小	任意	一般小于 45kg	以中、小铸件为主	一般小于 10kg，也可用于中型铸件	中、小铸件为主	中、小铸件为主
生产批量	不限制	成批、大量也可单件生产	大批、大量	大批、大量	成批、大量	成批、大量
铸件尺寸精度	IT14 ~ IT15	IT11 ~ IT14	IT12 ~ IT14	IT11 ~ IT13	IT12 ~ IT14	IT12 ~ IT14
铸件表面粗糙度 Ra/μm	粗糙	3.2 ~ 25	12.5 ~ 25	1.6 ~ 6.3	6.3 ~ 25	12.5 ~ 25
铸件内部质量	结晶粗	结晶粗	结晶细	结晶细	结晶细，内部多有气孔	结晶细
铸件加工余量	大	小或不加工	小	小或不加工	较小	内孔余量大
铸件最小壁厚/mm	3.0	0.7	铝合金 2 ~ 3 灰铸铁 4.0	0.5 ~ 0.7	2.0	
生产率	低、中	低、中	中、高	最高	中	中、高

第九章

金属压力加工

金属压力加工是指借助外力的作用，使金属坯料产生塑性变形，从而获得具有一定形状、尺寸和力学性能的原材料毛坯或者零件的一种塑性成形方法。压力加工包括自由锻造、模锻、冲压、轧制、挤压、拉拔等。

本章主要介绍锻压（自由锻造、模锻和冲压）方法，锻压的主要优点有：

1）金属材料经过塑性成形后，组织与性能得到改善和提高。

2）金属塑性成形过程是金属在固体状态下发生的体积转移过程，因此不像切削加工那样产生切屑，因而可以获得合理的流线分布和较高的材料利用率。

3）采用精密锻造、精密冲压等塑性成形工艺可直接制成各种机器零件，从而大大提高了生产率。

但是，锻压也有不足之处，与铸造方法相比锻压只能生产具有一定塑性的金属材料，如钢、有色金属及其合金等，而对脆性材料，如铸铁就无能为力；另外，锻压一般只能获得形状较为简单的零件。

第一节　金属塑性成形

金属经塑性加工后，不仅改变了其外形和尺寸，还使其内部组织和有关性能发生变化，因此，分析研究金属塑性变形的行为及产生变形的机理，对了解改善金属性能的途径，合理选用金属材料和成形方法，掌握锻压工艺，分析和控制锻压件质量都是十分重要的。

一、金属塑性变形

金属承受外力时发生的变形有弹性变形和塑性变形。当外力去除后金属的变形随之消失，这种变形称为弹性变形；当外力增大使金属内应力超过其屈服强度时，金属发生的变形不会因外力去除而消失，这种变形称为塑性变形。金属的塑性变形实质是晶体内部产生了滑移所致。

1. 单晶体金属塑性变形

（1）滑移　滑移是金属中最主要的塑性变形方式。图9-1所示为单晶体滑移变形过程示意图。所谓滑移，是晶体的一部分相对于另一部分沿一定晶面发生相对的位移。这个晶面称为滑移面。一般滑移面是原子排列密度最大的平面，滑移方向是原子排列密度最大的方向。

（2）位错 理论上理想晶体产生滑移需要很大的变形力，但实际测得金属晶体滑移的临界变形力值较理论计算的数值低百倍至千倍。这表明金属的滑移并不是晶体的一部分沿滑移面相对于另一部分做刚性整体位移，而是借助位错在滑移面上的运动来逐步地进行的，如图 9-2 所示。滑移过程中只需位错中心附近的上面两列半原子面向右做微量的位移，位错中心下面的一列半原子面向左做微量的位移，其结果使位错在滑移面上向右移了一个原子间距。在切应力作用下位错如此继续向右逐步滑移到表面上，就形成了晶体的塑性变形。

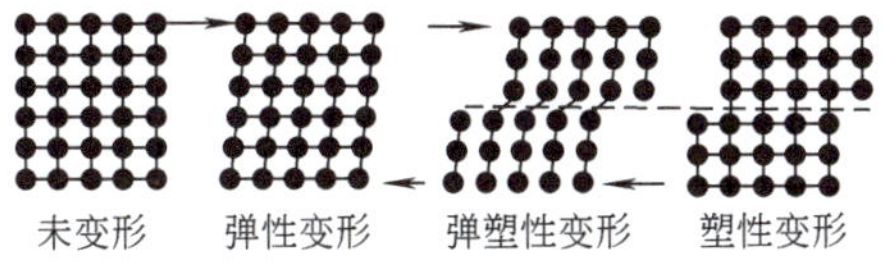

图 9-1 单晶体滑移变形过程示意图

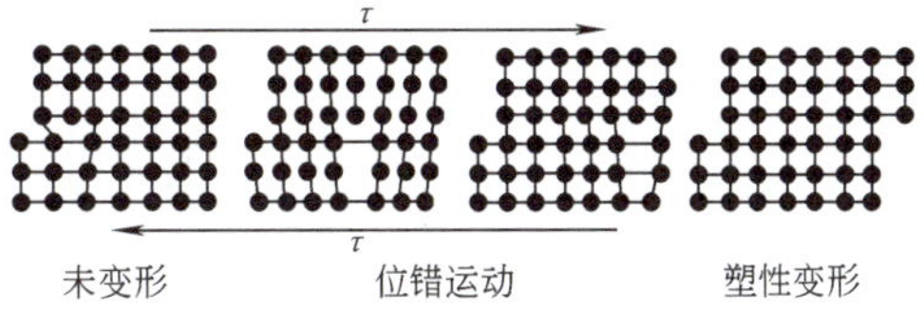

图 9-2 位错及其运动过程示意图

2. 多晶体金属的塑性变形

实际金属为多晶体。多晶体的塑性变形除了单个晶体内部产生的滑移外，还伴随有一定晶体间的相互转动。如图 9-3 所示，由于晶体之间的晶界有阻碍变形的作用，所以变形是以晶体内部的滑移为主，晶体之间的转动为辅。

二、金属的冷变形

金属冷变形的重要特点之一是加工硬化。加工硬化的结果，使金属的强度、硬度提高，塑性下降。图 9-4 所示为低碳钢在冷塑性变形时力学性能与变形程度的关系。

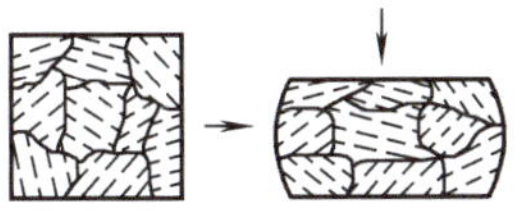

图 9-3 多晶体塑性变形示意图

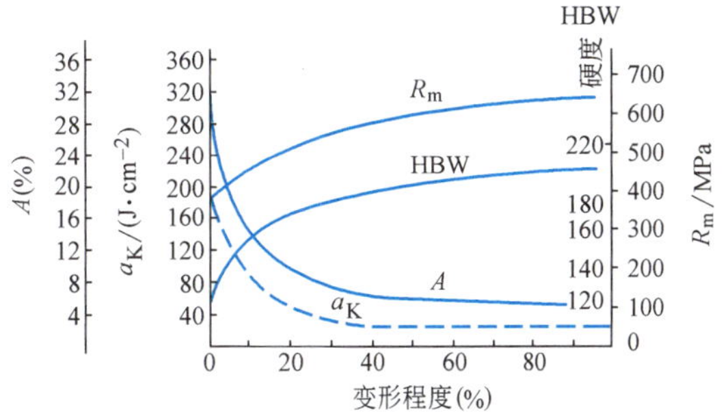

图 9-4 常温下低碳钢塑性变形与力学性能的关系

1. 加工硬化的原因

冷变形使金属性能发生变化的主要原因是由于内部组织结构发生了变化。金属在变形过程中，由于位错的运动以及位错与位错之间产生复杂的交互作用，大量位错在晶界附近造成堆积和相互缠结，使晶粒逐渐破碎成许多位向略有不同的小晶块（即亚晶粒）。变形越大，晶粒的碎细程度越大，位错密度迅速增大，使位错继续移动的阻碍力增大，同时在位错附近的晶格畸变就越严重，因而使金属的塑性变形抗力迅速增大，造成了加工硬化。

金属经塑性变形后，其内部的晶粒形状、晶格位向均会发生变化。随着变形程度的增大，晶粒随着变形方向被拉长或压扁，由粒状晶粒逐渐变为纤维状，这种组织通常称为“纤维组织”（图9-5）。

此外，由于金属塑性变形时，各部分的变形不均匀以及晶格严重畸变，而产生形变内应力（又称为残余应力）。形变内应力对金属的使用和加工影响很大。金属在冷塑性变形后，为消除或降低残余内应力，通常采用退火处理。

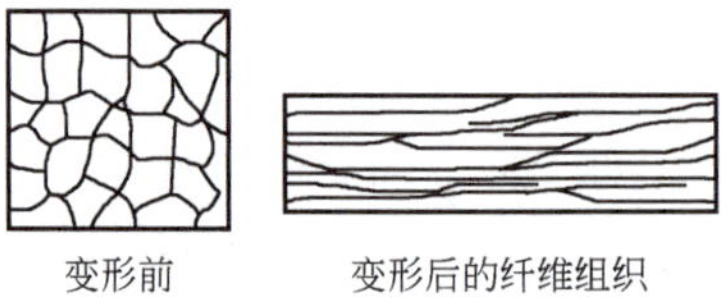

图9-5 金属塑性变形前后的纤维组织结构

2. 回复与再结晶

由于金属经冷变形后，处于不稳定状态，它有向稳定状态变化的自发倾向，但在室温下很难进行。若把金属加热，使原子的扩散能力提高，冷变形的金属便会发生一系列的组织和性能的变化（图9-6）。

由图9-6看出，随着温度的升高，变形金属经历三个过程。

当加热温度不高时，内应力有明显下降，而显微组织无明显变化，此时各种性能略有不同程度的恢复，此过程称为“回复”。此时温度称为回复温度，用 $T_{回}$ 表示，即

$$T_{回}=(0.25\sim0.3)T_{熔}$$

式中，各温度值均为热力学温度。

当加热温度继续升高时，破碎拉长的晶粒通过重新结晶变成细而均匀的粒状晶粒，性能得以恢复，加工硬化消除，塑性上升，此过程称为“再结晶”。此时温度称为再结晶温度，用 $T_{再}$ 表示，即

$$T_{再}=0.4T_{熔}$$

式中，各温度值均为热力学温度。

如果加热温度再升高，则晶粒迅速长大。

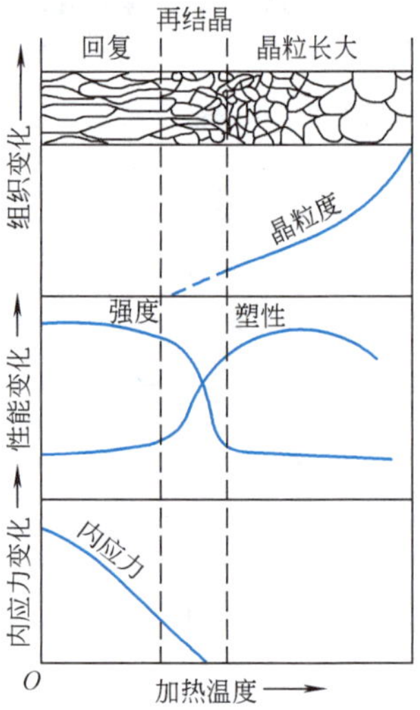

图9-6 冷变形金属在加热时组织和性能变化

三、金属的热变形

金属在高温下进行压力加工时，加工硬化与回复、再结晶一起发生，这时的加工硬化立即被再结晶过程所消除，使变形抗力下降，塑性提高。所以，在高温下进行变形比在低温下容易得多。通常把在再结晶温度以上，没有加工硬化现象的塑性变形，称为“热变形”。反之，在再结晶温度以下，有加工硬化现象的塑性变形，称为“冷变形”。

热变形虽然不引起加工硬化，但会使金属组织和性能发生显著改变。主要表现如下：

1）热变形可以消除铸锭中的某些缺陷，如气孔、缩松等被压合，组织致密度得到改善。

2）热变形可使铸态金属中的粗大枝晶和柱状晶破碎，使晶粒细化，力学性能得以提高。

3）热变形时，金属中的夹杂物一般难以发生再结晶，因而变形后仍沿着金属变形的方向而拉长（或压扁），形成所谓的“热变形纤维组织”，在宏观检验时把它称为“流线”。

变形程度越大，纤维组织越明显。

压力加工中常用锻造比 y 来表示变形程度。

拔长时的锻造比　$y_{拔}=A_0/A$

镦粗时的锻造比　$y_{镦}=H_0/H$

式中，H_0、A_0 分别为坯料变形前的高度和横截面积；H、A 分别为坯料变形后的高度和横截面积。

纤维组织形成，使金属的力学性能具有明显的各向异性，纵向（顺流线方向）的塑性和韧性要比横向（垂直流线方向）的塑性和韧性高。这种流线用热处理或其他方法都难以消除，只有经过锻压才能改变其流线的分布。因此，在设计和制造零件时，应使零件工作时的最大正应力方向与流线方向重合，最大切应力方向与流线方向垂直，并使流线与零件的轮廓相符合，不被切断。从图 9-7 中的螺钉和曲轴中可看出，直接采用轧材进行切削加工制成零件，常使流线被切断，因而零件的承载能力差（图 9-7a、c）。采用正确的锻压方法，使流线不被切断，流线分布较合理，从而可提高零件的性能（图 9-7b、d）。

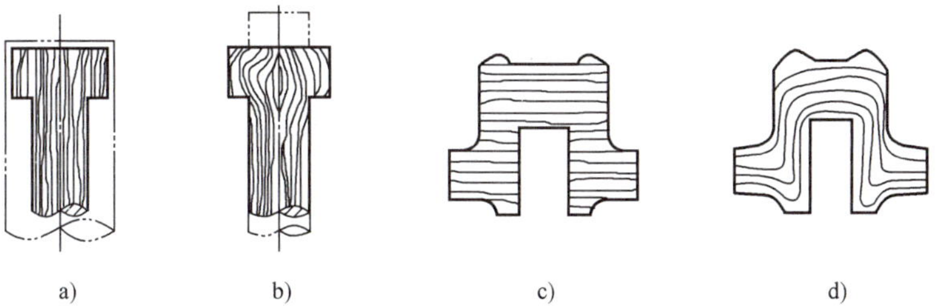

图 9-7　不同加工方法制成的锻件的流线分布示意图

a）用棒料切削成螺钉　b）用锻造镦粗法制成的螺钉毛坯

c）切削加工制成的曲轴　d）用锻造制成的曲轴毛坯

热变形的主要缺点是温度高造成钢件表面产生较多氧化皮，故表面粗糙，尺寸不够精确。

四、金属的可锻性

金属的可锻性是衡量材料在压力加工时难易程度的工艺性能。通常用金属的塑性和变形抗力来衡量。材料的塑性越好，变形抗力越小，则可锻性越好。

影响金属可锻性的因素主要有如下两方面：

1. 金属的本质

（1）化学成分　不同化学成分的金属，可锻性不同。纯金属的可锻性比合金的好；碳钢的含碳量增加，可锻性降低；合金钢中，随着合金元素的溶入，固溶强化增大，可锻性下降；钢中含有形成碳化物的合金元素如 W、Cr、Mo、V 等时，可锻性显著下降；钢中含 S、P 超过一定量时，可锻性降低。

（2）组织结构　金属的组织结构不同，可锻性有很大差别。纯金属和固溶体具有良好的可锻性，而碳化物的可锻性差；细晶粒的可锻性比粗晶粒的好，但变形抗力较高。

2. 变形条件

（1）变形温度的影响　金属加热是提高金属塑性成形性的有效措施。升高温度可使塑性提高，变形抗力减小，从而改善可锻性。但加热温度过高，会造成钢锻件出现过热、过烧和严重脱碳现象，所以必须控制锻造温度。

锻造温度是指锻造开始温度（始锻温度）和终止温度（终锻温度）间的温度区间。对碳钢而言，锻造温度范围的确定主要依据铁碳合金相图，如图9-8所示。碳钢的始锻温度低于 AE 线150～250℃，温度过高会发生过热或过烧等缺陷。终锻温度为800℃左右，应保证终锻时钢料仍有较好的塑性并具有良好的锻后组织。

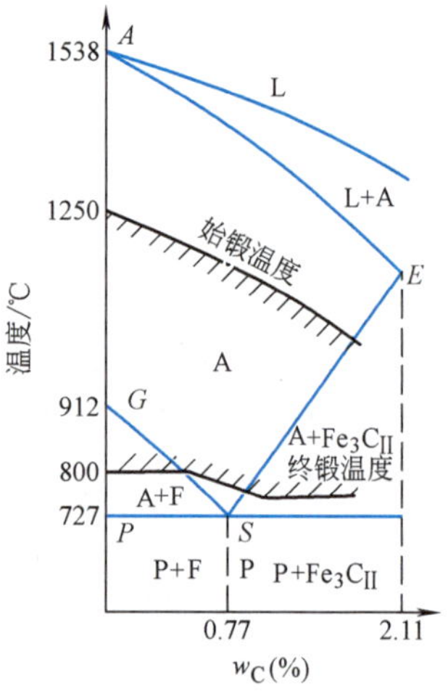

图9-8　碳钢的锻造温度范围

（2）变形速度的影响　变形速度是指单位时间内的变形程度。它对金属的可锻性的影响比较复杂。提高变形速度可以产生两种效应：

1）变形速度增大后，使加工硬化现象来不及消除，即回复、再结晶不能充分进行，因而塑性下降，变形抗力增加，可锻性下降。

2）变形速度提高后，热效应使金属的温度升高，改善了金属的塑性。变形速度越大，热效应现象越明显，因而金属的塑性提高，变形抗力下降（图9-9中 a 点以后），可锻性提高。不过这种热效应现象除在高速锻造中明显存在外，在一般压力加工的变形过程中，变形速度不高，热效应并不明显。

（3）应力状态的影响　金属用不同压力加工方法变形时，所产生的应力大小和应力性质（拉或压）是不同的。例如，拉拔时（图9-10）为两个方向受压，一个方向受拉。挤压时（图9-11）则为三个方向均受压。

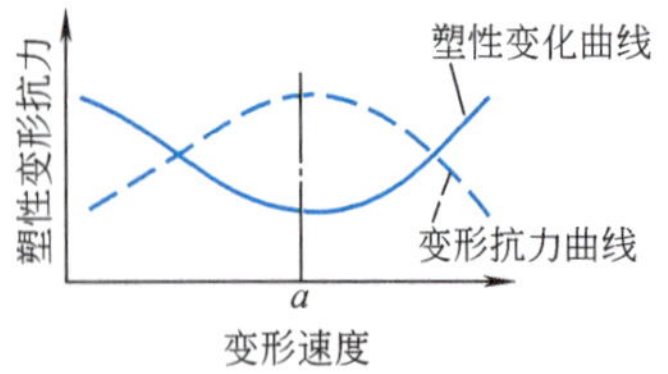

图9-9　变形速度与力学性能的关系

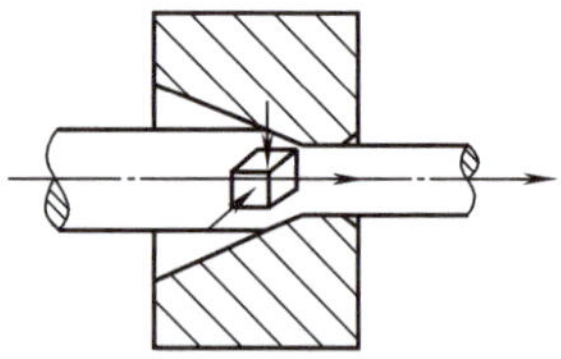

图9-10　拉拔的应力状态

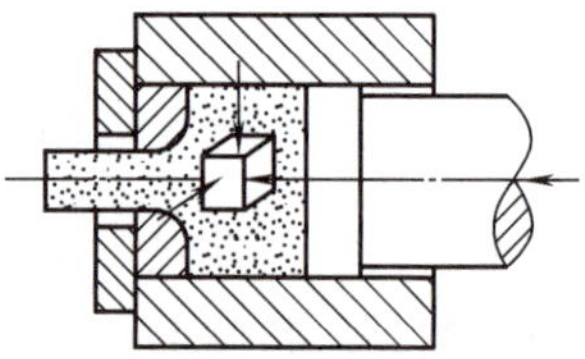

图9-11　挤压的应力状态

实践证明，三个方向应力中压应力的数目越多，则塑性越好，而拉应力的数目越多，则塑性越差。其原因是金属内部或多或少总存在有气孔、微裂纹等缺陷，在拉应力作用下，易使微裂纹扩展，甚至达到破坏程度，使金属塑性下降，可锻性下降；在三向压应力作用下，减小金属内部原子晶格间距，不易出现裂纹，即使有微裂也不易扩展，使塑性增加，可锻性好。但三向受压的变形方式，会使金属坯料与工具间的摩擦增加，使变形抗力增大。

总之，金属的可锻性既取决于金属本质，又取决于变形条件。因此，在压力加工过程中，要力求选择有利的条件，充分发挥金属的塑性，降低变形抗力，使加工变形既省力又保证质量。

第二节　锻　　造

锻造是用锻锤或压力机使坯料进行塑性变形而成形的工艺过程。根据所用设备的不同，锻造可分为自由锻和模锻两大类。

一、自由锻

自由锻是利用锻锤的冲击力或压力机的压力使金属坯料在上、下两个抵铁之间产生变形，从而获得所需形状及尺寸的锻件。金属坯料受力变形时，在抵铁间向各个方向自由流动而不受限制。锻件的形状和尺寸主要由锻工的操作技术来保证。

自由锻通用性好，应用广泛，锻件的质量可从1kg至二三百吨，一般小型锻件以成形为主，大型锻件尤其是重要锻件（如水轮机的主轴、曲轴等）和特殊钢的锻造，则以改善内部质量为主。在重型机械制造中自由锻是特大锻件的唯一生产方法。

自由锻常用的设备有锻锤和液压机两大类。锻锤产生冲击力使金属变形，液压机产生静压力使金属变形。

1. 自由锻工艺

（1）自由锻工序　自由锻的工序可分成基本工序、辅助工序及精整工序三大类。

基本工序是使金属产生一定程度的塑性变形，以达到所需形状及尺寸的工艺操作，如镦粗、拔长、弯曲、冲孔、切断、扭转、错移、切割等。在实际生产中最常用的是镦粗、拔长、冲孔三种工序。

辅助工序是为基本工序操作方便而进行的预先变形。它不受图样的约束，如压钳口、压钢锭棱边、切肩等。

精整工序是为了减少锻件表面的缺陷而整形。它的变形程度很小，一般在终锻温度以下进行。

自由锻基本工序的定义、图例、操作规则及应用见表9-1。

表9-1　自由锻基本工序的定义、图例、操作规则及应用

名　称	定　义	图　例	操作规则	应　用
a）镦粗 b）局部镦粗 c）带尾梢镦粗 d）展平镦粗	1. 坯料的高度减低，截面积增大的工序称为镦粗 2. 坯料的一部分加以镦粗的称为局部镦粗	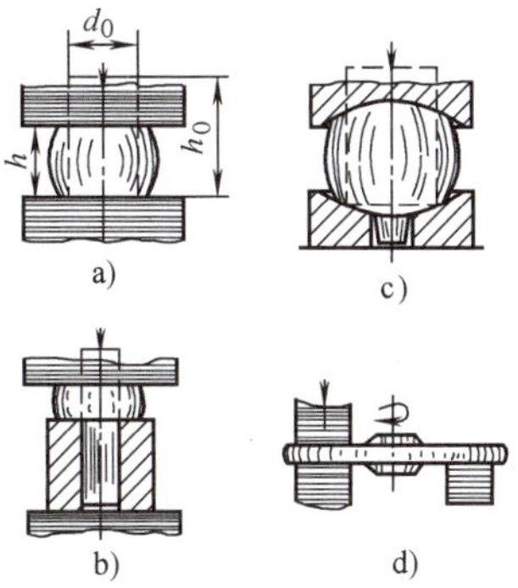	1. 坯料原始高度 h_0 与它直径 d_0 之比应小于2.5，否则会镦弯 2. 镦粗部分加热要均匀，以使变形均匀 3. 镦粗面必须垂直于轴线	1. 用于制造高度小，截面大的工件，如齿轮、圆盘、叶轮等 2. 作为冲孔前的准备工序 3. 增加以后拔长的锻造比

（续）

名　称	定　义	图　例	操作规则	应　用
a）拔长 b）带芯轴拔长 c）芯轴上扩孔	1. 缩小坯料截面积，增加其长度的工序称为拔长 2. 减小空心坯料的壁厚和外径，增加其长度称为带芯轴拔长 3. 减小空心坯料的壁厚，增加其内径和外径，以芯轴代替下抵铁称为芯轴上扩孔	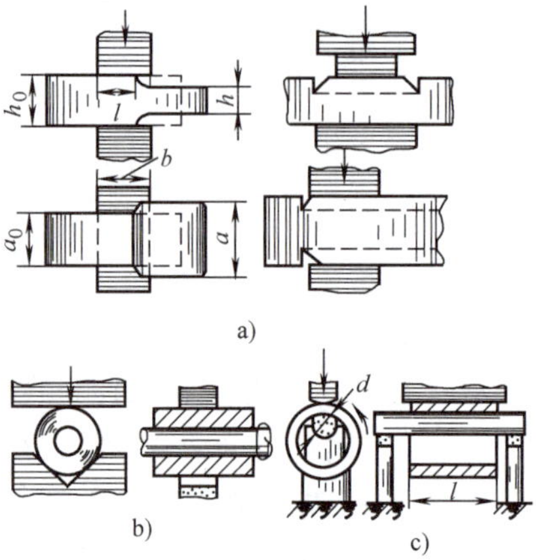	1. 拔长面的 $l<a_0$，越短效率越高，$l=(0.4\sim0.8)b$（图 a） 2. $a/h\leqslant2.5$ 以免坯料翻 90°后造成弯折 3. 拔长中要不断翻转坯料 4. 芯轴上扩孔的 $d\geqslant0.35l$，芯轴要光滑	1. 用于制造长而截面小的工件，如轴、拉杆、曲轴等 2. 制造空心件，如套筒、圆环、透平主轴等
a）实心冲子冲孔 b）空心冲子冲孔 c）板料冲孔		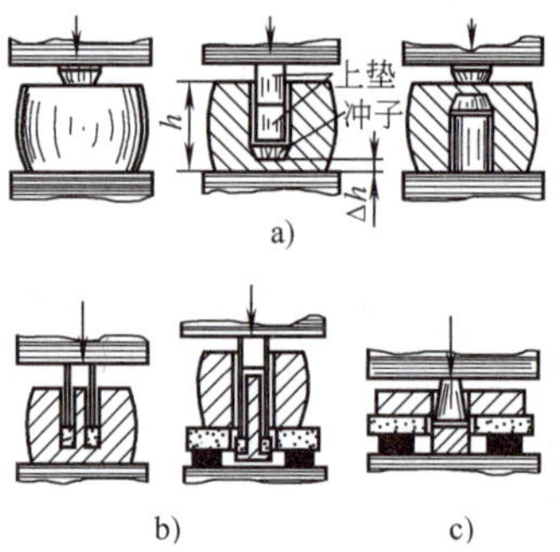	1. 冲孔面应镦平 2. $\Delta h=(15\sim20)\%h$，大的孔 $\Delta h\geqslant100\sim160$mm 3. $d<450$mm 的孔，用实心冲子冲孔；$d>450$mm 的孔，用空心冲子冲孔 4. $d<25$mm 的孔，一般不冲出	1. 制造空心工件如齿轮坯、圆环、套筒等 2. 锻件质量要求高的大工件如大透平轴，可用空心冲孔，以去除质量较差的中心部分

（2）自由锻工艺规程的制订　自由锻工艺规程主要包括以下的内容：

1）绘制锻件图。锻件图是以零件图为基础并考虑以下几个因素绘制而成的。

① 锻件余量：锻件为切削加工而增加的尺寸称为余量。余量的大小与零件形状、尺寸等因素有关。零件越大，形状越复杂，则余量越大。其数值应根据生产的具体情况查表确定。

② 锻件公差：锻件公差是锻件名义尺寸允许变动量。公差值的大小根据锻件形状、尺寸和生产的具体情况加以确定。具体数值可查表确定。

③ 敷料：为了简化锻造工艺，在某些难以锻造的地方（如过窄的凹槽，过小的台阶、小孔及某些形状复杂的部分），为了便于锻造而增加的一部分金属称为敷料。

当零件毛坯采用自由锻方法制作时，确定了敷料、余量和公差后，即可绘制出自由锻锻件图（图 9-12）。图中双点画线为零件轮廓。

2）坯料质量及尺寸计算。根据锻件图的形状及尺寸，就可确定锻件原坯料的质量及尺寸。

坯料质量可按下式计算

$$m_{坯料}=m_{锻件}+m_{烧损}+m_{料头}$$

式中，$m_{坯料}$为坯料质量；$m_{锻件}$为锻件质量；$m_{烧损}$为加热时坯料表面氧化而烧损的质量，第一次加热取被加热金属质量的2%～3%，以后各次加热取1.5%～2.0%；$m_{料头}$为在锻造过程中冲掉或被切掉的那部分金属质量，如冲孔时被冲掉的料芯，修切端部时被切掉的料头等。

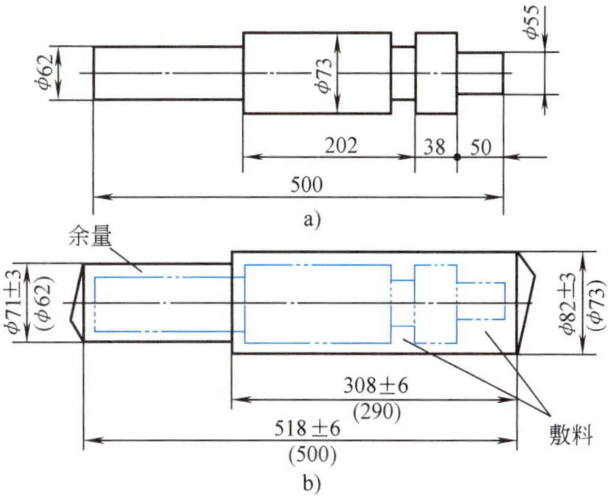

图9-12　轴的零件图与锻件图

a）零件图　b）锻件图

当锻造大型锻件采用钢锭作坯料时，还要考虑切掉钢锭头部和尾部的质量。

坯料质量确定后，进一步确定坯料尺寸，一般选用比锻件图上最大直径或边长要大的钢料，这是考虑到金属在锻造过程中坯料的变形所致。对于以碳素钢锭为坯料，并用拔长方法锻制的锻件，锻造比一般2.5～3；如果用轧材作坯料，则锻造比可取1.3～1.5。

3）选择锻造工序和设备。选择自由锻造的工序，可根据各基本工序的变形特点和锻件形状尺寸来决定。对一般锻件的大致分类及所采用工序见表9-2。

表9-2　锻件分类及锻造工序

锻件类别	图例	锻造用工序
实心光轴及阶梯轴	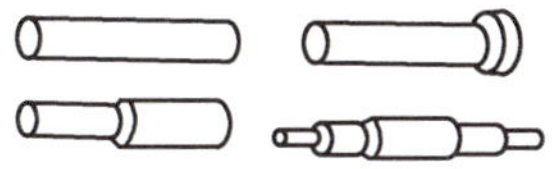	拔长（镦粗及拔长），切肩，锻台阶
实心方杆及阶梯杆	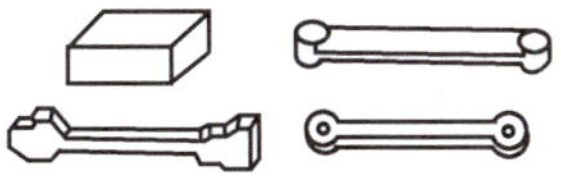	拔长（镦粗及拔长），切割，锻台阶和冲孔
单拐多拐曲轴	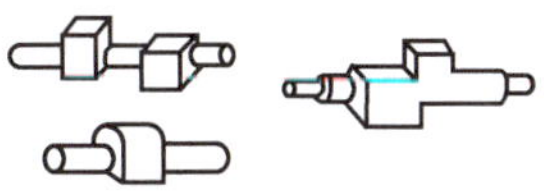	拔长（镦粗及拔长），错移，锻台阶，切割和扭转
盘类锻件		镦粗（拔长及镦粗），冲孔，在芯轴上扩孔
套类锻件		镦粗（拔长及镦粗），在芯轴上拔长
弯曲件	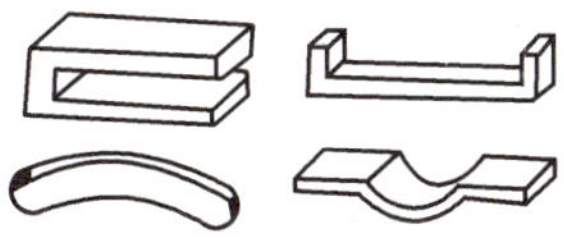	拔长，弯曲

工序选定后，还要确定所用的工夹具、加热设备、加热次数及加热规范。

锻造设备的选择和锻造能力的确定，主要是根据锻件质量及形状或坯料的质量。

最后，确定锻件工时定额及劳动组织等。然后上列资料汇总成为一个技术文件即锻造工艺卡。

2. 自由锻件的结构工艺性

设计自由锻件的结构和形状时，必须考虑自由锻设备和工具的特点，符合自由锻的工艺性。应尽可能使锻件的外形简单、对称，避免复杂的内腔和外筋，以方便加工，节约金属，保证质量，提高生产率（表9-3）。

表9-3 自由锻件结构工艺性

不合理	合理	说明
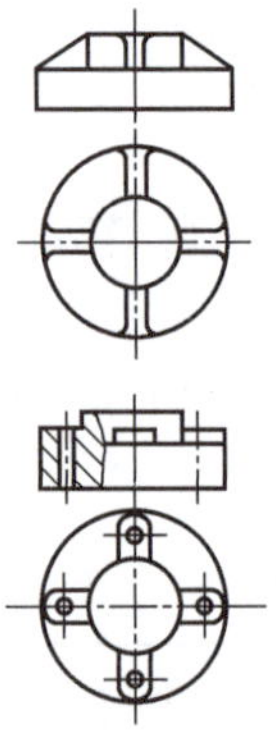	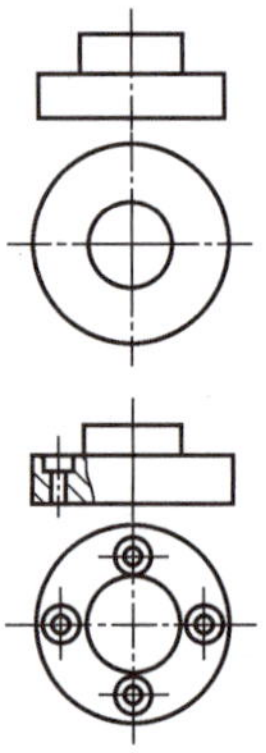	加强筋与表面凸台等结构难以用自由锻方法获得，应避免 椭圆形或工字形截面，弧线及曲线形表面，也应避免
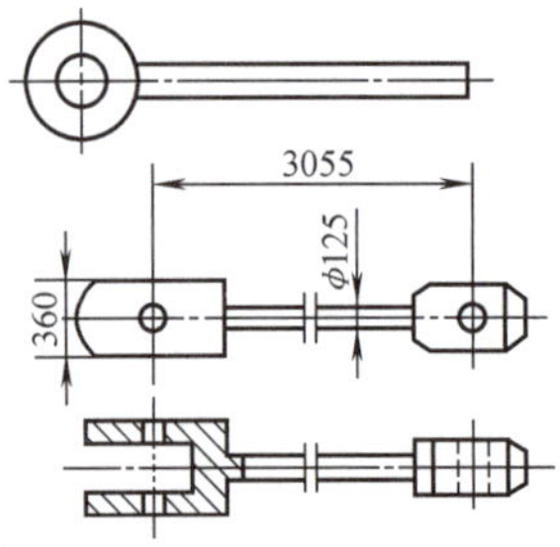	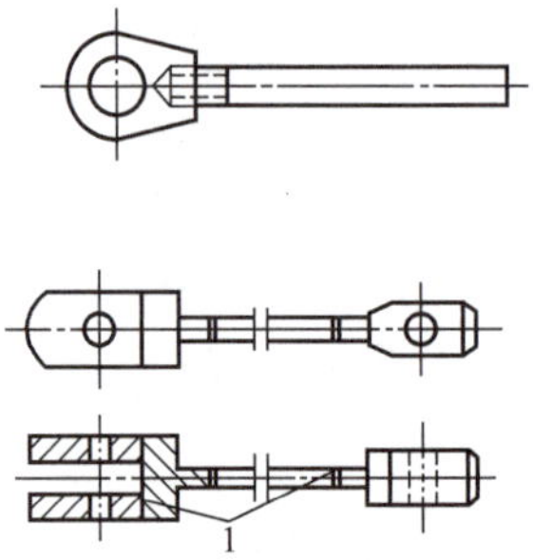	横截面有急剧变化或形状复杂的零件，应分成几个易锻造的简单件，再用焊接或机械连接法组合成整体。图中1为焊缝
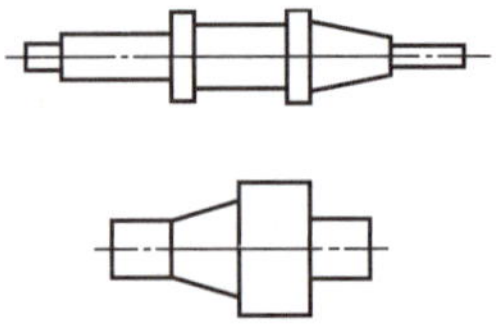	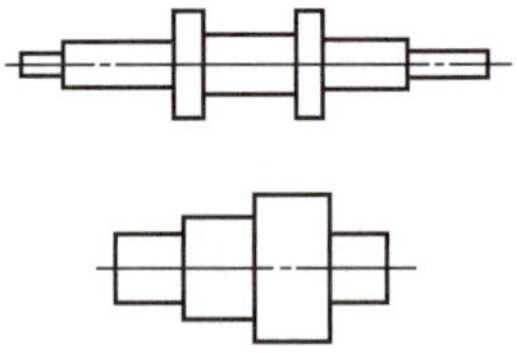	圆锥体件的锻造须用专门工具，锻造比较困难，应尽量避免。与此相似，锻件上的斜面也不易锻出，也应尽量避免
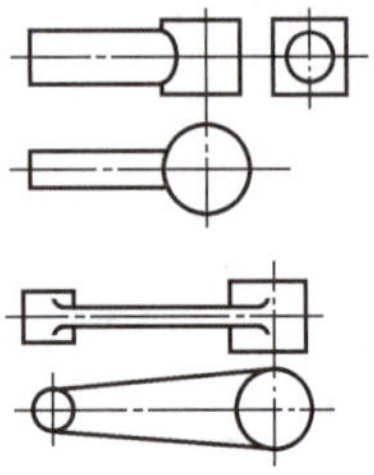	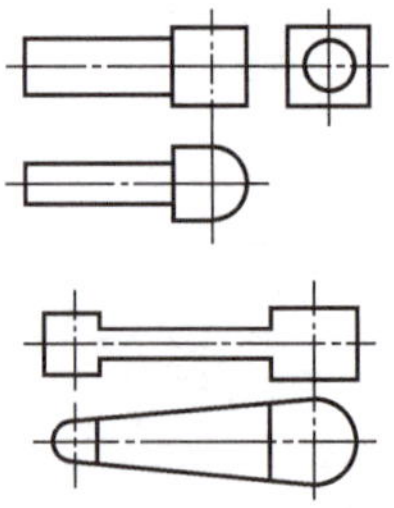	圆柱体与圆柱体交接处的锻造困难，应改成平面与圆柱体交接，或平面交接

二、模锻

模锻是把金属坯料放在具有一定形状的锻模模膛内受压变形，从而获得与模膛形状相符锻件的锻造。模锻与自由锻相比，其优点是生产率高，可锻形状较复杂的锻件，质量易控制，加工余量小，消耗金属少，减少切削加工量。

1. 锤上模锻

锤上模锻用的锻模（图9-13）是由上模2和下模4两部分组成。上模通过楔铁8紧固于锤头1上，与锤头一起做上下往复运动，下模通过楔铁6紧固在模垫5上。上下模间为模膛7，沿模膛周围有飞边槽3。通过锤头的上下锤击动作进行模锻。一般坯料一次加热就可锻成一个锻件，模锻后锻件上的飞边用切边模切掉（图9-15）。

锤上模锻所用的设备是模锻锤。图9-14所示为工厂常用的蒸汽-空气模锻锤。模锻锤的吨位（落下部分的质量）为1～16t，可锻0.5～150kg的锻件。

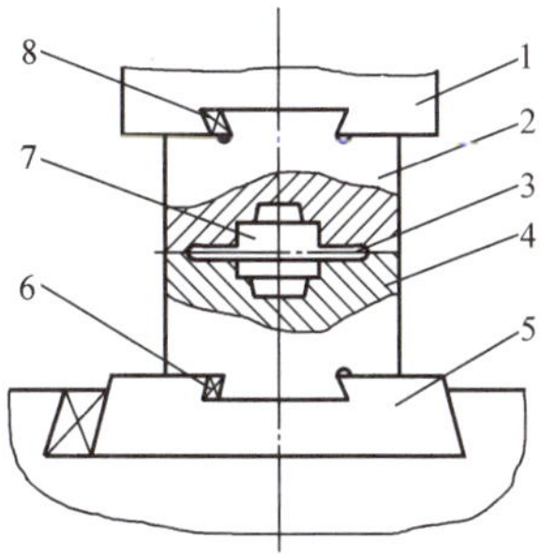

图9-13 锤上锻模图

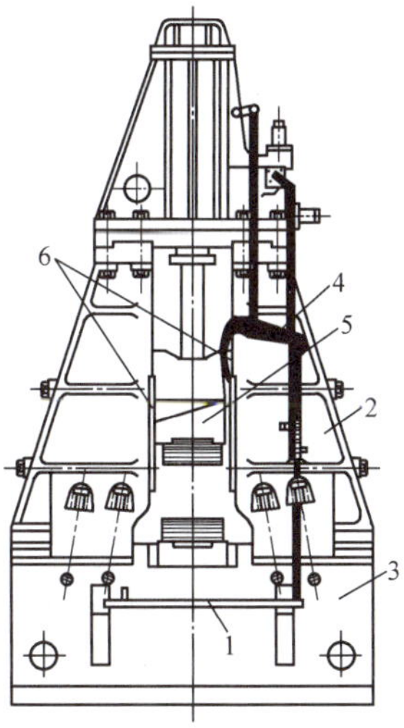

图9-14 蒸汽-空气模锻锤

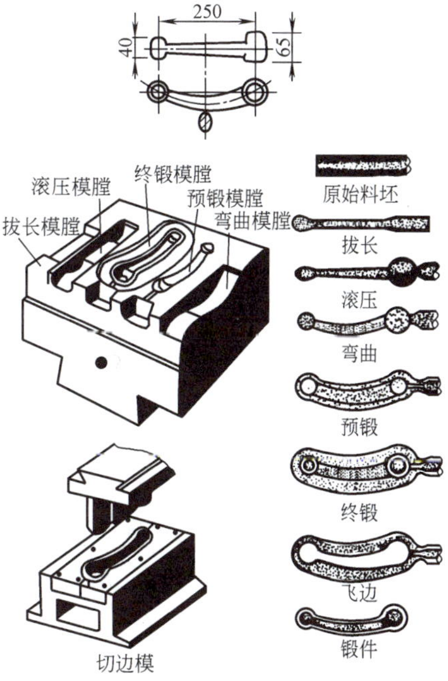

图9-15 弯曲连杆锻造过程

（1）锻模结构　根据锻件形状复杂程度，锻模可分为单膛锻模和多膛锻模。如齿轮坯模锻件就可将截下的圆柱形料镦粗后直接放入单膛锻模（通常称终锻模膛）中成形，如图9-13所示。锻件形状较为复杂时，则需要有两个以上模膛使坯料逐步地成形。如图9-15所示为弯曲连杆的多膛锻模。多膛锻模的模膛根据其功用，可分为制坯模膛和模锻模膛两大类。

1）制坯模膛。它使坯料的形状逐步接近锻件形状，并使其合理分布和很好地充满模膛。常用制坯模膛有以下几种：

① 拔长模膛：用来减小坯料某部分的横截面积，以增加该部分的长度，如图9-16所示。拔长模膛一般设在锻模的边缘（图9-15），操作时坯料除送进外还需翻转。

② 滚压模膛：用来减小坯料某部分的横截面积，以增加另一部分的横截面积。主要是使坯料按锻件形状分布（图9-17、图9-15）。操作时需不断翻转坯料。

③ 弯曲模膛：对于弯曲的杆状锻件，需用弯曲模膛来弯曲坯料（图9-18、图9-15）。坯料可直接或先经其他制坯工步后放入弯曲模膛。

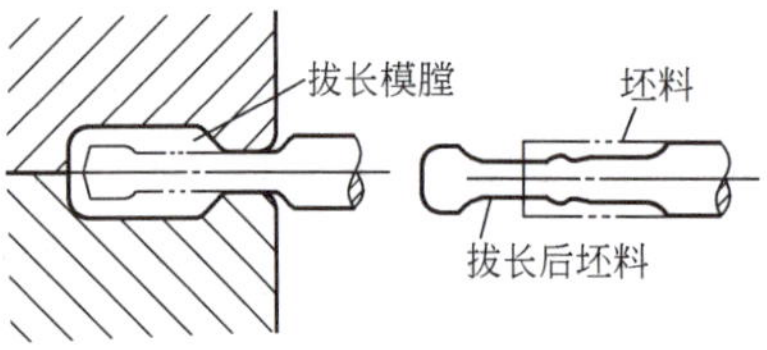

图9-16 拔长模膛

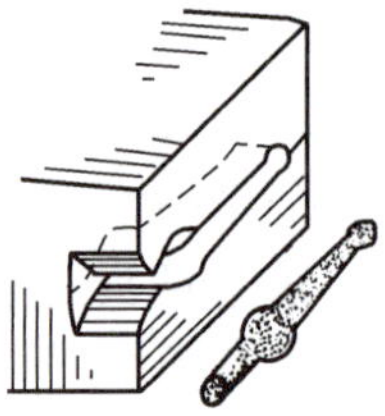

图9-17 滚压模膛

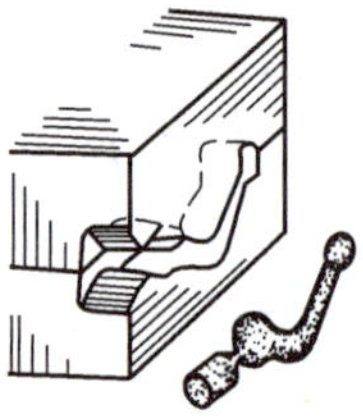

图9-18 弯曲模膛

此外还有镦粗模膛、切断模膛（图9-19）。切断模膛用来将锻件与坯料分离。

2）模锻模膛。模锻模膛分为终锻模膛和预锻模膛两种。

① 终锻模膛：其作用是使坯料最后变形到锻件所要求的形状和尺寸。由于锻件冷却时要收缩，故终锻模膛的尺寸应比锻件尺寸放大一个收缩量。通常钢件收缩量取1.5%。沿终锻模膛四周设有飞边槽，用以增加金属从模膛中流出的阻力，促使金属充满模膛，同时容纳多余金属。终锻后在切边模上将锻件上的飞边冲掉（图9-15）。对于具有通孔的锻件，由于不可能靠上、下模的突起部分把金属完全挤压掉，故终锻后在孔内留下一薄层金属，称为冲孔连皮（图9-20）。将冲孔连皮和飞边冲掉，即获得带有通孔的锻件。

图9-19 切断模膛

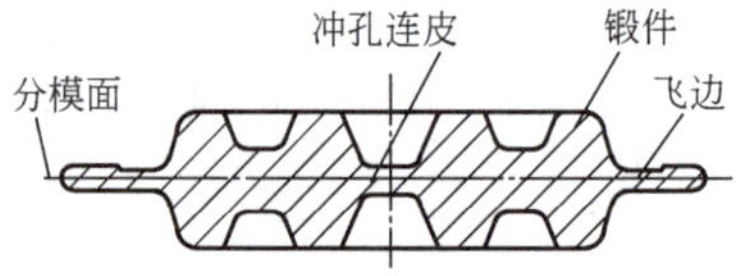

图9-20 带有冲孔连皮及飞边的模锻件

② 预锻模膛：预锻模膛的作用是使坯料变形到接近于锻件的形状和尺寸，这样再进行终锻时，金属容易充满模膛成形，同时减少了终锻模膛的磨损，延长了锻模的使用寿命。预锻模膛和终锻模膛的区别是前者的圆角和斜度较大，没有飞边槽。对于形状简单或批量不大的锻件，可不设置预锻模膛。

（2）模锻工艺规程的制订　模锻生产的工艺规程包括绘制锻件图、坯料计算、确定模锻工步（模膛）、选择设备及安排修整工序等。

1）绘制锻件图。模锻锻件图是设计和制造锻模，计算坯料以及检查锻件的依据。绘制锻件图时应考虑如下几个问题：

① 分模面的选择：分模面即上下模在锻件上的分界面。分模面选择原则是：

a. 要保证模锻件能从模膛中取出。如图9-21所示锻件，若选 $a—a$ 为分模面，则锻件无法从模膛中取出，分模面尽可能选择在锻件最大尺寸的截面上。

b. 最好把分模面选在模膛具有最浅的深度上，使金属容易充满模膛，便于取出锻件，也有利于锻模的制造。如图 9-21 中 b—b 作为分模面就不合理，如果锻件中心有孔，更不宜作为分模面。

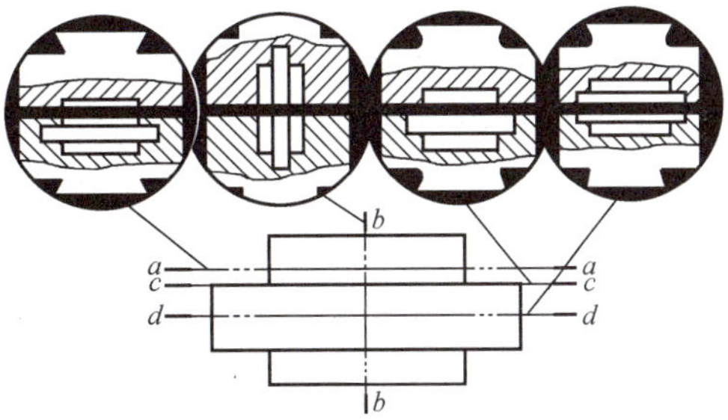

图 9-21　分模面选择比较图

c. 分模面选在上下模的模膛外形一致的地方，这样便于检查错模现象。如图 9-21 中 c—c 作为分模面是不合理的。

d. 分模面最好为一平面，上下模膛深浅最好基本一致，这样可以简化模具的制造。

综合以上分析比较，图 9-21 中 d—d 面是该锻件最合理的分模面。

② 机械加工余量及公差：模锻件的尺寸较精确，其加工余量和公差比自由锻件小得多。加工余量一般为 1 ~ 4mm，公差一般取 ±0.3 ~ 3mm。具体数据要根据设备条件，技术水平，生产批量等具体情况来确定。

③ 模锻斜度、圆角半径及冲孔连皮：模锻件的侧面，即平行于锤击方向的表面必须有斜度。以方便从锻模中取出锻件。锤上模锻的外斜度 α_1 一般为 5° ~ 15°。锻件内壁冷却后容易和模壁夹紧，使锻件不易取出，所以内斜度 α_2 比外斜度 α_1 大 2° ~ 5°。模锻斜度与模膛深度和宽度有关，模膛深度与宽度的比值（h/b）大时，应取较大值（图 9-22）。合理的圆角半径有利于金属充满模膛，起模方便和提高锻模寿命。外圆角半径 r 一般取 1.5 ~ 12mm，内圆角半径 R 是外圆角半径 r 的 2 ~ 3 倍（图 9-23）。模锻不能直接锻出通孔，故需留出冲孔连皮（图 9-20）。冲孔连皮的厚度与孔径 d 有关，当孔径为 ϕ25 ~ 80mm 时，冲孔连皮厚度为 4 ~ 8mm。

图 9-24 所示为齿轮坯的模锻锻件图。图中双点画线为零件轮廓外形，分模面选在锻件高度方向的中部。零件轮辐部分不加工，故不留加工余量。孔的中间有一段冲孔连皮切去后的环形部分。

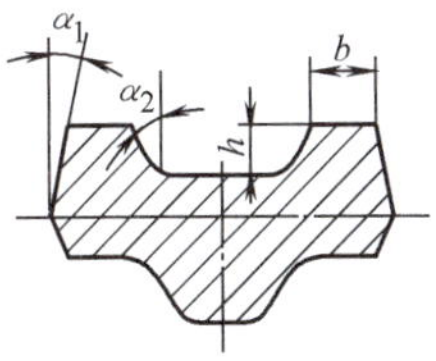

图 9-22　模锻斜度

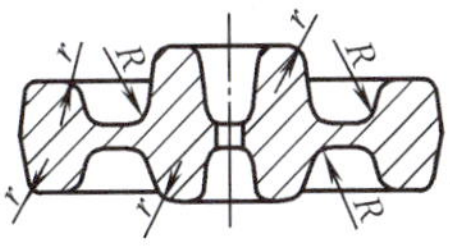

图 9-23　圆角半径

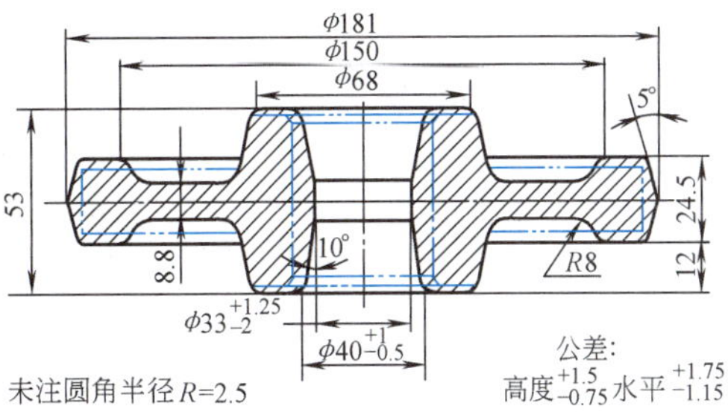

图 9-24　齿轮坯的模锻锻件图

2）确定模锻工步。模锻工步的确定，主要是根据锻件的形状和尺寸。模锻件按形状大致分为两大类：

① 长轴类锻件：锻件的长度与宽度之比较大，如台阶轴、曲轴、连杆、弯曲摇臂、叉形锻件等（图 9-25）。锻造过程中锤击方向垂直于锻件轴线。终锻时金属沿高度、宽度方向

流动，长度方向流动不显著。因此选用拔长、滚压、弯曲、预锻和终锻等工步。

对于小型长轴类锻件，为了减少钳口料和提高生产率，常采用一根料锻造几个件的锻造方法，因此应增设切断工步，将锻好的件切离。

② 盘类锻件：盘类锻件是指在分模面上的投影为圆形或长度接近宽度的锻件，如齿轮、法兰盘等（图 9-26）。锻造过程中锤击方向与坯料轴线相同，终锻时金属沿高度、宽度方向均产生流动。因此常选用镦粗、冲孔、终锻等工步。

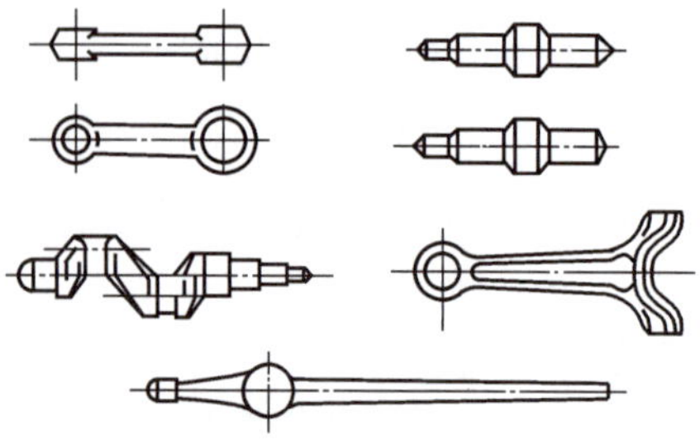

图 9-25　长轴类锻件

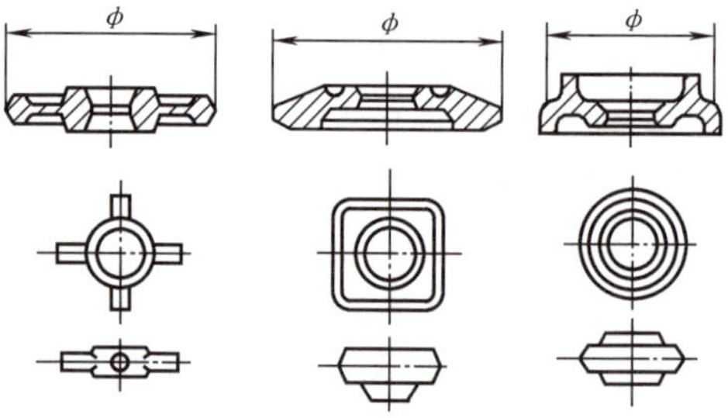

图 9-26　盘类锻件

模锻工步确定后，根据锻件质量选择模锻设备。当坯料在锻模内制成模锻件后，还须辅助工序加工，以保证和提高锻件质量。辅助工序有切边、冲孔、校正、清理、精压、热处理等。

（3）模锻件结构工艺性　根据模锻的特点和其工艺方法，在设计模锻零件时应使其结构符合以下原则：

1）锻件具有一个合理的分模面，保证模锻件能从锻模中取出。

2）模锻件形状应力求简单、平直和对称，尽量避免零件截面间差别过大，避免薄壁、高筋、凸起等结构。图 9-27a 中零件的最小与最大截面之比等于 0.5，同时凸缘薄而高，就不宜用模锻方法制造。图 9-27b 的零件扁而薄，锻造时薄的部分金属容易冷却，不易充满模膛。图 9-27c 的零件有一个高而薄的凸缘，使锻模的制造和取出锻件都较困难，应改成图 9-27d 的形状，对零件的功用并没有影响，而且锻制也较方便。

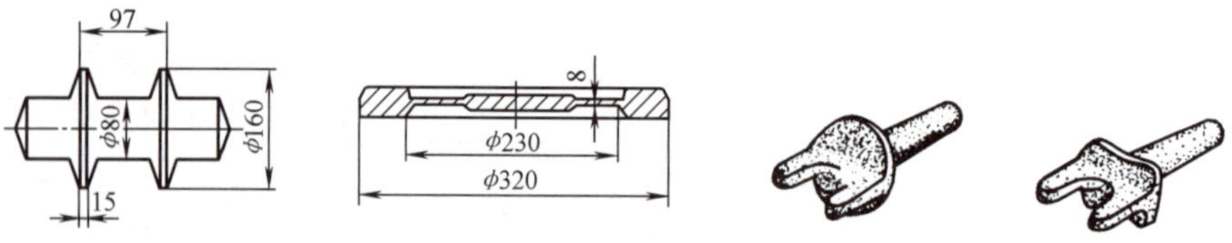

a)　b)　c)　d)

图 9-27　模锻件形状

3）在零件结构允许的条件下，设计时尽量避免有深孔或多孔结构。图 9-28 所示零件上四个 ϕ20mm 的孔就不能锻出，只能机械加工成形。

4）有些零件的形状单用模锻方法制坯不经济，应采用锻-焊组合工艺，以减少敷料，简化模锻工艺（图 9-29）。

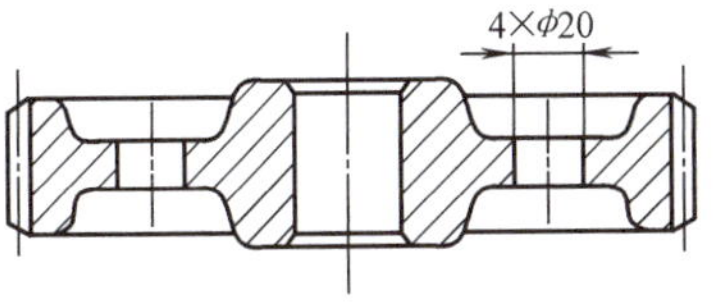

图 9-28 多孔齿轮

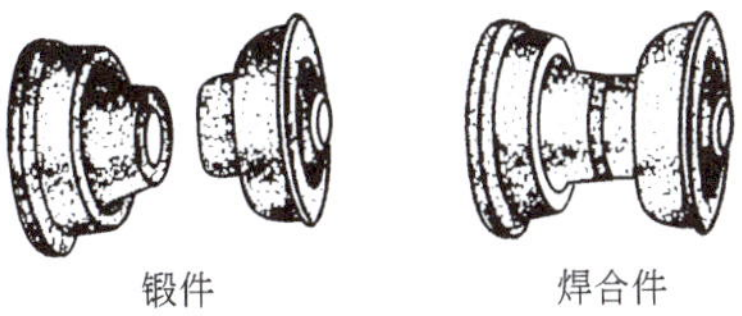

图 9-29 锻-焊结构模锻件

2. 压力机上模锻

虽然锤上模锻工艺适应性广，设备造价低廉，但是也存在振动、噪声大、劳动条件差等缺点。因此大吨位模锻锤有逐步被压力机取代的趋势。

常用模锻压力机有摩擦压力机、曲柄压力机和平锻机。

(1) 摩擦压力机上模锻 摩擦压力机的结构如图 9-30 所示。

图 9-30b 中螺母 2 固定在机架 8 上，螺杆 1 通过螺母 2，其上端固定着飞轮 3，下端用轴承与压力机滑块 7 相连。主轴上装有两个圆轮 4，圆轮由电动机 5 通过传动带 6 带动旋转，操纵杆 10 可使圆轮沿主轴轴向移动，使左边圆轮（或右边圆轮）与飞轮 3 的边缘靠紧，并产生摩擦力而带动飞轮旋转。当飞轮按不同方向转动时，螺杆 1 也随着飞轮作不同方向的旋转，使滑块 7 沿导轨 9 作上下运动。

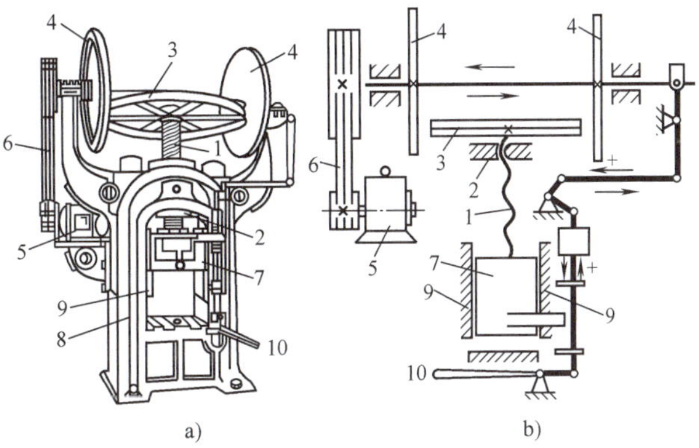

图 9-30 摩擦压力机

a) 外形图 b) 传动图

摩擦压力机上模锻主要靠飞轮、螺杆及滑块向下运动时所积蓄的能量来实现。吨位为 350kN 的摩擦压力机使用较多，最大吨位可达 1000kN。

摩擦压力机适用于模锻、镦锻、挤压、精压、校正、切边等，常用来镦锻带头的杆类锻件，如铆钉、螺钉等（图 9-31）。由于摩擦压力机滑块速度低，因此特别适合于有些塑性较差，如铜合金的模锻。摩擦压力机的适应性较强，所以广泛用于中、小批生产。但因其滑块速度低，生产率较低，故不适合用于大量生产。

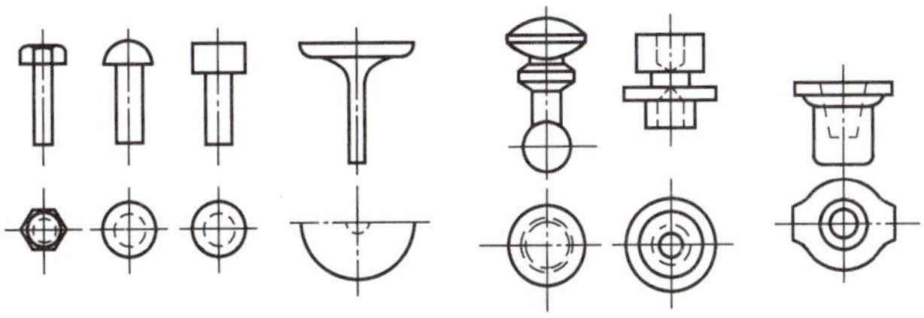

图 9-31 常在摩擦压力机上锻造的锻件

(2) 曲柄压力机上模锻 曲柄压力机的传动系统如图 9-32 所示。通过传动带 1 将电动机 2 的旋转传到带轮 3，经轴 4 及齿轮 5、6 带动曲柄 7、连杆 8，使滑块 9 作上下运动。曲柄连杆机构的运动靠气动多片式摩擦离合器 10，停止是靠带闸制动器 11。上锻模固定在滑块上，下锻模固定在楔形工作台 12 上。

曲柄压力机吨位的大小是用滑块到接近最下位置时所产生的最大压力来表示的，常用吨位为2000～12000kN。

曲柄压力机上模锻的特点：

1）曲柄压力机作用于金属上的变形是静压力而非冲击力，因此压力机可以做得比较精确，导轨与滑块的间隙可以很小，以保证上下模膛准确对合不产生错移。机身刚度又较大，变形力可由机架本身承受而不传给地基，工作时无振动，噪声小。锻模可设计成镶块式的组合模，使模具制造简单，更换容易，节省贵重模具材料。图9-33为镶块式锻模结构。1、5为顶料杆，镶块7、2用螺钉3和压板6固定在模板9、4上，导柱8用来保证上下模之间的最大合模精度。

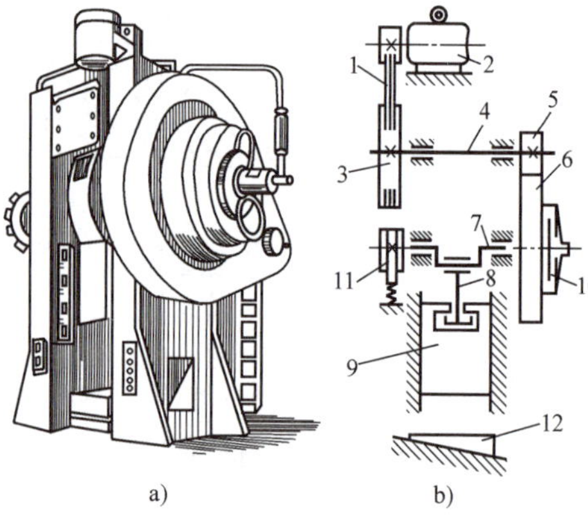

图9-32 曲柄压力机
a）外形图 b）传动图

2）滑块行程是固定的，每个变形工步在滑块的一次行程中完成，曲柄模锻时的金属变形比锤上模锻大，且较均匀。但对形状复杂的锻件，不易使金属一次充满终锻模膛，必须先经过预成形及预锻制坯使其逐步变形，如图9-34所示。在压力机上镦粗时，金属径向流动较大，因此一般不宜进行拔长和滚压工步。对横截面变化较大的轴类锻件，须先制坯后终锻成形。

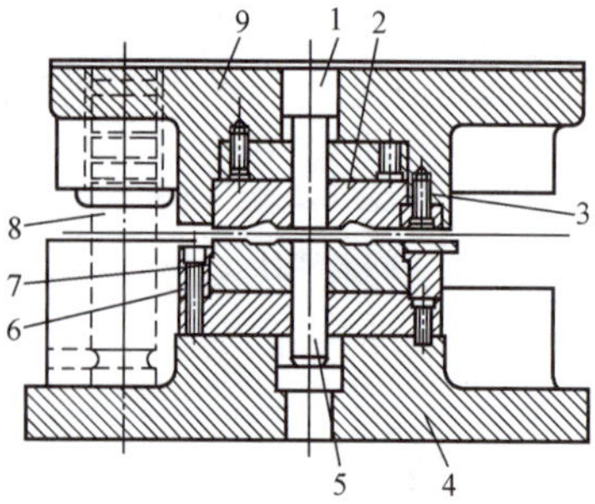

图9-33 镶块式锻模结构

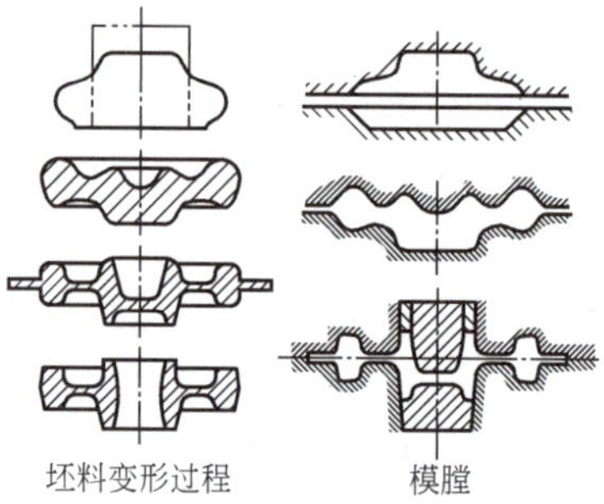

图9-34 曲柄压力机上模锻齿轮

3）曲柄压力机装有良好的导向装置和顶件装置，因此锻件的公差、余量和模锻斜度都比锤上模锻小。

曲柄压力机上模锻虽有上述优点，但由于设备复杂，造价高，因此目前主要用于大批大量生产。

（3）平锻机上模锻 平锻机的主要结构与曲柄压力机相同，因滑块是水平方向运动，故称为平锻机。图9-35为平锻机传动简图。电动机1经传动带2将运动传至带轮5，带轮通过离合器4将运动传至传动轴3。传动轴的另一端装有齿轮6，可将运动传至曲轴7，曲轴通过连杆与主滑块8相连。另外凸轮10与传动滑块11相连，通过杠杆系统12与活动模13相连。随着曲轴的转动，主滑块8带着冲头9（凸模）作前后往复运动，同时，凸轮10运动使传动滑块前后运动并驱使活动模13左右运动（14为静模）。挡料板15通过辊子与主滑块上的轨道相连。当主滑块向前运动（工作行程）时，轨道斜面迫使辊子上升，并使挡料板绕其轴线转动，挡料板的末端便移至一边，给凸模让位。

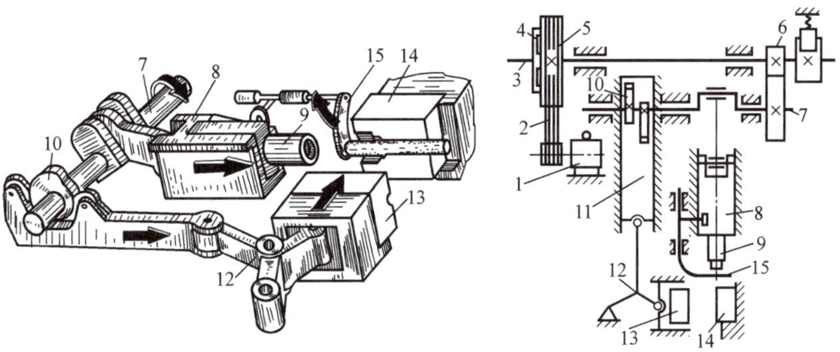

图 9-35　平锻机传动图

平锻机的吨位以凸模最大压力来表示，一般是 500 ~ 3150kN，可顶锻棒料直径 $\phi50 \sim \phi270$mm。

平锻机主要用于对金属棒料和管料进行热态局部镦头、冲孔、切断等，典型的平锻机上模锻的锻件如图 9-36 所示。平锻机一般可设置 4 ~ 6 个模膛。凹模是可分的，由固定模 14 和活动模 13 构成（图 9-35）。凹模工作部分多用镶块组合，便于磨损后更换，节省模具材料。图 9-37 为平锻机上模锻过程。将一端加热的棒料放在固定模 1 内，其位置由挡料板 4 决定（图 9-37a）。活动模 2 将棒料夹紧，挡料板 4 自动退出（图 9-37b）。凸模 3 运动将棒料一端镦粗，金属充满模膛（图 9-37c）。然后滑块反方向运动，凸模从模膛中退出，活动模松开，挡料板又恢复到原位，锻件即可取出（图 9-37d）。上述过程是在曲轴旋转一周的时间内完成的。

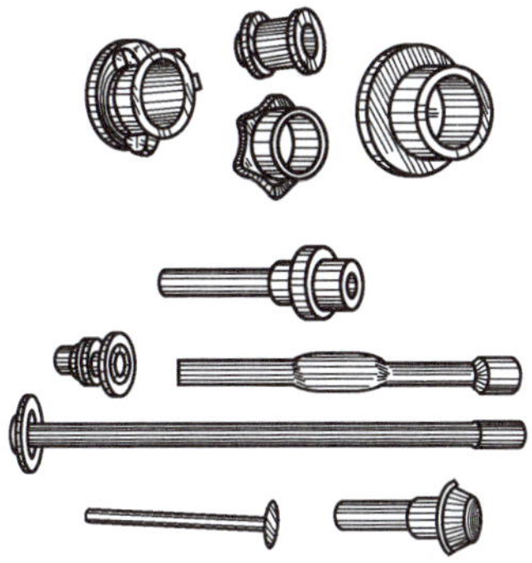

图 9-36　平锻机上模锻的锻件

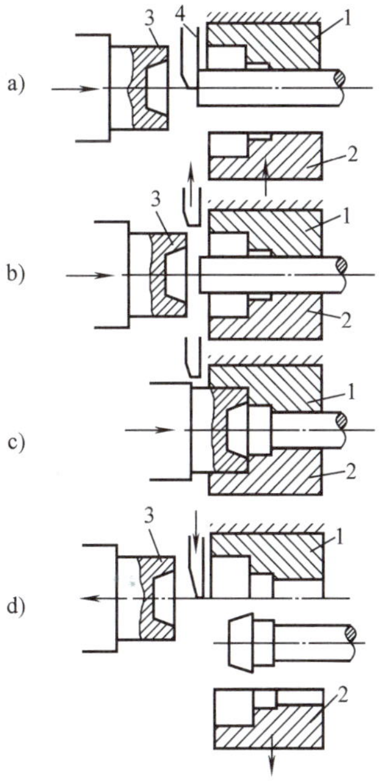

图 9-37　平锻机上模锻过程

平锻机上模锻有以下特点：

1）平锻机可以锻造出锤上模锻和曲柄压力机上无法锻出的锻件，如带法兰的半轴类和具有两个凸缘的锻件，还可进行切飞边、弯曲和热精锻等工步。

2）锻件尺寸精确，表面质量高。

3）节省金属，锻件飞边小，甚至无飞边。带孔件无冲孔连皮，锻件外壁无斜度。因此材料利用率可达85%～95%。

4）生产率高，每小时可生产400～900件。

5）但平锻件造价较高。对非回转件及中心不对称的锻件较难锻造。

因此平锻机适用于大批量生产。

3. 胎模锻

胎模锻是介于自由锻与模锻间的锻造方法，即在自由锻设备上采用活动胎模生产锻件的方法。胎模锻比自由锻生产率高，消耗金属少，质量较好；它比锤上模锻经济，胎模制造简单，不必用昂贵的锻模与模锻设备。因此胎模锻用于小批及中批量生产的中小模锻件。

胎模主要有扣模、筒模及合模三类。

（1）扣模　常用于旋转体锻件的成形或制坯（图9-38）。

（2）筒模　常用于圆盘类锻件的制坯及焖形。对于形状简单的锻件，只用一个筒模即可成形（图9-39a）。对于形状较复杂的锻件，可在筒模内再加拼分模（即两个半模），坯料在拼分模膛内成形，锻后取出拼分模即可取出锻件（图9-39b）。

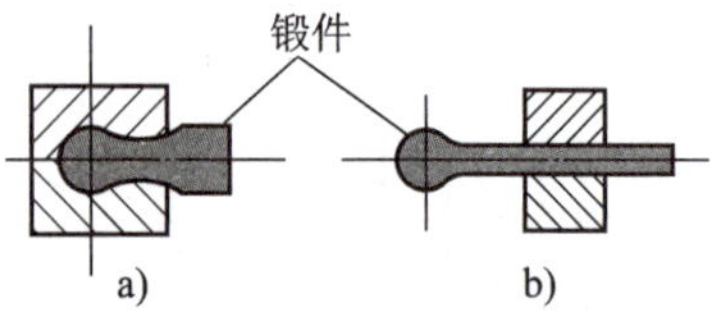

图9-38　扣模类型

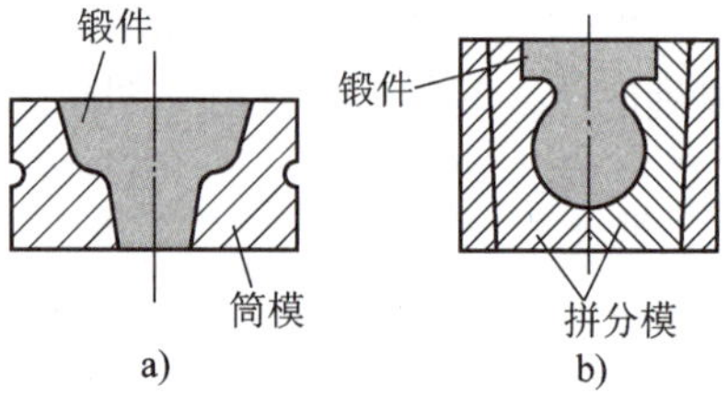

图9-39　筒模

（3）合模　通常由上模和下模两部分组成，上下模装有导向装置（图9-40），防止上下模合模时锻件产生错移。合模多用于生产形状较复杂的非回转体杆叉类锻件。

胎模锻造虽然具有上述优点，但它比起固定模锻仍存在生产率低、模具寿命不高和抬模时劳动强度大等缺点。

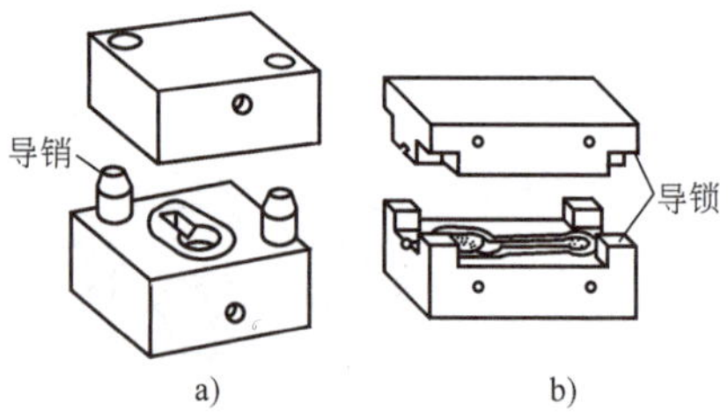

图9-40　合模

a）导销合模　b）导锁合模

第三节　板料冲压

板料冲压是利用装在压力机上的冲模，使板料产生分离或变形的加工方法。通常是在冷态下进行的，所以称为“冷冲压”。只有当板料厚度超过8～10mm时，才采用热冲压。

板料冲压所用原材料主要是低碳钢、高塑性合金钢、Cu和Al等合金制成的板料、条料或成卷的带料。它也可冲压塑料、硬纸板、皮革等非金属材料。

由于板料冲压一般在冷态下进行，因此获得的冲压制品具有较高的强度、刚度、尺寸精度和表面质量，互换性也较好。它可以冲压形状复杂的零件，材料消耗少，工艺过程便于机械化和自动化，生产率高，成本低。因此，板料冲压广泛地应用于汽车、航空、电器、仪表以及国防等制造业中，并占有极其重要的地位。

板料冲压中常用的设备有剪床和冲床。剪床是用来剪切板料，为下一步冲压工序作准备。冲床是用来冲压已剪切好的板料，制成所需形状和尺寸的成品零件。

一、冲压基本工序

板料冲压基本工序有分离工序和变形工序两大类。

1. 分离工序

使板料发生剪裂而相互分离的工序，如剪切、落料、冲孔和修整等工序。

（1）剪切　是使板料沿直线或不封闭轮廓相互分离的工序，通常作为备料工序。所用设备主要是剪床。

（2）落料与冲孔　是使板料沿封闭轮廓分离的工序。冲孔是被分离的部分为废料，而周边是成品（图9-41a）；落料是被分离的部分为成品，而周边是废料（图9-41b）。它们的变形过程和模具结构都是相同的。图9-42所示为落料（冲孔）时金属的变形过程。当凸模1压住板料3作向下运动时（图9-42a），使板料弯曲，在凸模和凹模接触处产生裂纹（图9-42b）；凸模继续向下运动时，使板料上下二处的裂纹连接起来而被切离（图9-42c），落料（冲孔）工序即完成。为了顺利完成此工序，要求凸模和凹模的工作刃口必须锋利；凸模与凹模2的间隙 c 要等于 $(0.06\sim0.12)\delta$，δ 为板料厚度，否则裂纹不重合，切口处产生毛刺，影响冲压件的质量。

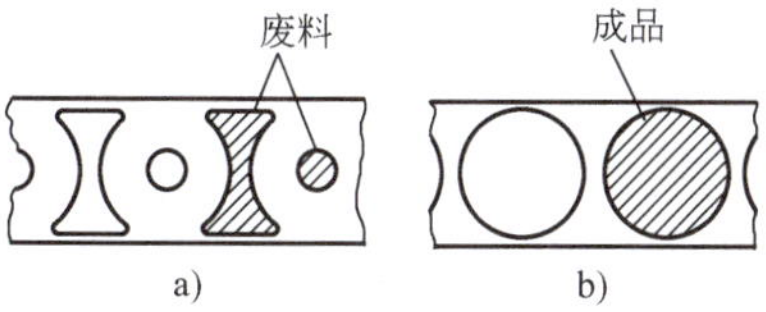

图9-41　冲孔与落料

a）冲孔　b）落料

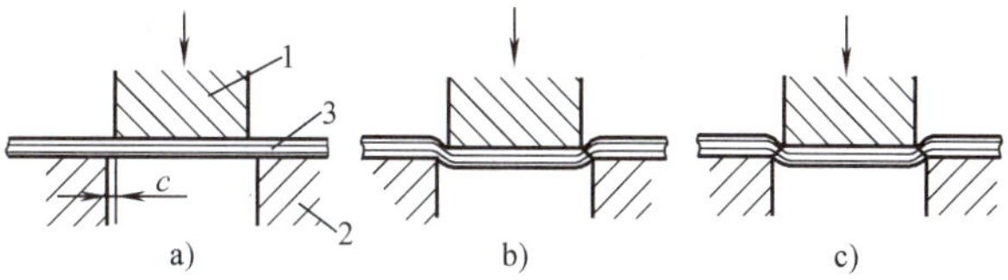

图9-42　落料时的金属变形过程

为了获得冲压件较光洁的切口以及减少毛刺和歪曲，应该采用有接边的排样法（图9-43a）。当冲压件切口的精度要求不高时，也可以用无接边的排样法（图9-43b），以节省板材。

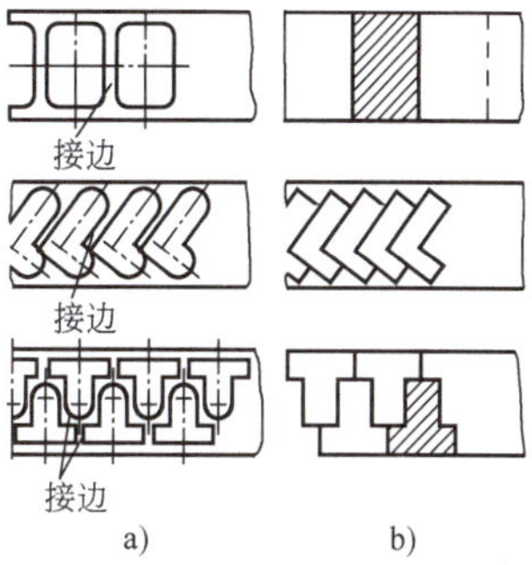

图9-43　冲压件的排样法

a）有接边　b）无接边

（3）修整　当产品尺寸精度和表面质量要求较高时，在落料（冲孔）后应进行修整工序，以切除切口面的毛刺和斜度，使其成为平整光滑的切面。

修整工序如图9-44所示。修整切除余量，通常每边在0.05～0.2mm之间。修整后的切面，表面粗糙度值可达

$Ra0.8 \sim 1.6\mu m$，尺寸精度可达 IT6 ~ IT7。

2. 变形工序

变形工序主要有拉深、弯曲、成形、翻边等。它是使坯料发生变形而不破裂的工序。

（1）拉深　利用凸模把平板状坯料压入凹模，使坯料变形，形成开口中空零件的工序（图 9-45）。

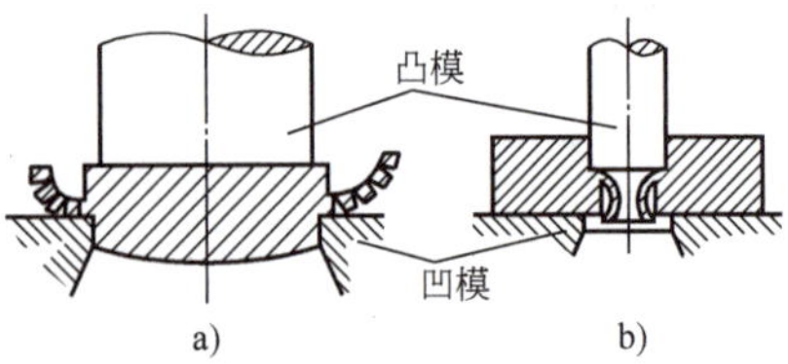

图 9-44　修整工序

a）外缘修整　b）内缘修整

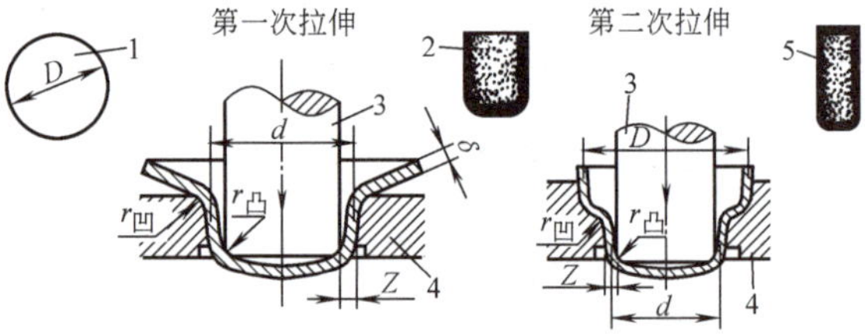

图 9-45　拉深工序

1—坯料　2—第一次拉深，即第二次拉深的坯料　3—凸模　4—凹模　5—成品

为了防止坯料被拉裂，凸模和凹模边缘均制成圆角，其半径 $r_{凹} = 10\delta$，$r_{凸} = (0.6 \sim 1) r_{凹}$。$\delta$ 为金属坯料厚度；凸模与凹模之间的间隙 $z = (1.1 \sim 1.2)\delta$；拉深件直径 d 与坯料直径 D 的比值 m 称为拉深系数。一般 m 取 0.5 ~ 0.8。因为 m 越小，则坯料被拉入凹模越困难，从底部到边缘过渡部分的应力也越大。如果拉应力超过金属的抗拉强度，拉深件底部就会被拉穿（图 9-46a）。对塑性好的金属材料，m 可取较小值。

在拉深过程中，由于坯料边缘在切线方向受到压缩，因而可能产生波浪形，最后造成起皱（图 9-46b）。拉深坯料的厚度越小，拉深的深度越深，越易产生起皱。为了防止起皱的产生，可用压板把坯料压紧，如图 9-47 所示。

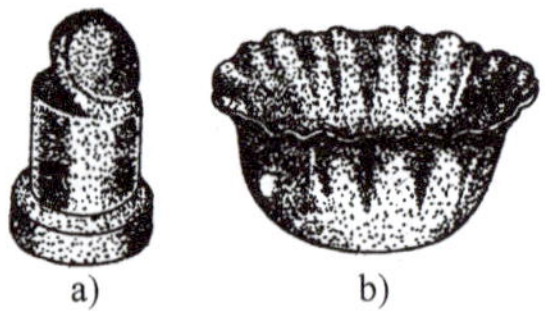

图 9-46　拉深废品

a）拉穿　b）起皱

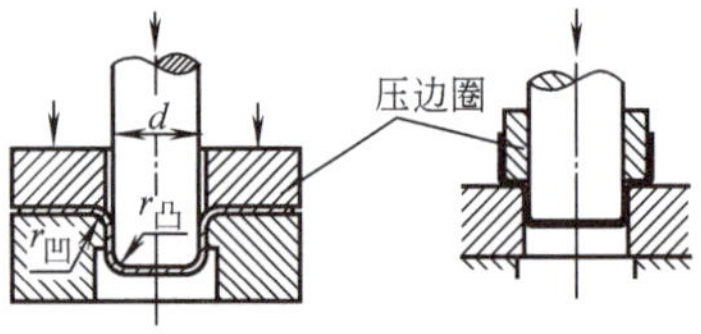

图 9-47　有压板拉深

如果拉制深度较大的筒状件，不能一次拉成时，可进行多次拉深（图 9-48）。在多次拉深过程中，由于拉深变形引起加工硬化，使以后拉深困难或拉裂，因此在多次拉深间要进行中间退火处理来提高坯料的塑性。另外，多次拉深中，拉深系数应一次比一次略大一些，以保证拉深件的质量。总拉深系数等于各次拉深系数的乘积。

中空零件还可以用旋压方法制造。旋压是在旋压机上进行的。圆形坯料被压紧在模具上，并同模具一起转动（图 9-49），用赶棒或滚轮对坯料施加压力，逐渐移动赶棒或滚轮，坯料即按模具外形产生塑性变形。这种工艺方法不需要复杂的冲模，变形力较小，但生产率较低。

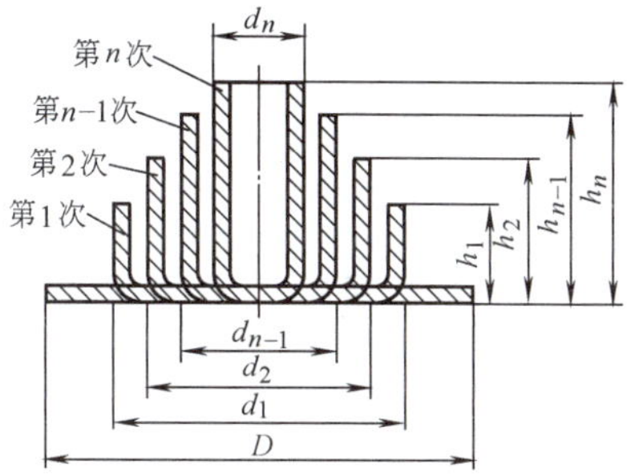

图 9-48 多次拉深时圆筒直径的变化

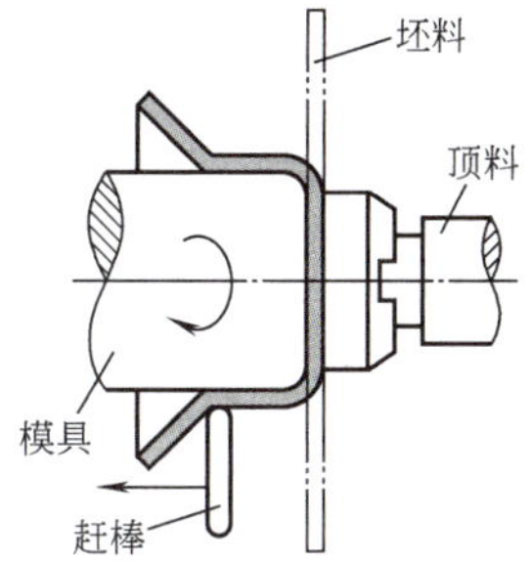

图 9-49 旋压工作简图

（2）弯曲 坯料的一部分相对于另一部分弯曲成一定角度的工序称为弯曲（图 9-50）。弯曲时坯料内侧受压缩，而外侧受拉伸。当外侧拉应力超过坯料抗拉强度时，会造成金属破裂。板材越厚，内弯曲半径 r 越小，则压应力和拉应力越大。为了防止破裂，弯曲最小半径应为 $r_{min}=(0.25\sim1)\delta$。材料塑性好时，弯曲半径 r 可取小值。

弯曲时应尽可能使弯曲线与坯料纤维方向垂直（图 9-51a）；若与纤维方向弯曲一致（图 9-51b），则容易发生破裂，此时应增大弯曲半径。

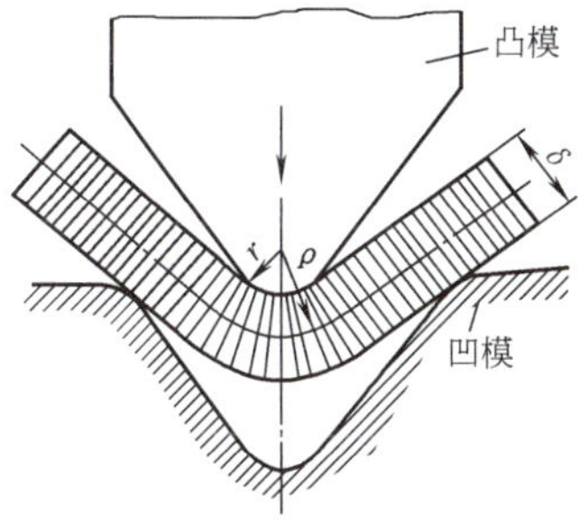

图 9-50 弯曲过程

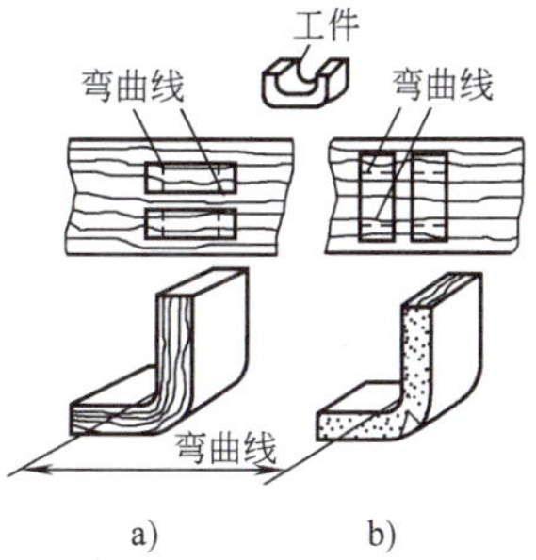

图 9-51 弯曲时的纤维方向

由于弯曲变形后有回弹现象，一般回弹角为 0°～10°，因此在设计弯曲模时，必须使模具的角度比成品角度小一个回弹角，以保证弯曲后得到准确的弯曲角度。

（3）成形 利用局部变形使坯料和半成品改变形状的工序称为成形，主要用于制造刚性的筋条，或增大半成品的部分内径等。图 9-52a 是用橡胶压筋。图 9-52b 是用橡胶芯子来增加半成品的中间部分的直径，即胀形。

（4）翻边 在带孔的平坯料上用扩孔的方法获得凸缘的工序称为翻边（图 9-53）。凸模圆角半径 $r_{凸}=(4\sim9)\delta$。进行翻边时，翻边孔的直径如果超过允许值，将会使孔的边缘发生破裂。其允许值可用翻边系数 K_0 来计算。$K_0=d_0/d$，d_0 为翻边前孔径尺寸，d 是翻边后内孔尺寸。对于镀锡铁皮，$K_0=0.65\sim0.7$；酸洗钢，$K_0=0.68\sim0.72$。

二、冲模简介

冲模可为简单冲模、连续冲模及复合冲模三种。

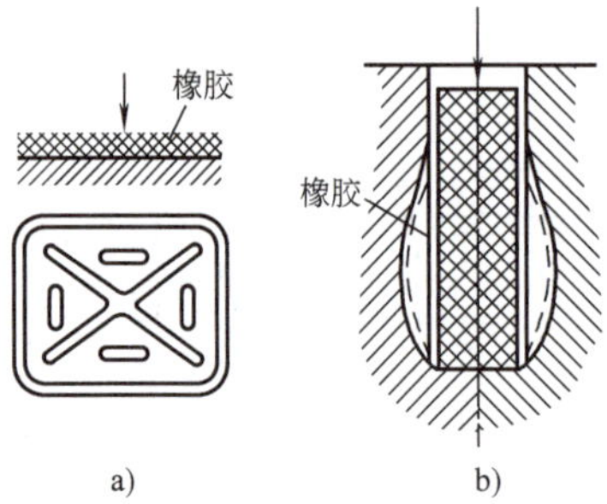

图 9-52 成形工序

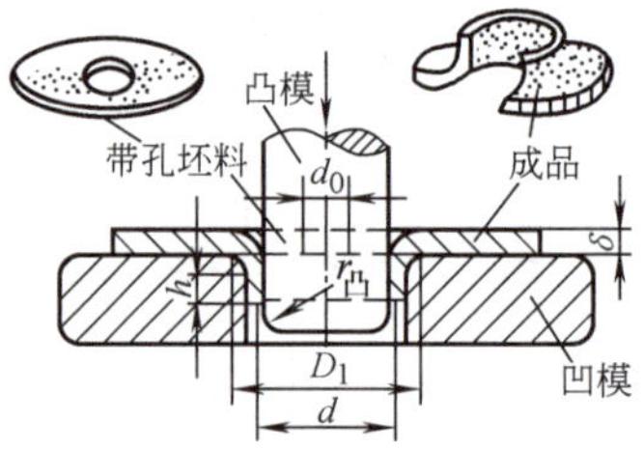

图 9-53 翻边简图

1. 简单冲模

即一次冲压只完成一个工序的冲模。图 9-54 所示为落料用的简单冲模。凹模 5 用压板 6 固定在下模板 7 上，下模板用螺栓固定在冲床的工作台面上。凸模 3 用压板 4 固定在上模板 1 上，上模板则通过模柄 2 与冲床的滑块连接。因此凸模可随上模板作上下运动。用导柱 12 和套筒 11 保证凸模向下运动能对准凹模孔，并保持凸模和凹模间均匀间隙。导板 9 和定位销 10 是控制条料送进位置。凸模向下冲压时，冲下的成品进入凹模孔，而条料则夹在凸模上，随同凸模一起回程上升，碰到卸料板 8（固定在凹模上）将凸模上条料推下，这时条料继续在导板间送进，如此重复工作，不断冲出成品。

2. 连续冲模

这种冲模实际上是把两个以上的简单冲模安装在一块模板上（图 9-55），以便在一次冲压中连续完成两个以上基本工序。冲压时定位销 2 对准预先冲好的定位孔，落料凸模 1 进行落料，冲孔凸模 5 进行冲孔。当上模回升时，卸料板 6 从凸模上推下条料，然后再将条料向前送进。如此不断进行，每次送进距离由挡料销定位。

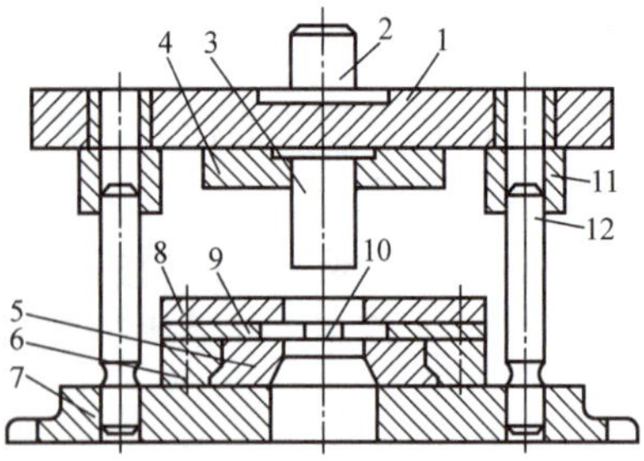

图 9-54 简单冲模

1—模板 2—模柄 3—凸模 4—压板 5—凹模
6—压板 7—模板 8—卸料板 9—导板
10—定位销 11—套筒 12—导柱

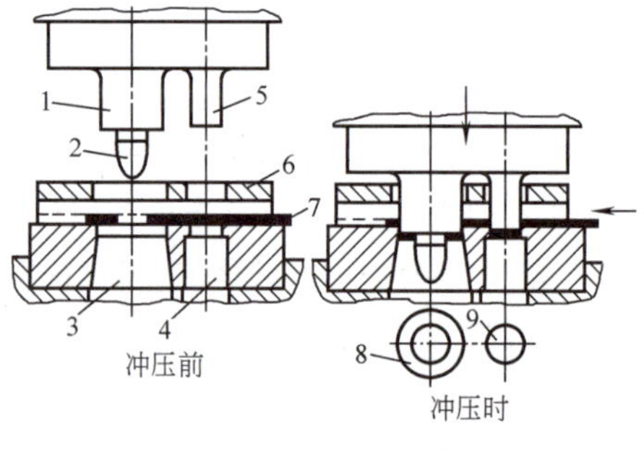

图 9-55 连续冲模

1—落料凸模 2—定位销 3—落料凹模 4—冲孔凹模
5—冲孔凸模 6—卸料板 7—坯料 8—成品 9—废料

3. 复合冲模

复合冲模是在一次冲压过程中同时完成两个以上基本工序的冲模。图 9-56 为落料和拉深的复合冲模。这种冲模的结构是模中有凸凹模，凸凹模的外圆是落料凸模 1，内孔为拉深凹模3。当滑块带着凸凹模向下冲压时，条料先被落料凸模1冲下落料进入落料凹模6，然后由下面的拉深凸模7将落下的坯料顶入拉深凹模3中进行拉深。顶出器8和卸料器5在滑块回升时将拉深件（成品）推出模具。

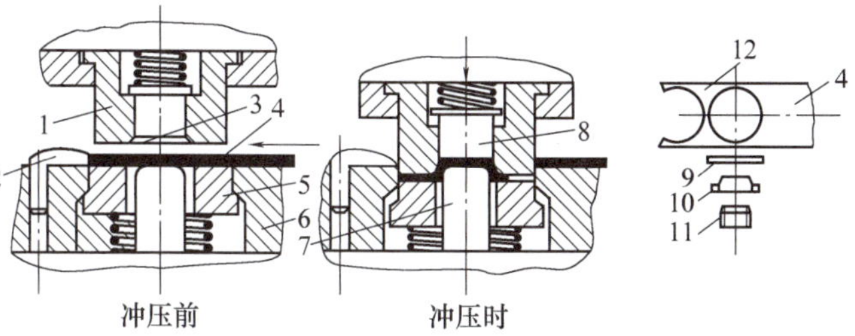

图9-56　落料及拉深复合模

1—落料凸模　2—挡料销　3—拉深凹模　4—条料
5—压板（卸料器）　6—落料凹模　7—拉深凸模　8—顶出器
9—落料成品　10—开始拉深件　11—零件（成品）　12—废料

连续冲模及复合冲模便于机械化和自动化，适用于大批量生产，特别是复合冲模可获得高精度的冲压件。

三、冲压件的结构工艺性

冲压件结构设计不仅要满足使用性能，还要有良好的工艺性能，即选材合理、制造简单、节省材料、质量高等。冲压件的结构工艺性要求如下：

1. 冲压件的形状要求

所有的冲压件应尽量采用简单、对称的外形，以使冲压时受力均匀，易于成形，容易保证质量。材料在排样时应尽量减少废料（图9-57）。

冲压件上直线与直线、平面与平面、筒壁与底面等交接处均需用圆弧连接，以避免尖角处应力集中而产生裂纹。圆角半径的大小视材料种类和厚度而定，具体数值可查相关手册。

冲裁时应避免窄而长的冲压件（图9-58），否则模具制造困难，且寿命短。

形状复杂的冲压件可分为若干个简单的冲压件，冲好后再焊成整体（图9-59）。

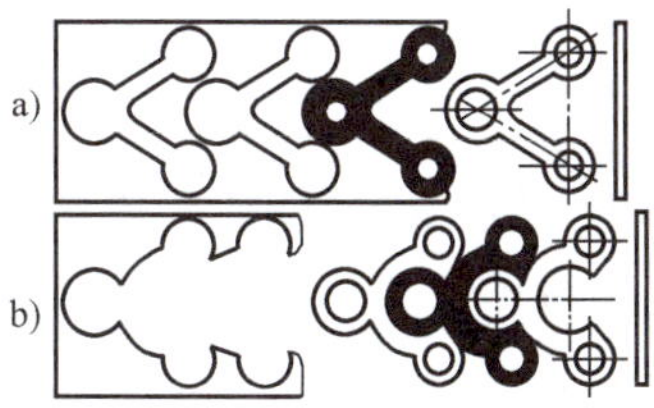

图9-57　冲压件的排样

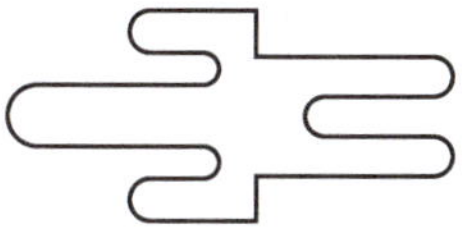

图9-58　窄而长的冲压件

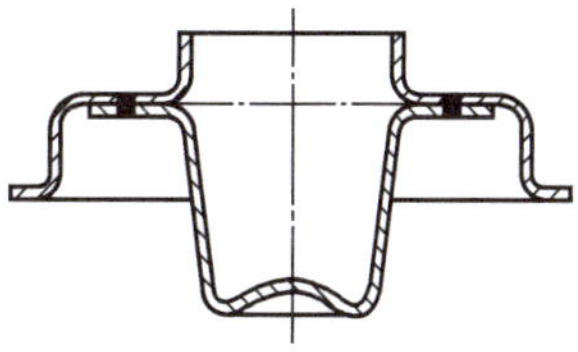

图9-59　冲压-焊接结构

2. 冲压件的尺寸要求

冲压件的冲孔尺寸、孔至边缘距离、弯曲件的边长、拉深件高度与直径之比等均有限制。

一般冲圆孔最小直径为$(0.7\sim1)\delta$。材料较软，用有导向装置的凸模冲矩形孔时，其边长为0.7δ。孔与孔或孔与零件边缘之间的距离要大于δ。

弯曲时为防止孔边变形，应使零件的弯曲半径中心到孔边缘距离$L>(1.5\sim2)\delta$，如图9-60所示。拉深件上冲孔也应满足这一条件（图9-61）。

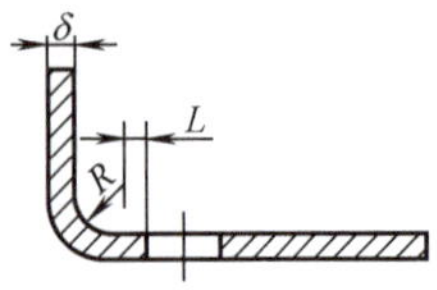

图9-60 带孔的弯曲件

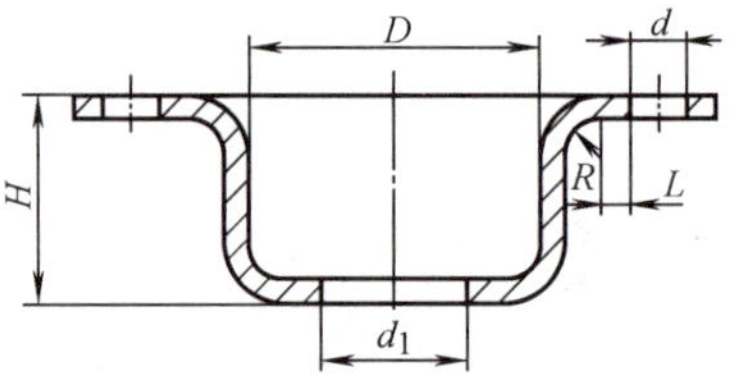

图9-61 带孔的拉深件

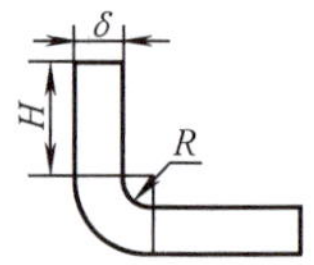

图9-62 弯曲边长度

弯曲边高$H>2\delta$（图9-62），若要求H很小，应先留出适当余量，弯好后再切除。为使拉深件尽可能一次拉成，圆柱形拉深件（图9-61）的筒壁高$H=(0.5\sim0.7)D$。矩形拉深件$H=(0.5\sim0.7)b$，b为矩形件短边宽度。

3. 冲压件的精度要求

冲压件的精度如无必要，不要选用过高的精度，否则需要增加精整等工序，提高了成本。

冲压工艺的一般精度：落料件不超过IT10；冲孔件不超过IT9；弯曲件不超过IT9～IT10；拉深件高度尺寸精度为IT8～IT10，直径尺寸精度为IT9～IT10，经整形后的尺寸精度可达IT6～IT7。

冲压件表面质量决定于原材料的表面质量，过高的要求会增加切削加工等工序，造成产品成本提高。

第四节 其他特种压力加工简介

随着工业的迅速发展，近年来出现了精密模锻、零件的轧制和零件的挤压等特种压力加工方法。运用这些特种压力加工方法，可以获得精度及表面粗糙度接近零件实际形状的锻压件。这样不仅减少原材料的消耗，而且减少了切削加工量，提高零件的力学性能，降低能源的消耗，提高了劳动生产率。

一、精密模锻

精密模锻一般在刚度大、精度高的模锻设备上进行。如曲柄压力机、高速锤或专用精锻机等，可以锻出形状复杂、精度高的锻件。如精密模锻锥齿轮，其齿形部分锻出后，不必再切削加工，尺寸精度可达IT12～IT15，表面粗糙度可达$Ra1.6\sim3.2\mu m$。

精密模锻与一般模锻工艺比较，通常要增加精压工序，并需要有制造精密的精锻锻模，无氧化或少氧化加热和冷却的手段；另外，对原始坯料和后续切削加工常有特殊要求，如精确的下料尺寸及较高的坯料表面质量等。

二、零件的轧制

轧制除能生产各种型材、板材和管材外，还可以用它来生产各种零件。零件的轧制具有生产率高、质量好、成本低等优点。

1. 纵轧（辊锻）

纵轧时坯料轴线（送给方向）与轧辊轴线垂直，轧制零件常用方法有辊锻轧制。

辊锻轧制实际是把轧制工艺应用到锻造生产中的一种轧锻复合工艺。在轧辊上装一对（或数对）扇形模块，坯料通过时轧锻成不等截面的预制坯或锻件（图 9-63）。截面变化较大的可采用坯料在几个型槽中逐次轧成。目前成形辊锻主要适用于生产扁断面的长杆体，如呆扳手、活扳手、涡轮机叶片和柴油机连杆等零件。

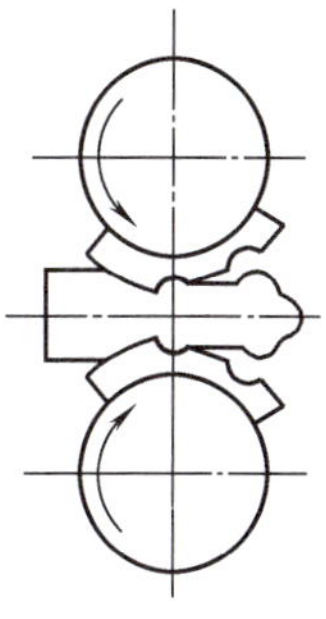

图 9-63　辊锻

2. 横轧（热轧齿轮）

横轧是轧辊轴线与坯料轴线互相平行的轧制方法，如齿轮轧制等。

图 9-64 为热轧齿轮示意图。在轧制前将毛坯外层加热，然后将带齿的轧辊 1 作径向进给，迫使轧辊与坯料 2 对辗。在对辗过程中轧出齿廓。它一般可轧制直齿、螺旋齿、锥齿及链轮等。这种轧齿方法具有以下特点：

1）生产率高，易于实现半自动及自动化。

2）材料利用率高。

3）产品质量高，齿部金属纤维在轧制中未被切断，而是沿齿廓分布，所以强度高、寿命长。

3. 斜轧（亦称螺旋斜轧）

斜轧是轧辊轴线与坯料轴线相交一定角度的轧制方法，如钢球轧制（图 9-65a）、周期轧制（图 9-65b）、麻花钻头斜轧、冷轧丝杠等。

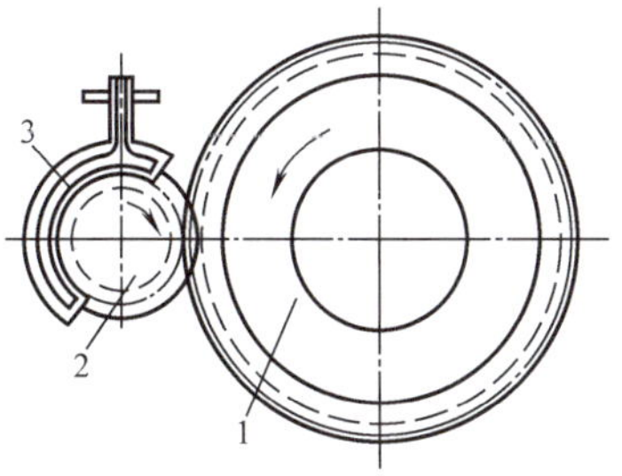

图 9-64　热轧齿轮示意图

1—轧辊　2—坯料　3—感应加热器

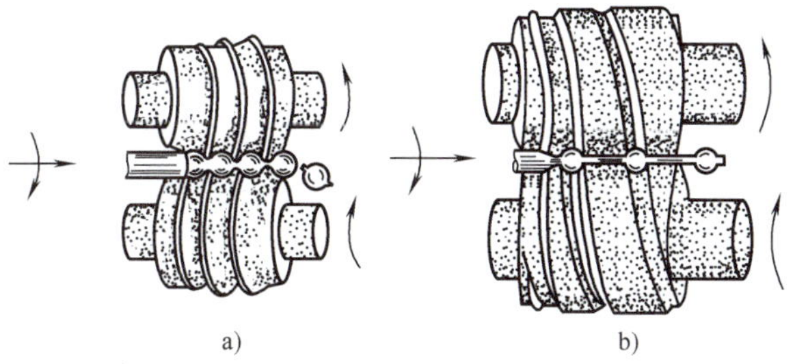

图 9-65　螺旋斜轧

a）钢球轧制　b）周期轧制

螺旋斜轧采用两个带螺旋型槽的轧辊，互相交叉成一定角度，作同方向旋转，则使坯料既绕自身轴线转动又向前送进，同时受压变形获得所需产品。

三、零件的挤压

零件的挤压是使坯料在挤压模内受压被挤出模孔而成形的加工方法。它不仅可以挤压塑性较好的金属材料如 Al、Cu 及其合金，低、中碳钢和部分低合金钢、不锈钢、纯铁等，还可以对某些高碳钢、轴承钢、甚至高速钢进行一定变形量的挤压。挤压工艺的主要特点：

1）挤压时金属处于三向受压状态下变形，其变形程度较大，可以提高金属的塑性。

2）挤压变形后，零件内部的纤维组织是连续且基本沿轮廓分布的，因此提高了零件的力学性能。

3）挤压零件的尺寸精度可达 IT6 ~ IT7，表面粗糙度值为 *Ra*0.2 ~ 1.6μm。

4）材料利用率可达 70% 以上。

5）生产效率高。

挤压方式分为正挤、反挤、复合挤压和镦挤（图 9-66）。图 9-67 为电机不锈钢（06Cr18Ni10Ti）外壳的挤压过程。用 ϕ25.8mm × 14mm 作坯料（图 9-67a），第一次用复合挤压挤出 ϕ21mm 及 ϕ17.7mm 内孔（图 9-67b），第二次用正挤和镦挤法获得平底带凸缘的零件（图 9-67c）。

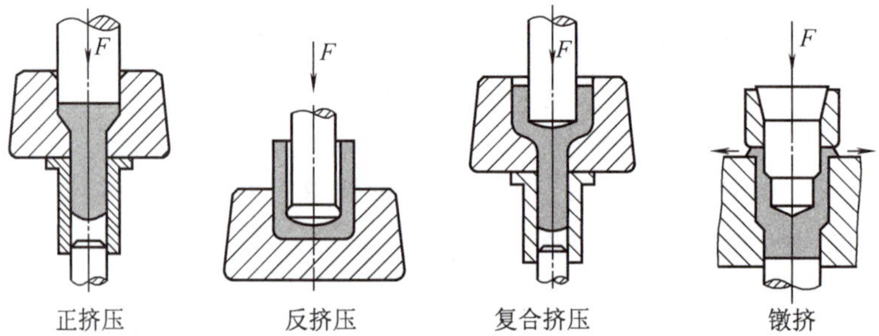

图 9-66　挤压方式

按照坯料受挤压时的温度，挤压又可分为冷挤、温挤（低于再结晶温度）和热挤。冷挤操作简单，生产率高，材料利用率高（可达 70% 以上），工件精度高，可达 IT6 ~ IT7，表面粗糙度可达 *Ra*0.16 ~ 1.25μm，力学性能高，可挤压深孔、薄壁和异型断面零件。冷挤适用于生产铝及铝合金、铜和铜合金、低碳钢和不锈钢等材料的零件。

挤压是在专用挤压机上进行的（有液压式、曲轴式等），也可在经改进后的通用曲柄压力机或摩擦压力机上进行。

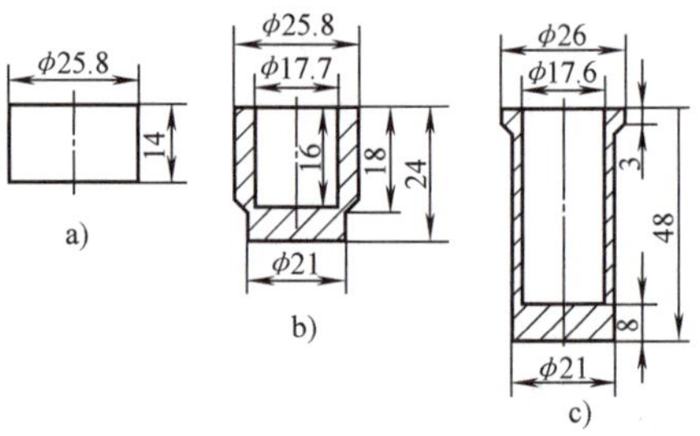

图 9-67　电机外壳挤压过程

a）坯料　b）复合挤　c）正挤 + 镦挤

第十章 焊 接

焊接是一种应用广泛的永久性连接金属的工艺方法，主要是用来制造各种金属结构和机械零部件。

焊接过程的实质是利用原子间的结合与扩散作用把分离的金属连接起来。为了实现被焊金属原子间的结合作用，需要加热或压力，或两者并用。加热可使被焊金属接合处熔化，形成共同的熔池，凝固后形成共同的结晶体而连接起来。对于固态下的金属连接则需要加压，或者还需要加热。加压是为了使被焊金属的连接处产生塑性变形，以增加它们的真实接触面积；加热是为了增加金属的塑性和原子的扩散能力。

目前焊接方法有几十种之多。根据它们的原理和特点，常用的焊接方法按标准可分为以下几类：

（1）熔焊　利用局部加热的方法，将被焊金属接合处加热到熔化状态，加填充金属或不加填充金属，冷却结晶后形成牢固的接头。由于加热的热源不同，熔焊可分为气焊、电弧焊、电渣焊、等离子弧焊、电子束焊及激光焊。

（2）压焊　利用加压力的方法，或者同时还加热，使被焊金属接合处紧密接触，并产生一定的塑性变形，让接触面上的原子组成新的结晶而将被焊金属连接起来。根据加热情况的不同，压焊可分为电阻焊、摩擦焊、冷压焊、超声波焊及高频焊。

（3）钎焊　被焊金属虽加热但不熔化，熔点低的填充金属（钎料）被加热到熔化状态并填充在两工件之间，由于钎料与工件表面原子间的相互扩散，钎料凝固之后即将两工件连接起来。由于钎料的熔点不同，钎焊分为硬钎焊和软钎焊。

第一节　金属熔焊

一、熔焊的冶金特点

熔焊是利用某种焊接热源（如电弧、气体火焰等）将被焊金属的连接处局部加热到熔化状态，通过冷却结晶过程把被焊金属连接起来。在加热、熔化和冷却结晶过程中，焊接区内会发生一系列的物理化学反应，具有以下的特点：

1）焊接热源和金属熔池的温度高，因而使金属元素强烈蒸发、烧损，并使焊接热源高温区的气体分解为原子状态，提高了气体的活泼性，使得发生的一系列物理化学反应更加激烈。

2）金属熔池的体积小，冷却速度快，熔池处于液态的时间很短（以秒计），致使各种化学反应难于达到平衡状态，造成化学成分不够均匀。有时金属熔池中的气体及杂质来不及逸出，在焊缝中会产生气孔及其他缺陷。

焊接过程一般是在大气中进行，为防止空气对焊接区的有害影响，可在焊接区外围采用气体保护层防止空气侵入焊接区，如焊条药皮中的造气剂、气体保护焊所用的保护气体都属于这种措施。另外还可采用渣覆盖在液体金属表面以防止空气对液体金属的有害影响，如焊条电弧焊、埋弧焊及电渣焊过程所形成的渣都起这种作用。除了上述办法外，还可以真空条件下进行焊接，以保证焊缝金属的高度纯洁性，如真空电子束焊。

为了保证焊缝金属有合适的化学成分，可以通过焊条药皮或焊剂向焊缝金属中过渡合金元素。合金元素也可以通过焊芯或焊丝加入到焊缝金属中，这样不仅可以弥补焊缝金属中合金元素的烧损，而且可以特意加入一些合金元素，以改善焊缝金属的力学性能或减少有害元素的影响。例如加入脱氧剂进行脱氧，加入 Mn 形成 MnS 以减少 S 的有害作用等。

二、焊接接头金属组织与性能的变化

焊接接头包括焊缝、熔合区和焊接热影响区三个部分。所以焊接接头的性能不仅取决于焊缝金属，还与热影响区有关。

1. 焊缝金属

焊缝金属是焊接熔池冷凝后形成的。熔池的周围是固体金属，由于熔合区还存在着固体晶粒，结晶在此基础上生长比形成新晶核更容易，因而焊缝金属的结晶是从熔池的侧壁开始。由于结晶时各个方向的冷却速度不同，在与最大冷却速度方向相反方向的晶粒生长较快，其他方向的晶粒生长较慢，因而焊缝金属形成的晶粒是柱状晶。由于焊后冷却速度很快，所以形成的柱状晶是很细小的，再加上焊缝金属中合金元素含量高于基体金属，所以焊缝金属的性能可以不低于基体金属。

2. 熔合区

熔合区是焊缝与基体金属的交界区，也称为半熔化区。组织中包含未熔化而受热长大的粗晶粒和新结晶的部分铸造组织。低碳钢焊接接头中这一区域很窄，一般约为 0.1 ~ 1mm。

3. 焊接热影响区

热影响区是指焊缝两侧因焊接热作用而发生组织或性能变化的区域。由于焊接热影响区各点受热温度不同，又可分为几个组织变化不同的小区域：过热区、正火区和部分相变区。以低碳钢为例，说明热影响区的组织与性能的变化。图 10-1 左侧是热影响区各点到达的最高温度和组织变化情况，图 10-1 右侧为部分铁-碳合金相图。

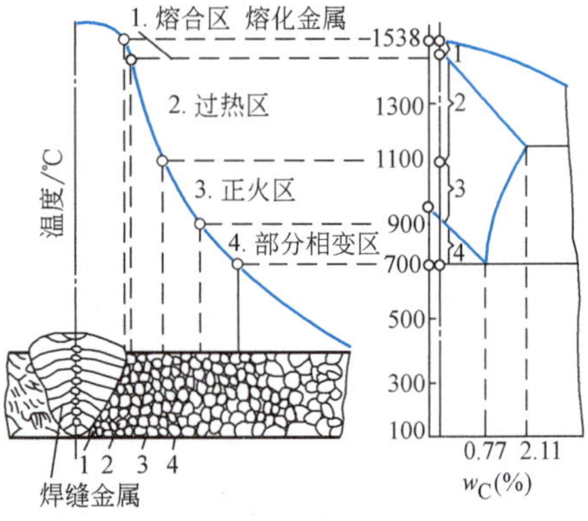

图 10-1 低碳钢焊接接头的组织

（1）过热区　过热区紧靠着熔合区，该区由于受高温影响，晶粒急剧长大，甚至产生过热组织，因而其塑性及冲击韧性降低。

(2) 正火区 正火区金属被加热到比 Ac_3 稍高的温度，金属发生了重结晶，冷却后金属晶粒细化，得到了正火组织，力学性能得到改善。

(3) 部分相变区 这个区域处于 $Ac_1 \sim Ac_3$ 之间，珠光体和部分铁素体发生了重结晶转变，使晶粒细化，还有部分铁素体未转变，仍保持原来晶粒的大小。由于这个区域晶粒大小不匀，因而力学性能稍差。

以上三个区域是低碳钢焊接热影响区中主要的组织变化区。在焊接接头中，以熔合区和过热区对焊接接头性能的不利影响最大。因此，在焊接过程中应尽可能使热影响区小，以减少对接头性能的不利影响。

焊接热影响区的大小和组织、性能变化的程度，取决于焊接方法、焊接参数、接头形式及焊后冷却速度等因素。表 10-1 是几种不同焊接方法焊接低碳钢时，焊接热影响区的平均尺寸。

表 10-1 不同焊接方法焊接低碳钢热影响区的平均尺寸

焊接方法	各区尺寸/mm			热影响区总宽度/mm
	过热区	正火区	部分相变区	
焊条电弧焊	2.2 ~ 3.5	1.6	2.2	6.0 ~ 8.5
埋弧焊	0.8 ~ 1.2	0.8 ~ 1.7	0.7	2.3 ~ 3.6
气焊	21.0	4.0	2.0	27.0
电渣焊	18.0	5.0	2.0	25.0
电子束焊	—	—	—	0.05 ~ 0.75

同一焊接方法，采用不同的焊接参数时，热影响区的大小也不同。在保证焊接质量的前提下，增加焊接速度与减小焊接电流均可以减小焊接热影响区的尺寸。

4. 改善焊接热影响区性能的方法

焊接过程中产生热影响区一般是不可避免的。用焊条电弧焊或埋弧焊焊接低碳钢构件，由于热影响区较窄，危害性较小，焊后不必进行热处理即可应用。但对于其他金属材料或重要的钢构件，特别是采用电渣焊时，则必须进行焊后正火处理来消除不利影响，以改善焊接接头的性能。

对焊后不能热处理的金属材料或构件，则需在选择焊接方法与焊接工艺上来减小热影响区的范围，以减少其危害性。

三、焊接应力与变形

1. 焊接应力与变形产生的原因

焊接时局部加热是焊件产生焊接应力与变形的根本原因。以平板对接焊为例（图 10-2），焊接时，焊缝区被加热到很高温度，离焊缝越远，温度越低。根据金属热胀冷缩的特性，焊件各区因温度不同将产生大小不等的纵向膨胀。如果各区域的金属能自由伸长而不受周围金属的阻碍，其伸长如图 10-2a 中虚线所示。但钢板是一个整体，实际上这种伸长是不可能的，只能如图中实线所示整个焊件一起伸长一个 Δl。因此，高温的焊缝区金属伸长受到两边金属的阻碍而产生压应力，而远离焊缝区的两边金属则产生拉应力。由于高温金属塑性较

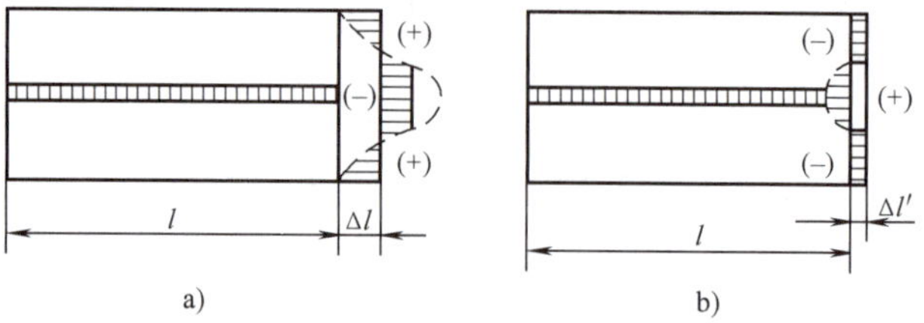

图 10-2 平板对接焊时的应力与变形

a）焊接过程中 b）冷却以后

好，当应力超过金属的屈服强度时，焊缝区金属就产生了一定量的压缩塑性变形，压应力也就消失了一部分，冷却后，焊件在长度上又会缩短。由于焊缝区在高温时产生了压缩塑性变形，应该较其他区域缩得更短些，如图 10-2b 中虚线所示。实际上是不可能的，因为焊件是一个整体，只能如实线所示那样整体缩短一个 $\Delta l'$。这个收缩变形 $\Delta l'$称为焊接变形。焊缝区因受两边金属阻碍未能如虚线所示缩得那样短，所以在该区产生了拉应力，而在两边金属内产生了压应力，拉应力与压应力处于平衡状态。这些应力，焊后残存在焊件内部，称为焊接残余应力。

如果焊件刚性小，塑性好，焊接应力会使焊件产生焊接变形。焊接变形呈现多种形式，最常见的有收缩变形、角变形、弯曲变形、扭曲变形及波浪变形（图 10-3）。焊接应力超过了金属材料的强度极限就会产生裂纹。

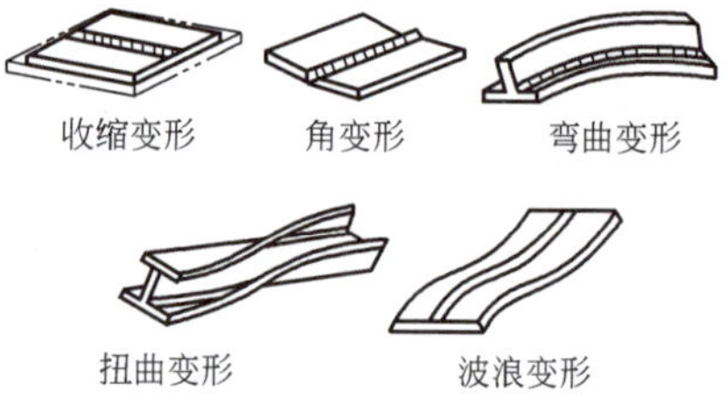

图 10-3 焊接变形的基本形式

裂纹与变形都是焊接缺陷。裂纹一般要铲掉重新焊接。变形超过了允许的程度就需要矫正。

在一般情况下，焊接残余应力对焊接结构没有影响，焊后不必消除焊接残余应力。但对在低温或动载荷下工作的焊接结构，焊接残余应力是有影响的。另外，对焊接后需切削加工的焊件，会影响加工精度，这样焊后就需要消除焊接残余应力。

2. 防止与减少焊接应力及变形的措施

防止与减少焊接应力及变形，可以从两方面去解决：设计合理的结构形式和工艺上采取必要的措施。

（1）合理的结构设计

1）在保证结构有足够承载能力的情况下，尽量减少焊缝的长度和焊缝的截面积。

2）尽量采用型材或冲压件代替板材拼焊，以减少焊缝数量。

3）焊缝的分布应尽量处于对称位置（图 10-4）。

4）应避免焊缝过分密集和交叉（图 10-5）。

（2）焊接工艺上的必要措施

1）加裕量法。在工件尺寸上加一定的收缩裕量，通常为 0.1% ~ 0.2%，以补充焊后的收缩。

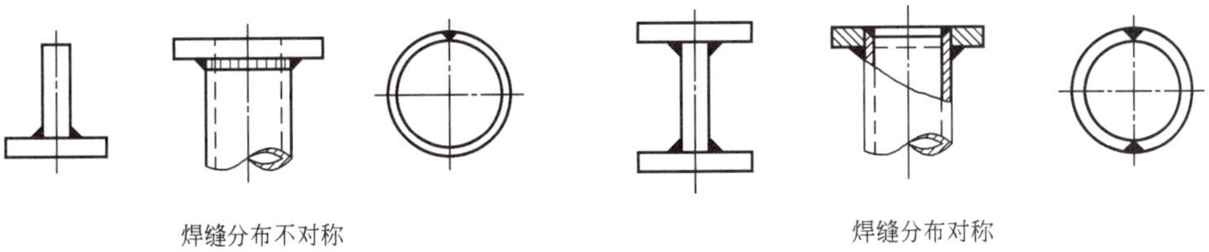

图 10-4 焊缝分布情况

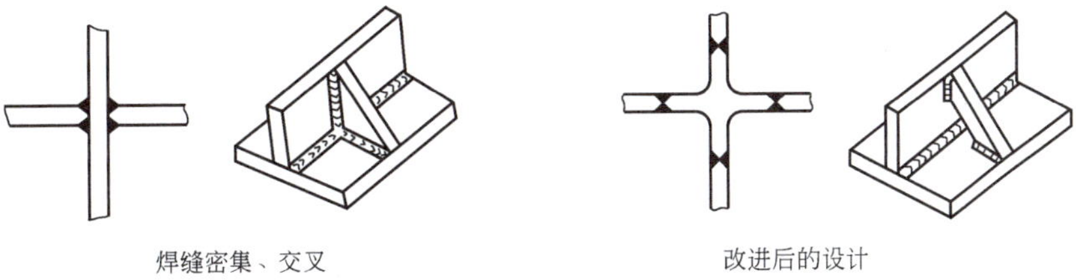

图 10-5 焊缝避免密集和交叉

2）反变形法。焊前使焊件处于反向变形的位置，以抵消焊后的焊接变形（图 10-6）。

3）刚性固定法。焊前将工件固定夹紧，可用简单的夹具夹紧，也可以将工件临时点固在工件台上，批量生产时，可采用专用的胎夹具固定。这种方法焊后可以大大减少变形，但焊接过程中由于焊件不能自由变形，增大了焊接应力，对塑性较差的金属材料，有可能引起裂纹的产生，所以这种方法只适用于塑性较好的低碳钢构件。

4）选择合理的焊接顺序。如构件对称的两侧都有焊缝，在选择焊接顺序时应考虑使两侧焊缝的收缩能互相抵消（图 10-7）。

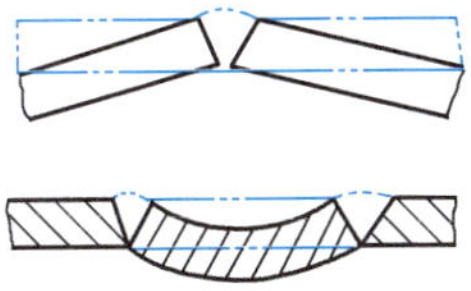

图 10-6 反变形法

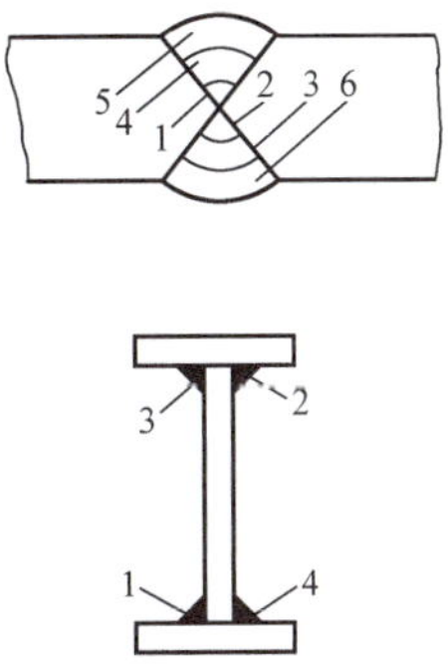

图 10-7 合理的焊接顺序（数字为焊接顺序）

长焊缝焊接时，为了减少焊接应力与变形，常采用逆向分段焊法（图 10-8），即把整个长焊缝分为长度为 150～200mm 的小段，分段进行焊接，每小段的焊接方向与总的焊接方向相反。

对于构件有多条焊缝选择焊接顺序时，应考虑每条焊缝焊后均可自由收缩，以减少焊接应力。图 10-9a 所示的焊接顺序可减少焊接应力，图 10-9b 所示的焊接顺序会增大焊接应力。

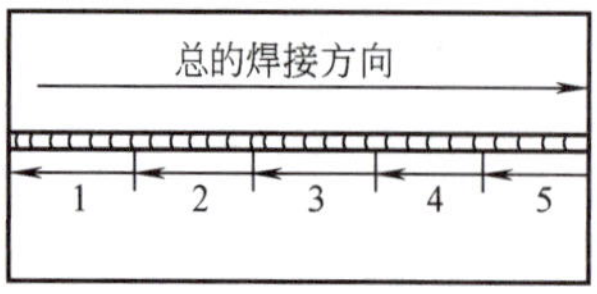

图 10-8　逆向分段焊接

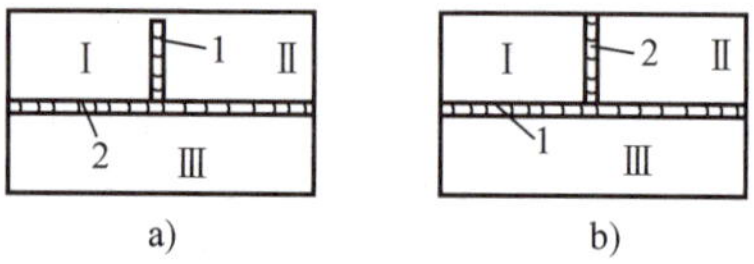

图 10-9　焊接顺序对焊接应力的影响

5）焊前预热。在焊前将工件预热到 150 ~ 350℃，然后再进行焊接。由于预热使焊缝部分与周围基本金属的温差减小，因而可以显著地减少焊接应力。

3. 焊接变形的矫正方法

在实际生产中，即使采取了一些防止与减少变形的措施，有时焊件还会产生一些变形。为了确保焊件结构形状和尺寸的准确，以利于装配和使用，常需要对变形进行矫正。常用的矫正方法有两种：机械矫正法和火焰矫正法。

（1）机械矫正法　利用机械力的作用来矫正变形，可采用压力机、矫直机矫正，也可采用手工锤击矫正。

（2）火焰矫正法　利用氧-乙炔火焰加热焊件的适当部位，使焊件在冷却收缩时产生与焊接变形方向相反、大小相等的变形，以抵消焊接时所产生的变形（图 10-10）。该法主要应用于低碳钢和部分低合金高强度结构钢，加热温度不宜过高，一般为 600 ~ 800℃。

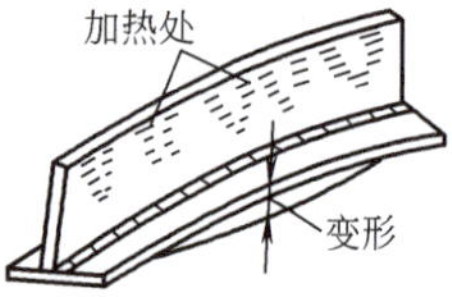

图 10-10　火焰加热矫正变形

4. 消除焊接残余应力的方法

最常用的消除焊接残余应力的方法是进行低温退火，即将工件均匀加热到 600 ~ 650℃，保温一定时间后炉冷。整体低温退火消除焊接残余应力的效果最好，一般可将 80% ~ 90% 以上的残余应力消除掉。

第二节　电　弧　焊

一、焊条电弧焊

1. 焊接电弧

焊接电弧是在电极与工件之间的气体介质长时间的放电现象，即在局部气体介质中有大量电子流通过的导电现象。电极可以是金属丝、钨丝、碳棒或焊条。焊条电弧焊就是用焊条为一电极，工件为另一电极，利用焊条和工件间产生的电弧热，将焊条和工件熔化而进行焊接的方法。

电弧放电过程中放出大量的热和光。电弧放出热量的多少与焊接电流与电压的乘积成正比。焊接电流越大，电弧放出的热量就越多。电弧的各个部分产生的热量和温度分布是不一样的，阳极区产生的热量较多，约占总热量的 43%；阴极区因放出大量电子消耗一部分能量，所以产生的热量较少，约占 36%；其余的 21% 左右热量是在弧柱中产生的，焊条电弧焊只有 65% ~ 80% 的电弧热量用于加热和熔化金属，其余的热量散失在电弧周围或飞溅的金属中。

焊接电弧阳极区与阴极区的温度，因电极材料不同而有所不同。用钢焊条焊接钢材的，阳极区温度约 2600K，阴极区温度约 2400K，电弧弧柱中心区温度可达 6000 ~ 8000K（图 10-11）。

上述的电弧热量与温度分布情况，是对采用直流电源的情况而言的，如采用交流焊接电源，由于极性是交替变化的，因此两极（焊条与工件）的热量与温度分布基本相同。

2. 焊条电弧焊的焊接过程

焊条电弧焊是利用焊条与工件间产生的电弧将工件和焊条熔化而进行的焊接（图 10-12）。电弧热使工件和焊条同时熔化形成熔池，电弧热还使焊条的药皮分解、燃烧和熔化。药皮分解、燃烧产生的大量气体包围在电弧周围，药皮熔化后与液体金属发生物理化学作用，所形成的熔渣不断地从熔池中浮起，覆盖在焊缝上。气体和熔渣防止了空气中氧和氮的侵入，保护了液体熔池金属。

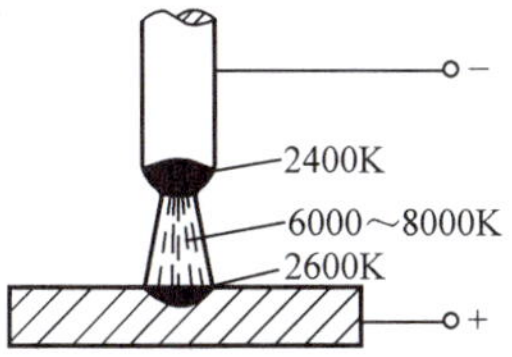

图 10-11 焊接电弧的温度分布

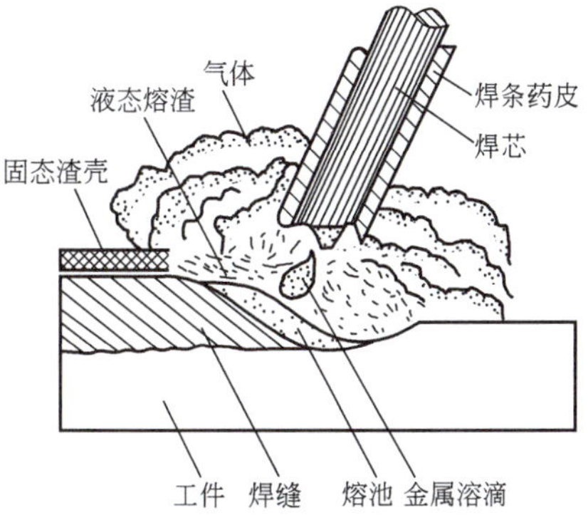

图 10-12 焊条电弧焊的焊接过程

当电弧向前移动时，工件和焊条不断熔化形成新的熔池，原先的熔池则不断冷却凝固形成焊缝。覆盖在焊缝表面的液体熔渣逐渐凝固为固体渣壳，这层熔渣和渣壳对焊缝成形的好坏及减缓焊缝金属的冷却速度有着重要的作用。

3. 焊条

焊条电弧焊用的焊条由焊芯与药皮（涂料）两部分组成。焊芯起导电和填充金属的作用。药皮则用于保证焊接的顺利进行，并使焊缝得到满意的焊接质量。下面主要介绍常用的焊接结构钢的焊条。

（1）焊芯　焊芯是组成焊缝金属的主要材料，它的化学成分和非金属夹杂物的多少将直接影响焊缝的质量。因此焊芯钢材是经过特殊冶炼的，对它的化学成分，国家作了严格的规定。常用的几种焊条焊芯的化学成分见表 10-2。

表 10-2 几种焊条焊芯的化学成分（GB/T 14957—1994）

牌 号	化学成分（质量分数，%）						
	C	Mn	Si	Cr	Ni	S	P
H08	≤0.10	0.30 ~ 0.55	≤0.03	≤0.20	≤0.30	≤0.04	<0.04
H08A	≤0.10	0.30 ~ 0.55	≤0.03	≤0.20	≤0.30	≤0.03	<0.03
H08MnA	≤0.10	0.80 ~ 1.10	≤0.07	≤0.20	≤0.30	≤0.03	<0.03

表中焊芯牌号的第一个字母“H”，是“焊”字汉语拼音的第一个字母，表示焊接用实芯焊丝。H后面的两位数字表示含碳量。化学元素符号后面的数字表示该元素大致含量的质量分数值。合金元素含量 $w_{Me} \leq 1\%$ 时，化学符号后面的数字省略。牌号末尾标有“A”时，表示为优质品，说明焊丝的硫、磷含量比普通焊丝低。

（2）焊条药皮（涂料） 焊条药皮在焊接过程中的主要作用是：提高电弧燃烧的稳定性，防止空气对熔化金属的有害作用，对熔池脱氧和加入合金元素，以保证焊缝金属的化学成分和力学性能。焊条药皮原材料的种类、名称及作用见表10-3。

表10-3 焊条药皮原材料的种类、名称及作用

原料种类	原料名称	作用
稳弧剂	碳酸钾、碳酸钠、长石、大理石、钛白粉、钠水玻璃、钾水玻璃	改善引弧性能，提高电弧燃烧的稳定性
造气剂	淀粉、木屑、纤维素、大理石	造成一定量气体，隔绝空气，保护焊条金属熔滴与熔池
造渣剂	大理石、氟石、菱苦土、长石、锰矿、钛铁矿、钛白粉、金红石	造成具有一定物理-化学性能的熔渣来保护焊缝，碱性熔渣中的CaO还可起脱硫、脱磷作用
脱氧剂	锰铁、硅铁、钛铁、铝铁、石墨	降低电弧气氛和熔渣中的氧化性，脱除金属中的氧，锰还起脱硫作用
合金剂	锰铁、硅铁、铬铁、钼铁、钒铁、钨铁	使焊缝金属获得必要的合金成分
粘结剂	钾水玻璃、钠水玻璃	将药皮粉料牢固地粘附在钢芯上

（3）焊条的分类、型号和牌号

1）焊条分类。根据焊条的化学成分和用途，焊条可分为十类：结构钢焊条、钼和铬钼耐热钢焊条、不锈钢焊条、堆焊焊条、低温钢焊条、铸铁焊条、镍及镍合金焊条、铜及铜合金焊条、铝及铝合金焊条和特殊用途焊条。

2）焊条型号。焊条型号是国家标准中的焊条代号。非合金钢及细晶粒钢焊条的型号由GB/T 5117—2012《非合金钢及细晶粒钢焊条》确定，如E4303、E5015、E5728等。“E”表示焊条；前两位数字表示熔敷金属抗拉强度的最小值（单位为 kgf/mm^2）[⊖]；第三位数字表示焊条的焊接位置，“0”及“1”表示焊条适用于全位置焊接（平、立、仰、横），“2”表示焊条适用于平焊及平角焊，“4”表示焊条适用于向下立焊；第三位和第四位数字组合表示焊接电源种类及药皮类型，如“03”为钛型药皮，适于交流或直流正、反接电源，“15”为碱性药皮，适于直流反接电源，“28”为碱性+铁粉型，交流或直流正接。低合金钢焊条的型号由GB/T 5118—2012《热强钢焊条》确定，型号中的四位数字之后，后缀字母表示熔敷金属的化学成分分类代号。如E5515-1CMV，属碱性药皮，适用直流反接进行各种位置焊接的焊条，并含 $w_{Cr}1.0\% \sim 1.5\%$、$w_{Mo}0.4\% \sim 0.65\%$ 和 $w_V 0.10\% \sim 0.35\%$。

3）焊条牌号。焊条牌号是焊条行业统一的焊条代号。焊条牌号一般用一个大写拼音字母和三个数字表示，如J422、J507等。拼音字母表示焊条的大类，如“J”表示结构钢焊条（“结”字汉语拼音第一个字母）；“A”表示奥氏体不锈钢焊条；“Z”表示铸铁焊条等。牌号

⊖ kgf/mm^2 单位已不用，但在目前焊条型号中的数字仍表征此单位。

的前两位数字表示各大类中若干小类，如结构钢焊条前两位数字表示焊缝金属抗拉强度等级，单位为 kgf/mm^2，其等级有 42、50、55、60、70、75、85，分别表示其焊缝金属的抗拉强度大于或等于 420、500、550、600、700、750 和 850MPa。牌号的第三位数字表示药皮类型和电流种类，见表 10-4，其中 1 ~5 为酸性焊条，6 和 7 为碱性焊条。其他焊条牌号表示方法，见机械科学研究院哈尔滨焊接研究所编《焊接材料产品手册》（2012 年）。

表 10-4 焊条药皮类型和适用焊接电源种类

焊条牌号	药皮类型	焊接电源
J××0	不属于规定的类型	不规定
J××1	氧化钛型	直流或交流
J××2	氧化钛钙型	直流或交流
J××3	钛铁矿型	直流或交流
J××4	氧化铁型	直流或交流
J××5	纤维素型	直流或交流
J××6	低氢钾型	直流或交流
J××7	低氢钠型	直流
J××8	石墨型	直流或交流
J××9	盐基型	直流

（4）焊条的选用原则 焊条的种类很多，能否正确选用对焊接质量、生产率有很大的影响。选择时应遵循以下原则：

1）对低碳钢和低合金高强度结构钢焊件，要求焊缝金属与焊件的强度相等，可以根据焊件强度来选用相同强度等级的焊条。但应注意，钢材是按屈服强度确定等级的，而结构钢焊条的等级是指焊缝金属抗拉强度的最低保证值。焊接异种钢结构时，应按强度等级低的钢种选用焊条。

2）对承受交变载荷或冲击载荷、形状复杂、刚度大的焊接结构，要求塑性好，冲击韧性高，抗裂性能强，要选用碱性焊条；对于薄板和刚性较小、构件受力不复杂、母材质量较好以及焊接表面带有油、锈、水等难以清理的结构件时，应尽量选择酸性焊条。

3）对于加工过程中需经热加工或焊后需作各种热处理的焊件，应选择能保证热加工或热处理后焊缝强度及韧性的焊条。

4）焊接耐热钢焊件或不锈钢焊件等，应选择具有相同或相近化学成分的专用焊条，以保证焊接接头的特殊性能要求。

二、埋弧焊

1. 埋弧焊的焊接过程

埋弧焊的电弧是在焊丝与工件之间燃烧，并且电弧是埋在厚度为 40 ~60mm 的颗粒状焊剂层下面，电弧造成的气体将熔渣排开形成一个封闭的空间（熔渣泡），这样就使电弧、熔池与空气隔绝，不但防止了空气中氧和氮的侵入及金属熔滴的飞溅，而且可以减少电弧热能的散失（图 10-13）。

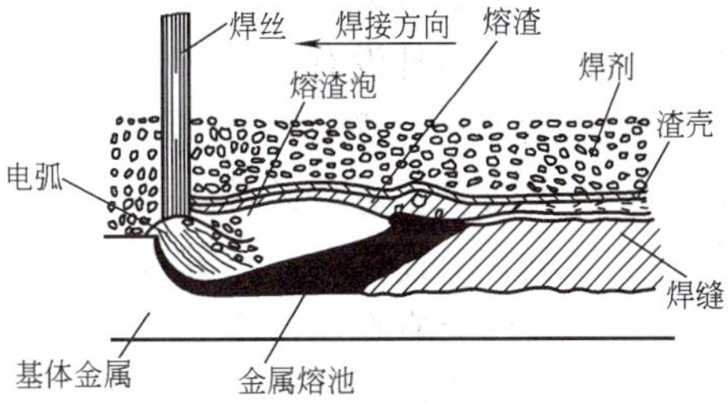

图 10-13 埋弧焊的纵截面图

焊接时，自动焊机头将焊丝不断地送入电弧区并维持一定弧长。电弧依靠自动焊机小车沿轨道均匀地向前移动（或者焊机不动，工件以匀速运动）。在电弧前面，焊剂不断从漏斗中流出撒在工件接合处的表面上。焊接时，部分焊剂熔化成熔渣覆盖于焊缝表面，凝固后成渣壳；大部分焊剂未熔化，可收回重新使用。

2. 焊丝与焊剂

埋弧焊的焊丝相当于焊条中的焊芯，焊剂与焊条药皮的作用相同。

焊剂分为熔炼焊剂与烧结焊剂两大类。熔炼焊剂由于具有颗粒强度高，化学成分均匀，不易吸潮，适于大量生产等优点。熔炼焊剂按化学成分（MnO）可分为高锰、中锰、低锰和无锰焊剂。

烧结焊剂是用矿石、铁合金、粘接剂按一定比例配制成颗粒状，在高温下（>700°C）烧结而成。如果经低温烧结300~400℃而成，叫做粘结焊剂或称陶质焊剂。它易于向焊缝金属补充或添加合金元素，但颗粒强度较低，容易吸潮。

由于焊丝与焊剂是分开的，因而使用时焊丝与焊剂要适当配合才能获得优质焊缝。例如焊接低碳钢时用高锰焊剂（HJ431）配合一般含锰量的焊丝（H08A），也可用无锰焊剂（HJ130）配合含锰量高的焊丝（H10Mn2）。

3. 埋弧焊工艺

埋弧自动焊要求仔细地下料、准备坡口和装配。焊前应将焊缝两侧50~60mm内的一切污垢及铁锈清除干净，以免产生气孔。

埋弧焊一般适于在平焊位置，焊接对接、T形接头及搭接接头较长的直焊缝或较大直径环形焊缝。工件厚度小于20mm，可以采用单面焊接。工件厚度大于20mm，可进行双面焊接，或者开坡口后进行单面焊接。单面焊接时，为了保证焊透而又不会发生烧穿现象，常采取焊条电弧焊封底、铜垫板法、钢垫板法及焊剂衬垫法（图10-14a~d）。

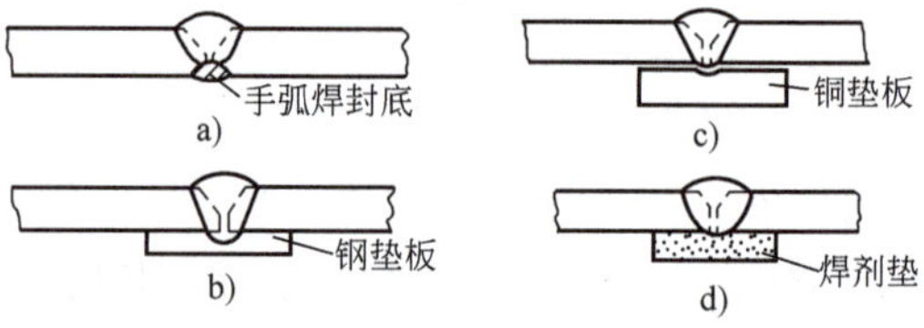

图10-14 单面焊防止烧穿的几种工艺措施

4. 埋弧焊的特点及应用

（1）生产率高　埋弧焊比焊条电弧焊的焊接电流高6~8倍，焊丝是连续地送进，节省了更换焊条的辅助时间，所以埋弧焊比焊条电弧焊生产率高5~10倍。

（2）焊接质量高　埋弧焊的电弧区保护严密，而且焊接参数由焊机自动控制，所以焊接质量高。

（3）节省金属材料　埋弧焊熔深较大，工件厚度大于20~25mm后才开坡口，因而可以减少填充金属；另外没有焊条头的损失，所以埋弧焊能节省大量的金属材料。

（4）改善了劳动条件　埋弧焊看不到电弧，焊接烟雾也较少，焊接过程中的操作可自动进行，大大改善了劳动条件。

埋弧焊虽有上述优点，但其设备价格较高，备料及装配工作要求较严，焊接参数的确定也较复杂，因而只有在焊件生产批量较大、焊缝较长时，上述优点才比较显著。目前，埋弧焊主要用于焊接生产批量较大、焊缝长而直或是大直径（一般要大于500mm）的环形焊缝。

三、气体保护焊

气体保护焊就是利用某种气体作为保护介质的一种电弧焊方法。焊接时将保护气体送入焊接区，在电弧周围形成气体保护层，防止有害气体侵入熔化金属，以获得高质量的焊缝。

保护介质的气体有：He、Ar、H、N 及 CO_2 等。这些气体可以单独使用，也可以混合使用。

目前，气体保护焊中应用较广的是氩弧焊和二氧化碳气体保护焊。

1. 氩弧焊

氩弧焊是以氩气作为保护气体的气体保护焊，使用的电极有两种：一种是不熔化的钨极，如果焊缝需要填充金属就另外加金属丝（图 10-15a）；另一种电极是与被焊金属成分相近的金属丝，称为熔化极（图 10-15b），既作电极，又作填充金属。

根据氩弧焊的操作方法又分为自动氩弧焊和半自动氩弧焊。半自动氩弧焊只是由焊工手持焊枪移动电弧，其他动作仍由焊机自动完成。

氩弧焊由于是明弧，操作方便，可实现全位置自动化焊接。电弧是在氩气流压缩下燃烧，热量集中，焊接速度快，热影响区较窄，工件焊后变形小。氩弧焊一般只限于在室内进行焊接，以防有风破坏保护气流。

氩弧焊可以焊接所有钢材、有色金属及其合金。但由于氩弧焊设备及控制系统较复杂，氩气价格较贵，所以目前氩弧焊主要用于焊接 Al、Mg、Ti 及其合金、不锈钢、耐热钢，以及 Zr、Ta、Mo 等稀有金属。

2. 二氧化碳气体保护焊

二氧化碳气体保护焊是利用 CO_2 气体作为保护气体的电弧焊。二氧化碳气体保护焊的焊接装置如图 10-16 所示。利用焊丝作电极，焊丝由送丝机构通过软管经导电嘴送出。CO_2 气体从喷嘴中以一定流量喷出。焊丝与工件之间产生电弧。电弧及熔池被 CO_2 气体所包围，可防止空气对液体金属的有害作用。二氧化碳气体保护焊根据操作方式可分为自动焊与半自动焊，目前应用较多是半自动焊，即焊丝送进靠机械自动进行，焊工手持焊枪进行焊接操作。

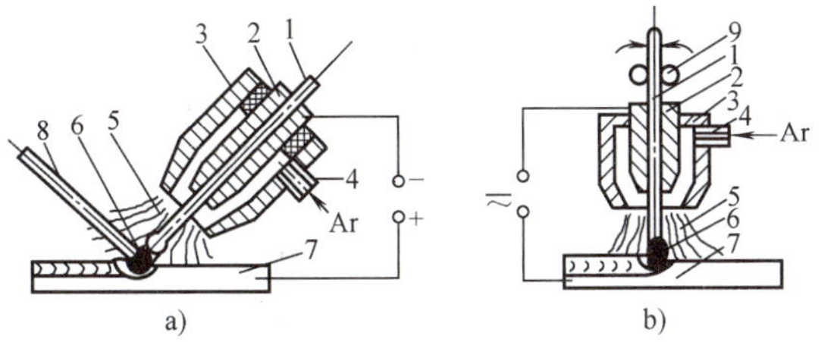

图 10-15　氩弧焊示意图

a）不熔化极氩弧焊　b）熔化极氩弧焊

1—焊丝或电极　2—导电嘴　3—喷嘴　4—进气管　5—氩气流　6—电弧　7—工件　8—填充焊丝　9—送丝辊轮

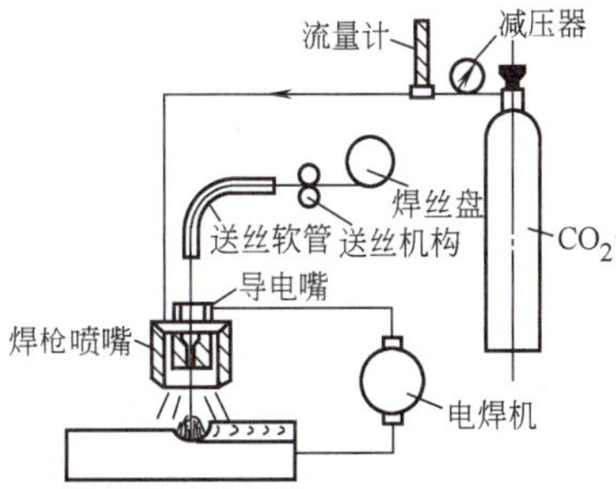

图 10-16　CO_2 保护焊示意图

CO_2 气是一种氧化性气体，在电弧高温下能分解为 CO 和 O，使钢中的 C、Mn、Si 及其他合金元素被烧损。当熔池中 Si、Mn 被烧损，又没有足够的脱氧元素时，熔池中的 FeO 与

C 反应生成 CO，如冷却太快，CO 来不及逸出熔池就会在焊缝内形成气孔。为了保证焊缝金属具有足够的力学性能和防止产生气孔，二氧化碳保护焊须采用含 Si、Mn 量较高的合金钢焊丝。例如，焊低碳钢常用 H08MnSiA 焊丝，焊低合金结构钢常用 H08Mn2SiA 焊丝。

二氧化碳气体保护焊的优点：

（1）成本低　CO_2 气体价格低，所以焊接成本仅为焊条电弧焊和埋弧焊的 50% 左右。

（2）生产率高　由于采用的电流密度大，电弧热量集中，焊后不用清渣，生产率较焊条电弧焊提高 1～3 倍。

（3）操作性能好　由于是明弧，可以清楚地看到焊接过程，操作方便，可进行全位置焊接，CO_2 保护焊同焊条电弧焊一样灵活，可焊曲线焊缝。

（4）热影响区及焊接变形小　电弧在气流压缩下燃烧，热量集中，并且气流有冷却作用，热影响区及焊接变形小，特别适于薄板的焊接。

（5）抗锈能力强，焊缝含氢量低，抗裂性能好。

然而，CO_2 保护焊与焊条电弧焊相比，使用的设备较复杂；由于采用气体保护焊接区，对风较敏感，因而露天作业受到限制。因此，CO_2 保护焊目前主要用于焊接低碳钢和低合金结构钢。

第三节　其他焊接方法

一、等离子弧焊接

一般焊接电弧，未受到外界约束，称为自由电弧。自由电弧内的气体尚未完全电离，因而能量也未能高度集中。等离子弧与一般电弧不同，是一种被压缩的电弧，导电截面收缩的比较小，从而能量更加集中，弧柱中的气体完全由电子和离子所组成。这种完全电离的气体称为等离子体，所以这种被压缩的电弧称为等离子弧。

等离子弧的发生装置如图 10-17 所示。在钨极与工件之间产生电弧之后，电弧通过具有细孔道的喷嘴，被强迫缩小，这种压缩作用称为“机械压缩效应”。当通入一定压力和流量的氩气或氮气时，冷气流包围着电弧，使弧柱外围受到强烈冷却，迫使带电粒子流（电子和离子）往高温和高电离程度的弧柱中心集中，电弧被进一步压缩。这种收缩作用称为“热压缩效应”。另外，带电粒子流在弧柱中的运动，可以看成是无数根平行通电的“导体”，其自身的磁场所产生的电磁力，使这些平行“导体”互相吸引靠近，弧柱再进一步被压缩。这种压缩作用称为“电磁收缩效应”。在上述三种效应作用下，弧柱被压缩到很细的范围内，电弧能量高度集中，其温度可达 16000～33000K。等离子弧穿透力强，焊接速度快，焊接质量好，热影响区变形小。

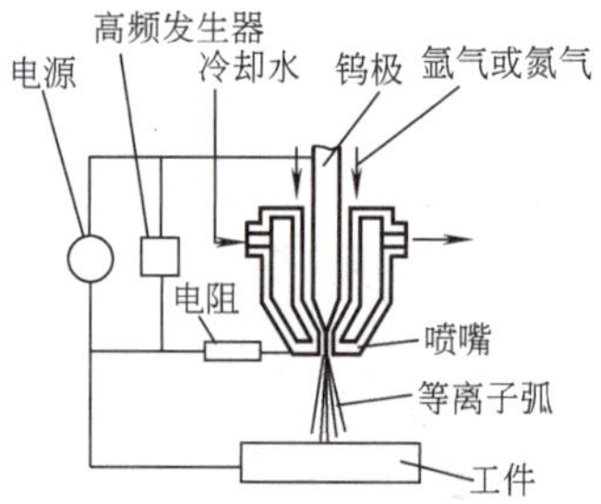

图 10-17　等离子弧焊示意图

等离子弧由于温度高，穿透力强，板厚 2.5～12mm 焊接可以不开坡口，不加填充金属，一次焊透而且双面成形。厚度超过 12mm 时，一般需要采用适当的坡口和加填充金属。

为了解决薄板的焊接，又发展了微米等离子弧焊（针弧），焊接电流很小（0.1～30A），温度较低，电弧柔和，可用于焊接0.01～2.5mm的箔材及薄板。

等离子弧焊的设备比较复杂，价格较高，而且需要消耗大量价格较贵的氩气。

等离子弧焊由于上述特点，所以在不锈钢、耐热钢、铜合金、钛合金以及W、Mo、Co、Ta等难熔或稀有金属的焊接中得到广泛的应用。

等离子弧不仅用于焊接，还可用于切割，称为等离子弧切割。等离子弧切割效率比氧气切割高1～3倍，可切割一般的金属材料和难熔的金属材料以及非金属材料。

另外等离子弧焊也能用于喷涂、堆焊以及其他工业领域中。

二、电渣焊

电渣焊是利用电流通过液体熔渣所产生的电阻热作为焊接热源来进行焊接。工件位于垂直位置（图10-18），两工件间留有25～35mm的间隙，间隙外部装有铜冷却滑块，以阻挡熔渣和液体金属外流，冷水从铜冷却滑块中通过，以迫使金属熔池凝固形成焊缝。由于液态熔渣具有较大的电阻，当电流通过熔渣时产生大量的电阻热，使渣池的温度保持在1700～2000℃。与渣池接触的工件边缘及送入渣池的焊丝均被渣池加热熔化，熔化的液体金属由于密度较大沉入渣池底部形成金属熔池。一定深度的渣池覆盖在金属熔池上面，防止空气与液态金属接触。焊丝不断地送进并被熔化，因而金属熔池不断升高，渣池与铜冷却滑块也随之上升，下面的金属熔池逐渐凝固形成焊缝。

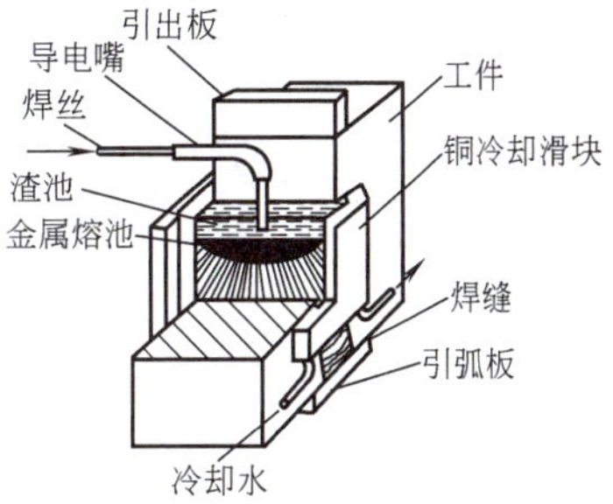

图10-18　电渣焊示意图

电渣焊由于渣池体积大，热量多，与渣池接触的工件边缘都可以被渣池加热熔化。根据工件厚度可以采用单根焊丝、两根焊丝、三根焊丝或多根焊丝，并且焊丝还可以摆动。因此，很厚的工件也可以一次焊成。例如三丝摆动可焊接厚度为450mm的工件。

电渣焊不仅可以焊接直缝，还可以焊接大直径的环形焊缝。

电渣焊的特点：

1）生产率高，很厚的工件可以一次焊成。这样可以采用铸-焊、锻-焊结合件来代替巨大的铸、锻整体结构。

2）焊缝金属纯净，结晶致密。

3）节省金属、焊剂和电能。

4）热影响区较宽，晶粒粗大，易产生过热组织。因此焊后须进行正火处理。

电渣焊主要用于焊接厚度大于30mm的厚大工件，在水轮机、水压机、轧钢机、重型机械等大型设备制造中得到广泛应用。

三、压焊

1. 电阻焊（接触焊）

电阻焊也称为接触焊，是利用电流通过工件及其接触处所产生的电阻热作为焊接热源，将工件局部加热到塑性状态或熔化状态，并在压力作用下形成焊接接头的焊接方法。

焊接过程产生的热量，可以用焦耳-楞次定律计算，即

$$Q = I^2Rt$$

式中，Q 为产生的电阻热（J）；I 为焊接电流（A）；R 为工件的总电阻，包括工件本身的电阻及工件间的接触电阻（Ω）；t 为通电时间（s）。

由于工件的总电阻较小，为了使工件在短时间内（通电时间却仅为 0.01 ~ 几秒钟）迅速加热，电阻焊必须使用很大的焊接电流（几千安培到几万安培）。

与其他焊接方法比较，电阻焊具有生产率高、焊件变形小、焊接时不需要添加焊接材料、易于自动化及劳动条件好等优点。电阻焊的缺点是设备较复杂，耗电量大，适用的接头形式及工件厚度受到限制。

电阻焊分为点焊、缝焊和对焊，如图 10-19 所示。

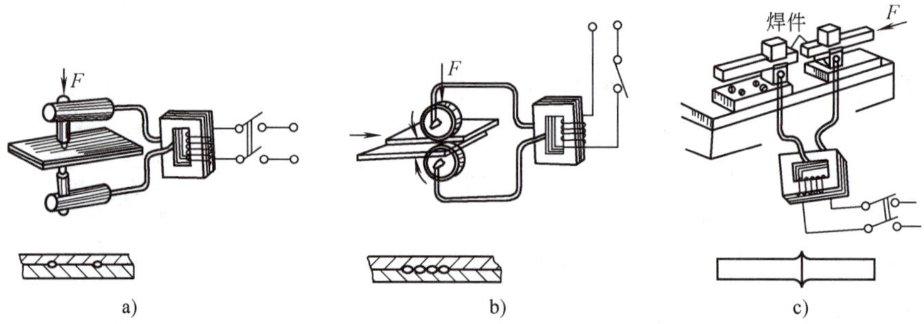

图 10-19 电阻焊示意图

（1）点焊 点焊（图 10-19a）是利用柱状电极，在两个搭接工件接触面之间形成焊点而将两个工件连接起来的焊接方法。

点焊时，将清理好的工件搭接后置于点焊机的上下电极之间，加压力使工件紧密接触，再通电加热，使工件接触面熔化形成熔核，然后断电，焊点的熔核在压力作用下冷却结晶，去除压力，一个焊点焊成。

当工件上有许多个焊点时，焊点与焊点之间要有一定的距离。因为焊完一个焊点，焊第二个焊点时，如果两个焊点之间距离太近，就有一部分电流通过已焊好的焊点，这种现象称为分流现象。分流将使第二个焊点的焊接电流减小而影响焊接质量。分流现象与焊件材料及厚度有关，工件厚度越大，材料导电性越强，则分流现象越严重。不同材料及不同厚度工件焊点间最小间距见有关焊接手册。

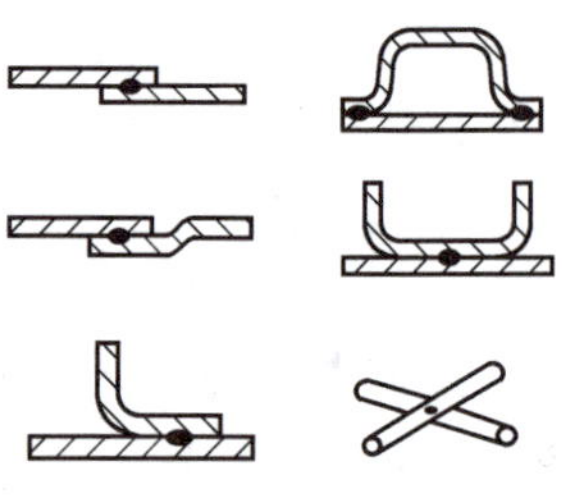

图 10-20 点焊接头形式

点焊主要用于焊接各种薄板冲压结构及钢筋，点焊的工件厚度一般为 0.5 ~ 8mm，钢筋直径一般小于 25mm。几种典型的点焊接头形式如图 10-20 所示。点焊已广泛应用于汽车、飞机、机车车辆等工业部门中。

（2）缝焊（滚焊） 缝焊（图 10-19b）也称为滚焊。缝焊过程与点焊相似，只是用盘状电极代替了柱状电极。焊接时，盘状电极压紧焊件并且旋转，由于焊件与盘状电极间的摩擦力使焊件向前移动。焊接电流断续通过电极和焊件，使焊件接触处形成一连串的互相重叠的焊点，即形成一条连续的焊缝，所以称为缝焊。

缝焊由于焊点互相重叠，因而密封性良好，主要用于制造有密封性的薄壁容器，例如油箱、管道等。缝焊由于焊点重叠，分流现象严重，一般分流在 30% 以上。由于板料越厚，分流越大，同时对电极加的压力也应越大，因而焊厚件时，焊机功率要增大，电极寿命会缩短，所以缝焊只限于焊厚度 3mm 以下的薄板结构。

（3）对焊 对焊（图 10-19c）是利用电阻热使两个工件在整个接触断面上焊接起来的一种电阻焊方法。根据焊接工艺过程不同，对焊又分为电阻对焊与闪光对焊。

1）电阻对焊。电阻对焊如图 10-21a 所示。焊前要求将焊件接触表面清理得平整光洁。焊接时将工件夹紧在对焊机的钳口上，加压力使两工件紧密接触，然后通电加热，使焊件接触处迅速加热到塑性状态，再施加较大的顶锻压力，同时断电，使焊件接触处产生一定的塑性变形而形成焊接接头。

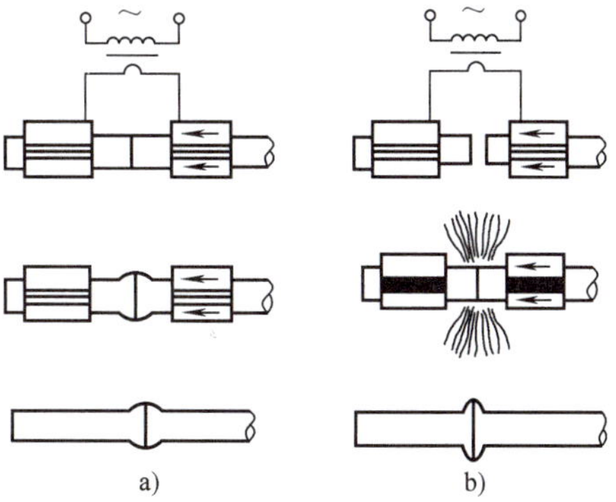

图 10-21 对焊的焊接过程

电阻对焊操作简便，接头外形光滑。但焊前对焊件表面清理工作要求较严，否则，在接触面上易造成加热不匀和氧化夹渣，影响焊接质量。所以电阻对焊一般用于焊接断面简单、直径或边长小于 20mm 和强度要求不高的工件。

2）闪光对焊。焊接过程如图 10-21b 所示，将工件夹紧在对焊机的钳口上，接通焊接电源，移动活动钳口使工件端面互相接触，由于工件表面不平，只是一些点接触，强电流在这些接触点上通过，使这些点迅速熔化，在电磁力作用下，液体金属温度迅速升高、汽化而发生爆破，并以火花形式从两工件接触端面处飞出，形成闪光现象。继续向前移动工件，闪光过程一直继续到工件端面全部熔化时，对工件迅速施加较大的顶锻压力并切断电源，工件在压力作用下被焊接在一起。

闪光过程中两工件接触处内部气压大于外部气压，防止了空气的侵入；另外，工件端面上的氧化物和杂质，一部分随闪光火花带出，另一部分在加压时随液体金属被挤出。所以闪光对焊接头夹杂少，接头质量较高，常用于重要工件的焊接，例如对焊刀具、钢筋、管子、锚链、钢轨、发动机的排气阀等。

为了保证好的焊接质量，焊件的接触端面在焊接过程中要加热均匀，所以要求两个被焊工件接触端面的形状和尺寸应相同或相近。

2. 摩擦焊

摩擦焊是利用两工件接触端面摩擦产生的热量作为焊接热源，将工件接合处加热到塑性状态，然后在压力作用下使金属原子产生结合的一种焊接方法。

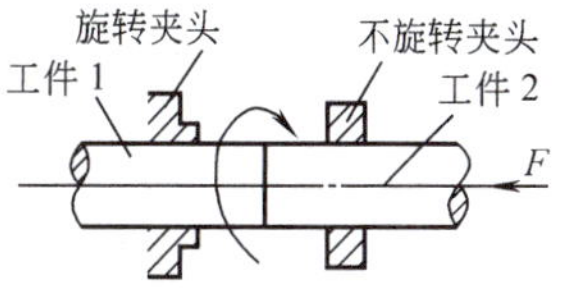

图 10-22 摩擦焊示意图

摩擦焊过程是将工件夹在焊机上，加一定压力使两工件紧密接触。然后使其中一个工件高速旋转（图 10-22），工件接触端面相对摩擦产生热量，待工件接合处加热到塑性状态时紧急刹车，使工件停止转动，同时施加更大的压力，使焊件产生塑性变形而焊接起来。

摩擦焊过程中，由于工件接触表面强烈摩擦，使工件接触两面氧化膜及杂质破碎，并在压力作用下被挤出焊缝之外，因此接头质量好而且稳定。

摩擦焊接头的两工件一般是等断面的，特殊情况下也可以是不等断面的，但必须有一个工件是圆形或管形断面。

摩擦焊的优点是：焊机功率小、耗电省，耗电量仅为闪光对焊的 1/10 ~ 1/15；生产率高；不仅可以焊同种金属，还可以焊接异种金属。缺点是焊接接头的断面受到限制。

四、钎焊

利用熔化的填充金属将被焊工件在固态下连接起来的方法称为钎焊。填充金属称为钎料。

钎焊过程是将表面已清理好的工件以搭接接头形式装配在一起。两工件搭接处要留一定的间隙，钎料放在间隙附近或装配在间隙内。当工件和钎料被加热到温度稍高于钎料的熔点时，熔化的液体钎料借助两工件接头间隙的毛细管作用流入间隙之内。由于被焊金属原子与钎料原子间的相互扩散作用，在钎料凝固之后就形成了钎焊接头。

根据钎料熔点不同可分为硬钎焊与软钎焊。硬钎焊的钎料熔点大于 450℃，接头强度较高，R_m 可达 400 ~ 500MPa；软钎焊的钎料熔点低于 450℃，接头强度较低，R_m 一般不超过 70MPa。

1. 硬钎焊

由于钎料熔点及接头强度较高，所以适用于受力较大和工作温度较高的工件，例如硬质合金刀具的钎焊。

硬钎料是以 Cu 或 Ag 为主体的合金，称为铜钎料或银钎料；另外还有铝钎料和镍基钎料。

钎焊时需要加入钎剂。钎剂的作用是去除接头处的氧化物，保护钎料及母材免受氧化，改善钎料对母材的润湿性。钎剂主要由硼砂、硼酸、氟化物、氯化物等组成。

钎焊接头的装配间隙必须很小（0.03 ~ 0.30mm），以起到毛细管作用，使钎料进入接头内。为了保证间隙，焊前需要对焊件接头进行适当加工，接头表面需经清洗工序后进行钎焊。

硬钎焊可采用多种加热方法进行，如火焰加热、电阻加热、感应加热、炉内加热和盐浴炉加热。

2. 软钎焊

钎料是以 Sn、Pb 为基础的合金。常采用的钎剂为松香或氯化锌溶液。

软钎焊的接头强度较低，为了增加接头的强度，常采用折边咬口、铆接或点焊后再进行钎焊，这时钎焊的目的就是为了保证焊件的密封性。

软钎焊常采用烙铁加热，在大量生产时还可将焊件浸入钎料熔池内进行钎焊。

钎焊与一般熔焊相比，钎焊的主要特点是钎焊过程中只需钎料熔化，焊件加热温度较低，接头的金属组织和力学性能变化很小，变形也很小，能保持工件的准确尺寸和外形，接头表面光滑平整。钎焊可以焊接同种金属，也可以焊接性能差异很大的异种金属和厚薄悬殊的工件。对工件整体加热时，可同时钎焊很多条接缝和很多个焊件，生产率高。钎焊的主要缺点是接头强度较低，特别是动载强度低，另外钎焊接头允许的工作温度不高，钎焊前对工件的加工、清洗和装配工作都要求较严，钎料多为有色金属及贵重金属。因此，钎焊不适于焊接结构件和重载、动载零件，主要应用在机械、仪表、航空、空间技术等工业部门的小件或精密件焊接。

第四节　常用金属材料的焊接

一、金属材料的焊接性

金属材料的焊接性，是指被焊金属在一定的焊接条件下获得优质焊接接头的难易程度。

金属材料焊接性同焊接工艺过程的条件有关，如果某种金属材料只用最普通、最简便的焊接工艺条件便可以获得优质的焊接接头，就可以说这种金属材料具有良好的焊接性。反之，如果需要很特殊很复杂的焊接工艺条件才能获得优质的焊接接头，就可以说这种金属材料的焊接性较差。

另外，金属材料的焊接性不是一成不变的，由于焊接技术的发展，由难以焊接可以变得容易焊接。例如钛的焊接，自氩弧焊被采用之后，钛的焊接结构在工业上已得到应用。

金属材料焊接性的确定主要包括两方面的内容：一是焊接接头对产生焊接缺陷的倾向，特别是出现各种裂纹的倾向；二是焊接接头在使用中的可靠性，包括焊接接头的力学性能及其他特殊性能。金属材料的焊接性通常是通过各种试验来确定的，例如抗裂性试验、力学性能试验或其他有关的试验。

焊接结构所用的金属材料绝大多数是钢材。影响钢材焊接性的主要因素是钢材的化学成分，特别是钢材的含碳量影响很大。焊接热影响区的淬硬程度是引起接头产生裂纹的影响因素之一。所以除了采用试验方法确定钢材的焊接性之外，有时也可用碳当量法来估算钢材的焊接性。

碳钢及低合金结构钢常用的碳当量计算公式为：

$$C_{当量} = C + \frac{Mn}{6} + \frac{Cr + Mo + V}{5} + \frac{Ni + Cu}{15}(\%)$$

式中，C、Mn、Cr、Mo、V、Ni、Cu 均为钢中该元素的质量分数。

$C_{当量} < 0.4\%$时，钢材塑性良好，淬硬倾向不明显，焊接性优良，焊接时一般不需要预热，但对厚大件或在低温下焊接时也应考虑预热。

$C_{当量} = 0.4\% \sim 0.6\%$时，钢材塑性下降，淬硬倾向逐渐明显，焊接性较差，需要采用适当的预热和一定的工艺措施。

$C_{当量} > 0.6\%$时，钢材塑性较低，淬硬倾向大，焊接性不好，需要采用较高的预热温度和严格的工艺措施。

利用碳当量法估算钢材的焊接性是一种粗略的方法，在实际工作中，常根据被焊工件的具体情况通过试验来确定这种钢材的焊接性。具体的试验规范可查相应的国家标准。

二、常用钢材的焊接

1. 碳钢的焊接

低碳钢含碳量 $w_C < 0.25\%$，塑性好，没有淬硬倾向，焊接性良好，采用任何一种焊接方法，都能获得良好的接头。焊接时不需要采取特殊的工艺措施，通常焊后也不需要热处

理。在低温环境下焊接刚度较大的工件时，应适当考虑焊前预热。厚度大于50mm的低碳钢结构，焊后应进行热处理以消除焊接残余应力。

中碳钢含碳 $w_C=0.25\%\sim0.6\%$，焊接性较差，其焊接特点：

1）热影响区易产生淬硬组织及冷裂纹。含碳量越高，工件越厚，淬硬倾向也越大。焊件刚度大和焊接工艺不当时，容易产生冷裂纹。

2）焊缝金属较易产生热裂纹。由于母材含碳量较高，母材熔化进入熔池使焊缝金属的含碳量增加，致使焊缝容易产生热裂纹。

为了使中碳钢焊后不产生裂纹和得到满意的力学性能，应采取如下措施：

1）尽可能选用抗裂性能好的低氢型焊条。如要求焊缝与母材等强度，可根据母材强度选用J506、J507、J606、J607焊条；如不要求等强度时，应选用强度低些的低氢型焊条，如J426、J427焊条。

2）焊前预热是焊接中碳钢的重要工艺措施。预热可以减小焊接应力和减缓冷却速度，有利于防止冷裂纹的产生。

高碳钢含碳量 $w_C>0.6\%$，其焊接特点与中碳钢基本相似，由于含碳量较中碳更高，使接头产生裂纹的倾向更大，焊接性更差。因此，焊接结构宜不采用这种钢材，焊接只用于高碳钢件的修补工作。

2. 低合金结构钢的焊接

（1）低合金结构钢焊接的主要问题　低合金结构钢是焊接生产中应用较多的钢种，其焊接的主要问题有以下两点：

1）热影响区的淬硬倾向。热影响区的淬硬程度与钢材的含碳量和强度级别有关。350MPa级的Q345（16Mn）钢，淬硬倾向不大，但焊接参数不当时，可能出现低碳马氏体。强度级别大于450MPa级的低合金高强度结构钢，淬硬倾向增大，热影响区易产生马氏体组织，形成淬火区，硬度明显提高，塑性、韧性下降。

2）焊接接头的裂纹倾向。随着钢材强度级别的提高，产生冷裂纹的倾向也增大。影响产生冷裂纹的因素主要有三方面：一是焊缝及热影响区的含氢量；二是热影响区的淬硬程度；三是焊接接头残余应力的大小。冷裂纹是在三因素的综合作用下产生的，而氢常是重要的因素。由于氢在金属中扩散、集聚和诱发，冷裂纹需要一定的时间，因此冷裂纹的产生常具有延迟现象，故又称为延迟裂纹。

（2）低合金结构钢焊接时应注意的问题　为了避免热影响区的淬硬组织和接头冷裂纹的产生，焊接低合金结构钢时要注意以下问题：

1）对强度等级较低的钢材，在常温下焊接时与焊接低碳钢一样。在低温下或大刚度、大厚度结构焊接时，应注意防止出现淬硬组织，要适当增大焊接电流，减慢焊接速度，选用抗裂性能强的低氢型焊条或进行预热。对压力容器等重要工件，厚度大于20mm工件，焊后还应进行退火处理。

2）对强度级别大的低合金结构钢，焊接前一般需要预热，预热温度≥150℃。焊接时，可以调整焊接参数来严格控制热影响区的冷却速度。焊后还要及时进行低温退火以消除残余应力。如果在生产中不能立即进行低温退火，可先进行去氢处理，即将焊件加热到200～350℃，保温2～6h，以加速氢的扩散逸出，防止冷裂纹的产生。

三、铸铁的焊接

铸铁的焊接性很差，所以铸铁的焊接主要用于补焊铸件的缺陷或是使用过程中损坏的铸铁件。

1. 铸铁焊接的主要问题

（1）焊接接头易产生白口组织　焊接是局部加热，焊后的冷却速度较铸造成形时快得多，不利于石墨的析出，容易产生白口组织，焊后难以进行切削加工。

（2）接头容易产生裂纹　普通铸铁塑性差，强度低，焊接时不能产生塑性变形以松弛焊接应力，当焊接应力超过铸铁的抗拉强度时就会产生裂纹。铸铁中 C、S、P 等含量较多，也促使铸铁焊接时容易产生裂纹。

2. 铸铁的焊接方法

由于铸铁焊接是焊补铸件缺陷或是焊补破损的铸铁零件，所以都是采用手工操作，一般采用焊条电弧焊、气焊或钎焊。按焊前是否预热分为热焊法与冷焊法。

（1）热焊法　焊前将工件整体或局部预热到 600～700°C，焊接过程保持此温度，焊后要缓慢冷却。热焊法能减小焊接应力，焊后接头不会形成白口组织，也不会产生裂纹，焊接质量较好。但是热焊法生产率低，成本高，劳动条件不好。因此，一般用于焊补形状复杂、焊后需进行加工的重要铸件，如主轴箱、气缸体等。

（2）冷焊法　冷焊法焊前一般不预热，为了防止产生白口组织和裂纹，主要依靠焊条药皮来调整焊缝的化学成分。冷焊法生产率高，成本低，劳动条件好。

对中小型薄壁铸铁件常采用气焊和钎焊。由于气焊加热与冷却较慢，采用含碳、硅量较高的铸铁棒作填充金属，焊缝金属可以获得灰口组织。钎焊时由于母材不熔化，可以避免产生白口组织。钎焊加热温度较低，不易产生裂纹。对于大型厚壁铸件，焊补缺陷较大时，也可以采用手工电渣焊进行焊补。

四、有色金属及其合金的焊接

1. 铜及铜合金的焊接

铜及铜合金的焊接比低碳钢要困难得多，主要问题是：

1）铜的导热性很高，约为低碳钢的 8 倍，因此焊接时需选用较大的电流或火焰。焊前必须预热工件，否则易产生焊不透的缺陷。

2）铜在液态时能溶解大量氢，当焊缝金属冷却太快、氢来不及逸出时，易产生气孔。

3）铜在高温时氧化速度加快，生成 Cu_2O 与铜形成低熔点共晶体，分布在晶粒边界上，形成脆性薄膜，降低接头的力学性能。

4）铜的线膨胀系数大，凝固时收缩率大，因此焊接应力及变形大，对于刚性较大的焊件易产生裂纹。

5）铜合金中的某些元素比铜更容易氧化，使焊接的难度加大。例如铝青铜中的铝更易氧化，形成 Al_2O_3 后增大了渣的粘度，易形成夹渣缺陷。又如黄铜中的锌，不但易氧化，而且沸点低，极易蒸发，生成氧化锌 ZnO。锌的烧损不仅降低接头的力学性能，还会引起焊工中毒。

铜及铜合金几乎可以采用所有的焊接方法焊接。选用哪一种方法合适，需要根据焊件的厚薄、大小、生产批量、技术要求、工厂的设备、材料及技术水平等具体条件来考虑。例如氩弧焊主要焊接纯铜及青铜，气焊主要焊接黄铜。

2. 铝及铝合金的焊接

铝及铝合金焊接中的主要特点：

1）铝极易氧化生成 Al_2O_3，形成一层致密的薄膜覆盖在铝的表面上，阻碍铝的导电和熔合。另外，氧化铝的密度比铝大，易使焊缝产生夹渣缺陷。

2）铝的热导率较大，要求采用加热集中而能量大的焊接热源。焊件厚度较大时应预热。铝的膨胀系数较大，易产生大的焊接应力和变形，导致裂纹的产生。

3）液态铝可溶解大量的氢，而固态铝则几乎不溶解氢，因此，当熔池冷却较快时易生成气孔。

4）铝在高温时强度及塑性都很低，焊接时常由于不能支持熔池金属质量而使焊缝塌陷，因此焊接时常需采用垫板。

5）铝由固态转变为液态时无颜色变化，给焊接操作者掌握加热温度带来困难，容易造成烧穿缺陷。

目前铝及铝合金虽可以采用多种焊接方法来焊接，但应用较多的焊接方法还是氩弧焊。由于氩气的保护作用和氩离子对氧化膜的阴极破碎作用，氩弧焊焊铝时可以不用熔剂。氩气纯度一般要求大于99.9%，填充金属可采用与母材成分相近的焊丝。在小批量生产或是修补铝及铝合金零件时也常采用气焊。

第五节　焊接结构设计

一、焊件的选材原则

（1）尽量选用焊接性好的材料　在满足工作性能要求的前提下，应优先考虑选择焊接性好的材料。低碳钢和低碳低合金结构钢的焊接性良好，适于各种焊接方法，因此，焊接应优先选用。

（2）辅助工艺的可行性　当选用中高碳钢和 $R_{eL}>400$MPa 的合金结构钢时，由于焊接性差，必须采取焊前预热和焊后缓冷等辅助工艺措施。因此必须考虑执行辅助工艺措施的可行性，如对大型构件焊接时有无预热和缓冷等条件。

（3）注意材料与焊接方法的匹配性　有些材料焊接时容易氧化，在选择该类材料焊接时应注意与焊接方法的适应性。如 Al、Mg 等，焊接时应采用氩弧焊方法。

（4）尽量不选用异种材料相互焊接　异种材料的焊接工艺比较复杂，应尽量避免采用异种材料的焊接。当必须使用异种材料焊接时，要尽量选择熔点、力学性能和抗氧化性能相差较小的材料。

二、焊件的结构工艺性

1. 焊缝的布置

（1）焊缝位置应便于操作　焊缝分平焊、横焊、立焊和仰焊四种类型，如图 10-23 所示。其中平焊操作方便，质量易于保证，所以尽量使焊缝处于平焊位置。焊条电弧焊时，应留有足够的焊接操作空间，如图 10-24 所示。点焊或缝焊时，应方便电极的伸入，如图 10-25 所示。

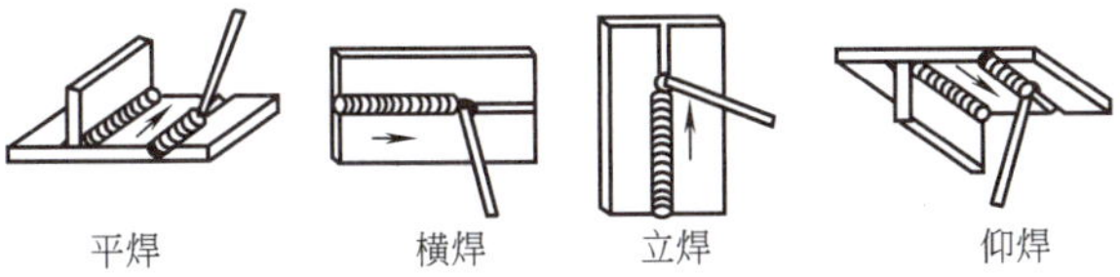

图 10-23 焊接位置

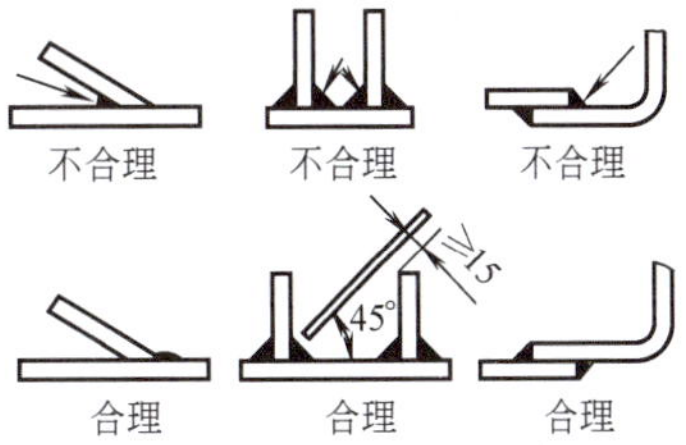

图 10-24 焊条电弧焊的焊缝位置

（2）减少焊缝的数量 在焊接结构中，应多采用工字钢、槽钢、角钢和钢管等型材，形状复杂的部分可选用冲压件、锻件和铸钢件，以减少焊缝数量，降低结构质量，减少应力和变形，增加结构件的强度和刚度，如图 10-26 所示。

（3）焊缝应尽量布置在焊件的薄壁处 在焊接结构中，有时焊接件的厚度不一样。这时应将焊缝布置在薄壁处（图 10-27a），以减少焊接工作量和焊接缺陷。也可将厚壁部分加工成一定斜度，使其厚度过渡到与薄壁处一样再进行焊接（图 10-27b）。

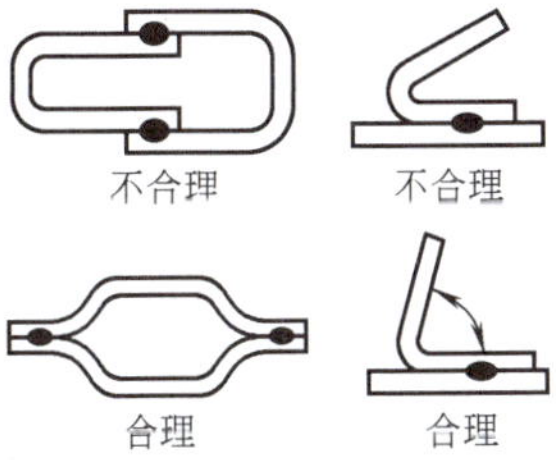

图 10-25 电阻点焊或缝焊的焊缝位置

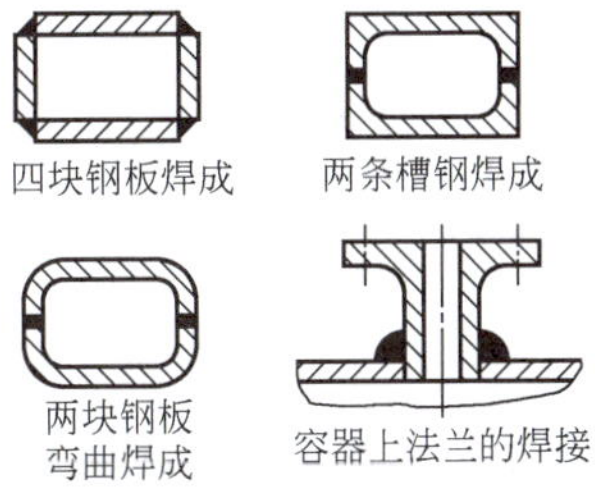

图 10-26 合理选材和减少焊缝

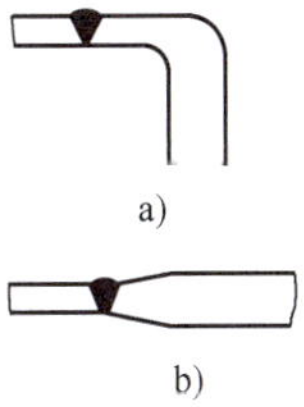

图 10-27 焊缝应布置在焊件的薄壁处

（4）焊缝应尽量均匀、对称，避免密集和交叉 焊缝均匀对称可防止因焊接应力分布不对称而产生的变形，如图 10-28 所示。避免焊缝交叉和过于密集可防止焊件局部热量过于集中而引起较大的焊接应力，如图 10-29 所示。

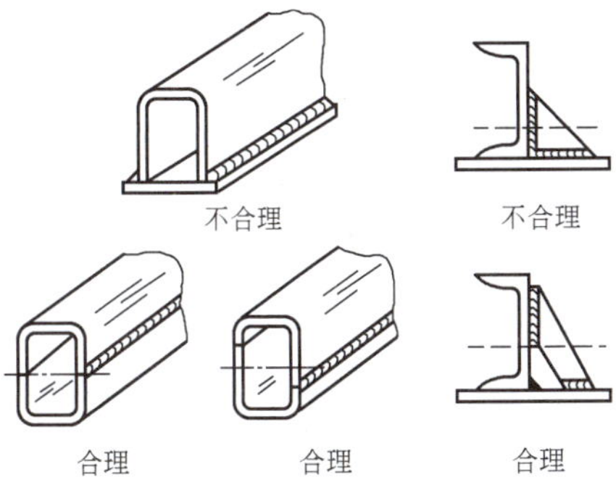

图 10-28 焊缝的对称布置

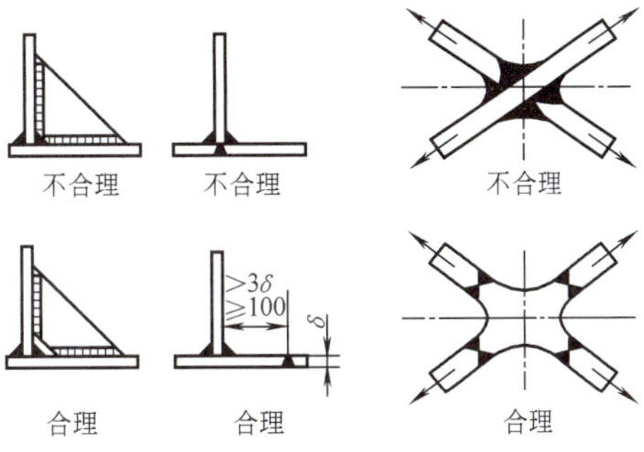

图 10-29 焊缝分散布置

（5）焊缝应避开最大应力与应力集中位置　图 10-30a 为大跨度的焊接钢梁，焊缝若布置在应力最大的跨度中间，使结构的承载能力下降，应改为图 10-30d 结构。压力容器应使焊缝避开应力集中的转角位置，如图 10-30b 应改为 e 所示。构件截面有急剧变化的位置或尖锐角部位，易产生应力集中，应避免布置焊缝，如图 10-30c 应改为 f 所示。

（6）焊缝应尽量远离机械加工表面　有些焊接件需要先机械加工，然后再组焊，为了防止已加工面受热而影响其形状和尺寸精度，焊缝位置必须远离机械加工表面，如图 10-31 所示。

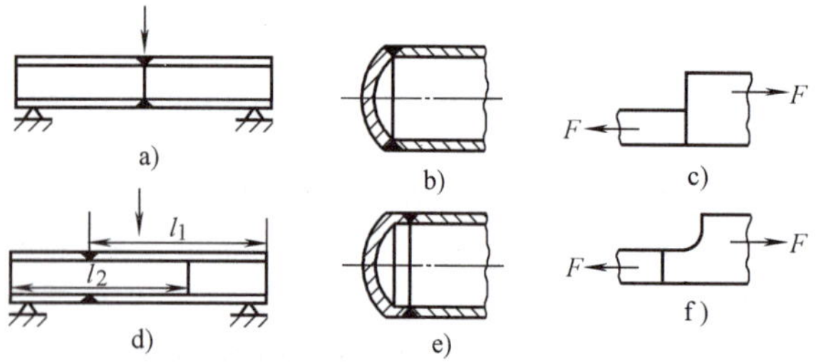

图 10-30　焊缝应避开最大应力与应力集中位置

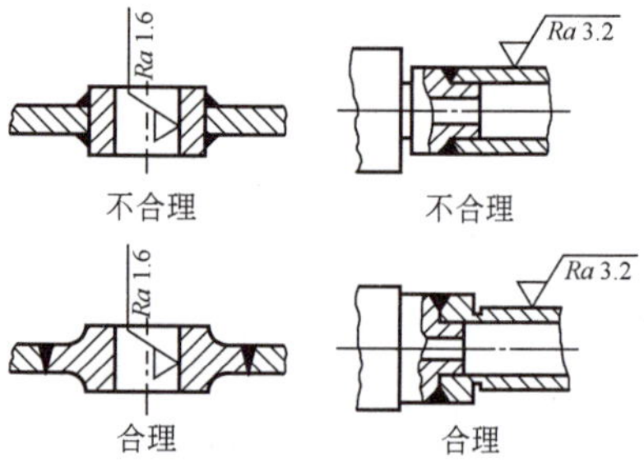

图 10-31　焊缝位置应远离机械加工表面

2. 焊接接头形式的选择

（1）接头形式　在焊条电弧焊时，由于焊件厚度、结构形状和使用条件的不同，焊件的接头形式也不同。常用的接头形式有 4 种：对接接头、角接接头、T 形接头和搭接接头，如图 10-32 所示。其中对接接头受力比较均匀，是最常用的接头形式，重要的受力焊缝应尽量选用。搭接接头因两工件不在同一平面，受力时将产生附加弯矩，而且金属消耗量也大，一般应避免采用。但是，搭接接头不需开坡口，装配时尺寸要求不高，对某些受力不大的平面连接与空间构架，采用搭接接头可节省工时。角接接头与 T 形接头受力情况都较对接接头复杂，但接头成直角或一定角度连接时，必须采用这种接头形式。

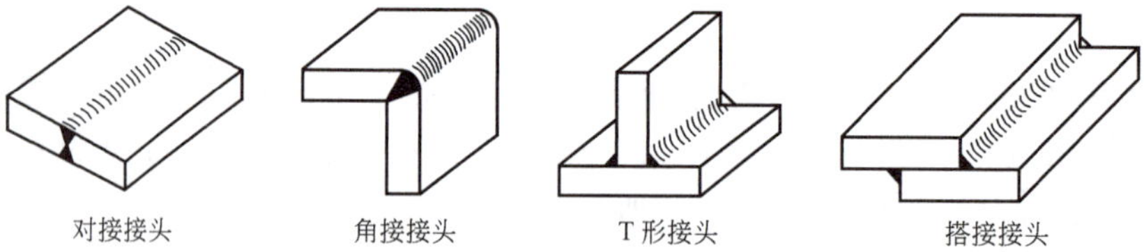

图 10-32　常用的焊接接头形式

（2）坡口形式　坡口的形式与焊件厚度有关。为了使接头处能焊透，并减少焊条熔化量在焊缝金属中所占的比例，确保焊缝金属的化学成分和力学性能，焊条电弧焊对板厚为 1～6mm 对接接头施焊时，一般可不开坡口（即 I 形坡口）直接焊成。对中、厚板件，应在焊件接头处开设坡口（图 10-33）。V 形坡口用于单面焊，其焊接性较好，但焊后角变形较大，焊条消耗量也大些。双 V 形坡口双面施焊，受热均匀，变形较小，焊条消耗量较少，但有时受结构形状限制。U 形坡口根部较宽，允许焊条深入，容易焊透，而且坡口角度小，焊条消耗量较小。但因坡口形状复杂，一般只在重要的受动载的厚板结构中采用。K 形坡口主要用于 T 形接头和角接接头的焊接结构中。

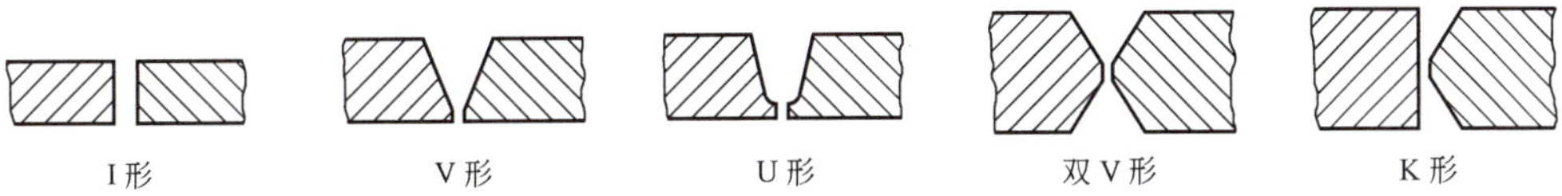

图 10-33 常见坡口形式

焊条电弧焊的常用坡口形式和坡口尺寸可查阅 GB/T 985.1—2008《气焊、焊条电弧焊、气体保护焊和高能束焊的推荐坡口》。其他焊接方法的接头与坡口形式可查阅相关手册和国标。

附　录

附录 A　金属材料室温拉伸试验方法新旧标准性能名称与符号对照表

性能名称	新标准（GB/T 228—2010）	旧标准	单位
屈服强度	——	σ_s	MPa
上屈服强度	R_{eH}	σ_{sU}	MPa
下屈服强度	R_{eL}	σ_{sL}	MPa
规定残余延伸强度	$R_{r0.2}$	$\sigma_{r0.2}$	MPa
规定塑性延伸强度	$R_{p0.2}$	$\sigma_{p0.2}$	MPa
抗拉强度	R_m	σ_b	MPa
断后伸长率	A $A_{11.3}$	δ_5 δ_{10}	% %
断面收缩率	Z	ψ	%

附录 B　常用钢的临界点

钢　号	临界点/℃					
	Ac_1	Ac_3（Ac_{cm}）	Ar_1	Ar_3	Ms	Mf
10	724	876	682	850		
30	732	8153	677	796	380	
35	720	800	680	774	350	
45	724	780	682	751	345～350	
55	727	774	690	755	290～320	
60	727	766	690	743	270	

（续）

钢　号	临界点/℃					
	Ac_1	Ac_3（Ac_{cm}）	Ar_1	Ar_3	Ms	Mf
65	727	752	696	730	270	
65Mn	720	765	689	741	270	
20Cr	766	835	702	799	390	
40Cr	743	782	693	730	325～330	
20CrMnTi	740	825	650	730	360	
35CrMo	755	800	695	750	271	
60Si2Mn	755	810	700	770	305	
50CrVA	752	788	688	746	270	
GCr15	745	900	700		240	
T8	730		700		220～230	-70
T10	730	800	700		200	-80
9SiCr	770	870	730		170～180	
CrWMn	750	940	710		200～210	
Cr12MoV	810	1200	760		150～200	-80
5Cr08MnMo	710	770	680		220～230	
3Cr2W8V	820～925				420	
W18Cr4V	820	1330	760		180～220	
30Cr13	820		780		240	

注：临界点的范围因奥氏体化温度不同，或试验不同而有差异，故表中数据为近似值，供参考。

参考文献

[1] 孙广锡. 金属材料及热处理 [M]. 西安: 西北大学出版社, 1995.
[2] 陈兰芬. 机械工程材料与热加工工艺 [M]. 北京: 机械工业出版社, 2000.
[3] 朱张校. 工程材料 [M]. 5 版. 北京: 清华大学出版社, 2011.
[4] 马泗春. 材料科学基础 [M]. 西安: 陕西科学技术出版社, 1998.
[5] 王运炎. 机械工程材料 [M]. 2 版. 北京: 机械工业出版社, 2005.
[6] 吴培英. 金属材料学 [M]. 北京: 国防工业出版社, 1981.
[7] 郑明新. 工程材料 [M]. 5 版. 北京: 清华大学出版社, 2011.
[8] 蒲永峰, 梁耀能. 机械工程材料 [M]. 北京: 清华大学出版社, 2005.
[9] 戚正风. 金属热处理原理 [M]. 北京: 机械工业出版社, 1989.
[10] 王笑天. 金属材料学 [M]. 北京: 机械工业出版社, 1987.
[11] 王健安. 金属学与热处理 [M]. 北京: 机械工业出版社, 1980.
[12] 崔昆. 钢铁材料及有色金属材料 [M]. 北京: 机械工业出版社, 1981.
[13] 张至丰. 金属工艺学 (机械工程材料) [M]. 2 版. 北京: 机械工业出版社, 2005.
[14] 邓文英. 金属工艺学 [M]. 5 版. 北京: 高等教育出版社, 2008.
[15] 常春. 材料成形基础 [M]. 2 版. 北京: 机械工业出版社, 2009.
[16] 李义增. 金属工艺学 (热加工基础) [M]. 2 版. 北京: 机械工业出版社, 2005.
[17] 贾耀卿. 常用金属材料手册 [M]. 2 版. 北京: 中国标准出版社, 2007.
[18] 郑修麟. 材料的力学性能 [M]. 2 版. 西安: 西北工业大学出版社, 2004.
[19] 机械工业出版社. 热处理机械工业标准汇编 [M]. 北京: 机械工业出版社, 2012.
[20] 机械设计手册编委会. 滑动轴承-机械设计手册单行本 [M]. 北京: 机械工业出版社, 2007.
[21] 中国机械工程学会锻压学会. 锻压手册 [M]. 2 版. 北京: 机械工业出版社, 2005.
[22] 中国机械工程学会焊接学会. 焊接手册 [M]. 3 版. 北京: 机械工业出版社, 2008.
[23] 滕长岭. 中国钢分类 [M]. 2 版. 北京: 中国标准出版社, 2011.
[24] 李炯辉. 金属材料金相图谱 [M]. 北京: 机械工业出版社, 2006.
[25] 中国机械工程学会热处理专业分会《热处理手册》编委会. 热处理手册 [M]. 3 版. 北京: 机械工业出版社, 2005.
[26] 徐自立. 工程材料 [M]. 武汉: 华中科技大学出版社, 2012.
[27] 赵忠魁. 金属材料及热处理技术 [M]. 北京: 国防工业出版社, 2012.
[28] 张新平. 工程材料及热成形技术 [M]. 北京: 国防工业出版社, 2011.
[29] 黄开金. 纳米材料制备及应用 [M]. 北京: 冶金工业出版社, 2009.
[30] 吴继伟. 先进材料进展 [M]. 杭州: 浙江大学出版社, 2011.